"十四五"应用型本科院校系列教材／机械工程类

主　编　王妍玮　姜　斌　魏艳波
副主编　郭春来　王学惠　文蓬涛
主　审　关　磊

传感器与检测技术

Sensor and Measurement Technology

哈爾濱工業大學出版社

内 容 提 要

本书针对本科少学时教学的要求，简要介绍传感器的基本知识、检测原理、检测技术、虚拟仿真技术，以传感器在机械、自动化等领域的实际应用为切入点，淡化理论推导，用“提出需求、解决问题”的方法理顺各知识点之间的联系，结合案例分析来展示传感器工程应用中的基本理论和应用方法，导入课程思政，引入传感器工程应用中的社会价值。内容设置保证知识结构的完整性和知识的严谨性，突出知识结构之间的联系，强调工程应用在课程中的主体地位。

本书共 12 章，第 1 章为绪论；第 2~4 章着重介绍电阻传感器、电容传感器、电感传感器等的测量原理、测量电路及工程应用；第 5~11 章主要介绍力传感器、温度传感器、磁传感器、物位及流量传感器、光电及图像传感器、波式传感器等常用物理量检测用传感器及新型传感器；第 12 章侧重介绍虚拟仪器。

本书适合作为普通高等学校本科生、研究生的机械类、控制类等相关专业的教材，也可以作为相关工程技术人员学习传感器与检测技术的专业参考书。

图书在版编目(CIP)数据

传感器与检测技术/王妍玮，姜斌，魏艳波主编.
哈尔滨：哈尔滨工业大学出版社，2025.5.—ISBN
978-7-5767-1669-6

Ⅰ.TP212

中国国家版本馆 CIP 数据核字第 2024BJ0143 号

策划编辑　杜　燕
责任编辑　王　丹　左仕琦
封面设计　高永利
出版发行　哈尔滨工业大学出版社
社　　址　哈尔滨市南岗区复华四道街 10 号　邮编 150006
传　　真　0451-86414749
网　　址　http://hitpress.hit.edu.cn
印　　刷　哈尔滨起源印务有限公司
开　　本　787 mm×1 092 mm　1/16　印张 17　字数 397 千字
版　　次　2025 年 5 月第 1 版　2025 年 5 月第 1 次印刷
书　　号　ISBN 978-7-5767-1669-6
定　　价　68.00 元

序

哈尔滨工业大学出版社策划的"'十四五'应用型本科院校系列教材"即将付梓,诚可贺也。

该系列教材卷帙浩繁,凡百余种,涉及众多学科门类,定位准确,内容新颖,体系完整,实用性强,突出实践能力培养。不仅便于教师教学和学生学习,而且满足就业市场对应用型人才的迫切需求。

应用型本科院校的人才培养目标是面向现代社会生产、建设、管理、服务等一线岗位,培养能直接从事实际工作、解决具体问题、维持工作有效运行的高等应用型人才。应用型本科与研究型本科和高职高专院校在人才培养上有着明显的区别,其培养的人才特征是:①就业导向与社会需求高度吻合;②扎实的理论基础和过硬的实践能力紧密结合;③具备良好的人文素质和科学技术素质;④富于面对职业应用的创新精神。因此,应用型本科院校只有着力培养"进入角色快、业务水平高、动手能力强、综合素质好"的人才,才能在激烈的就业市场竞争中站稳脚跟。

目前国内应用型本科院校所采用的教材往往只是对理论性较强的本科院校教材的简单删减,针对性、应用性不够突出,因材施教的目的难以达到。因此亟须既有一定的理论深度又注重实践能力培养的系列教材,以满足应用型本科院校教学目标、培养方向和办学特色的需要。

哈尔滨工业大学出版社出版的"'十四五'应用型本科院校系列教材",在选题设计思路上认真贯彻教育部关于培养适应地方、区域经济和社会发展需要的"本科应用型高级专门人才"精神,根据黑龙江省原省委书记吉炳轩同志提出的关于加强应用型本科院校建设的意见,在应用型本科试点院校成功经验总结的基础上,特邀请黑龙江省9所知名的应用型本科院校的专家、学者联合编写。

本系列教材突出与办学定位、教学目标的一致性和适应性,既严格遵照学科体系的知识构成和教材编写的一般规律,又针对应用型本科人才培养目标及与之相适应的教学特点，精心设计写作体例，科学安排知识内容，围绕应用讲授理论，做到“基础知识够用、实践技能实用、专业理论管用”。同时注意适当融入新理论、新技术、新工艺、新成果，并且制作了与本书配套的PPT多媒体教学课件，形成立体化教材，供教师参考使用。

“‘十四五’应用型本科院校系列教材”的编辑出版，是适应“科教兴国”战略对复合型、应用型人才的需求，是推动相对滞后的应用型本科院校教材建设的一种有益尝试，在应用型创新人才培养方面是一件具有开创意义的工作，为应用型人才的培养提供了及时、可靠、坚实的保证。

希望本系列教材在使用过程中，通过作者和读者的共同努力，厚积薄发、推陈出新、精益求精，不断丰富、不断完善、不断创新，力争成为同类教材中的精品。

前　言

本书主要介绍传感器的基本知识、检测原理、检测技术、虚拟仿真技术，由浅入深、循序渐进地对传感器的应用进行介绍，淡化理论推导，结合案例分析，深入浅出。

传感器的基本知识包括传感器及检测技术的基本概念、传感器的静/动态特性等基础性内容。传感器的检测原理侧重于电阻传感器、电容传感器、电感传感器等的测量原理、测量电路及工程应用。传感器的检测技术主要包括检测常用物理量的传感器，如力传感器、温度传感器、磁传感器、物位及流量传感器、光电及图像传感器、波式传感器等。传感器的虚拟仿真技术结合传感器的新进展和新技术，介绍新型传感器及虚拟仪器技术等。

本书具有以下特点。

(1)基本概念、基本方法、基本原理归纳清晰。

(2)注重前后联系，融会贯通，保持知识的连贯性。

(3)注重理论与实践相结合，结合工程实际问题，培养读者的实践能力。

(4)注重课程思政的导入，利用案例，引入传感器工程应用中的社会价值。

本书的基础理论部分主次论述清楚，条理清晰，应用部分实例来自编者多年的教学、科研和生产实践中的研究成果。本书可以作为机电、自动化和计算机等相关专业的教材。

本书由王妍玮、姜斌、魏艳波担任主编，郭春来、王学惠、文蓬涛担任副主编，关磊担任主审。编写分工如下：王妍玮编写第5、7、10章，姜斌编写第1、2、3章，魏艳波编写第4、6、8章，郭春来编写第9、12章，王学惠编写第11章的11.1和11.2，文蓬涛编写第11章的11.3和11.4。全书由王妍玮统稿。

由于编者水平有限，书中出现疏漏和不足的地方在所难免，恳请广大读者批评指正。

编　者

2025年2月

目　　录

第1章　绪　　论

1.1　测　　量

1.1.1　测量的基本概念与方法

测量,也称为检测,是指用仪器仪表或检测系统对被测物理量进行检测,实现被测物理量与相应的已知测量单位(标准量)的比较,求得两者的比值,进而求得被测物理量的值。

测量结果可以表现为一定的数字,也可表现为一条曲线,或者表现为某种图形等,测量结果包含数值(大小和符号)和单位。

能够实现被测量与标准量相比较而获得比值的方法,称为测量方法。测量方法的正确性十分重要,它关系到测量结果是否可靠以及测量工作能否正常进行。所以,必须根据不同的测量任务和要求,确定合适的测量方法,并据此选择合适的测试装置,组成测试系统,进行实际测试。如果测量方法不合理,即使有优良的仪器设备,也不能得到令人满意的测量结果。

测量方法有多种类型,本节主要介绍以下几种分类方法。

1. 静态测量和动态测量

静态测量是指测量不随时间变化或随时间缓慢变化的物理量;动态测量是指测量随时间迅速变化的物理量。

静态与动态是相对的。一切事物都是发展变化的,也可以把静态测量看作动态测量的一种特殊形式。动态测量的误差分析比静态测量更复杂。例如,用激光干涉仪对建筑物的缓慢沉降进行长期监测属于静态测量;又如,用光导纤维陀螺仪测量火箭的飞行速度、方向属于动态测量。

2. 直接测量、间接测量和组合测量

直接测量是指用预先标定好的测量仪表,直接对某一未知量进行测量,从而得到测量结果。例如,用水银温度计测量温度;用压力表测量压力;用万用表测量电压、电流、电阻等。直接测量的优点是简单而迅速,所以工程上应用广泛。

间接测量是指对几个与被测物理量有确切函数关系的物理量进行直接测量,然后把测得的数据代入关系式中进行计算,从而求出被测物理量。间接测量方法比较复杂,一般在直接测量很不方便实行时,或用间接测量比用直接测量能获得更准确的结果时,才采用间接测量。

组合测量是指在测量中,使各个未知量以不同的组合形式出现,根据直接测量和间接测量所得数据,通过解方程组求出未知量。

例如，在0~630 ℃范围内，铂热电阻温度计的电阻与温度的关系为

$$R_t = R_0(1+At+Bt) \tag{1.1}$$

式中 R_t——在 t ℃时的铂电阻（Ω）；

R_0——在0 ℃时的铂电阻（Ω）；

A、B——铂电阻的温度系数。

为了确定铂电阻的温度系数，首先需要测量三种不同温度下的电阻 R_{t1}、R_{t2}、R_{t3}，然后解方程组，求 A、B 和 R_0。组合测量比较复杂，但却易达到较高的精度，一般适用于科学实验和特殊场合。

3. 接触式测量和非接触式测量

根据传感器与被测对象是否接触，测量可分为接触式测量和非接触式测量。接触式测量中传感器与被测对象直接接触。如果操作不当，会造成被测对象损坏。非接触式测量是指在不接触被测对象的前提下进行精准测量，这种测量方式的测量精度高。例如，光学测量仪利用电荷耦合器件（charge coupled device，CCD）采集变焦镜下样品的影像，配合 x、y、z 轴移动平台及自动变焦距，运用影像分析原理，通过计算机处理影像信号，对科研生产零件进行精密的几何数据测量，并可进行 CPK 数值的分析。非接触式测量是无损检测的基础，也是未来检测技术的发展方向。

4. 偏差式测量、零位式测量和微差式测量

根据测量的具体手段不同，测量可分为偏差式测量、零位式测量和微差式测量。

偏差式测量是用仪表指针的位移（即偏差）表示被测量的值的测量方法。该方法事先用标准器具对仪表刻度进行校准；测量时，仪表指针在标尺上的示值即被测量的值，如用弹簧压力表检测压力、用弹簧秤测量物体质量、用高斯计测量磁场强度等。偏差式测量的测量过程简单、迅速，但测量结果的精度较低。

零位式测量用指零仪表的零位反映测量系统的平衡状态，在测量系统平衡时，用已知的标准量确定被测量的值，如用天平测量物体的质量、用电位差计测量电压、用平衡式电桥测量电阻等。零位式测量可以获得比较高的测量精度，但测量过程比较复杂、费时，适用于测量缓慢变化的信号。

微差式测量是综合了偏差式测量与零位式测量的优点而提出的一种测量方法。零位式测量中的标准量通常不都是连续可调的，因而难以与被测量完全平衡，实际测量时必定存在差值。微差式测量只要求标准量与被测量接近（零位式测量），再用指示仪表测量标准量与被测量的微小差值（偏差式测量）。例如，用天平（零位式仪表）测量化学药品的重量，在天平平衡之后，又增添了少许药品，天平再次失去平衡。这时即使用最小的砝码也称不出这一微小的差值。但是可以从天平指针在标尺上移动的格数来读出这一微小差值。又如，用电子秤测量物体的质量、用不平衡电桥测量电阻等。微差式测量的标准量具装在仪表内并直接参与比较，省去了零位式测量中反复调节标准量以求平衡的步骤，只需测量两者的差值。微差式测量兼有偏差式测量速度快和零位式测量精度高的优点，特别适用于在线控制参数的测量。

5. 等精度测量和非等精度测量

根据测量精度要求的不同，测量可分为等精度测量和非等精度测量。等精度测量是指在同一测量环境下，用相同仪表与测量方法对同一被测量进行多次重复测量。非等精

度测量是指用不同精度的仪表或不同的测量方法,由不同的测量人员或在环境条件不同(相差很大)时,对同一被测量进行多次重复测量。此时各个测量结果的可靠程度不一样,可用一个称为“权”的数值来表示对应测量结果的可依赖程度。

1.1.2　检测系统及参数检测

1. 测量、测试与测试系统

(1)测量、测试相关术语。

①测量是以确定被测对象的量值为目的的试验过程。

②计量是实现单位统一和量值准确可靠的活动。

③测试是测量和试验的综合,含有测量和试验两方面的含义,是指具有试验性质的测量。

测试是人们从客观事物中提取所需信息,借以认识客观事物,并掌握其客观规律的一种科学方法。

(2)测试系统。

测试系统由一个或若干个功能元件组成。广义地说,一个测试系统应具有的功能为,将被测对象置于预定状态下,并对被测对象所输出的特征信息进行拾取、变换放大、分析处理、判断、记录显示,最终获得测试目的所需要的信息。图1.1所示为测试系统框图。

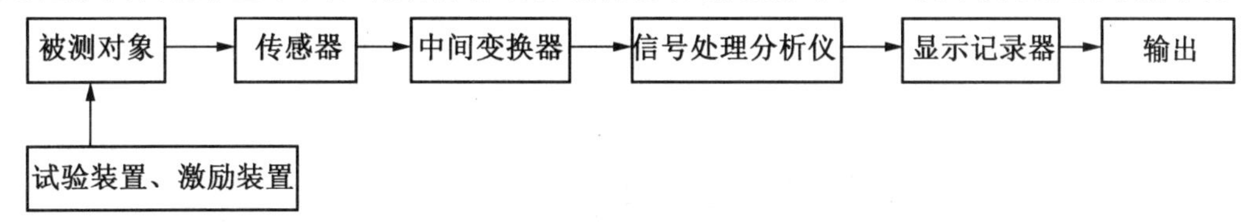

图1.1　测试系统框图

由图1.1可知,一个测试系统一般由试验装置、测量装置、数据处理装置和显示记录装置等组成。

当测试的目的和要求不同时,以上四个部分并非必须全部包括。例如,简单的温度测试系统只需要一个液柱式温度计,它既具有测量功能,又具有显示功能;而机械构件的频率响应测试系统则是一个相当复杂的多环节系统,如图1.2所示。

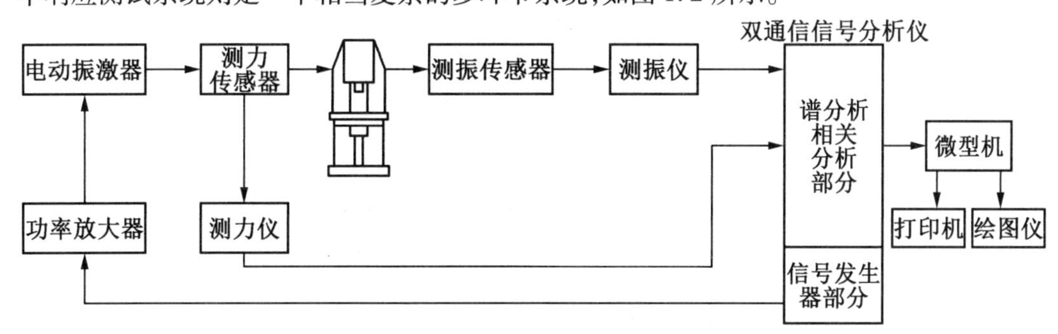

图1.2　机械构件频率响应测试系统

①试验装置。试验装置是使被测对象处于预定的状态下,并将其有关方面的内在联系充分显露出来,以便进行有效测量的一种专门装置。测定结构的动力学参数时,所使用

的激振系统就是一种试验装置,激振系统由虚拟仪器中的信号发生器(也可以是单独的信号源)、功率放大器、激振器等组成。信号发生器提供频率在一定范围内可变的正弦波信号,经功率放大后,驱动激振器。激振器产生与信号发生器频率一致的交变激振力,此力作用于被测构件上,使构件处于该频率激振下的强迫振动状态。保证试验进行的各种机械结构也属于试验装置。

②测量装置(传感器、中间变换器)。测量装置把被测量(如激振力和振动所产生的位移)通过传感器变换成电信号,经过后接仪器的变换、放大、运算,变成易于处理和记录的信号。例如,在图 1.2 所示的系统中,需要观察在各种频率正弦激振力的作用下,构件产生振动的位移幅值和激振力幅值之比,以及这两个信号相位差的变化情况,为此,采用测力传感器和测力仪组成力的测量装置;用测振传感器和测振仪组成振动位移的测量装置。被测的机械参量经传感器变换成相应的电信号,然后输入后接仪器进行放大、运算等,变换成易于处理和记录的信号。所以,测量装置是根据不同的机械参量,由不同的传感器和相应的后接仪器所组成的测量环节。不同的传感器要求的后接仪器也不相同。

③数据处理装置。数据处理装置将测量装置输出的信号进一步进行处理,以排除干扰和噪声污染,并清楚地估计测量数据的可靠程度。虚拟仪器中的信号处理分析仪就是一台数据处理装置,它可以把被测对象的输入(力信号)与输出(构件的振动位移信号)进行相关的分析运算,得到这两个信号中不同频率成分的振动位移和激振力幅值之比及相位差,并能有效地排除混杂在信号中的干扰信息(噪声),提高所获得信号(或数据)的置信度。

④显示记录装置。显示记录装置是测试系统的输出环节,它可将对被测对象所测得的有用信号及其变化过程显示或记录(或存储)下来。数据显示可以用各种表盘、电子示波器和显示屏等来实现。数据记录则可采用各种模拟式的笔式记录仪、磁带记录仪或光线记录示波器等设备来实现,而在现代测试工作中,越来越多的是采用虚拟仪器直接记录在硬盘或软盘上。

2. 工业检测的主要内容

参数检测是确保现代工业生产安全、有序进行的基本环节,工业检测是参数检测的重要组成部分。工业检测的典型应用如下。

(1)冶金工业:炼铁过程的热风炉控制、装料控制与高炉控制,轧钢过程的压力控制、轧机速度控制、卷曲控制等及其中使用的多种检测仪表等。

(2)电力工业:锅炉的燃烧控制系统,汽轮机的自动监控、自动保护、自动调节与自动程序控制系统,以及发动机的电力输入输出控制系统等。

(3)煤炭工业:采煤过程的煤层气测井仪器、矿井空气成分检测仪器、矿井瓦斯检测仪、井下安全保障监控系统等,煤精炼过程的熄焦过程控制、煤气回收控制、精炼过程控制、生产机械传动控制等。

(4)石油工业:采油过程的磁性定位仪、含水仪、压力计等支撑测井技术的各种测量仪表,炼油过程的供电系统、供水系统、供蒸汽系统、供气系统、储运系统和三废处理系统,以及连续生产过程的大量参数检测仪表等。

(5)机械工业:精密数字控制机床、自动生产线、工业机器人等。

(6)航空航天工业:飞行器的飞行高度、飞行速度、飞行状态与方向、加速度、过载和发动机状态等参数的测量，航空航天技术的航天运载器技术、航天器技术、航天测控技术等。

工业检测的内容广泛，常见的工业检测内容如表1.1所示。

表1.1　常见的工业检测内容

被测量类型	被测量	被测量类型	被测量
热工量	温度、热量、比热容、热流、热分布、压力(压强)、压差、真空度、流量、流速、物位、界面	物体的性质和成分量	化学成分、浓度、黏度、湿度、密度、酸碱度、浊度、透明度、颜色
机械量	直线位移、角位移、速度、加速度、转速、应力、应变、力矩、振动、噪声、质量	状态量	工作机械的运动状态(启、停等)、生产设备的异常状态(超温、过载、泄漏、变形、磨损、堵塞、断裂等)
几何量	长度、厚度、角度、直径、间距、形状、平行度、同轴度、粗糙度、硬度、材料缺陷	电工量	电压、电流、功率、电阻、阻抗、频率、脉宽、相位、波形、频谱、磁场强度、电场强度、材料的磁性能

3. 测量误差与数据处理

(1)误差的定义。

被测物理量所具有的客观存在的值，称为真值 x_0。由测试装置测得的结果称为测量值 x。测量值与真值之差称为误差。

误差的表达形式一般有以下几种。

①绝对误差 Δx。绝对误差为测量值与真值之差，它表示误差的大小。

$$\Delta x = x - x_0 \tag{1.2}$$

真值是一个理想概念，一般是不知道的。真值有理论真值、约定真值和相对真值之分。在实际测量中，通常以高一级标准器的指示值为相对真值。相对真值在误差测量中应用最为广泛。

②相对误差 γ_x。绝对误差与被测量的真值之比称为相对误差，一般用百分比（%）表示。因为测量值与真值接近，所以也可近似用绝对误差与测量值之比作为相对误差。

$$\gamma_x = \frac{\Delta x}{x_0} \times 100\% \approx \frac{\Delta x}{x} \times 100\% \tag{1.3}$$

绝对误差只能表示出误差的大小，而不便于比较测量结果的精度。例如，有两个温度测量结果(15±1)℃和(100±1)℃，尽管它们的绝对误差都是±1 ℃，显然后者的精度高于前者。

③引用误差 γ_m。为了方便，还常常使用“引用误差”的概念。引用误差是一种简化和方便、实用的相对误差。它是以测量仪表某一刻度处的误差为分子，满刻度值 x_m 为分母所得的比值，即

$$\gamma_m = \frac{\Delta x}{x_m} \times 100\% \tag{1.4}$$

我国常用的电工、热工仪表就是按引用误差进行准确度分级的。我国的工业模拟仪

表有7种常用的等级,即0.1、0.2、0.5、1.0、1.5、、2.5、5.0,如表1.2所示。随着测量技术的进步,目前部分行业的仪表准确度等级还有所增加。

表1.2 仪表的常用准确度等级与对应的引用误差

准确度等级	0.1	0.2	0.5	1.0	1.5	2.5	5.0
引用误差	±0.1%	±0.2%	±0.5%	±1%	±1.5%	±2.5%	±5%

等级为0.5级的仪表的引用误差为±0.5%,在正常情况下,用0.5级、量程为0~200 ℃的温度表来测量温度时,可能产生的最大绝对误差为

$$\Delta x=\pm 0.5\%\times 200\ ℃=\pm 1\ ℃$$

例 现有准确度为0.5级的0~300 ℃和准确度为1.0级的0~200 ℃两个温度计,要测量80 ℃的温度,试问采用哪一个温度计好?

解

$$\Delta x_1=\gamma_{m1}\times x_{m1}=\pm 0.5\%\times 300\ ℃=\pm 1.5\ ℃$$

$$\gamma_{x1}=\frac{\Delta x_1}{x_1}\times 100\%=\frac{\pm 1.5}{80}\times 100\%=\pm 1.88\%$$

$$\Delta x_2=\gamma_{m2}\times x_{m2}=\pm 1\%\times 200\ ℃=\pm 2\ ℃$$

$$\gamma_{x2}=\frac{\Delta x_2}{x_2}\times 100\%=\frac{\pm 2\ ℃}{80\ ℃}\times 100\%=\pm 2.5\%$$

经计算,用0.5级表和1.0级表测量时,可能出现的最大相对误差分别为±1.88%和±2.5%。计算结果表明,用0.5级的0~300 ℃表更适合。故在选择仪表时要兼顾仪表的准确度等级和测量上限两个方面。

④基本误差。基本误差是指仪表在规定的标准条件下工作时所具有的误差。例如,仪表在电源电压、电网频率、环境温度和湿度规定允许的波动范围内工作时,所具有的误差就是基本误差。

⑤附加误差。附加误差是指仪表的使用条件偏离额定条件时出现的误差。例如,温度附加误差、频率附加误差、电源电压波动附加误差等就是附加误差。

(2)误差的分类。

根据误差的特征,可将误差分为系统误差、随机误差和粗大误差三类。

①系统误差是指在同一条件下,多次测量同一量值时,绝对值和符号保持不变的误差,或在条件改变时按一定规律变化的误差。例如,由标准量值的不准确、仪表刻度的不准确而引起的误差属于系统误差。

因为系统误差有规律性,所以应尽可能通过分析和试验的方法加以消除,或通过引入修正值的方法加以修正。

②随机误差是指在相同条件下,多次测量同一量值时,绝对值和符号以不可预定的方式变化的误差。例如,仪表中传动部件的间隙和摩擦、连接件的变形等因素引起的误差属于随机误差。

虽然一次测量产生的随机误差没有确定的规律,但是通过大量的测量发现,在多次重

复测量的总体上，随机误差服从一定的统计规律，最常见的就是正态分布规律。正态分布规律表现为随着测量次数的增多，绝对值相等、符号相反的随机误差出现的次数趋于相等。这样，各次测量的随机误差的总和正负抵偿，特别是当测量次数趋于无穷时随机误差的总和趋于零。这一性质称为随机误差的抵偿性。它是随机误差非常重要的统计特性。

应当指出，在任何一次测量中，系统误差和随机误差一般都是同时存在的，而且它们之间并不存在严格界限，在一定的条件下可以相互转化。例如，仪表的分度误差，对制造者来说具有随机的性质，为随机误差；而对检定部门来说就转化为系统误差了。随着人们对误差来源及变化规律认识的深入和测试技术的发展，对系统误差与随机误差的区分会越来越明确。

③粗大误差主要是由于测量人员的粗心大意、操作错误、记录和运算错误或外界条件的突然变化等原因产生的。粗大误差的产生使测量结果有明显的歪曲，凡经证实含有粗大误差的数据应从实验数据中剔除。

从测量的静态特性和动态特性来分类，还可将误差分为静态误差和动态误差。静态误差是指在被测量不随时间变化时所产生的误差；动态误差是指当被测量随时间迅速变化时，系统的输出量在时间上不能与被测量的变化精确吻合。

(3)测量系统的误差计算方法。

一个测量系统一般由若干个单元组成，这些单元在系统中称为环节。每个单元都具有不同的误差，这些误差通过一定的传递而形成系统的总误差。对各种测量系统总可以找到系统的总误差与各子系统分项误差之间的内在函数关系，只不过根据实际系统复杂程度的不同，所拟合的函数关系可能简单也可能十分复杂。为了确定整个系统的静态误差，需将每一个环节的误差综合起来，这称为误差的合成。

由 n 个环节串联组成的开环系统如图 1.3 所示。输入量为 x，输出量为 $y_n=f(x)$。

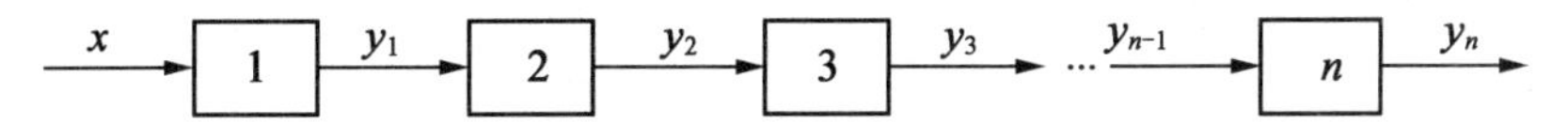

图 1.3　由 *n* 个环节串联组成的开环系统

若第 i 个环节的引用误差为 γ_i，则输出端的引用误差 γ_m 与 γ_i 之间的关系可用以下两种方法确定。

①绝对值合成法。绝对值合成法是从最不利的情况出发的合成方法，即认为 n 个分项 γ_i 有可能同时出现正值或同时出现负值，则总的合成误差为各环节误差 γ_i 的绝对值之和，也可以理解为按照极限误差合成，即

$$\gamma_m = \sum_{i=1}^{n} \gamma_i = \pm(|\gamma_1| + |\gamma_2| + |\gamma_3| + \cdots + |\gamma_n|) \tag{1.5}$$

绝对值合成法对误差的估计较为简单、方便，但是一般是偏大的，因为每一个环节的误差实际上不可能同时出现最大值，精确的方法必须考虑各个环节误差可能出现的概率。

②方均根合成法。当系统误差的大小和方向都不能确切掌握时，可以仿照处理随机误差的方法来处理系统误差。计算公式为

$$\gamma_m = \pm\sqrt{\gamma_1^2+\gamma_2^2+\gamma_3^2+\cdots+\gamma_n^2} \tag{1.6}$$

方均根合成法将所有误差平方求和再开平方，用这种方法计算出的合成误差比前一

种小,用它估算测量的实际总误差较为合理。

1.1.3 参数测量的方法

参数测量是指以自然规律(包括守恒定律、场的定律、物质定律、统计法则以及各种效应)为基础,利用敏感元件特有的物理、化学或生物等效应,把被测量的变化转换为敏感元件的某一物理量(化学量或生物量)的变化。

不同的敏感元件实现参数测量的方法一般也不同,主要包括以下几种方法。

(1)力学法:一般利用敏感元件把被测量转换成机械位移、形变等。例如,电阻应变式传感器利用弹性元件把力转换为弹性元件的位移、形变。

(2)热学法:根据被测介质的热物理量的差异以及热平衡原理进行参数的测量。例如,热线风速仪是根据流体流速的大小与热线在流体中被带走的热量有关这一原理制成的,只要测出为保证热线温度恒定需提供的热量(加热电流量)或测出热线的温度(假定热线的供电电流恒定),就可获得流体的流速。

(3)电学法:一般利用敏感元件把被测量转换成电压、电阻、电容等电学量。例如,热电阻测温和热电偶测温等。

(4)声学法:一般利用超声波在介质中的传播以及在介质间界面处的反射等性质进行参数的测量。例如,超声波流量计利用顺、逆流速度差测流体流速等。

(5)光学法:利用光的直线传播、透射、折射和反射等特性,通过光电元件接收光信号,用光强(或波长)等光学量来表示被测量的大小。例如,利用光电开关实现产品计数、辐射式温度计、红外气体分析仪等。

(6)磁学法:利用被测介质有关磁性参数的差异及被测介质或敏感元件在磁场中表现出来的特性,实现对被测量的测量。例如,电磁流量计、霍尔压力变送器等。

(7)射线法:射线穿过介质时部分能量会被物质吸收,吸收程度与射线所穿过的物质的厚度、密度等性质有关。例如,辐射物位计、辐射式测厚仪等。

(8)生物法:利用生物免疫原理、酶的催化反应原理等将被测量转换为电学量的测量方法。

1.2 传感器的基本概念

现代测试技术通常用传感器把被测物理量转换成容易检测、传输和处理的电信号,然后由测试装置的其他部分进行后续处理。传感器的作用类似于人的感觉器官,也可以认为传感器是人类感官的延伸。传感器一般由敏感元件和其他辅助零件组成。敏感元件直接感受被测量并将其转换成另一种信号,是传感器的核心。传感器处于测试装置的输入端,其性能直接影响整个测试装置和测试结果的可靠性。传感器技术是测试技术的重要分支,受到普遍重视,并且已在工业生产和科学技术各领域中发挥重要作用。随着科学技术的发展,传感器正在向高度集成化、智能化方向迅速发展。

1.2.1 传感器的定义及组成

1. 传感器的定义

传感器(sensor)是一种检测装置,能感受被测量的信息,并能将感受的信息按一定规律变换成电信号或其他所需形式的信息输出，以满足信息的传输、处理、存储、显示、记录和控制等要求。我国国家标准（GB/T 7665—2005）对传感器的定义是："能感受被测量并按照一定的规律转换成可用输出信号的器件或装置，通常由敏感元件和转换元件组成。"

传感器的说明如下。

①传感器是测量装置，能完成检测任务。

②输入量是某种被测量，可能是物理量，也可能是化学量、生物量等。

③输出量是某种便于传输、转换、处理和显示的物理量，如气、光、电参量等，目前主要是电参量。

④输出量与输入量存在确定的对应关系，并且具有一定的精确度。

传感器是实现自动检测和自动控制的重要环节，按使用的场合不同，传感器又称为变换器、换能器、探测器、探头等。

2. 传感器的组成

根据定义，可以将传感器理解为"一感二传"，即感受信息并传递出去。传感器的基本组成分为敏感元件、转换元件和测量电路等，如图 1.4 所示。

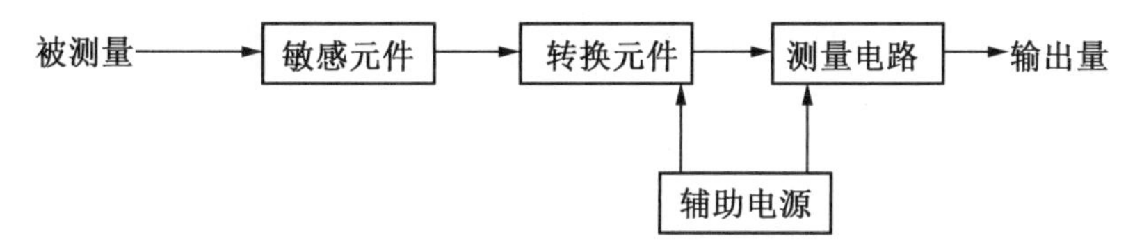

图 1.4 传感器的基本组成框图

（1）敏感元件：传感器中能直接感受或响应被测量的部分。例如，温度传感器的输入量是温度，压力传感器的输入量是压力，它们的输出量分别是温度或压力以外的某种物理量，传感器的工作原理一般由敏感元件的工作原理决定。

（2）转换元件：传感器中能将敏感元件感受或者响应的被测量转换成适合传输或测量的电信号（电阻、电容、电感、电流、电压等）的部分；当输出为规定的标准信号时，则称为变送器。

（3）测量电路：将转换元件输出的电参量转换成易于处理的电压、电流或者频率的部分。因为有时转换元件的输出信号很微弱，或者不是易于处理的电压或者电流信号，而是其他的电参量，所以需要相应的测量电路将其进一步转换。常见的测量电路有放大器、电桥电路、振荡器、电荷放大器、相敏检波电路等。

（4）辅助电源：有的传感器需要外加电源才能工作，辅助电源为其正常工作提供所需的电源，有内部供电和外部供电两种形式。例如，电阻、电感和电容式传感器是无源传感器，工作时需要外部电源供电；压电式传感器、热电偶是有源传感器，工作时不需要外部电源供电。

实际上，传感器的组成因被测量（对象）、转换原理、使用环境及性能指标要求等具体情况的不同而有较大差异。

需要注意的是，对一个传感器而言，敏感元件是不可缺少的，而转换元件、测量电路和辅助电源不是必须要有的。不是所有的传感器都有敏感元件、转换元件之分,有些将其合二为一了。例如,压电晶体、热电偶、热敏电阻、光学器件等,它们直接感受被测量而输出与之具有确定关系的电信号。有的传感器将测量电路、敏感元件和转换元件做在一起。例如,一些新型的集成电路传感器将敏感元件、转换元件以及信号处理电路集成为一个器件。

1.2.2 传感器的基本特性

传感器位于测量部分的最前端,在测量控制系统中,是决定系统性能的重要部件之一,故传感器特性尤为重要,其特性一般指输入-输出关系特性。传感器的基本特性可用静态特性和动态特性描述。前者的信号不随时间变化或变化很缓慢,后者的信号随时间迅速变化,动态量通常是指周期信号、瞬变信号或随机信号。当被测量为恒定值或缓变信号时,通常只考虑测试装置的静态特性,而当对迅速变化的量进行测量时,就必须全面考虑测试装置的动态特性和静态特性。只有当其满足一定要求时,才能从测试装置的输出中正确分析、判断其输入的变化,从而实现不失真测试。具有良好的静态和动态特性的传感器可以减小或抵消测量过程中的误差。本书仅介绍传感器静态特性的一些指标。描述测试装置静态特性的主要参数有线性度、灵敏度、迟滞、分辨力、漂移、重复性和电磁兼容性等。

传感器的静态特性是指输入被测量不随时间变化,或随时间变化很缓慢时,传感器的输出与输入的关系。如果不考虑传感器的迟滞和蠕变等因素,则传感器的静态特性可用以下多项式表示:

$$y=a_0+a_1x+a_2x^2+\cdots+a_nx^n \tag{1.7}$$

式中 x——输入量(被测量);

y——输出量;

a_0——零位输出;

a_1——传感器的灵敏度;

a_2、a_3、…、a_n——非线性项的待定常数。

1. 线性度

线性度是指传感器的输出与输入之间线性关系的程度,从传感器的性能来看,希望具有线性关系,即理想线性输入输出关系,因为这有利于简化传感器的理论分析、数据处理和测试等,但实际的传感器大多为非线性关系,为了方便标定和数据处理,希望得到线性关系。通常采用直线或多段折线替代实际曲线进行拟合来实现线性化。

图 1.5 所示为传感器的线性度曲线。在利用直线拟合进行线性化时,实际特性曲线与其拟合直线之间的偏差称为传感器的非线性误差,取最大偏差 $\Delta L_{\max}$ 与满量程输出值 Y_{FS} 之比作为评价线性度的指标,即

$$\gamma_L=\pm\frac{\Delta L_{\max}}{Y_{FS}}\times100\% \tag{1.8}$$

式中 γ_L——非线性误差(线性度指标);

$\Delta L_{\max}$——最大偏差;

Y_{FS}——满量程时的输出值。

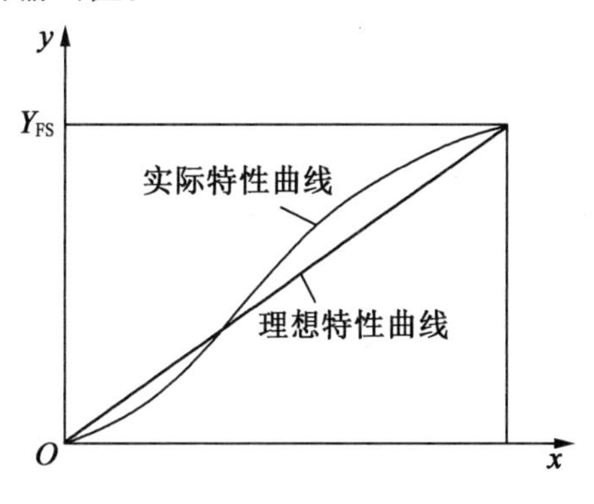

图 1.5　传感器的线性度曲线

线性度是传感器静态特性的基本参数之一,是以一定的拟合直线作为基准直线计算的,选取不同的基准直线,会得到不同的线性度数值。基准直线的确定有多种准则,比较常用的一种是最小二乘法(基准直线与标定曲线间偏差的均方值保持最小且通过原点)。

在测试过程中,人们总希望传感器具有比较好的线性度。为此,总要设法消除或减少测试装置中的非线性因素。例如,改变气隙厚度的电感传感器和变极距型电容传感器,由于它们的输出与输入具有双曲线关系,从而造成比较大的非线性误差。因此,在实际应用中,通常做成差动式,以消除其非线性因素,从而使其线性度得到改善。又如,为了减小非线性误差,在非线性元件后面引用另一个非线性元件,以使整个系统的特性曲线接近于直线。采用高增益负反馈环节消除非线性误差,也是经常采用的一种有效方法,高增益负反馈环节不仅可以用来消除非线性误差,还可以用来消除环境的影响。

2. 灵敏度

灵敏度为测试装置的输出量变化 Δy 与输入量变化 Δx 之比,通常用 S 表示,即

$$S=\frac{\Delta y}{\Delta x} \tag{1.9}$$

它是传感器静态特性的又一项基本参数。对于线性传感器,灵敏度为传感器输入-输出特性曲线(直线)的斜率,如图 1.6(a)所示。对于非线性传感器,灵敏度是一个变化量,输入量不同,灵敏度不同,如图 1.6(b)所示。灵敏度的量纲是输出、输入量的量纲之比。例如,热电偶温度传感器,在某一时刻温度变化了 1 ℃时,其输出电压变化了 5 mV,那么其灵敏度应表示为 5 mV/℃。

提高传感器的灵敏度,可得到较高的测量精度,但灵敏度愈高,测量范围愈窄,稳定性也往往愈差。因此,应合理选择测试装置的灵敏度,而不是灵敏度越高越好。

3. 迟滞

迟滞也称为回程误差。就某一测试装置而言,当其输入由小变大再由大变小时,对同一输入值来说,可能得到大小不同的输出值,所得到的输出值的最大差值与满量程输出的百分比称为回程误差,即

$$\gamma_H=\frac{\Delta H_{max}}{Y_{FS}}\times 100\% \tag{1.10}$$

式中 γ_H——迟滞(回程误差);

ΔH_{max}——最大输出差值;

Y_{FS}——满量程时的输出值。

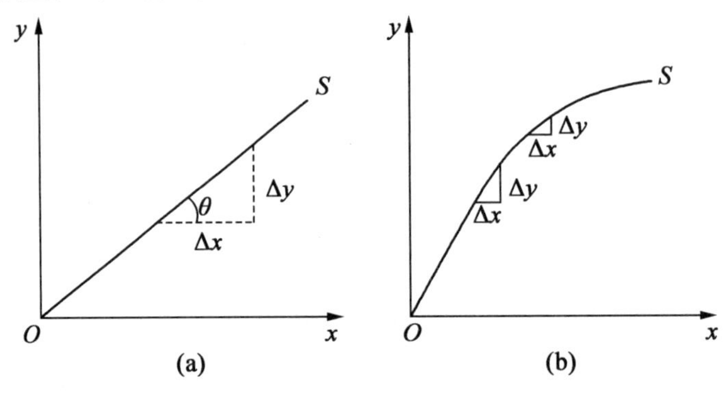

图 1.6 传感器的灵敏度曲线

图 1.7 所示为回程误差定义的图解。

迟滞特性反映了传感器正、反行程期间输入-输出特性曲线不重合的程度。产生回程误差的原因可归纳为系统内部各种类型的摩擦、间隙以及某些机械材料(如弹性元件)和电磁材料(如磁性元件)的滞后特性。

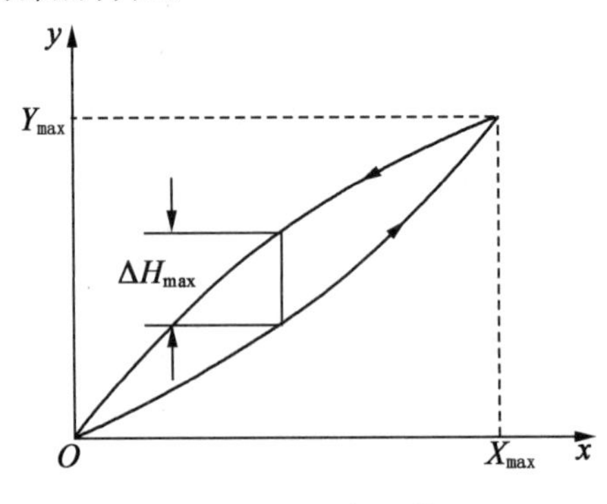

图 1.7 回程误差

4. 分辨力

分辨力是指传感器能够感知或检测到的最小输入信号增量,反映传感器能够分辨被测量微小变化的能力。也就是说,如果输入量从某一非零值缓慢地变化,当输入的变化值未超过某一数值时,传感器的输出不会发生变化,即传感器对此输入量的变化是分辨不出来的,只有当输入的变化值超过某一数值时,传感器的输出才会发生变化,使传感器的输出发生变化的这个数值就是传感器的分辨力。

通常将模拟式传感器的分辨力规定为最小刻度分格值的一半,数字式传感器的分辨力是最后一位的一个字。灵敏度越高,分辨力越好(小);灵敏度越低,分辨力越差(大)。例如,应变式压力传感器在 100.0 kg 时输出的电压值为 35 mV,在 100.2 kg 时输出的电压值仍为 35 mV,但在 100.3 kg 时输出的电压值为 36 mV,则其分辨力为 0.3 kg。

分辨力也是与测量仪表有关的,如上述应变式压力传感器,若采用精度更高的电压表来测量,在 100.0 kg 时输出的电压值仍为 35.0 mV,在 100.1 kg 时输出的电压值为

35.1 mV,那么其分辨力为0.1 kg。

5. 漂移

漂移是指传感器在输入量不变的情况下,输出量随时间或温度等变化的现象,将影响传感器的稳定性或可靠性。产生漂移的原因主要有两个。一是传感器自身结构参数发生老化,如零点漂移,它是在规定条件下,一个恒定的输入在规定时间内的输出在标称范围最低值处(即零点)的变化。例如,传感器桥路中元件参数本身就不对称;弹性元件和电阻应变计的敏感栅材料温度系数、线胀系数不同,组桥引线长度不一致等综合因素,最后导致传感器组成电桥后相邻臂总体温度系数有一定差异,当温度变化时,相邻臂电阻变化量不同,从而使电桥产生输出不平衡,即产生了零点漂移。二是在测试过程中周围环境(如温度、湿度、压力等)发生变化。这种情况下最常见的是温度漂移,它是由周围环境温度变化引起的输出变化。

6. 重复性

传感器在输入量按同一方向(增加或减小)做全量程多次测量时,所得输入-输出特性曲线的一致程度称为重复性,如图1.8所示。传感器多次在相同输入条件下测量的输出特性曲线越重合,误差越小,则其重复性越好,重复性误差反映的是测量数据的离散程度。实际特性曲线不重复的原因与迟滞产生的原因相同。重复性是检测系统最基本的技术指标之一,是其他各项指标的前提和保证。

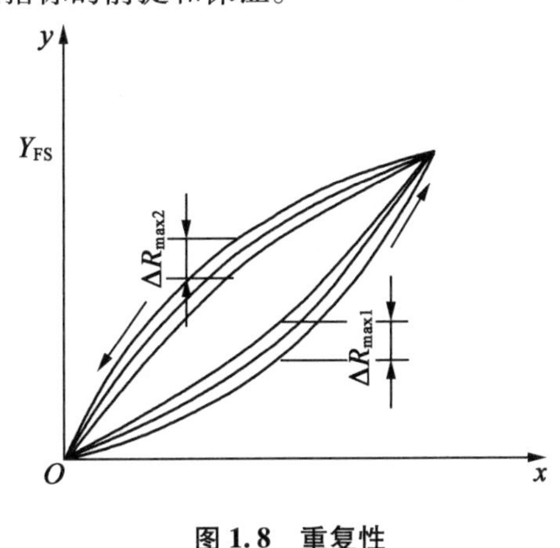

图1.8　重复性

7. 电磁兼容性

电磁兼容(eletromagnetic compatibility, EMC)是指电子设备在规定的电磁干扰环境中能按照原设计要求正常工作的能力,而且也不向处于同一环境中的其他设备释放超过允许范围的电磁干扰。

随着科学技术和生产力的发展,高频、宽带、大功率的电气设备几乎遍布全球的各个角落,随之而来的电磁干扰也越来越严重地影响检测系统的正常工作。轻则引起测量数据上下跳动;重则造成检测系统内部逻辑混乱、系统瘫痪,甚至烧毁电子线路。因此抗电磁干扰技术就显得越来越重要。自20世纪70年代以来,越来越强调电子设备、传感器、测控系统的电磁兼容性。

1.2.3 传感器的选用原则

传感器在结构和原理上千差万别，在实际测试过程中，同一任务可以用多种类型的传感器设计实现，但是其技术条件、测量成本等会有所不同。要根据应用环境、被测量、测量目标等选择传感器，进而确定与之相配套的测量方法和测试系统。传感器的选择很大程度上决定了测量结果的精确度和测试结果的成败。

传感器的选择主要参考以下几方面的因素：

（1）与测量条件有关的因素，例如，测量的目的、被测量的选择、测量范围、测量所需要的时间等；

（2）与传感器有关的技术指标，例如，精度、稳定度、响应特性、模拟量与数字量、输出幅值、超标准过大的输入信号保护等。

（3）与使用环境条件有关的因素，例如，安装现场条件及情况、环境条件（湿度、温度、振动等）、信号传输距离、所需现场提供的功率容量等。

1.2.4 传感器的分类

传感器的分类方法很多，且目前尚无统一规定，下面对常用的传感器分类方法进行介绍。

（1）按被测物理量分类，可分为力传感器、位移传感器、温度传感器等。这种分类方法在讨论传感器的用途时使用较为方便。

（2）按输出量分类，可分为模拟式传感器和数字式传感器两类。

模拟式传感器将被测量转换为模拟电信号直接输出，输出信号的幅度表示被测对象的变化量。数字式传感器将被测量转换为数字信号输出，被测对象的变化量通常由输出信号的数字量大小表征。

随着集成电路技术的发展，数字式传感器将会越来越多，如集成式温度传感器就是数字式温度传感器。也可以通过数字芯片将模拟信号转换成数字信号，如可以将 V/F 芯片与模拟式传感器相结合，以输出脉宽调制的数字信号。数字信号具有抗干扰能力强、易于传输等特点。

（3）按工作的物理基础分类，可分为电阻式传感器、电容式传感器、电感式传感器、热电式传感器等。

（4）按信号变换特征分类，可分为物性型传感器、结构型传感器。

物性型传感器不改变其结构参数，而是靠其敏感元件物理性能的变化实现信号转换。例如，压电式力传感器通过石英晶体的压电效应把力转换成电荷。

结构型传感器依靠其结构参数的变化实现信号转换。例如，电容式传感器依靠其极板间距离引起电容变化；电感式传感器基于位移引起自感或互感变化等。

（5）按能量关系分类，可分为能量转换型传感器、能量控制型传感器。

能量转换型传感器（又称有源传感器）并不具备能源，而是靠被测对象输入的能量工作，敏感元件本身能将非电量直接转换成电信号。它无能量放大作用，只是将一种能量转换成了另一种能量，所以要求从被测对象获取的能量越大越好。例如，热电偶温度计将被测对象的热能转换成电能。被测对象与传感器之间的能量传输,必然改变被测对象的状态,造成测量误差。

能量控制型传感器(又称无源传感器)自备能源,被测物理量仅控制能源所提供能量的变化。例如,电阻应变片接入电桥测量应变时,被测量以应变片电阻的形式控制电桥的失衡程度,从而完成信号的转换。由于无源传感器需要为敏感元件提供激励源才能工作,所以无源传感器通常比有源传感器需要更多的引出线,传感器的灵敏度也会受到激励信号的影响。

(6)按基本效应分类,可分为物理型传感器、化学型传感器、生物型传感器。

传感器种类繁多,分类方法各异,常用传感器的分类方法与特性如表 1.3 所示。

表 1.3　常用传感器的分类方法与特性

<table>
<tr><th>分类方法</th><th>型式</th><th>特性</th></tr>
<tr><td rowspan="2">按照信号变换特征分类</td><td>结构型</td><td>以转换元件结构参数变化实现信号转换</td></tr>
<tr><td>物性型</td><td>以转换元件本身的物理特性变化实现信号转换</td></tr>
<tr><td rowspan="3">按照基本效应分类</td><td>物理型</td><td>采集物理效应进行转换</td></tr>
<tr><td>化学型</td><td>采集化学效应进行转换</td></tr>
<tr><td>生物型</td><td>采集生物效应进行转换</td></tr>
<tr><td rowspan="2">按照能量关系分类</td><td>能量控制型</td><td>由外部供给能量并由被测输入量控制</td></tr>
<tr><td>能量转换型</td><td>直接由被测对象输入能量使传感器工作</td></tr>
<tr><td rowspan="8">按照工作的物理基础分类</td><td>电阻式</td><td>利用电阻参数变化实现信号转换</td></tr>
<tr><td>电容式</td><td>利用电容参数变化实现信号转换</td></tr>
<tr><td>电感式</td><td>利用电感参数变化实现信号转换</td></tr>
<tr><td>热电式</td><td>利用热电效应实现信号转换</td></tr>
<tr><td>压电式</td><td>利用压电效应实现信号转换</td></tr>
<tr><td>磁电式</td><td>利用磁电感应实现信号转换</td></tr>
<tr><td>光电式</td><td>利用光电效应实现信号转换</td></tr>
<tr><td>光纤式</td><td>利用光纤特性参数变化实现信号转换</td></tr>
<tr><td rowspan="7">按照被测物理量分类</td><td>温度</td><td rowspan="7">按照被测物理量的特性(即按照用途)分类</td></tr>
<tr><td>压力</td></tr>
<tr><td>流量</td></tr>
<tr><td>位移</td></tr>
<tr><td>角度</td></tr>
<tr><td>加速度</td></tr>
<tr><td>…</td></tr>
<tr><td rowspan="2">按照输出量分类</td><td>模拟式</td><td>输出量为模拟量</td></tr>
<tr><td>数字式</td><td>输出量为数字量</td></tr>
</table>

传感器种类繁多,而且许多传感器的应用范围又很宽,如何合理选用传感器是测试工作中的一个重要问题。

1.3 自动检测系统

1.3.1 自动检测系统的应用

检测技术是人们探索、认识事物不可缺少的技术手段。自古以来,检测技术渗透到人类的生产活动、科学实验、日常生活的各个方面。现在,测量科学已成为现代化生产的重要支柱之一,也是整个科学技术和国民经济的一项重要技术基础,它对促进生产力发展与社会进步起到举足轻重的作用。检测技术是将自动化、电子、计算机、控制工程、信息处理、机械等多种学科、多种技术融合为一体并综合运用的复合技术,广泛应用于工业、航空航天、智能家居、医疗、遥感等各领域自动化装备及生产自动化过程。

1. 在工业检测和自动控制系统中的应用

在机械、石油、化工、电力、钢铁等工业生产中需要测试各种工艺参数,然后通过电子计算机或者控制器对生产过程进行自动控制。例如,在机械制造业中,需要测量位移、尺寸、力、振动、速度、加速度等机械量参数,利用非电量电测仪器监视刀具的磨损和工件表面质量的变化,防止机床过载,控制加工过程的稳定性。此外,还可用非电量电测单元部件作为自动控制系统中测量反馈量的敏感元件(如光栅尺、容栅尺等),控制机床的行程、启动、停止和换向。在化工行业需要在线检测生产过程的温度、压力、流量、物位等热工量参数,实现对工艺过程的有效控制,确保生产过程能正常高效地进行,确保生产安全,防止事故发生。

检测技术也是各种自动控制系统不可或缺的重要组成部分,为了实现预定的控制目标,需要通过检测技术对被测量进行检测和分析判断,以便实现自动控制系统的控制目标。例如,在过去的生产线上,是用人工的方法将物料安放到指定地点,再进行下一步工序。而现在则是使用自动化设备分料,其中使用机器视觉系统进行产品图像抓取、图像分析,输出结果,再通过机器人,把对应的物料放到固定的位置上,从而实现工业生产的智能化、现代化、自动化。

2. 在国防军事、航空航天领域的应用

国防军事、航空航天领域科学研究的需求催生了许多先进的检测技术。例如,研究飞机的强度,就要在机身、机翼上贴几百个应变片并进行动态测量;在导弹和航天器的研制中,检测技术就更为重要,必须对它们的每个构件进行强度和动态特性测试、EMC 试验等。

3. 在家用电器、智能家居领域的应用

随着家电产品自动化与智能化程度的提高,检测技术也进入了人们的日常生活。现代家用电器中,空调、洗衣机、电热水器、照相机、安全报警器、厨房电器等都用到了检测技术。例如,全自动洗衣机中需要对衣物质量、质地、水温、透光率(洗净度)、液位以及衣物烘干程度等进行检测,为自动运行提供信息。又如,自动检测并调节房间的温度、湿度,煤气和液化气的泄漏报警,路灯的声控等。

4. 在医疗仪器和设备中的应用

各种医疗仪器和设备应用测试技术对人体温度、血压、心/脑电波等进行准确的监测和诊断,对治疗和康复效果进行观察检测。例如,医用超声波清洗机、电容式压力传感器在血压、呼吸测量方面的应用等。

5. 在遥感技术和资源环境、文物保护中的应用

在飞机及卫星等飞行器上利用紫外、红外光电传感器及微波传感器探测气象、海洋和地质,监测大气、水质及噪声污染等情况,服务于资源和环境保护工作。在文物保护领域,研究人员已开始用非电量电测技术进行文物的保护和修复等。

由此可见,测试技术的应用范围广泛,发挥的作用巨大,已经成为国民经济发展和社会进步的一项不可缺少的重要基础技术。检测技术的发展推动着生产和科技的进步,生产和科技的进步反过来也要求和支持着检测技术的发展。检测技术的研究与应用,不仅具有重要的理论意义,符合当前及今后相当长时期内我国科技发展的战略,而且紧密结合国民经济的实际情况,对促进技术进步、传统工业技术改造和智能制造装备等领域的现代化有着重要的意义。

1.3.2 自动检测系统的基本设计方法

自动检测系统区别于传统检测系统的主要特点在于其“自动性”,体现为系统可根据被测参数、外部环境以及应用要求等的变化,灵活、自动地选择测试方案并完成测试任务。因此,设计自动检测系统要着重从如何充分提高系统的自动化程度、提高系统对环境及被测量变化的适应性、提高系统对使用方式变化的适应性等方面来考虑。

自动检测系统的一般设计过程如图 1.9 所示。由图可知,设计的主要步骤包括系统需求分析、系统总体设计、采样速率确定、标度变换设计、硬件设计、软件设计、系统集成与维护等。

需要特别指出的是,在设计自动检测系统时,除技术因素外,还要考虑法律、道德、经济、社会、环境、文化、健康、安全、能效等非技术因素,通过每一个环节的理念熏陶、价值观塑造,形成良好的人格操守、处事原则、价值判断和回馈情怀,使自己成长为具有使命感的人,具有良好的职业操守和社会道德责任感,心系社会、敢于担当。

1. 系统需求分析

系统需求分析就是确定系统的功能、技术指标和设计任务。主要是对被设计系统运用系统论的观点和方法进行全面的分析和研究,以明确对所进行的设计提出哪些要求和限制,了解被测对象的特点、所要求的技术指标和使用条件等。

此部分的重点:分析被测信号的形式与特点,被测量的数量、变化范围,输入信号的通道数,性能指标要求,激励信号的形式和范围要求,测试系统所要完成的功能,测量结果的输出方式及输出接口配置,系统的结构、面板布置、尺寸大小、研制成本、应用环境等的要求。

2. 系统总体设计

系统总体设计包括系统电气连接形式设计、系统控制方式设计、系统总线选择和系统结构设计等方面。

系统总体设计在整个设计过程中至关重要。系统总体设计应本着创新的精神和规则或标准意识,考虑性能稳定、精度符合要求、具有足够的动态响应、具有实时与事后数据处理能力、具有开放性和兼容性等要求,追求整体优化,并确保工程上的可行性、合理性。

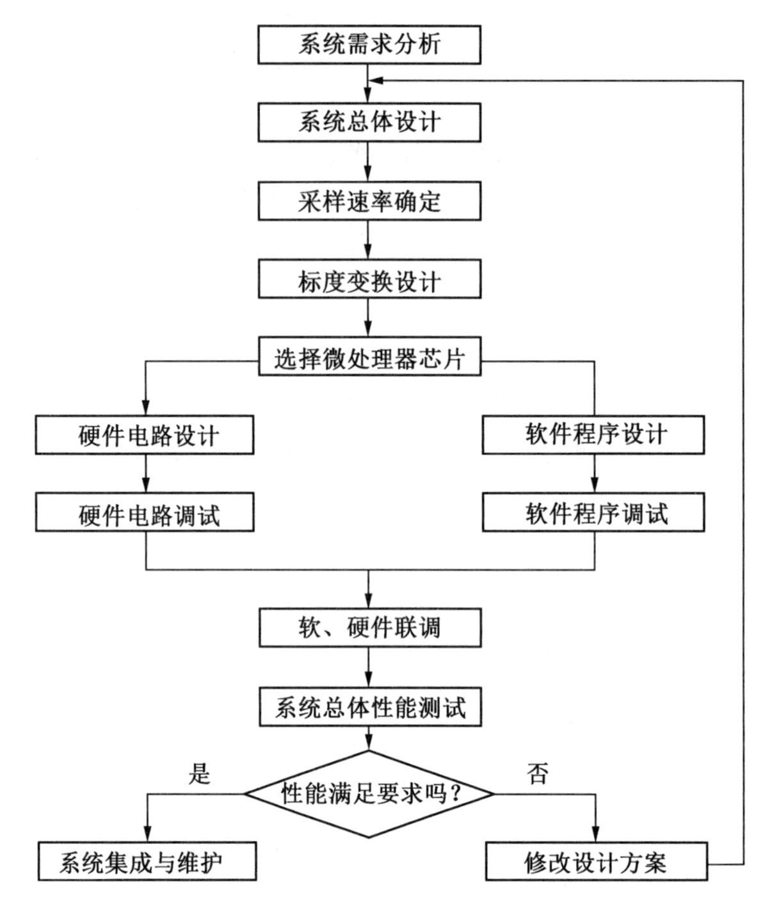

图1.9 自动检测系统的一般设计过程

3. 采样速率确定

自动检测系统对被测信号的处理和计算是以数字量的形式进行的,当被测信号为连续的模拟量时,自动检测系统的输入通道将以某种速率对被测模拟信号进行采样,转换为数字量再供微处理器进行处理和计算。采样速率确定是一项重要的工作,必须正确选择采样速率,才能保证获得合理的性价比。

4. 标度变换设计

被测信号通过ADC转换成数字量后,往往还要转换成人们熟悉的工程值。因为ADC输出的是一系列数字,同样的数字往往代表着不同的被测量,即转换成带有量纲的数值后才具有参考意义和应用价值,这种转换就是标度变换。

根据被测量和传感器的传输特性,标度变换的实现方法很多,常用的有硬件实现法和软件实现法。

5. 硬件设计

硬件设计的内容主要包括传感器的选型、微处理器或计算机的选型、输入输出通道设计以及需要自行完成的硬件设计。硬件设计是指在系统总体设计的基础上,根据确定的电气连接形式、控制方式、系统总线等,以及补测量的数量、特点,要实现的检测功能等来进行硬件选型或电路设计,使整个系统的构成完整、协调。此外,硬件设计的步骤与自动检测系统的功能要求和系统复杂程度有关。

6. 软件设计

自动检测系统“自动”功能的实现必须依赖软件的设计，包括软件结构、软件平台和功能程序设计等。软件设计一般要遵循结构合理、操作性好、具有一定的保护措施和尽量提高程序的执行速度的原则。

软件设计是自动检测系统设计的一项重要工作，软件设计的质量直接关系到系统的使用效率。一个好的软件系统应具有正确性、可靠性、可测试性、易使用性、易维护性等诸多性能。

7. 系统集成与维护

任何自动检测系统的设计都离不开各个模块的集成，同时还要进行硬件和软件的联合调试和系统集成测试，以排除软、硬件不匹配的地方、设计错误和各类故障，进行修改完善。只有通过全面测试，排除了所有错误并达到设计要求的自动检测系统才能交付使用，并根据使用情况进入后续的系统维护阶段。

1.3.3　典型的自动检测系统

1. 自动磨削测控系统

自动磨削测控系统如图1.10所示，图中的传感器快速检测出工件的直径参数 D，计算机一方面对直径参数做一系列的运算、比较、判断等工作，然后将有关参数送到显示器显示出来；另一方面发出控制信号，控制研磨盘的径向位移 x，直到工件加工到规定要求为止。该系统是一个自动检测与控制的闭环系统，也称为反馈控制系统。

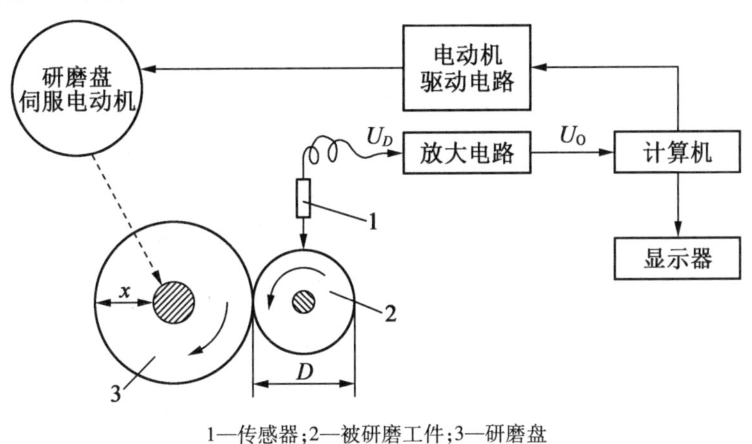

1—传感器；2—被研磨工件；3—研磨盘

图1.10　自动磨削测控系统

2. 自动温度测量系统

基于Pt100温度传感器的自动温度测量系统结构如图1.11所示。首先通过Pt100传感器将被测温度信号转换成与之对应的电阻，再通过信号调理放大电路将其转换成电压值，通过ADC转换为数字量后送入单片机，进行计算、信息处理、温度实时显示和系统控制等。该自动温度测量系统操作简单、使用方便、测量准确、抗干扰能力强，为温度的快速测量提供了方便，并且可以测量多达8路温度信号。

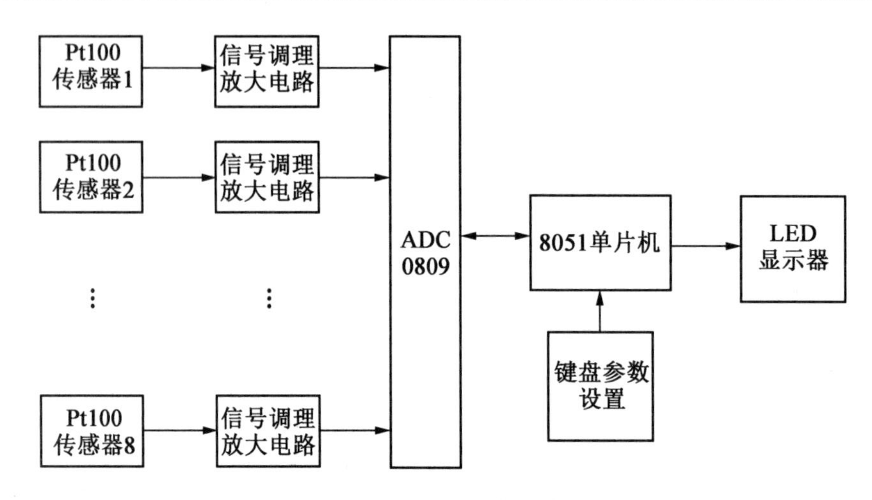

图 1.11 自动温度测量系统结构

1.4 检测技术的发展趋势

近年来,随着传感器、检测技术、计算机技术、通信技术、“互联网+”的不断发展,以及对检测领域的拓展需求,测量范围、精度的要求不断提高,检测技术的发展也迎来了一个新的快速发展的阶段,检测装置向小型化、集成化及智能化等方向发展。当前,检测技术的发展趋势主要体现在以下几个方面。

1. 检测设备向高性能、多功能、集成化方向发展

检测设备和整个自动检测系统在性能上不断地提高,使检测的结果在精度和准确性上也相应提高。随着科学技术的不断发展,检测技术中传感器的特性也不断发展,比如其分辨力、测量精度、线性度、测量范围等在不断提高。例如,用直线光栅测量直线位移时,测量范围在 10 m 以上,而分辨力可达微米级。人们已研制出能测量低至几帕的微压和高至几千兆帕的高压的压力传感器,开发了能够测出极微弱磁场的磁敏传感器、基于扫描电子显微镜的精密纳米计量设备、微纳坐标测量机等。

在科学技术进步与社会发展的过程中,会不断出现新领域、新事物,需要人们去认识、探索和开拓。为此,在提高测量仪表精度的同时,扩展仪表的功能也是目前的发展趋势。特别是计算机技术的发展,也使传感与检测技术产生了革命性的变化,在许多检测系统中利用计算机而使测量精度更高、功能更全。同一功能的多元件并列化,即将同一类型的单个传感元件用集成工艺在同一平面上排列起来,如 CCD 图像传感器。多功能一体化,即将传感器与放大、运算以及温度补偿等环节一体化。

为同时测量几种不同的被测量,可将几种不同的传感器元件复合在一起制成集成块。例如,一种温、气、湿三功能陶瓷传感器已经研制成功。把多个功能不同的传感器元件集成在一起,除可同时进行多种被测量的测量外,还可对这些被测量的测量结果进行综合处理和评价,进而了解被测对象的整体状态。

2. 向被测量复杂多样化、测量条件极端化方向发展

被测量由静态测量向动态测量的需求不断转变。现在,各种运动状态下、制造过程

中、物理化学反应进程中等动态量测量越来越普及,促使测量方式由静态向动态转变。

被测量从简单信息向多信息融合需求发展,传统的测量问题涉及的测量信息种类比较单一,现代测量信息系统往往包括多种类型的被测量,信息量大,如大批量工业制造的在线测量,包含巨量数据信息(测量领域的大数据)。巨量信息的可靠、快速传输和高效管理以及如何消除各种被测量之间的相互干扰,从中挖掘多个测量信息融合后的目标信息,将形成一个新兴的研究领域,即多信息融合。

被测量从传统的几何量向几何量与非几何量集合方向发展,传统机械系统和制造系统主要面对几何量测量。当前复杂机电系统功能扩展,精度提高,系统性能涉及多种参数,测量问题已不仅限于几何量,还应将其他机械工程研究中常用的物理量包括在内,如力学性能参数、功能参数等。

当前部分测量问题出现被测量复杂化,测量条件极端化的趋势,有时需要测量的是整个机器或装置,被测量多样且定义复杂;有时需要在高温、高压、高速、高危场合等环境中进行测量,测量条件极端化。

3. 参数测量与数据处理向自动化、智能化方向发展

一个产品的大型综合性实验,准备时间长,待测的参数多,少则有几十个,多则有几百个数据通道。这些通道状态如果完全依靠人工检查,就要耗费很长时间;众多的数据若依靠人工处理,不仅处理周期太长,处理结果精度也低。自 20 世纪 70 年代微处理器问世以来,人们已将计算机技术应用到测量技术中,使检测系统智能化,从而扩展了功能,提高了准确度和可靠性,目前研制的检测系统大都带有微处理器。许多以微处理器、微控制器或微型计算机为核心的传感器实现了智能化。这些测试仪器通常具有自诊断、自调零、自校准、自选量程、自动测试功能,强大的数据处理和统计分析功能,远距离数据通信功能,可配置各种数字通信接口,还可以方便地接入不同规模的自动检测、控制与信息管理网络系统。这种将传感器与微处理器等技术相结合,使之不仅具有检测功能,还具有信息处理、逻辑判断、自动诊断等功能的智能传感器是检测技术发展的主要方向。

4. 应用新技术、新型传感器向新的检测领域拓展

检测原理大多以各种物理效应为基础,近代物理学的进展(如纳米技术、激光、红外、超声波、微波、光纤、放射性同位素等新成就)都为检测技术的发展提供了更多的依据。例如,图像识别、激光测距、红外测温、C 型超声波无损探伤、放射性测厚、中子探测爆炸物等非接触测量得到迅速的发展。

新型传感器表现为采用新原理、填补传感器空白、研究仿生传感器等方面。它们之间是相互联系的,传感器的制造材料是传感器技术的重要基础,用复杂材料来制造性能更加良好的传感器是今后的发展方向之一。例如,光导纤维的应用是传感器材料的重大突破,用它研制的传感器与传统的传感器相比具有突出优点。随着生物传感器、仿生传感器等研究的进步以及新的物理现象、物理效应的发现,出现了许多新的测量技术(如引力波测量),扩大了检测领域。

20 世纪 70 年代以前,检测技术主要用于工业领域。如今,检测领域正扩大到整个社会的各个方面。不仅包括工程、海洋开发、宇宙航行等尖端科学技术和新兴工业领域,而且已涉及生物、医疗、环境污染监测、危险品和毒品的侦察、安全监测等方面,并且已开始渗透到人们的日常生活。

5. 向虚拟仪器、无线传感器网络检测系统方向发展

虚拟仪器(virtual instrument)是日益发展的计算机硬件、软件和总线技术与测试技术、仪器技术密切结合的成果,其核心是以计算机作为仪器统一的硬件平台,充分利用计算机的运算、大容量存储、回放、调用、显示以及文件管理等功能,同时把传统仪器的专业化功能和面板控件软件化,从而构成一台外观与传统硬件仪器相同,功能得到显著加强,充分利用计算机智能资源的全新仪器。

随着微电子技术的发展,现在已可以将十分复杂的信号调理和控制电路集成到单块芯片中。传感器的输出不再是模拟量,而是符合某种协议格式(如可即插即用)的数字信号。通过企业内外网络实现多个检测系统之间的数据交换和共享,构成网络化的检测系统。还可以远在千里之外,随时随地浏览现场工况,实现远程调试、远程故障诊断、远程数据采集和实时操作。

无线传感器网络可监测地震、电磁、温度、湿度、噪声、光强、压力、土壤成分,以及移动物体的大小、速度和方向等周边环境中多种多样的数据。潜在的应用领域包括远程战场、航空航天、防爆、救灾、环境、医疗、保健、家居、工业、商业等。

总之,自动检测技术的蓬勃发展适应了国民经济发展的迫切需要,是一门充满希望和活力的新兴技术,目前取得的进展已十分瞩目,并且,现代传感器技术、计算机技术等的日益发展和相互融合,也必将为现代检测技术的发展注入源源不断的活力,随着不断的探索和创新研究,今后还将有更大的发展。

1.5 本课程的学习要求

根据本门学科的对象和任务,对高等学校电气类、自动化类、机电类和计算机类等有关专业来说,本课程是一门主干技术基础课。通过对本课程的学习,学生可具备合理地选用检测装置,并初步掌握相应的测量转换、信号调理电路和应用所需的基本知识和技能,为在工程实际中完成对象检测任务打下必要的基础。具体而言,学完本课程后应具备以下的知识和技能。

(1)对自动检测工作的概貌和思路有比较完整的概念,对相关系统及其各环节有比较清楚的认识。

(2)了解常用传感器的工作原理和性能,并能依据测试工作的具体要求较为合理地选用。

(3)掌握测试装置的测量转换、信号调理电路的设计方法,并能正确地运用于测试装置的分析、选择和匹配。

(4)通过本课程的学习和实践,应能对工程中某些参数的测试自行选择、设计测试仪器仪表,组建测试系统和确定测试方法,并能对测试结果进行必要的数据处理。

实践要求:本课程具有很强的实践性,在学习过程中应紧密联系实际,注意掌握基本理论,弄清物理概念,同时,也必须加强对动手能力的培养,通过教学实验和实践环节,尽可能熟练掌握有关的测试技术和测试方法,达到具有初步处理实际测试工作的能力。

知识准备:由于本课程综合应用了多学科的原理和技术,是多门学科的交叉,是数学、物理学、电工学、电子学、自动控制工程及计算机技术的交叉融合,因此,为了学好本课程,

要求在学习本课程之前,应当具备有关学科特别是电工学(含电子技术)和微机原理及应用等课程的基础。

本课程涉及的学科面广,需要有较广泛的基础、专业知识和适当的理论知识。学好本课程的关键在于将理论联系实际,要举一反三,富于联想,善于借鉴,关心和观察周围的各种机械、电气设备,重视实验,才能学得活、学得好。

思政元素:科学精神,严谨求实,勿以恶小而为之,勿以善小而不为;失之毫厘,谬之千里,通过误差的计算和处理培养精益求精的科学精神,在工作和学习中追求真理,永无止境;工匠精神、创新思维、爱国教育,三百六十行,行行出状元。

习　题

1. 各举出两个生活或工业生产中的非电量电测的例子来说明以下概念。

(1)静态测量;(2)动态测量;(3)直接测量;(4)间接测量;(5)接触式测量;(6)非接触式测量。

2. 检定一台满量程 $A_m = 5$ A,精度等级为1.5的电流表,测得在2.0 A处其绝对误差 $\Delta x = 0.1$ A,请问该电流表是否合格,为什么?

3. 实现参数检测的一般方法主要有哪些?

4. 什么是传感器,它由哪几个部分组成,分别起到什么作用? 试举例说明。

5. 传感器有哪些分类方法?

6. 什么是传感器的静态特性? 描述传感器静态特性的主要指标有哪些?

7. 某位移传感器,在输入量变化6 mm时,输出电压变化300 mV,求其灵敏度。

8. 自动检测技术是自动化技术中的关键技术之一,传感器是自动化系统的重要组成部分。请问:传感器处于自动化系统的哪个环节? 为什么说"没有传感器,就没有控制"?

第 2 章　电阻传感器

电阻传感器种类繁多，应用的领域也十分广泛。电阻传感器的基本原理是将各种被测非电量的变化转换成电阻的变化，然后通过对电阻变化的测量，达到非电量电测的目的。本章介绍的电阻传感器有电阻应变式传感器、测温热电阻传感器、气敏电阻传感器、湿敏电阻传感器等。利用电阻传感器可以测量位移、应变、力、荷重、加速度、压力、力矩、温度、湿度、气体成分及浓度。例如，“喝酒不开车，开车不喝酒”已是人尽皆知的常识，如果违反了这条法规，人身和驾驶自由就会受到限制，酒精测试仪就是用来评判是否属于酒驾的。温湿度传感器在智慧农业温室环境控制系统中应用，推动着我国智慧农业不断发展等。

2.1　电阻应变式传感器

2.1.1　应变片工作原理

电阻应变式传感器是一种利用电阻应变效应，由电阻应变片和弹性敏感元件组合而成的传感器。将电阻应变片粘贴在各种弹性敏感元件上，当弹性敏感元件感受到外力、位移、加速度等作用时，弹性敏感元件产生应变，再通过粘贴在上面的电阻应变片将其转换成电阻的变化。通常，它主要由敏感元件、基底、引出线和覆盖层等组成。其核心元件是电阻应变片（敏感元件），它的主要作用是实现应变到电阻的转换。根据敏感元件材料与结构的不同，电阻应变式传感器分为金属电阻应变片式与半导体应变片式。

1. 金属电阻应变片

金属电阻应变片有丝式、箔式两种。图 2.1 所示为几种常用的金属电阻应变片。

如图 2.2 所示，金属丝式应变片中，高电阻率电阻丝（直径约为 0.025 mm）制成的敏感栅粘贴在绝缘的基底与覆盖层之间，并由引出线引出。它由覆盖层、敏感栅、基底及引出线 4 部分组成。敏感栅可由金属丝、金属箔制成，它是转换元件，被粘贴在基底上。用黏结剂粘贴在传感器弹性元件或试件上的应变片，通过基底把应变传递到敏感栅上，同时基底起绝缘作用，覆盖层起绝缘保护作用。焊接于敏感栅两端的引线起连接测量导线之用。

由于金属丝式应变片蠕变较大，因此金属丝易脱胶，有逐渐被箔式应变片所取代的趋势。但金属丝式应变片价格低廉，多用于要求不高的试验。

金属箔式应变片是利用照相制板或光刻腐蚀技术，将电阻箔材（厚为 1~10 μm）做在绝缘基底上制成的应变片，有各种形状，如图 2.3 所示。金属箔式应变片的箔栅采用光刻技术，以大量生产方式制造，其线条均匀，尺寸准确，电阻一致性好。箔栅的粘贴性能、散热性能均优于丝栅，允许通过较大电流。因此目前大多使用金属箔式应变片。

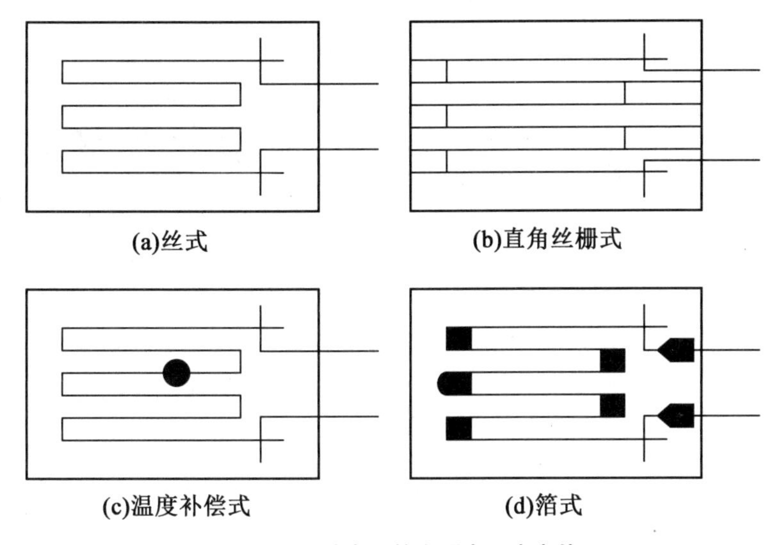

图 2.1　几种常用的金属电阻应变片

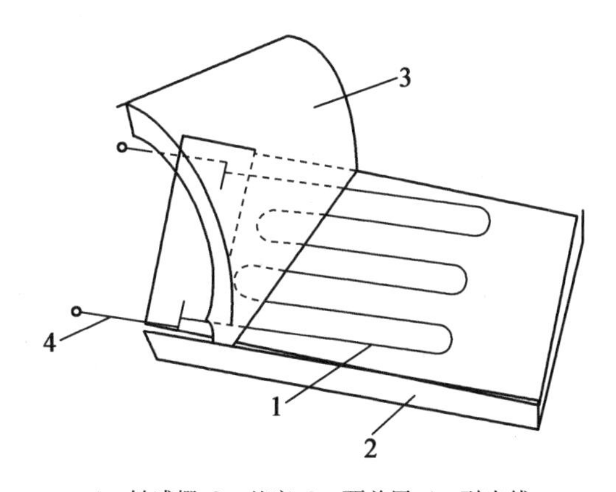

1—敏感栅;2—基底;3—覆盖层;4—引出线

图 2.2　金属丝式应变片

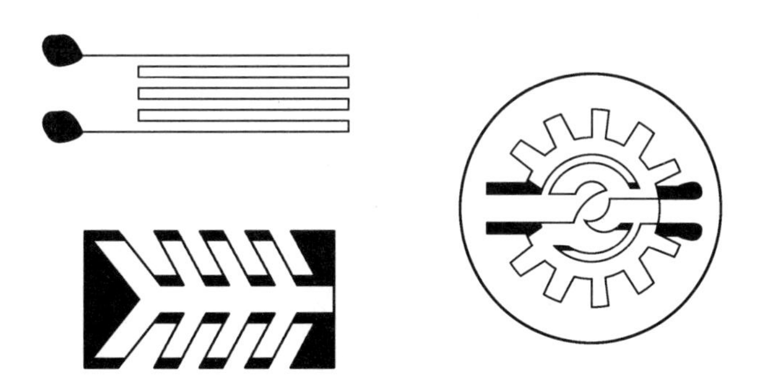

图 2.3　金属箔式应变片

金属电阻应变片的工作原理是基于应变效应。导体或半导体材料在外界力的作用下,会产生机械形变,其电阻也将随着发生变化,这种现象称为应变效应,如图 2.4 所示。

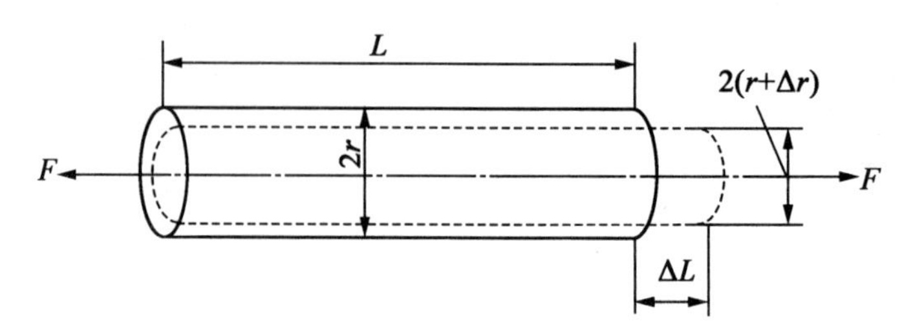

图 2.4 应变效应

当敏感栅在工作中产生形变时，其电阻发生相应变化。由于 $R=\rho l/A$，敏感栅变形，则电阻丝（或箔栅线条）的长度 l、截面面积 A 和电阻率 ρ 发生变化。当每一可变因素分别有一增量 $\mathrm{d}l$、$\mathrm{d}A$ 和 $\mathrm{d}\rho$ 时，所引起的电阻增量为

$$\mathrm{d}R=\frac{\partial R}{\partial L}\mathrm{d}l+\frac{\partial R}{\partial A}\mathrm{d}A+\frac{\partial R}{\partial \rho}\mathrm{d}\rho \tag{2.1}$$

式中 A——电阻丝的截面面积，$A=\pi r^2$；

l——电阻丝的长度；

ρ——电阻丝的电阻率。

所以电阻的相对变化为

$$\frac{\mathrm{d}R}{R}=\frac{\mathrm{d}l}{l}-2\frac{\mathrm{d}r}{r}+\frac{\mathrm{d}\rho}{\rho} \tag{2.2}$$

式中 $\mathrm{d}l/l$——以 ε 表示，电阻丝轴向相对形变，或称纵向应变；

$\mathrm{d}r/r$——电阻丝径向相对形变，或称横向应变。

根据材料力学可知，当电阻丝沿轴向伸长时，必沿径向缩小，两者之间的关系为

$$\frac{\mathrm{d}R}{R}=(1+2\mu)\varepsilon+\frac{\mathrm{d}\rho}{\rho} \tag{2.3}$$

式中 μ——电阻丝材料的泊松比；

$\mathrm{d}\rho/\rho$——电阻率的相对变化，与电阻丝轴向所受正应力 σ 有关，

$$\frac{\mathrm{d}\rho}{\rho}=\lambda\sigma=\lambda E\varepsilon \tag{2.4}$$

式中 E——电阻丝材料的弹性模量；

λ——压阻系数，与材料有关。

由此，式(2.2)可改写为

$$\frac{\mathrm{d}R}{R}=(1+2\mu+\lambda E)\varepsilon \tag{2.5}$$

金属电阻材料的 λE 很小，即其压阻效应很弱。因此 $\lambda E\varepsilon$ 项所代表电阻率随应变的改变引起的电阻变化可以忽略。这样，式(2.5)可简化为

$$\frac{\mathrm{d}R}{R}\approx(1+2\mu)\varepsilon \tag{2.6}$$

式(2.6)表明，应变片电阻的相对变化与应变成正比，其灵敏度为

$$S=\frac{\mathrm{d}R/R}{\mathrm{d}l/l}=1+2\mu=\text{常数} \tag{2.7}$$

用于制造应变片的电阻材料的应变系数或称灵敏度系数(K)多在 1.7~3.6。

金属电阻应变片的灵敏度 $S \approx K$。常用金属电阻材料物理性能如表 2.1 所示。

表 2.1　常用金属电阻材料物理性能

材料名称	成分		灵敏度系数 K	在 20 ℃时的电阻率/($\mu\Omega \cdot m$)	在 0~100 ℃内的电阻温度系数/($\times 10^{6} \cdot ℃^{-1}$)	最高使用温度/℃	对铜的热电势/($\mu V \cdot ℃^{-1}$)	线膨胀系数/($\times 10^{6} \cdot ℃^{-1}$)
	元素	质量分数/%						
康铜	Ni Cu	45 55	1.9~2.1	0.45~0.52	±20	300(静态) 400(动态)	43	15
镍铬合金	Ni Cr	80 20	2.1~2.3	0.9~1.1	110~130	450(静态) 800(动态)	3.8	14
镍铬铝合金 6J22 (卡玛合金)	Ni Cr Al Cu	74 20 3 3	2.4~2.6	1.24~1.42	±20	450(静态) 800(动态)	3	13.3
铁铬铝合金	Fe Cr Al	70 25 5	2.8	1.3~1.5	30~40	700(静态) 1 000(动态)	2~3	14
铂	Pt	100	4~6	0.09~0.11	3 900	800(静态)	7.6	8.9
铂钨合金	Pt W	92 8	3.5	0.68	227	1 000(动态)	6.1	8.3~9.2

2. 半导体应变片

图 2.5 所示为半导体应变片。其工作原理是基于半导体材料的压阻效应,即受力变形时电阻率 ρ 发生变化。

单晶半导体受力变形时,原子点阵排列规律发生变化,导致载流子浓度和迁移率改变,引起电阻率变化。

式(2.5)中,$(1+2\mu)\varepsilon$ 项是几何尺寸变化引起的,$\lambda E\varepsilon$ 项是电阻率变化引起的,对半导体材料而言,后者远远大于前者。因此,可把式(2.5)简化为

$$\frac{dR}{R} \approx \lambda E\varepsilon \tag{2.8}$$

半导体应变片的灵敏度为

$$S = \frac{dR/R}{\varepsilon} \approx \lambda E \tag{2.9}$$

其值一般比金属电阻应变片的灵敏度值大 50~70 倍。

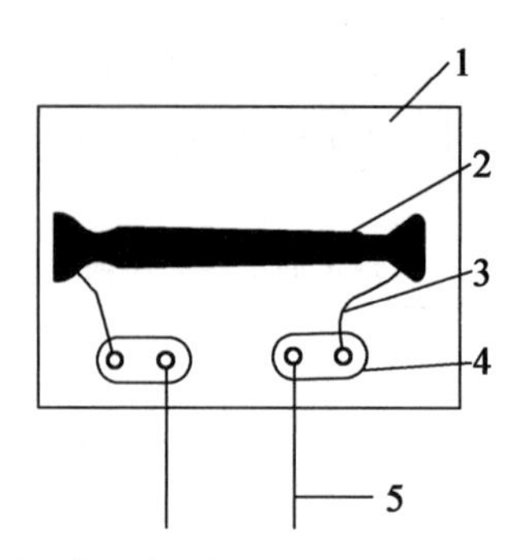

1—胶膜基片;2—半导体敏感元件;3—内引出线;4—焊盘;5—外引出线

图 2.5 半导体应变片示意图

半导体应变片有以下特点:

①灵敏度高,是金属电阻应变片的 50~100 倍,工作时,可不必用放大器,可用电压表或示波器等简单仪器获得测量结果;

②体积小,耗电少;

③具有正、负两种符号的应力效应(即在拉伸时 P 型硅应变计的灵敏度系数为正值;而 N 型硅应变计的灵敏度系数为负值);

④机械滞后小,横向效应小,测量范围大,频响范围宽,可测量静态应变、低频应变等;

⑤温度稳定性差、灵敏度分散性较大,以及在较大应变作用下,非线性误差大等。

3. 金属电阻应变片与半导体应变片的比较

金属电阻应变片的性能稳定、精度较高。这类传感器的主要缺点是应变片的灵敏度小。为了改进金属电阻应变片的不足,在 20 世纪 50 年代末出现了体型半导体应变片和扩散型半导体应变片。使用半导体应变片制成的传感器,称为固态压阻式传感器,它的突出优点是灵敏度高,尺寸小,横向效应也小,滞后和蠕变都小,因此适用于动态测量。

4. 应变片的粘贴

应变片的粘贴包括弹性体粘贴表面处理、贴片位置确定、贴应变片、干燥固化、质量检查、引线焊接与固定,以及防护与屏蔽等。

应变片是用黏结剂贴到弹性体上的,黏结剂形成的胶层必须迅速地将被测件的应变传递到敏感栅上。黏结剂的性能及粘贴工艺的质量直接影响应变片的工作特性,如零漂、蠕变、滞后、灵敏度等。可见选择黏结剂和正确的粘贴工艺与应变片的测量精度有着非常重要的关系。常用的黏结剂类型有硝化纤维素型、氰基丙烯酸型、聚酯树脂型、环氧树脂型和酚醛树脂型等。

应变片的粘贴质量直接影响应变测量的准确度。粘贴步骤大致为:①准备工作;②涂胶;③贴片;④复查;⑤接线;⑥防护。其中,为了保证一定的黏合强度,必须将试件表面处理干净,打光面积为应变片面积的 3~5 倍。然后在试件表面和应变片的底面各涂一层薄而均匀的胶水。贴片后,在应变片上盖一张聚乙烯塑料薄膜并加压,将多余的胶水和气泡排出。固化、检查合格后,即可焊接引线。引线要用柔软、不易老化的胶合物适当地加以固定,以防止导线摆动时折断应变片的引线。然后在应变片上涂一层柔软的防护层,以防止大气对应变片的侵蚀,保证应变片长期工作的稳定性。

2.1.2　测量转换电路

金属电阻应变片的电阻变化范围通常小于0.1%。例如,金属丝式电阻应变片的灵敏度系数$K=2$,电阻$R=120\ \Omega$,承受机械应变$10^3\ \mu\varepsilon$($1\ \mu\varepsilon$相当于1 m长试件,形变为1 μm),其电阻变化仅为0.24 Ω。为了避免"本底"电阻大带来的测量误差,需要用测量转换电路,在电阻应变式传感器中,最常用的测量转换电路是桥式电路。按电源的性质不同,桥式电路可分为交流电桥电路和直流电桥电路,目前使用较多的是直流电桥电路。下面以直流电桥电路为例,简要介绍其工作原理及有关特性。

直流电桥主要的特点如下。

①所需的高稳定度直流电源较易获得;

②电桥输出是直流量,可以用直流仪表测量,精度较高;

③电桥的预调平衡电路简单,仅需对纯电阻加以调整即可;

④零漂、温漂和地电位的影响较大。

1. 直流电桥电路

直流电桥电路如图2.6所示,R_1、R_2、R_3、R_4称为电桥的桥臂电阻,电桥节点a、c为输入端,接U_i(电源电压)。电桥节点b、d为输出端,在接入输入阻抗较大的仪表或放大器时,可视为开路,输出电压U_o表示为

$$U_o=U_{ba}-U_{da}=U_i\left(\frac{R_1}{R_1+R_2}-\frac{R_4}{R_3+R_4}\right)=U_i\frac{R_1R_3-R_2R_4}{(R_1+R_2)(R_3+R_4)} \tag{2.10}$$

欲使$U_o=0$,此时电桥达到平衡,必须满足对称臂电阻乘积相等,即$R_1R_3=R_2R_4$或者$R_1/R_2=R_4/R_3$。适当选择各桥臂的电阻,可使电桥在测量前满足平衡条件。为了使计算简单,减小由温漂、零点漂移等引起的影响,通常使4个桥臂的电阻相等,即$R_1=R_2=R_3=R_4=R$,4个桥臂电阻相等的电桥称为全等臂电桥(四臂全桥)。

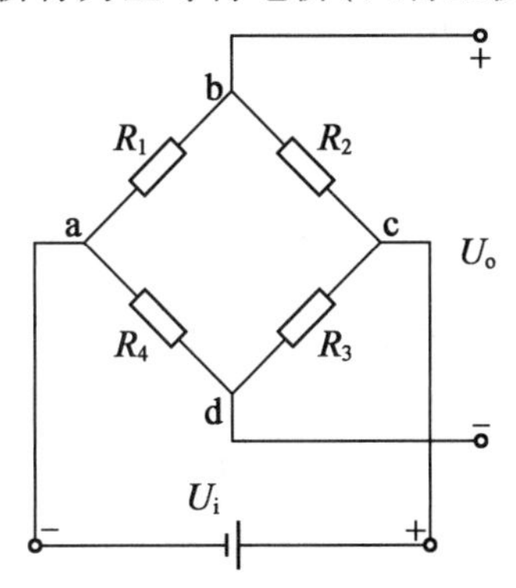

图2.6　直流电桥电路

2. 直流电桥电路结构形式

根据电阻变化值输入电桥的方法不同,直流电桥电路有单臂半桥、双臂半桥、四臂全桥3种类型。设各桥臂的初始电阻为$R_1=R_2=R_3=R_4=R$,应变片电阻变化值$\Delta R_i \ll R_i(i=1,2,3,4)$,且可省略$\Delta R_i$的高次项。

(1)单臂半桥。

若全等臂电桥的桥臂电阻 R_1 发生了 ΔR 的变化，电桥就失去了平衡，如图 2.7 所示，根据式（2.10），得到输出电压为 $U_o=\frac{U_i}{4}\frac{\Delta R}{R}$。由此说明，当电桥的桥臂电阻受被测信号的影响发生变化时，电桥电路的输出电压也将随之发生变化，从而实现由电阻变化到电压变化的转换。

（2）双臂半桥。

两个桥臂电阻 R_1、R_2 发生变化，通常是对称的变化，如图 2.8 所示，根据式（2.10），得到输出电压为 $U_o=\frac{U_i}{2}\frac{\Delta R}{R}$。

由此说明，其输出电压的变化是单一桥臂变化时的 2 倍。

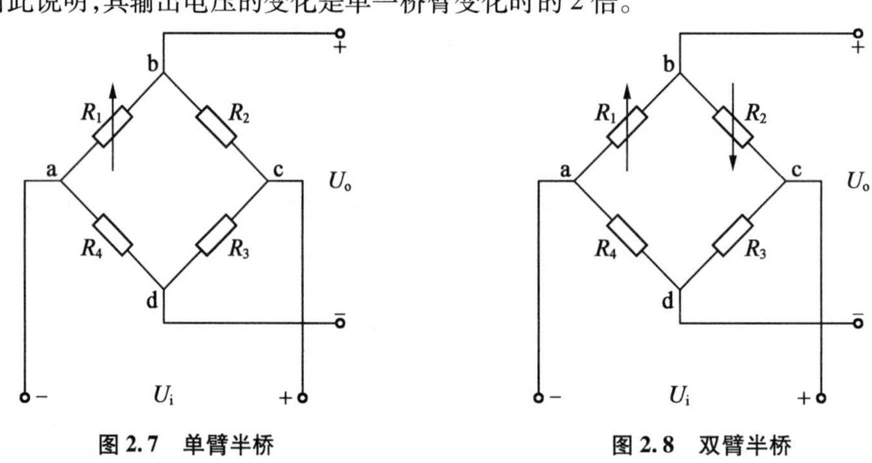

图 2.7 单臂半桥　　图 2.8 双臂半桥

（3）四臂全桥。

各桥臂电阻均发生不同程度的微小变化，4 个桥臂中的一组对称臂增大，另一组对称臂减小，假如变化规律如图 2.9 所示，称这个电桥为四臂全桥。此时电桥的输出电压为 $U_o=\frac{\Delta R}{R}U_i$，其输出电压的变化比双臂半桥又提高了 1 倍，是单臂半桥的 4 倍。

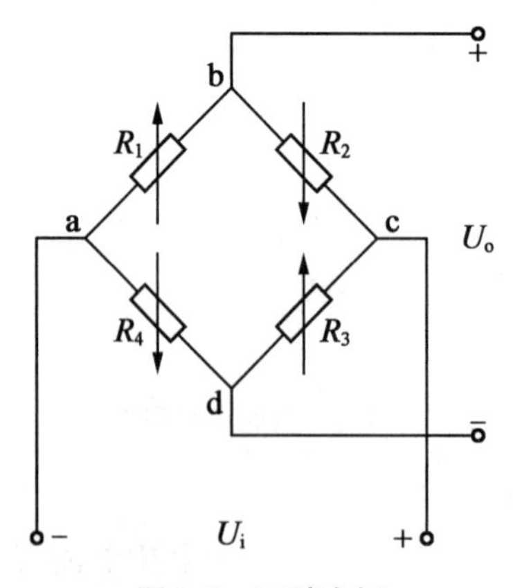

图 2.9 四臂全桥

3. 电桥灵敏度 K

灵敏度是评价电桥的一个重要指标，电桥的灵敏度可以用电桥测量臂的单位相对变化量引起输出端电压的变化来表示，即 $K=\dfrac{U_o}{R/\Delta R}$。

(1) 单臂电桥：$K=U_i/4$。

(2) 双臂电桥：$K=U_i/2$。

(3) 全臂电桥：$K=U_i$。

4. 桥式测量转换电路的调零

实际使用中，R_1、R_2、R_3、R_4 不可能严格成比例关系，所以即使在未测量时，电桥的输出也不一定能严格为零，因此必须设置调零电路，如图 2.10 所示。调节 R_P，最终可以使 R_1 与 $(R'+R_5)$、R_2 与 $(R''+R_5)$ 的并联电阻之比等于 R_4/R_3，其中 R' 表示变化后的 R_P 的左边，R'' 表示变化后的 R_P 的右边，电桥趋于平衡，U_o 就可被预调到零位，这一过程称为调零。图中的 R_5 是用于减小调节范围的限流电阻。上述测量方法属于第 1 章论述过的微差式测量。

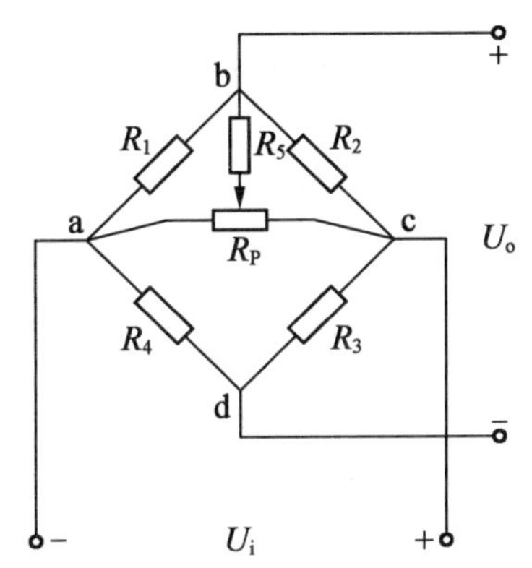

图 2.10　桥式测量转换电路的调零原理图

2.1.3　电阻应变式传感器的应用

前面介绍了电阻应变片的工作原理和测量电路，电阻应变片能将应变直接转换成电阻的变化。电阻应变式传感器具有测量精度高、动态响应好、使用简单和体积小等优点，金属电阻应变片除了测量试件应力、应变外，还制造成多种应变式传感器来测量力、扭矩、位移、压力、加速度等其他物理量。

在测量试件的应变时，直接将应变片粘贴在被测构件上，然后将其接到应变仪上，就可以直接从应变仪上读到相应的应变值，但如果要测量其他物理量（如力、压力、加速度等），就需要先将这些物理量转换成应变，再通过电阻应变片采用前面介绍的方法进行测量。此时多了一个转换过程，完成这种转换的元件称为弹性元件。电阻应变式传感器由弹性元件和粘贴于其上的应变片构成。注意应在弹性元件或被测构件应变最大的部位粘贴应变片。下面介绍其典型应用。测力方面的应用在第 5 章详细介绍。

1. 应变式荷重传感器

应变式荷重传感器是通过检验受力载体所受的载荷来完成对物体受力的测量的传感器。应变式荷重传感器能将从载体传来的压力转换成相应的电信号，从而达到测量的目的。应变式荷重传感器多用于称重或者荷重测量，如图 2.11 所示。将 4 个金属箔式应变片分别贴在双孔悬臂梁式弹性体的上下两侧,构成全桥电路的 4 个桥臂。用于称重或者荷重测量时,弹性体受到压力发生形变,应变片随弹性体的形变被拉伸或被压缩。当受到压力时,上面两个应变片被拉伸,下面两个应变片则被压缩。物体所受的载荷变化,引起弹性体形变,使应变片产生应变,从而使应变片的电阻发生变化,通过全桥电路,将电阻的变化转换为输出电压的变化。可以根据应变的大小,测得物体所受的载荷(压力)大小。

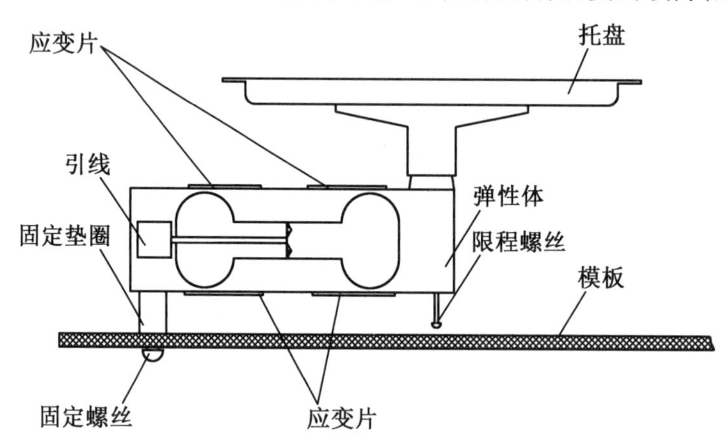

图 2.11 双孔悬臂梁式称重传感器结构图

随着技术的进步,由应变式荷重传感器制作的电子衡器已广泛地应用到各行各业,实现了对物料的快速、准确称量,特别是随着微处理器的出现,工业生产过程自动化程度的不断提高,应变式荷重传感器已成为过程控制中的一种必需的装置,从以前不能称重的大型罐、料斗等重量计测和吊车秤、汽车秤等计测控制,到混合分配多种原料的配料系统、生产工艺中的自动检测和粉粒体进料量控制等,都应用了应变式荷重传感器。目前,应变式荷重传感器几乎运用到了所有的称重领域。图 2.12 所示为汽车衡中的应变式荷重传感器,可以检测汽车超重、车型等多种信息。

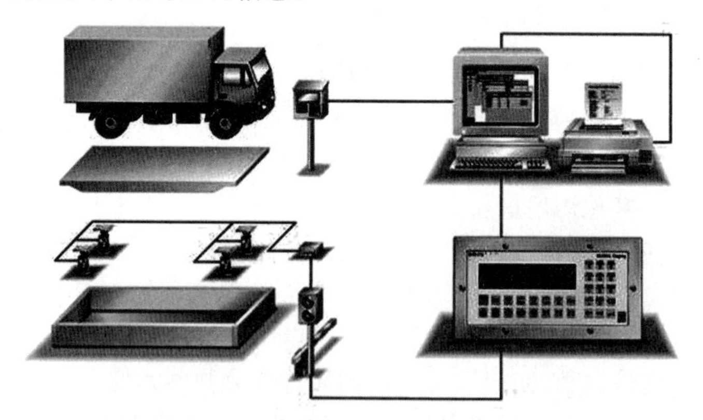

图 2.12 汽车衡中的应变式荷重传感器

2. 应变式压力传感器

应变式压力传感器主要用来测量流动介质的动态或静态压力,如动力管道设备的进出口气体或液体的压力、发动机内部的压力、枪管及炮管内部的压力、内燃机管道的压力等。

BLR-1 型应变式拉(压)力传感器的结构如图 2.13 所示。弹性圆筒 1 的两端有螺纹,以便传递外力。筒的中间贴有应变片 2,通过壳体 3 上的接线座 4 将信号引出。为了防止灰尘和水蒸气进入,筒体两端与壳体连接的地方放置密封圈 5,一端利用内压环 6 压在筒体上,并通过压盖 7 压紧在外壳上,另一端直接压在外壳上。

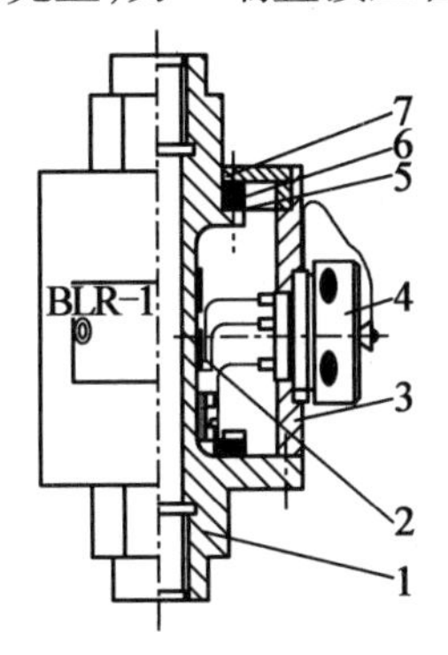

1—弹性圆筒;2—应变片;3—壳体;4—接线座;5—密封圈;6—内压环;7—压盖

图 2.13 BLR-1 型应变式拉(压)力传感器的结构

3. 应变式加速度传感器

应变式加速度传感器用于测量物体的加速度。加速度是运动参数而不是力,因此,它需要先经过质量惯性系统转换成力,再作用于弹性元件上来实现测量。

应变式加速度传感器的结构如图 2.14 所示。等强度梁的自由端安装质量块,另一端固定在壳体上;等强度梁上粘贴 4 个应变片;通常壳体内充满硅油以调节系统阻尼系数。

测量时,将传感器壳体与被测对象刚性连接,当被测物体以加速度 a 运动时,质量块受到一个与加速度方向相反的力作用,使等强度梁变形,导致其上的应变片感受到变形并随之产生应变,从而使应变片的电阻发生变化,引起测量电桥不平衡而输出电压,根据输出电压即可得出加速度的大小。这种测量方法主要用于低频的振动和冲击测量。

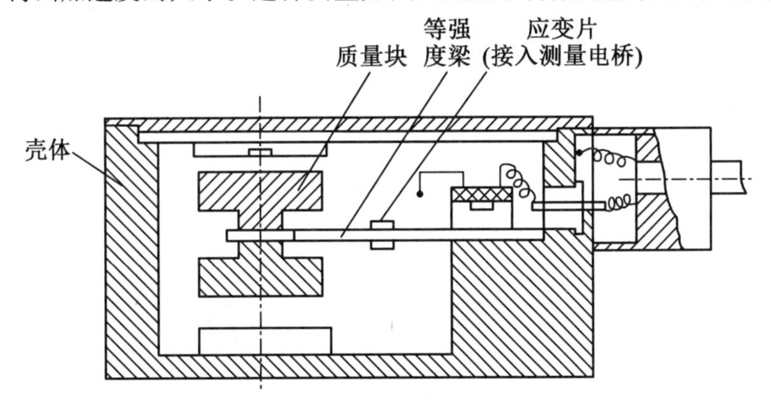

图 2.14 应变式加速度传感器的结构

4. 应变式液体质量传感器

图 2.15 所示为应变式容器内液体质量传感器示意图。该传感器有一根传压杆,上端安装腰形筒微压传感器,下端安装感压膜,在它们的空腔内充满传压介质并密封。传压介质的压力和被测溶液的压力作用在感压膜的内、外侧,由于空腔内传压介质的高度比被测

溶液的高度高,因此腰形筒微压传感器处于负压状态。为了提高测量的灵敏度,共安装了两只性能完全相同的微压传感器。下端安装的感压膜感受上面液体的压力变化。当容器中溶液增多时,感压膜感受到的压力就增大。将其上两个微压传感器的电桥接成正向串接的双电桥电路,此时输出电压为

$$U_o = U_1 - U_2 = (K_1 - K_2)h\rho g \tag{2.11}$$

式中 K_1、K_2——微压传感器的传送系数。

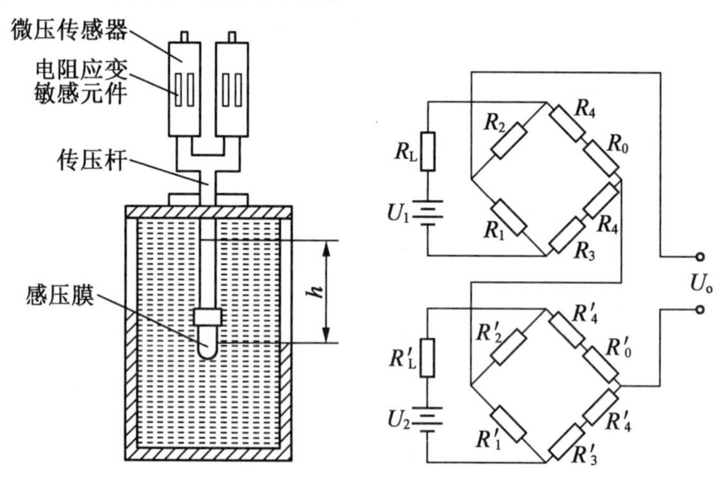

图 2.15 应变式容器内液体质量传感器示意图

由于 $h\rho g$ 表征着感压膜外侧液体的质量,对于等截面的柱式容器,有

$$h\rho g = \frac{Q}{A} \tag{2.12}$$

式中 Q——容器内感压膜外侧溶液的质量;

A——柱形容器的截面面积。

将式(2.11)和式(2.12)联立,得到容器内感压膜外侧溶液质量与电桥输出电压之间的关系为

$$U_o = \frac{(K_1 - K_2)Q}{A} \tag{2.13}$$

式(2.13)表明,电桥输出电压与柱式容器内感压膜外侧溶液的质量呈线性关系,因此用这种方法可以测量容器内储存的溶液质量。

2.2 测温热电阻传感器

热电阻传感器是利用导体或半导体的电阻随温度变化而变化的原理进行测温的,主要用于对温度和与温度有关的参量进行检测。测温范围主要在中、低温区域(-200 ~ 960 ℃)。随着科学技术的发展,测量范围有所增大,使用范围也在不断地扩展。通常将热电阻传感器分为金属热电阻和半导体热电阻,前者简称为热电阻,后者简称为热敏电阻。

2.2.1 热电阻

热电阻(thermal resistor)的感温元件一般采用纯金属为材料。热电阻是利用金属的电阻随温度升高而增大这一特性来测量温度的传感器。几乎所有的金属都具有这一特性,但用于热电阻的金属一般要求:

①电阻与温度变化具有良好的线性关系;

②温度系数大,以便对温度变化敏感,实现精确测量;

③电阻率高,热容量小,从而具有较快的响应速度;

④在测量范围内具有稳定的物理、化学性质;

⑤容易加工,价格尽量低廉。

根据以上要求,常用的材料是铂和铜。热电阻广泛用于测量-200~+850 ℃温度范围,少数可以测量 1 000 ℃。普通金属热电阻一般用于-200~500 ℃的温度测量。表 2.2 列出了热电阻的主要性能。

表 2.2　热电阻的主要性能

特性	材料	
	铂(WZP)	铜(WZC)
使用温度范围/℃	-200~960	-50~150
电阻率/($\times10^{-6}\Omega\cdot m$)	0.098~0.106	0.017
0~100 ℃电阻温度系数 α(平均值)/℃$^{-1}$	0.003 85	0.004 28
化学稳定性	在氧化性介质中较稳定,不能在还原性介质中使用,尤其在高温情况下	超过 100 ℃易氧化
特性	特性接近于线性、性能稳定、准确度高	线性较好、价格低廉、体积大
应用	适用于较高温度的测量,可作标准测温装置	适用于测量低温、无水分、无腐蚀性介质的温度

1. 热电阻的工作原理

在金属中,载流子为自由电子,当温度升高时,虽然自由电子的数目基本不变(当温度变化范围不是很大时),但每个自由电子的动能将增加。因此,在一定的电场作用下,要使这些杂乱无章的电子做定向运动就会遇到更大的阻力,宏观上表现出电阻率变大,总电阻增加。这种物质的电阻率随温度变化而变化的物理现象称为热电阻效应。

热电阻的电阻 R_T 与温度 T 的关系为

$$R_T=R_0(1+AT+BT^2+CT^3+DT^4) \tag{2.14}$$

式中　R_T——温度为 T ℃时的电阻;

R_0——温度为 0 ℃时的电阻;

A、B、C、D——温度系数。

热电阻的电阻 R_T 与 T 之间并不完全呈线性关系。在规定的测温范围内,测出每隔

1 ℃的 R_T,并列成表格,这种表格称为热电阻分度表,如表 2.3~2.5 所示。

在工程中,若不考虑线性度误差的影响,有时也可以利用温度系数 α 来近似计算热电阻的电阻 R_T,即

$$R_T=R_0(1+\alpha\Delta t)$$

热电阻有统一的分度号。

(1)铂热电阻。

铂热电阻在氧化性介质中,甚至在高温下,其物理、化学性质稳定,电阻率大,精度高,因此,采用特殊的结构可以制成标准温度计,其缺点是价格高。

目前,工业用标准铂热电阻 $R_0=10\ \Omega$、$R_0=50\ \Omega$、$R_0=100\ \Omega$、$R_0=1\ 000\ \Omega$ 共 4 种,它们的分度号分别为 Pt10、Pt50、Pt100、Pt1000,其中分度号为 Pt100 的铂热电阻较为常用。

实际测量中,只要测得热电阻的电阻 R,便可从表中查出对应的温度值,如果不能通过查表直接得出温度值,则可以结合查表和内插法计算得出对应的温度值。表 2.3 所示为铂热电阻(分度号为 Pt100)分度表。

表 2.3 铂热电阻(分度号为 Pt100)分度表

测量端温度/℃	0	10	20	30	40	50	60	70	80	90
	电阻/Ω									
-200	18.49	—	—	—	—	—	—	—	—	—
-100	60.25	56.19	52.11	48.00	43.37	39.71	35.53	31.32	27.08	22.08
-0	100.00	96.09	92.16	88.22	84.27	80.31	76.32	72.33	68.33	64.30
0	100.00	103.90	107.79	111.67	115.54	119.40	123.24	127.07	130.89	134.70
100	136.50	142.29	146.06	149.82	153.58	157.31	161.04	164.76	168.46	172.16
200	175.84	170.51	183.17	186.32	190.45	194.07	197.69	201.29	204.88	208.45
300	212.02	215.57	219.12	222.65	226.17	229.67	233.17	236.65	240.13	243.59
400	247.04	250.48	253.90	257.32	260.72	264.11	267.49	270.86	274.22	277.56
500	280.90	284.22	287.53	290.83	294.11	297.39	300.65	303.91	307.15	310.38
600	313.59	316.80	319.99	323.18	326.35	329.51	332.66	335.79	338.92	342.03
700	345.13	348.22	351.30	354.37	357.42	360.47	363.50	366.52	369.53	372.52
800	375.51	378.48	381.45	384.40	387.34	390.26	—	—	—	—

(2)铜热电阻。

铜热电阻主要应用于测量-50~150 ℃范围内的温度且精度要求不高的场合。铜容易提纯加工,价廉且线性较好,复制性能好,而且电阻温度系数大,灵敏度比铂热电阻高。但铜热电阻与铂热电阻相比,铜的电阻率低,因此铜热电阻的体积较大。温度高时,铜易氧化,铜热电阻一般只用于 150 ℃以下的低温测量和没有水分及无侵蚀性介质的温度测量。

在上述测温范围内,铜的电阻与温度呈线性关系,可表示为

$$R_T=R_0(1+\alpha T) \tag{2.15}$$

式中 R_T——温度为 T ℃时的电阻；

R_0——温度为 0 ℃时的电阻；

α——铜热电阻的温度系数，α 取 $4.25\times10^{-3}\sim4.28\times10^{-3}$ Ω/℃。

目前我国工业上使用的标准化铜热电阻的分度号分别为 Cu50 和 Cu100，其电阻在 0 ℃时分别为 $R_0=50$ Ω 和 $R_0=100$ Ω。铜热电阻分度表如表 2.4、表 2.5 所示。

表 2.4 铜热电阻(分度号为 Cu50)分度表

测量端温度/℃	0	1	2	3	4	5	6	7	8	9
	电阻/Ω									
-50	39.24	—	—	—	—	—	—	—	—	—
-40	41.40	41.18	40.97	40.74	40.54	40.32	40.11	39.89	39.67	39.46
-30	43.56	43.35	43.12	42.91	42.69	42.48	42.26	42.05	41.83	41.62
-20	45.71	45.49	45.28	45.60	44.85	44.63	44.42	44.20	43.99	43.77
-10	47.85	47.64	47.43	47.21	47.00	46.78	46.57	46.35	46.14	45.92
-0	50.00	49.79	49.57	49.36	49.14	48.93	48.71	48.50	48.28	48.07
+0	50.00	50.21	50.43	50.64	50.86	51.07	51.29	51.50	51.72	51.93
10	52.14	52.36	52.57	52.79	53.00	53.22	53.43	53.64	53.86	54.07
20	54.29	54.50	54.71	54.93	55.14	55.36	55.57	55.78	56.00	56.21
30	56.43	56.64	56.85	57.07	57.28	57.50	57.71	57.92	58.14	58.35
40	58.57	58.78	58.99	59.21	59.42	59.64	59.85	60.06	60.28	60.49
50	60.70	60.92	61.13	61.35	61.56	61.77	61.99	62.20	62.42	62.63
60	61.84	63.06	63.27	68.48	63.70	63.91	64.13	64.34	64.55	64.77
70	64.98	65.19	65.41	65.62	65.84	66.05	66.26	66.48	66.69	66.91
80	67.12	67.33	67.55	67.76	67.98	68.19	68.40	68.62	68.83	69.05
90	69.26	69.47	69.69	69.90	70.12	70.33	70.54	70.76	70.97	71.19
100	71.40	71.67	71.83	72.04	72.26	72.47	72.69	72.90	73.11	73.33
110	73.54	73.75	73.97	74.19	74.40	74.61	74.83	75.04	75.26	75.48
120	75.69	75.90	76.12	76.33	76.55	76.76	76.97	77.19	77.40	77.62
130	77.83	78.08	78.26	78.48	78.69	78.91	79.12	79.34	79.55	79.77
140	79.98	80.20	80.41	80.63	80.84	81.06	81.27	81.49	81.70	81.92
150	82.13	—	—	—	—	—	—	—	—	—

表 2.5 铜热电阻(分度号为 Cu100)分度表

测量端温度/℃	0	10	20	30	40	50	60	70	80	90
	电阻/Ω									
-0	100.00	95.70	91.40	87.10	82.80	78.49	—	—	—	—
0	100.00	104.28	108.56	112.84	117.12	121.40	125.68	129.96	134.24	138.52
100	142.80	147.08	151.36	155.66	159.96	164.27	—	—	—	—

2. 热电阻的结构

热电阻按结构形式来分，有普通型、铠装型和薄膜型等。普通型热电阻如图 2.16 所示，由感温元件（金属电阻丝）、紧固螺栓、引出线密封套管、保护套管及接线盒等基本部分组成。

铠装型热电阻的结构，除感温元件、绝缘材料、保护套管三部分构成铠材整体以外，其余与普通型热电阻的结构相同。

电阻丝必须是无应力的、退过火的纯金属。电阻的温度低，故可以重叠多层绕制，一般多用双绕法，即两根线平行绕制，在末端把两个头焊接起来，这样工作电流从一根热电阻丝进入，从另一根热电阻丝反向出来，形成两个电流方向相反的线圈，其磁场方向相反，产生的电感就互相抵消，故又称无感绕法。这种双绕法也有利于引出线的引出。

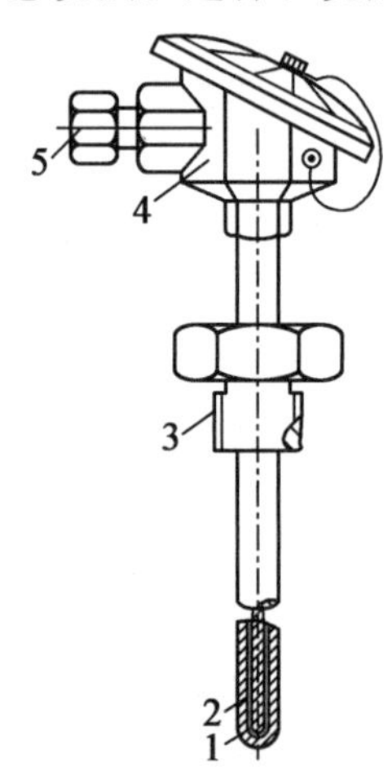

1—保护套管；2—感温元件；3—紧固螺栓；4—接线盒；5—引出线密封套管

图 2.16 热电阻外形示意图

铂热电阻的结构如图 2.17 所示，云母片做骨架，直径为 0.03～0.07 mm±0.005 mm 的铂丝采用双绕法绕在云母骨架上，再用银带扎紧。铂热电阻采用银丝作为引出线。

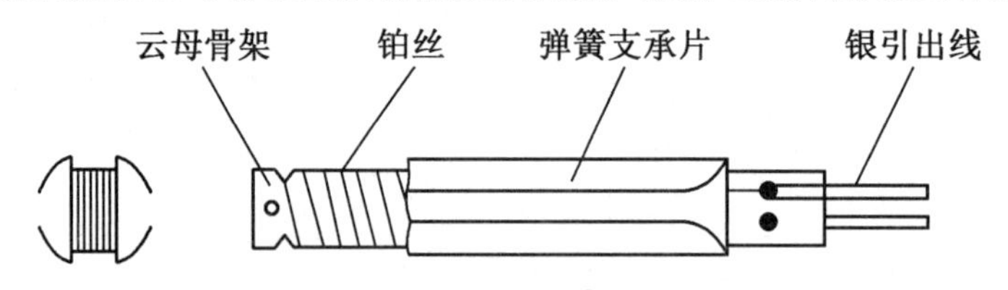

图 2.17 铂热电阻的结构示意图

铜热电阻的结构如图 2.18 所示，采用直径为 0.1 mm±0.005 mm 的漆包线或丝包线分层绕在骨架上，并涂上绝缘漆，用直径为 1 mm 的铜丝或银铜丝作引出线。

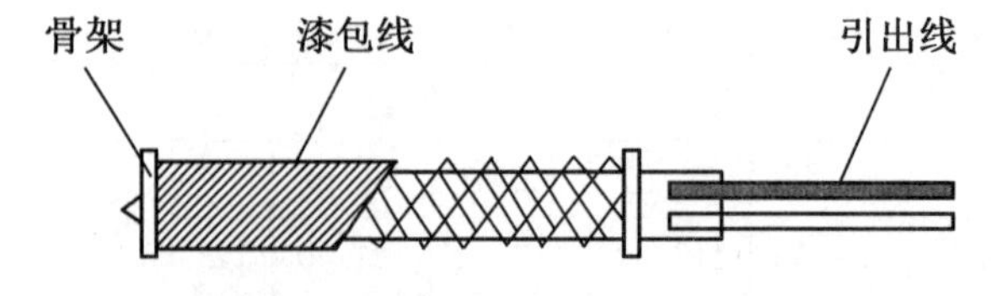

图 2.18 铜热电阻的结构示意图

铠装型热电阻的外形及结构如图 2.19 所示，引出线长度可达上百米，结构细长，可弯曲，用于测量狭小对象。

目前还研制、生产了薄膜型铂热电阻，如图 2.20 所示。它是利用真空镀膜法或糊浆印刷烧结法使金属薄膜附着在耐高温基底上制成的。其尺寸可以小到几平方毫米，可将其粘贴在被测高温物体上，测量局部温度，它具有热容量小、反应快的特点。

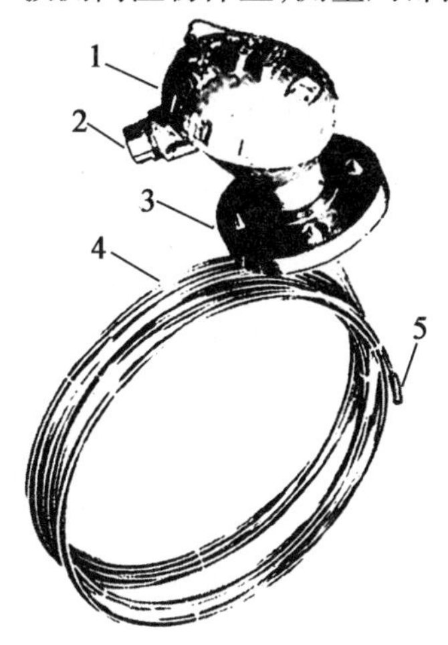

1—接线盒；2—引出线密封管；3—法兰盘；
4—柔性外套管（可达百米）；5—测温端部

图 2.19　铠装型热电阻的外形及结构

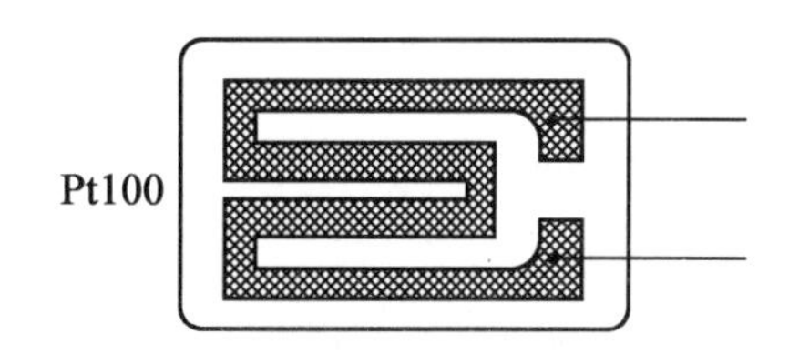

图 2.20　薄膜型铂热电阻示意图

4. 热电阻的测量电路

工业用热电阻的优点是精度高、性能稳定，适合测低温；缺点是热惯性大，需辅助电源。流过热电阻丝的电流不要过大，否则会产生较大的热量，影响测量精度，电流值一般不宜超过 6 mA。

同时由于热电阻的电阻不大，工业用热电阻安装在生产现场，离控制室较远，因此，热电阻的引线电阻对测量结果有较大的影响。目前，热电阻引线方式有两线制、三线制和四线制三种。

（1）两线制。

两线制的接线方式如图 2.21 所示，在热电阻 R_T 的两端各连一根引出线。由于热电阻本身的电阻较小，所以引线电阻 r 及其随长度和温度的变化就不能忽略。例如，引出线由 100 m 增长到 200 m 时，引线电阻 r 也增加一倍，使原来已调好平衡的电桥失去平衡，需重新调零。又如，在测量过程中气温升高时，引线电阻受环境温度影响而增大，叠加在 R_T 的变化上，引起测量误差，且很难纠正。

因此，两线制适用于引出线不长、测温精度要求较低的场合，确保引线电阻远小于热电阻的电阻。

（2）三线制。

在热电阻的一端连接两根引出线，另一端连接一根引出线，这种引线方式称为三线制，如图 2.22 所示。图中 R_T 为热电阻，其三根引出线相同，电阻值是 r。其中一根与电桥电源串联，它对电桥的平衡没有影响；另外两根分别与电桥的相邻两臂串联，当电桥平衡时，可得下列关系：

$$(R_T+r)R_2=(R_3+r)R_1 \tag{2.16}$$

所以有

$$R_T=\frac{(R_3+r)R_1-rR_2}{R_2} \tag{2.17}$$

如果使 $R_1=R_2$，则式(2.17) 就和 $r=0$ 时的电桥平衡公式完全相同，即说明此种接法下引线电阻 r 对热电阻的测量毫无影响。当热电阻和电桥配合使用时，这种接线方式可以较好地消除引线电阻的影响，提高测量精度。所以工业用热电阻多半采取这种方法。

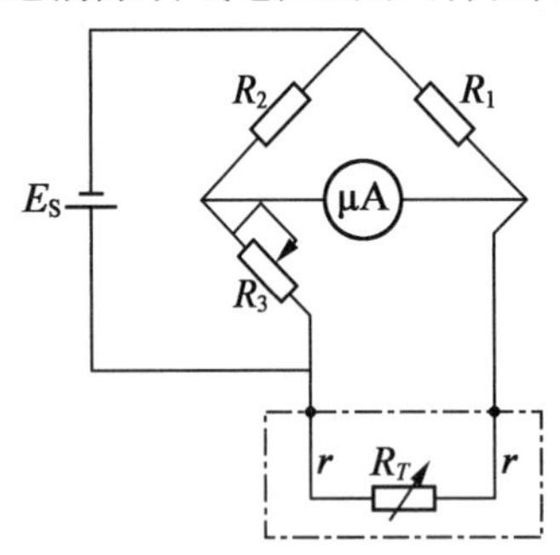

图 2.21 两线制接法

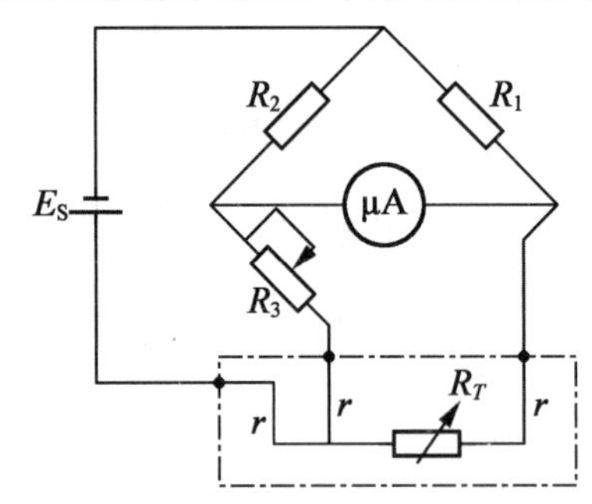

图 2.22 三线制接法

(3)四线制。

在热电阻的两端各连接两根引出线称为四线制，如图 2.23 所示。图中 I 为恒流源，测量仪表 V 一般用直流电位差计，热电阻上引出电阻为 r_1、r_4 和 r_2、r_3 的四根导线，分别接在电流和电压回路，电流导线上 r_1、r_4 引起的电压降不在测量范围内，而电压导线上虽有电阻但无电流(电位差计测量时不取用电流，认为内阻无穷大)，所以四根导线的电阻对测量都没有影响。这种引线方式不仅可以消除引线电阻的影响，而且可以消除测量电路中寄生电动势引起的误差。这种引线方式主要用于高精度温度测量。

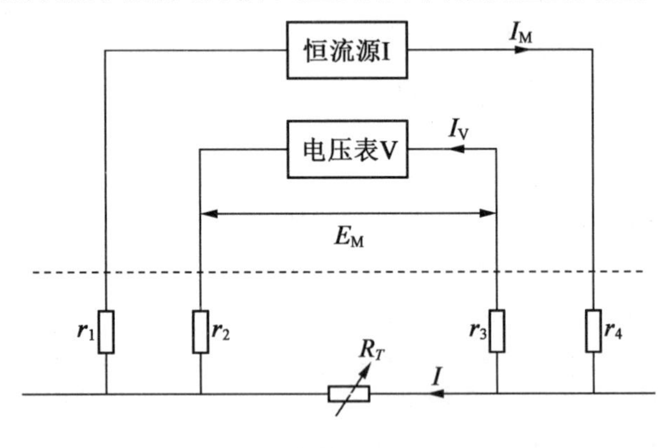

图 2.23 四线制接法

2.2.2 热敏电阻

热敏电阻(thermistor)是利用半导体的电阻随温度显著变化的特性而制成的传感器。它是由某些金属氧化物和其他化合物按不同的配方烧结制成的，热敏电阻的主要特点是灵敏度较高、工作温度范围宽、体积小、使用方便、易加工成复杂的形状、可大批量生产、稳定性好、过载能力强等。

热敏电阻主要由敏感元件、引出线和壳体组成。根据使用要求,可制成珠状、片状、垫圈状、杆状等各种形状,其直径或厚度约为 1 mm,长度往往不到 3 mm,如图 2.24 所示。热敏电阻的图形符号如图 2.25 所示。

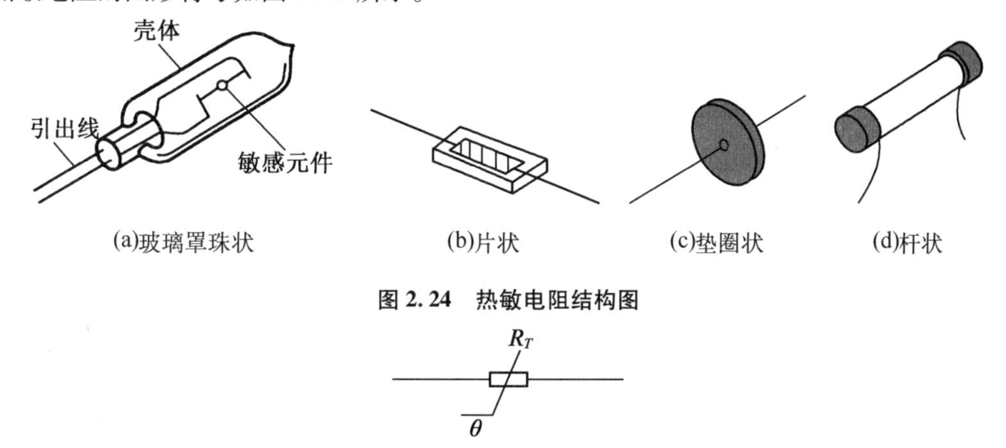

图 2.24　热敏电阻结构图

图 2.25　热敏电阻的图形符号

与热电阻相比,热敏电阻具有电阻和温度系数大,灵敏度高("最灵敏的温度传感器",比热电阻大 1~2 个数量级),体积小(最小直径可达 0.1~0.2 mm,可用来测"点温"),结构简单、坚固(能承受较大的冲击、振动),热惯性小,响应速度快(适用于快速变化的测量场合),使用方便,寿命长,易于实现远距离测量等优点,得到了广泛的应用。目前它存在的主要缺点是互换性较差,同一型号的产品特性参数有较大差别,稳定性较差,非线性严重,且不能在高温环境下使用。但随着技术的发展和工艺的成熟,热敏电阻将逐渐得到改进。热敏电阻的测温范围一般为-50~350 ℃,可用于液体、气体等方面对温度测量精度要求不高但要求快速、灵敏的场合。

1. 热敏电阻的分类

热敏电阻按温度系数可分为负温度系数(negative temperature coefficient, NTC)热敏电阻和正温度系数(positive temperature coefficient, PTC)热敏电阻两大类。正温度系数是指电阻的变化趋势与温度的变化趋势相同;负温度系数是指当温度上升时,电阻反而减小的变化特性。

(1)NTC 热敏电阻。

NTC 热敏电阻研制得较早,也较成熟。常见的 NTC 热敏电阻是由金属氧化物制成的,如由锰、钴、铁、镍、铜等多种氧化物混合烧结而成。根据不同的用途,NTC 热敏电阻又可分为两大类。

①第一类为负指数型,用于测量温度,它的电阻与温度之间呈负的指数关系,如图 2.26 中的曲线 2 所示,其关系式为

$$R_T=R_0\mathrm{e}^{-B\left(\frac{1}{T_0}-\frac{1}{T}\right)} \tag{2.18}$$

式中　R_T——NTC 热敏电阻在热力学温度为 T 时的电阻值;

R_0——NTC 热敏电阻在热力学温度为 T_0 时的电阻值,多数厂商将 T_0 设定为 298 K

(25 ℃);

B——NTC 热敏电阻的温度常数。

②第二类为突变型,又称临界温度型(CTR)。当突变型 NTC 热敏电阻温度上升到某临界点时,其电阻突然减小。在很多电子电路中,突变型 NTC 热敏电阻多用于抑制浪涌电流,起保护作用。突变型 NTC 热敏电阻的温度-电阻特性曲线如图 2.26 中的曲线 1 所示。

(2)PTC 热敏电阻。

典型的 PTC 热敏电阻通常是在钛酸钡陶瓷中加入施主杂质以增大温度系数而制成的。它的温度-电阻特性曲线呈非线性,如图 2.26 中的曲线 4 所示,属突变型曲线,它在电子线路中多起限流、保护作用。当流过 PTC 热敏电阻的电流超过一定限度时,其电阻突然增大,近年来,还研制出了用本征锗或本征硅材料制成的线性型 PTC 热敏电阻,其线性度和互换性均较好,可用于测温,其温度-电阻特性曲线如图 2.26 中的曲线 3 所示。

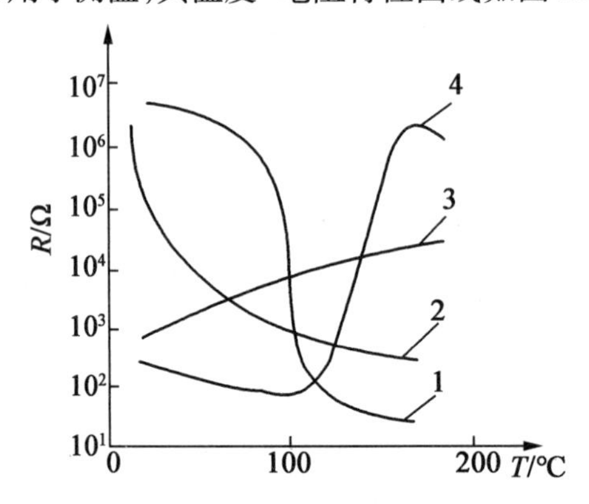

1—突变型 NTC 热敏电阻;2—负指数型 NTC 热敏电阻;3—线性型 PTC 热敏电阻;4—突变型 PTC 热敏电阻

图 2.26 各种热敏电阻的特性曲线

(3)其他分类。

热敏电阻除按温度系数区分外,还有以下三种分类方法:

①按结构形式可分为体型、薄膜型、厚膜型三种;

②按工作形式可分为直热式、旁热式,延迟电路三种;

③按工作温区可分为常温区、高温区、低温区三种。

热敏电阻可根据使用要求封装加工成各种形状的探头,如圆片型、柱型、珠型、铠装型、厚膜型、贴片型等,如图 2.27 所示。

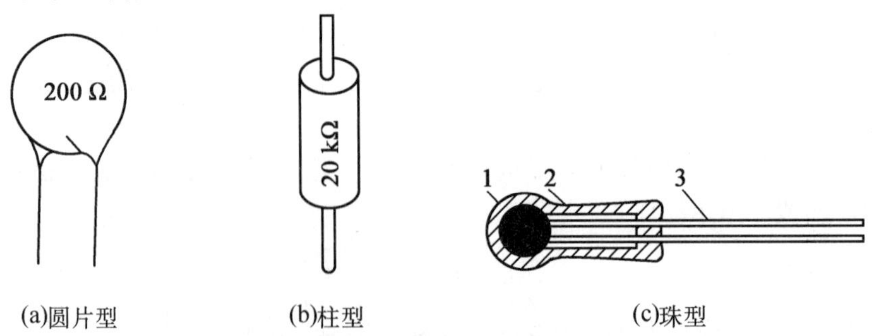

1—热敏电阻;2—玻璃外壳;3—引出线;4—纯铜外壳;5—传热安装孔

图 2.27 热敏电阻的外形、结构

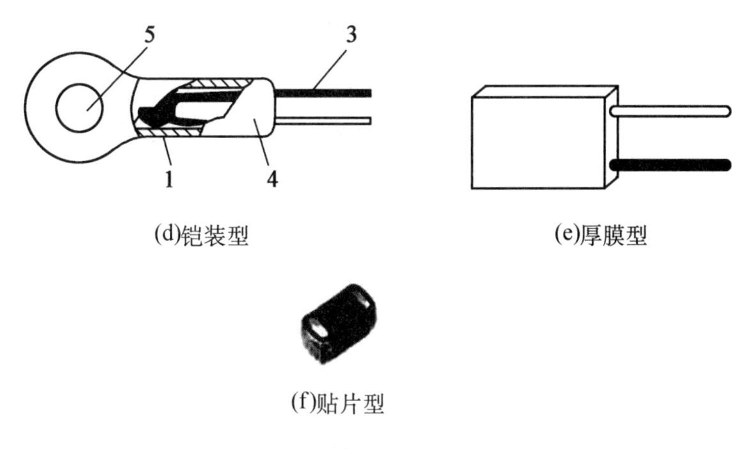

(d)铠装型　(e)厚膜型

(f)贴片型

续图 2.27

2. 热敏电阻的特点

热敏电阻的特点如下：

①温度系数绝对值大、灵敏度高，测试线路简单，甚至不用放大器也可以输出几伏电压；

②电阻率大、体积小、质量轻、热惯性小，能够测量其他温度计无法测量的空隙、腔体及生物体内血管的温度，适用于测量点温、表面温度及快速变化的温度；

③结构简单、机械性能好，根据需要可制成各种形状；

④本身电阻大，功耗小，不需要参考端补偿，适用于远距离测量；

⑤热敏电阻的最大缺点是线性度较差，使用时要考虑用计算机进行非线性补偿，由于是半导体材料，其复现性和互换性较差。

3. 热敏电阻的应用

由于热敏电阻有独特的性能，所以在应用方面，它不仅可以作为测量元件（如测量温度、流量、液位等），还可以作为控制元件（如热敏开关、限流器）和电路补偿元件。热敏电阻广泛应用于家用电器、电力工业、通信、军事科学、宇航等各个领域，发展前景极其广阔。根据产品型号不同，其适用范围也各不相同。

（1）热敏电阻用于测温。

用于测量温度的热敏电阻一般结构较简单，价格较低廉。没有外面保护层的热敏电阻只能应用在干燥的地方。密封的热敏电阻不怕湿气的侵蚀，可以使用在较恶劣的环境下。由于热敏电阻的电阻较大，故其连接导线的电阻和接触电阻可以忽略，测量电路多采用桥路。因此，热敏电阻可以在长达几千米的远距离测量温度中应用。图 2.28 所示为热敏电阻温度计的原理图。

电路必须先调零再调满度，最后验证刻度盘中其他各点的误差是否在允许范围内，上述过程称为标定。具体做法如下：用更高一级的数字式温度计监测水温，将绝缘的热敏电阻放入 32 ℃（表头的零位）的温水中，待热量平衡后，调节 R_{P1}，使指针指在 32 ℃上；加入热水，使水温上升到 45 ℃，待热量平衡后，调节 R_{P2}，使指针指在 45 ℃上；加入冷水，逐渐降温，检查 32~45 ℃范围内刻度的准确性。如果不准确，则①可重新刻度；②在带微处理器的情况下，可用软件进行修正。

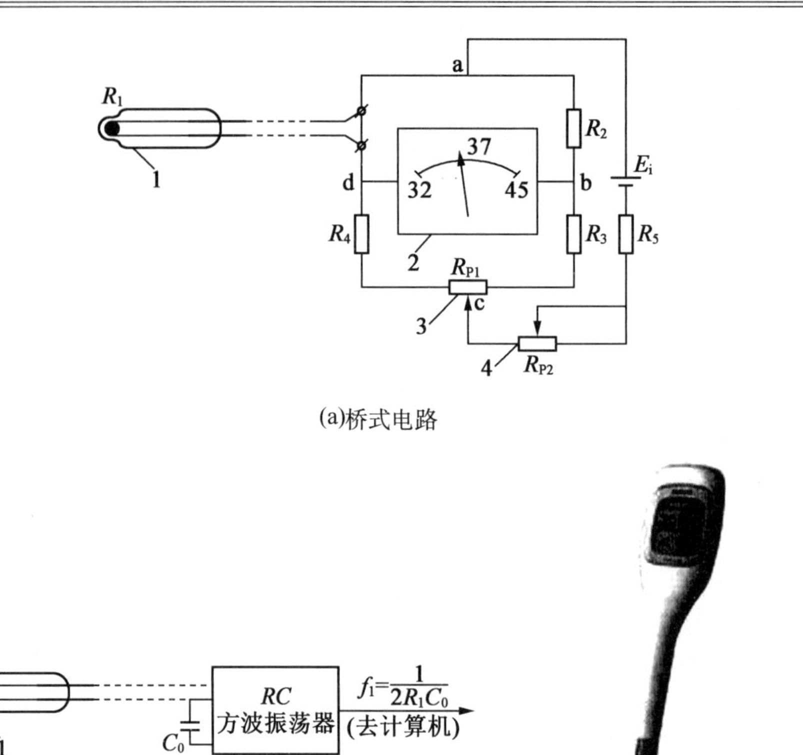

(a)桥式电路

(b)调频式电路　　(c)数字式温度计

1—热敏电阻;2—指针式显示器;3—调零电位器;4—调满度电位器

图 2.28　热敏电阻温度计的原理图

(2)热敏电阻用于温度补偿。

温度补偿仪表中的一些零件是用金属丝制成的,如线圈、绕线电阻等。金属一般具有正温度系数,采用负温度系数的热敏电阻进行补偿,可以抵消由温度变化引起的测量误差。运用时,将负温度系数热敏电阻与锰铜丝电阻并联,再与被补偿元件串联,如图 2.29 所示。在三极管电路对数放大器中也常用热敏电阻补偿由温度引起的漂移误差。

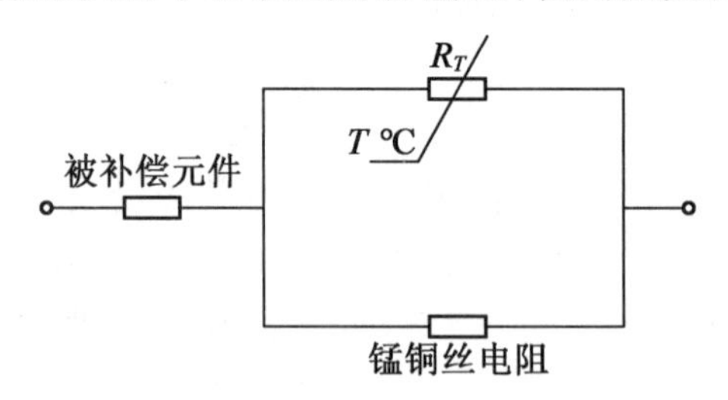

图 2.29　热敏电阻温度补偿原理示意图

(3)热敏电阻用于温度控制。

在电动机的定子绕组中嵌入突变型 PTC 热敏电阻,并与继电器串联。当电动机过载时定子严重发热。当突变型 PTC 热敏电阻感受到的温度大于突变点时,电路中的电流可以由几十毫安突变为十分之几毫安,因此继电器失电复位,触发电动机保护电路,从而实现温度控制或过热保护。突变型 PTC 热敏电阻与继电器的接线图如图 2.30 所示。

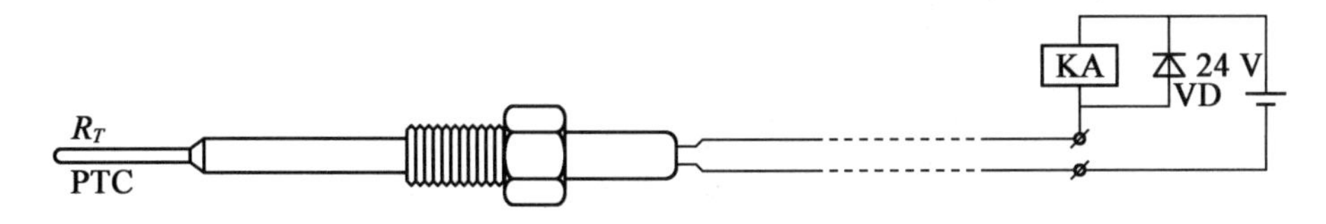

图 2.30 突变型 PTC 热敏电阻与继电器的接线图

利用热敏电阻作为测温元件，进行自动控制温度的电加热器如图 2.31 所示，电位器 R_P 用于调节不同的控温范围。测温用的热敏电阻 R_T 作为偏置电阻接在 VT_1、VT_2 组成的差分放大器电路内，当温度升高时，正温度特性的热敏电阻的电阻将增大，引起 VT_1 基极电压升高、集电极电流变大，影响二极管 VD 支路电流，从而使电容 C 充电电流变大，相应的充电速度加快、充电时间缩短，则电容电压升到单结晶体管 VT_3 峰值电压的时间缩短，即单结晶体管 VT_3 的输出脉冲相移减小，晶闸管 VT_4 的导通角相应地减小，导致加热丝的电源电压下降，加热功率降低，温度下降，从而确保温度回到设定值，达到自动控制温度的目的。

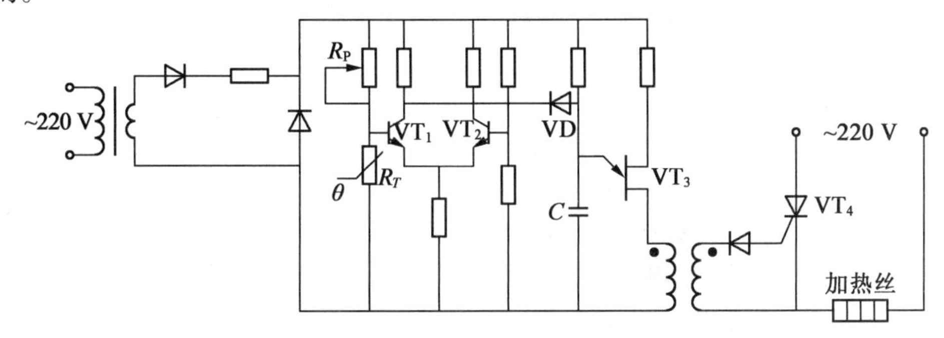

图 2.31 热敏电阻温度控制

(4)高分子聚合物 PTC 自恢复熔断器。

高分子聚合物 PTC 自恢复熔断器由聚合物与导电粒子等所构成。导电粒子在聚合物中构成链状导电通路。当正常工作电流通过(或元件处于正常环境温度)时，自恢复熔断器呈低阻状态。当电路中有异常过电流，或环境温度超过额定值时，热量使聚合物迅速膨胀，切断导电粒子所构成的导电通路，自恢复熔断器呈高阻状态；当电路中过电流(或超温状态)消失后，聚合物冷却，体积恢复正常，导电粒子又重新构成导电通路，自恢复熔断器又呈初始的低阻状态。

(5)热敏电阻用于流量测量。

利用热敏电阻上的热量消耗和介质流速的关系可以测量流量、流速和风速等。图 2.32 所示为热敏电阻测量流量原理图，图中的 R_{T1} 和 R_{T2} 是热敏电阻，R_{T1} 放在被测流量管道中，R_{T2} 放在不受流体干扰的容器内，R_1、R_2 是普通电阻，四个电阻组成电桥。

当介质静止时，电桥处于平衡状态。当介质流动时，R_{T1} 上的热量会被流动的介质带走，R_{T1} 电阻发生变化，而 R_{T2} 没有发生改变，电桥失去平衡，产生一个电信号反映流量。

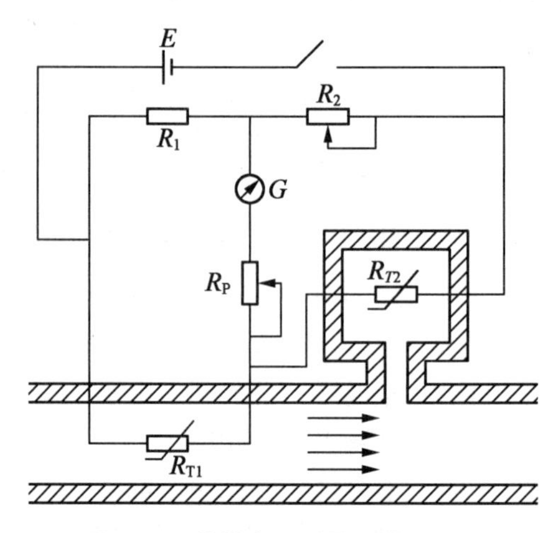

图 2.32 热敏电阻测量流量原理图

2.3 气敏电阻传感器

使用气敏电阻传感器,可以把某种气体的成分、浓度等参数转换成电阻变化量,再转换为电流或电压信号。根据这些电信号的强弱便可获得与待测气体在环境中存在情况有关的信息,从而可以检测、控制、报警,还可以通过接口电路与计算机组成自动检测、控制和报警系统。其主要作用就是探测某种气体,以进行监控、报警。气敏电阻传感器品种繁多,本节主要介绍半导体式气敏电阻传感器。

2.3.1 工作原理

半导体式气敏电阻传感器的工作原理可以用吸附效应来解释,它是利用气体在半导体表面的氧化和还原反应导致敏感元件电阻变化的效应而制成的传感器。

当氧化型气体吸附到 N 型半导体或还原型气体吸附到 P 型半导体上时,将使半导体载流子减少,从而使敏感材料的电阻率增大;当氧化型气体吸附到 P 型半导体或还原型气体吸附到 N 型半导体上时,将使半导体载流子增多,从而使敏感材料的电阻率减小。图 2.33 给出了气体接触 N 型半导体时所导致的敏感元件电阻变化的情况。根据这一特性,就可以从电阻的变化得知吸附气体的种类,再用测量电路即可检测气体的浓度。

图 2.34 所示为 SnO_2 气敏电阻的灵敏度特性,它表示不同气体浓度(体积分数)下气敏电阻的电阻。需要注意的是,它易受环境温度、湿度的影响。在使用时,通常需要加湿度补偿,以提高仪器的检测精度和可靠性。

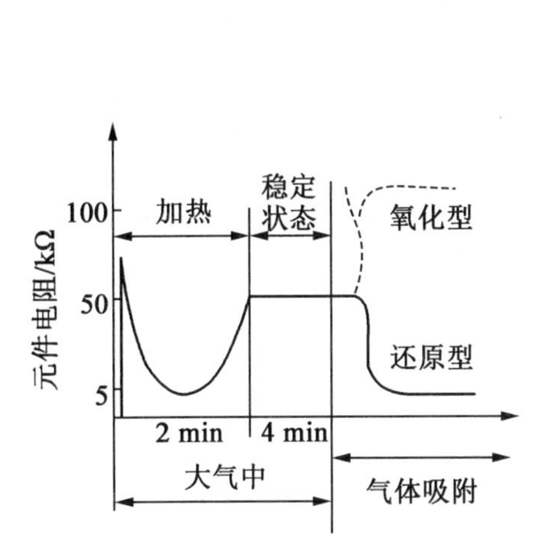

图 2.33　N 型半导体吸附气体的电阻特性

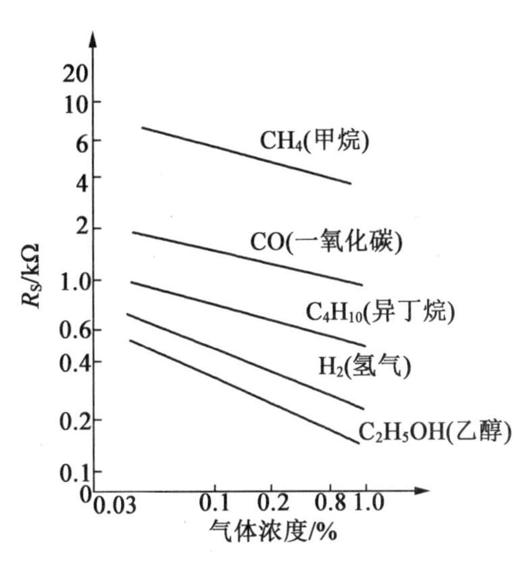

图 2.34　SnO_2 气敏电阻的灵敏度特性

2.3.2　结构和分类

气敏电阻传感器一般由敏感元件、加热器和外壳组成。

1. 按结构分类

气敏电阻传感器按结构可分为烧结型、薄膜型和厚膜型。

(1)烧结型。

如图 2.35 所示，烧结型半导体式气敏电阻传感器以氧化物半导体材料 SnO_2 为基体，将电极和加热丝埋入 SnO_2 材料中，热加压成型，再用高温制陶工艺烧结制成，又称为半导体陶瓷，半导体陶瓷内晶体的大小对电阻有一定影响，制作方法简单，寿命长，但是误差较大。

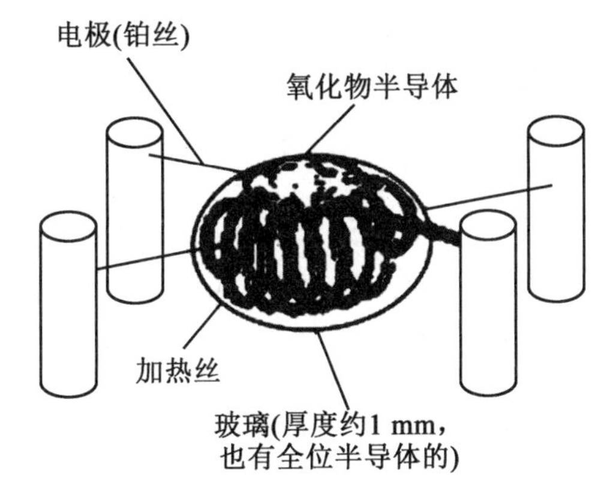

图 2.35　烧结型半导体式气敏电阻传感器结构简图

(2)薄膜型。

如图 2.36 所示，薄膜型半导体式气敏电阻传感器是用蒸发和溅射方法在绝缘基片上形成氧化物半导体薄膜，其性能主要与工艺条件及薄膜的物理、化学状态有关，具有灵敏度高和反应速度快的特点。

(3)厚膜型。

如图 2.37 所示,厚膜型半导体式气敏电阻传感器是将气敏材料和硅凝胶混合制成厚膜胶,然后将厚膜胶用丝网印刷到装有铂电极的基片上,烧制后制成,具有元件离散度小、机械强度高、适合批量生产的特点,它是一种很有前途的气敏电阻传感器。

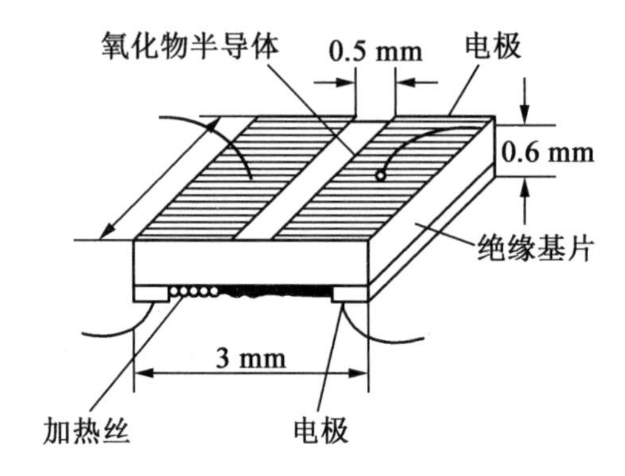

图 2.36 薄膜型半导体式气敏电阻传感器结构简图

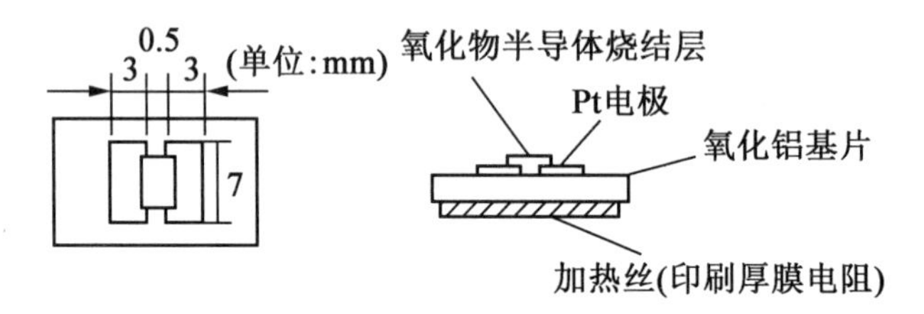

图 2.37 厚膜型半导体式气敏电阻传感器结构简图

2. 按加热方式分类

气敏电阻传感器按加热方式可分为直热型和旁热型。

直热型气敏电阻传感器结构简单、成本低,但易受环境气流影响,稳定性差。

旁热型气敏电阻传感器,管芯结构的测量电路和加热器分离,避免相互干扰,这种传感器的可靠性和使用寿命都比直热型高。

2.3.3 测量电路

气敏电阻传感器通常工作在高温状态下,主要原因有两个:一是为了使附着在气敏电阻上的油雾、尘埃等有害物质去掉;二是为了加速气体与金属氧化物的氧化还原反应,提高气敏电阻传感器的灵敏度和响应速度。因此,SnO_2气敏电阻上有电阻丝加热器。气敏电阻所用测量电路如图 2.38 所示(气敏电阻接入电路分为加热支路和测试支路),当所测气体浓度变化时,气敏电阻的电阻发生变化,从而使输出发生变化(相当于气敏电阻与负载电阻 R_L 串联)。输出电压的大小可表示为

$$U_o = I_o R_L = \frac{U_i}{R_S + R_L} R_L \tag{2.19}$$

式中 R_S——气敏电阻测试支路的电阻;

R_L——负载电阻(兼作取样电阻)。

由上式可知,当 R_S 变化时,输出电压 U_o 随之发生变化。因此,通过测量输出电压即

可测得气敏电阻的电阻 R_S，从而确定被测气体的成分及浓度。

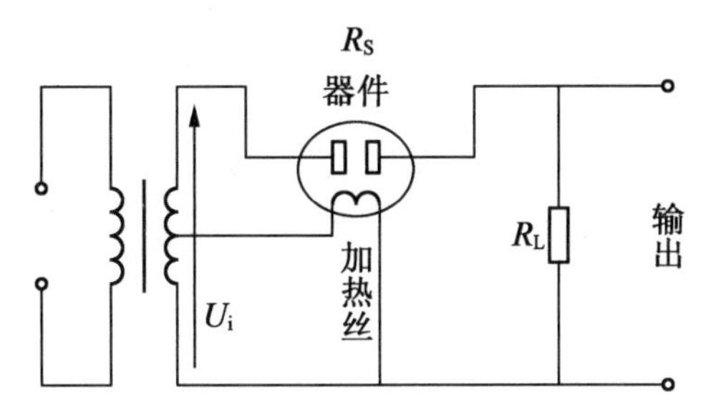

图 2.38　SnO_2 气敏电阻的基本测量电路

2.3.4　气敏电阻传感器的应用

在煤矿、石油、化工、交通运输、大气环境监测、家庭安全防护等领域，都需要用气敏电阻传感器及其相关电路来实现对某些气体的检测和报警。气敏电阻传感器常用于探测可燃、易燃、有毒气体的浓度或其存在与否，或氧气的消耗量等。

有毒气体监测报警电路如图 2.39 所示。QM-N10 是半导体式气敏电阻传感器，它是 N 型半导体元件，其内部有一个加热丝和一对探测电极。R_P 是调整有毒气体浓度报警阈值电位器。该电路的工作过程如下。

①当空气中不含有毒气体或有毒气体浓度低时，A、K 两点间电阻很大，流过 R_P 的电流很小，K 点为低电平，达林顿管 U850 不导通；

②若含有毒气体或有毒气体浓度达到一定值时，A、K 两点间电阻迅速减小，R_P 上流过的电流突然增大很多，K 点电位升高，向电容 C_2 充电，直到使 U850 导通，驱动集成芯片 KD9561 并发声报警；

③当有毒气体浓度下降到使 A、K 两点间恢复大电阻时，K 点电位降低，U850 截止，报警消除。

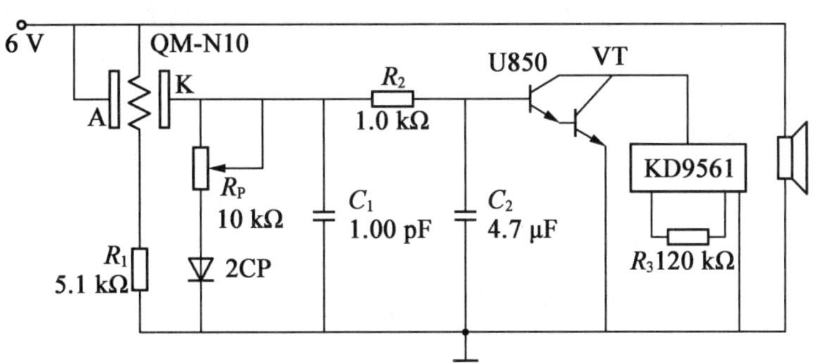

图 2.39　有毒气体监测报警电路图

2.4　湿敏电阻传感器

现代的生产和生活中，湿度的检测与控制已经成为必不可少的手段之一。湿度传感器利用湿敏元件进行湿度的测量和控制，具有灵敏度高、体积小、寿命长、可以进行遥测和集中控制等优点。湿度传感器在电子、电力、制药、医疗、粮食、仓储、烟草、纺织、气象等行业应用广泛。

2.4.1 湿度的定义及表示方法

湿度是指大气中水蒸气的含量(质量分数)。它通常有以下几种表示方法:绝对湿度、相对湿度和露点等。

1. 绝对湿度

绝对湿度是指单位体积空气中含有的水蒸气质量,即

$$\rho=\frac{M_V}{V} \tag{2.20}$$

式中 ρ——待测空气的绝对湿度(g/m^3);

M_V——待测空气中含有的水蒸气质量(g);

V——待测空气的总体积(m^3)。

2. 相对湿度

相对湿度是指绝对湿度与相应温度饱和状态水蒸气含量之比,用百分数表达,即

$$p_H=\frac{p_V}{P_W}\times 100\% \tag{2.21}$$

式中 R_H——相对湿度(无量纲);

p_V——待测空气中实际所含的水蒸气分压;

p_W——相同温度下饱和水蒸气分压。

相对湿度给出了大气的潮湿程度,实际中多使用相对湿度。

3. 露点

在一定的大气压下,将含有水蒸气的空气冷却,当温度下降到某一特定值时,空气中的水蒸气达到饱和状态,开始从气态变成液态而凝结成露珠,这种现象称为结露,这一特定温度就称为露点温度,简称露点。在一定的大气压下,湿度越大,露点越高;湿度越小,露点越低。

2.4.2 湿敏电阻传感器

将湿度转换成电信号的传感器有很多,如红外线湿度传感器、微波湿度传感器、超声波湿度传感器、湿敏电容传感器、湿敏电阻传感器等。

湿敏电阻传感器的基本原理是在基片上覆盖一层用感湿材料制成的膜,当空气中的水蒸气吸附在感湿膜上时,元件的电阻率和电阻都发生变化,利用这一特性即可测量湿度。湿敏电阻的种类很多,包括金属氧化物湿敏电阻、氯化锂湿敏电阻、陶瓷式湿敏电阻、高分子湿敏电阻等。湿敏电阻的优点是灵敏度高,主要缺点是线性度和产品的互换性差。

(1)氯化锂湿敏电阻。

氯化锂湿敏电阻是利用吸湿性盐类潮解,离子导电率发生变化而制成的测湿元件。它由引出线、基片、感湿层与电极组成,如图 2.40 所示。

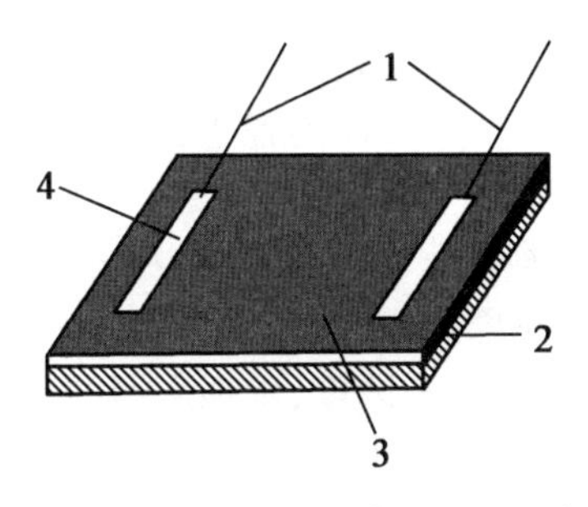

1—引出线;2—基片;3—感湿层;4—电极

图 2.40　湿敏电阻结构示意图

氯化锂(LiCl)通常与聚乙烯醇组成混合物,在氯化锂溶液中,Li^+和Cl^-均以正、负离子的形式存在,离子导电能力与溶液浓度成正比。当溶液置于一定温度的环境中,若环境相对湿度高,溶液将吸收水分,使浓度降低,因此,溶液电阻率增大。反之,环境相对湿度变低时,则溶液浓度升高,电阻率减小。由此可见,氯化锂湿敏电阻的电阻会随环境相对湿度的改变而变化,从而实现对湿度的测量。

氯化锂湿敏电阻的电阻-湿度特性曲线如图 2.41 所示。图中吸湿和脱湿曲线不重合,是因为湿滞现象。由图可知,在 50%RH~80%RH 相对湿度范围内,电阻与湿度的变化呈线性关系。为了扩大湿度测量的线性范围,可以将多个氯化锂(LiCl) 含量不同的器件组合使用。

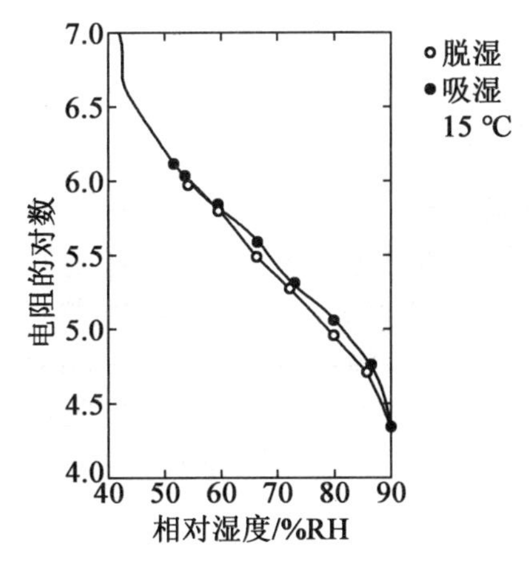

图 2.41　氯化锂湿敏电阻的电阻-湿度特性曲线

氯化锂湿敏电阻的特点是滞后小,不受测试环境(如风速)影响,检测精度高达+5%,但其耐热性差,不能用于露点以下测量,器件性能重复性不理想,使用寿命短。注意电流必须用交流,以免出现极化。

(2)陶瓷式湿敏电阻。

陶瓷式湿敏电阻通常是由两种以上金属氧化物混合烧结而成的多孔陶瓷,是根据感湿材料吸附水分后电阻率会发生变化的原理进行湿度检测的。$ZnO-Li_2O-V_2O_5$ 系、$Si-Na_2O-V_2O_5$系、$TiO_2-MgO-V_2O_5$ 系、Fe_3O_4 材料中,前三种材料的电阻率随湿度的增加而减小,称为负特性湿敏半导体陶瓷;最后一种材料的电阻率随湿度的增加而增大,称为正特性湿敏半导体陶瓷。

①负特性湿敏半导体陶瓷的导电机理。水分子中的氢原子具有很强的正电场，当水在半导体陶瓷表面吸附时，就可能从半导体陶瓷表面俘获电子。若该半导体陶瓷是 P 型半导体，则水分子的吸附使表面电势下降，将吸引更多的空穴到达其表面，于是，其表面层的电阻减小。反之，若该半导体陶瓷为 N 型半导体，则水分子的吸附使表面电势下降，如果表面电势下降较多，不仅使表面层的电子耗尽，同时会吸引更多的空穴到达表面层，有可能使到达表面层的空穴浓度大于电子浓度，出现所谓的表面反型层，这些空穴称为反型载流子。它们同样可以在表面迁移而表现出导电特性。因此，由于水分子的吸附，N 型半导体陶瓷材料的表面电阻减小。不论是 N 型还是 P 型半导体陶瓷，其电阻率都随湿度的增加而减小，显示出负湿敏特性。图 2.42 展示了几种负特性湿敏半导体陶瓷的电阻与湿度的关系。

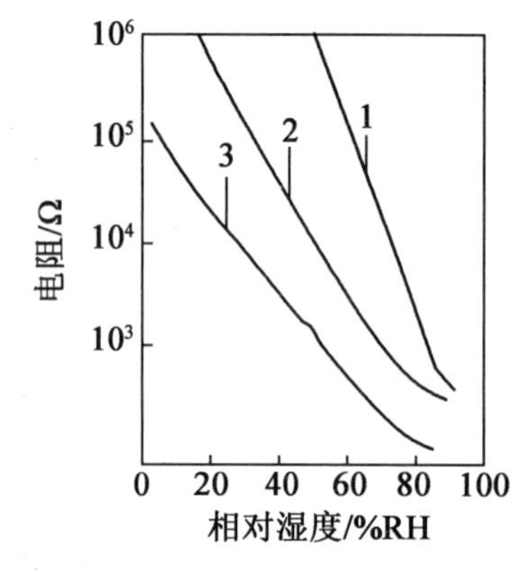

1—$ZnO-Li_2O-V_2O_5$ 系；2—$Si-Na_2O-V_2O_5$ 系；3—$TiO_2-MgO-V_2O_5$ 系

图 2.42　几种半导体陶瓷的负湿敏特性

②正特性湿敏半导体陶瓷的导电机理。正特性湿敏半导体陶瓷的结构、电子能量状态与负特性湿敏材料有所不同。水分子吸附在半导体陶瓷的表面使其表面电势下降，造成表面层电子浓度下降，但还不足以使表面层的空穴浓度增加到出现反型层的程度，此时仍以电子导电为主。于是表面电阻将随着电子浓度的下降而增大。通常湿敏半导体陶瓷材料都是多孔型的，表面电阻占的比例很大，故表面层电阻的增大，必将引起总电阻的明显增大。因此这类半导体陶瓷材料的电阻将随环境湿度的增加而增大。图 2.43 所示为 Fe_3O_4 半导体陶瓷的电阻与湿度的关系。

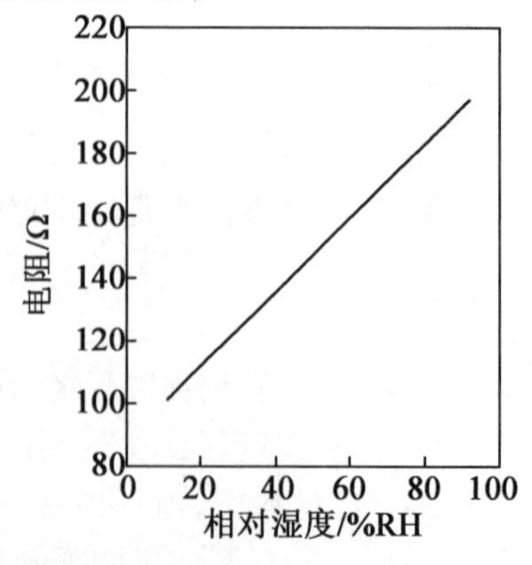

图 2.43　Fe_3O_4 半导体陶瓷的正湿敏特性

从半导体陶瓷的负湿敏特性和正湿敏特性曲线可以看出,当相对湿度从 0%RH 变化到 100%RH 时,负特性湿敏材料的电阻均下降 3 个数量级,而正特性湿敏材料的电阻只增大了约一倍。

(3)高分子湿敏电阻。

高分子湿敏电阻传感器是目前发展迅速、应用较广的一类新型湿敏电阻传感器。湿敏电阻的特点是在基片上覆盖一层用感湿材料制成的膜,当空气中的水蒸气吸附在感湿膜上时,元件的电阻率和电阻都发生变化,利用这一特性即可测量湿度。通常将含有强极性基的高分子电解质及其盐类等高分子材料制成感湿膜。高分子湿敏电阻传感器测量湿度范围大,工作温度在 0~50 ℃,具有响应速度快、线性好、成本低等特点。

2.4.3　湿敏电阻传感器的应用

湿度及对湿度的测量和控制对人们的日常生活、工业生产、气象预报、物料仓储等都有极其重要的作用,相对湿度过高或过低都会给生产与生活带来负面影响。大规模集成电路车间,当其相对湿度低于 30%RH 时,容易产生静电,造成大批量元器件的损伤而影响生产;在考古、壁画、收藏等方面,不适宜的湿度可能造成藏品等严重损坏。为了减少因相对湿度过高或过低带来的损失,可利用不同类型的湿敏电阻传感器对湿度进行检测,从而进行调节。

1. 自动去湿器

汽车驾驶室挡风玻璃的自动去湿电路如图 2.44 所示,图中 R_L 为嵌入玻璃的加热电阻,R_H 为设置在后窗玻璃上的湿度传感器。VT_1 和 VT_2 接成施密特触发电路,在 VT_1 的基极接有由 R_1、R_2 和湿度传感器 R_H 组成的偏置电路。

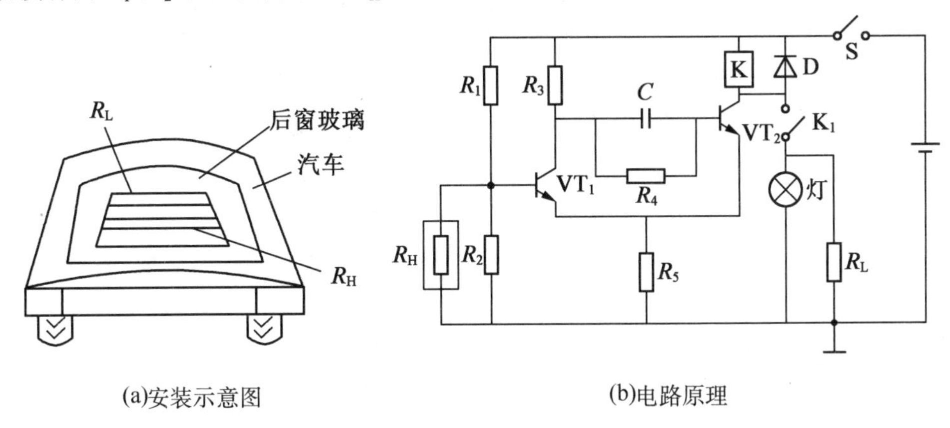

(a)安装示意图　　(b)电路原理

图 2.44　汽车驾驶室挡风玻璃的自动去湿电路图

工作原理如下:在常温常湿条件下,由于 R_H 较大,VT_1 处于导通状态,VT_2 处于截止状态,继电器 K 不工作,此时,加热电阻没有电流流过。当室内外温差较大,且湿度过大时,湿度传感器 R_H 的电阻减小,使 VT_1、VT_2 状态与刚才相反,即 VT_1 处于截止状态,VT_2 翻转为导通状态,继电器 K 工作,其常开触点 K_1 闭合,加热电阻开始加热,则汽车驾驶室后窗玻璃上的潮气被驱散。

2. 相对湿度计

相对湿度计的测量探头由氯化锂湿敏电阻 R_1 和热敏电阻 R_2 组成，并通过三线电缆接至电桥上，其原理图如图 2.45 所示。热敏电阻用于温度补偿。

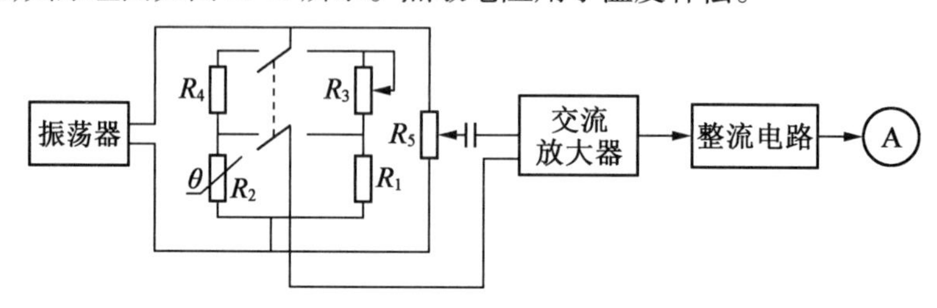

图 2.45 氯化锂湿敏电阻相对湿度计

工作原理如下：需要先对指示装置的温度补偿进行适当修正再开始测量，将电桥校正至零点，就可以从刻度盘上直接读出相对湿度值。电桥由分压电阻 R_5 组成两个臂，R_1 和 R_3 或 R_2 和 R_4 组成另外两个臂。电桥由振荡器供给交流电压。电桥的输出经交流放大器放大、通过整流电路后送给电流表显示出来。

2.5 设计实例分析

2.5.1 项目来源和需求

近年来，越来越多的人有了自己的汽车，而醉酒驾车造成的交通事故也频繁发生，给交通管理带来了许多问题。资料显示，我国近几年发生的重大交通事故中，有将近三分之一是由醉酒驾车引起的。为此，我国实施醉驾入刑。为了阻止机动车驾驶人员醉酒驾车，设计一种在车内自动检测酒精浓度是否超标的仪器就非常有实用价值。此外，酒精测试仪也可应用于食品加工、酿酒等需要监控空气中酒精浓度的场合。

通过酒精浓度传感器采集信息，并判断是否超过规定的上限。如果检测到酒精浓度超过涉酒驾驶上限，则系统自动向交通监管平台手机终端发送涉嫌醉驾车辆信息。这对交通管理系统进行了完善，不用费时费力去追查醉驾，交警手里只要有类似手机显示的设备就可以知道哪辆车的司机涉嫌醉驾了。

2.5.2 硬件方案的选择

1. 酒精浓度传感器的选择

方案一：MQ303A 是一种二氧化锡（SnO_2）半导体型酒精气体传感器，对酒精具有高的灵敏度和快速的响应性，其元件的电阻与气体的浓度呈对数关系，随气体浓度的增加而减小，但外围的电路设计较麻烦。

方案二：MQ-3 是一种将某种气体体积分数转换成对应电信号的传感器。探测头通过气体传感器对气体样品进行调理，通常包括滤除杂质和干扰气体、干燥或制冷处理仪表显示部分。MQ-3所使用的气敏材料是在清洁空气中电导率较低的二氧化锡。当传感器所处环境中存在酒精蒸气时,传感器的电导率随空气中酒精气体浓度的增加而增大。使用简单的电路即可将电导率的变化转换为与酒精气体浓度相对应的输出信号。MQ-3对酒精的灵敏度高,可以抵抗汽油、烟雾、水蒸气的干扰。这种传感器可检测多种浓度酒精气体,是一款适合多种应用的低成本传感器。

综上所述,本设计选择MQ-3。

2. 模数转换芯片的选择

综合比较ADC0809和ADC0804两种转换芯片,二者的主要区别在于单通道和多通道转换、接线难易程度及后续程序设计复杂程度,结合设计需求,选用接线简单的单通道模数转换芯片ADC0804。

3. 显示系统模块

对比LCD1602显示、LED数码管显示、LCD128×64显示三种显示系统模块方案,因为需要显示汉字,且LCD128×64可以显示很多内容,便于以后添加新的显示功能,因此,系统显示模块选用LCD128×64。

4. 报警系统模块

报警系统模块的ISD4004语音芯片,采用CMOS技术,内含晶体振荡器、防混叠滤波器、平滑滤波器、自动静噪、音频功率放大器及高密度多电平闪烁存储阵列等,因此,只需很少的外围器件就可构成一个完整的声音录放系统。

5. 手机短信发送系统模块选择

选用目前比较适合小项目开发的一种方法,在计算机或单片机上通过GSMMODEM向手机发送中文短消息,所需硬件包括一款手机(提供GSMMODEM),以及相应的数据线或是红外线适配器。该方法编码简单,只需对AT指令和串口编程比较熟悉就可以实现,而且对硬件需求不高,并能自动收发短消息。

2.5.3　系统总体方案

根据上述设计要求,设计系统主要包括单片机控制中心、GPS定位信息采集模块、浓度信息采集模块、模数转换模块、显示系统模块、报警系统模块、按键控制系统模块、手机发送短信模块,其中手机发送短信模块又是由CPRS模块和GSM网络组成的。系统框图如图2.46所示。

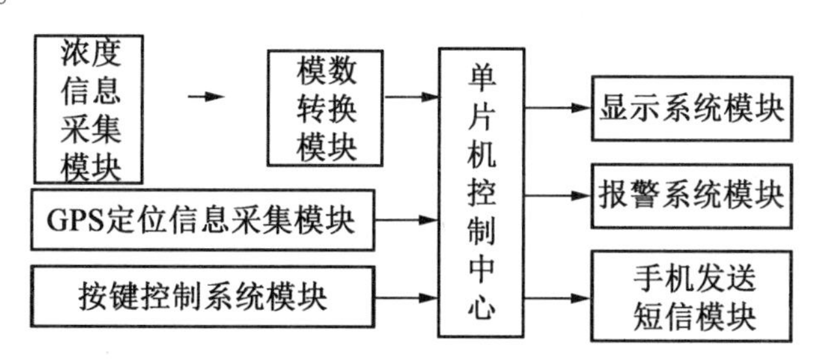

图2.46　总体硬件组成框图

系统的基本功能是：以酒精浓度传感器作为信息采集部分，将传感器采集到的信息由模数转换器转换成数字量，再把数字量传送给单片机控制中心。另一个信息采集端是GPS定位信息采集模块，GPS将采集的定位信息通过串口传送给单片机控制中心。单片机把这些数据通过软件编程和设定的浓度上限比较，判断当前浓度是否超过上限，超过则证实醉酒驾驶。若浓度持续超过上限一定时间（如15 s），则单片机发出语音警告，且显示系统模块显示出相应的信息，并通过GSM模块向预设手机终端发送涉嫌醉驾车辆信息。

思政元素：科学精神，1856年，英国物理学家开尔文（Kelvin）在指导铺设大西洋海底电缆时，发现了金属材料在压力和张力的作用下会发生电阻变化的现象，金属材料的这种应变-电阻效应，是现今电阻应变片的基本原理。求实严谨、创新思维、爱国主义，嫦娥五号探测器上5个温度传感器超过47 h的连续测温和分析结果，为研究月球表面热环境变化规律和优化探月工程设计提供了重要依据，增强了民族自豪感。

习　　题

1. 电阻应变式传感器的工作原理是什么？

2. 金属电阻应变片与半导体应变片的工作原理有何区别？各有何优缺点？

3. 什么是直流电桥？按桥臂工作方式不同，可分为哪几种？

4. 试分析三线制和四线制接法在热电阻测量中的原理及不同特点。

5. 对热敏电阻进行分类，并叙述其各自不同的特点。

6. 简述气敏电阻传感器的工作原理。

7. 电子秤是日常生活中常见的称量仪表，在查阅相关资料的基础上，结合专业相关课程，根据你所了解的电阻应变片的知识，试设计一个称量范围为0~30 kg的电子秤，给出相应的测量电路，并说明其工作原理。

8. 查阅资料，当对房间内温度进行控制时，可采用哪些方法？试举例说明，并解释其原理。

第3章　电容传感器

电容传感器以各种类型的电容器作为传感元件，将被测物理量转换为电容的变化，其结构简单、动态响应快、本身发热小，适用于非接触测量，缺点是容易受寄生电容的影响和外界干扰。电容传感器主要用于位移、振动、角度、加速度、厚度，以及压力、差压、液面（物位）、成分含量等的测量。

3.1　电容传感器的工作原理及结构形式

3.1.1　电容传感器的工作原理

电容传感器是将被测量转换为电容变化的装置，它实质上是一个具有可变参数的电容器。它的工作原理可以利用图3.1所示的平板电容器来说明。

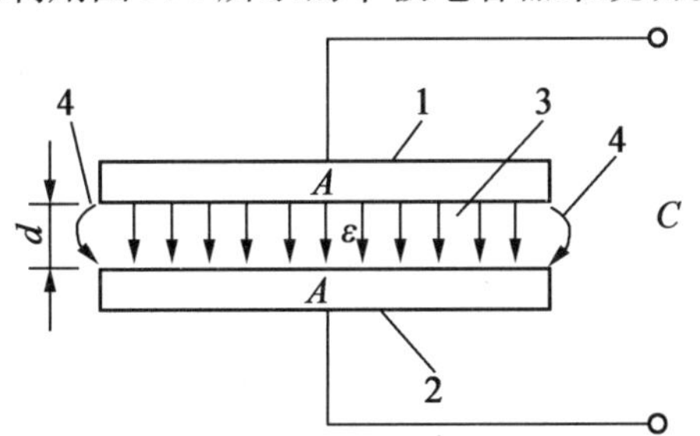

1—上极板；2—下极板；3—电力线；4—边缘效应

图3.1　平板电容器

当忽略边缘效应时，由物理学可知，两个平行极板组成的电容器的电容为

$$C=\varepsilon_0\frac{A\varepsilon}{\delta} \tag{3.1}$$

式中　ε_0——真空中介电常数，$\varepsilon_0=8.85\times10^{-12}$ F/m；

ε——极板间介质的介电常数；

δ——极板间的距离（m）；

A——两极板相互覆盖面积（m^2）。

式（3.1）表明，当被测量使δ、A或ε发生变化时，都会引起C的变化。若只改变其中某一参数，就可以把该参数的变化转换为电容的变化，因而电容传感器可分为极距变化型、面积变化型和介质变化型三种。其中前两种应用较广，都可作为位移传感器。

图3.2所示为常用电容器的结构形式，其中图3.2（b）、（c）、（d）、（f）、（g）、（h）为变面积型，图3.2（a）、（e）为变极距型，而图3.2（i）~（l）则为变介电常数型。

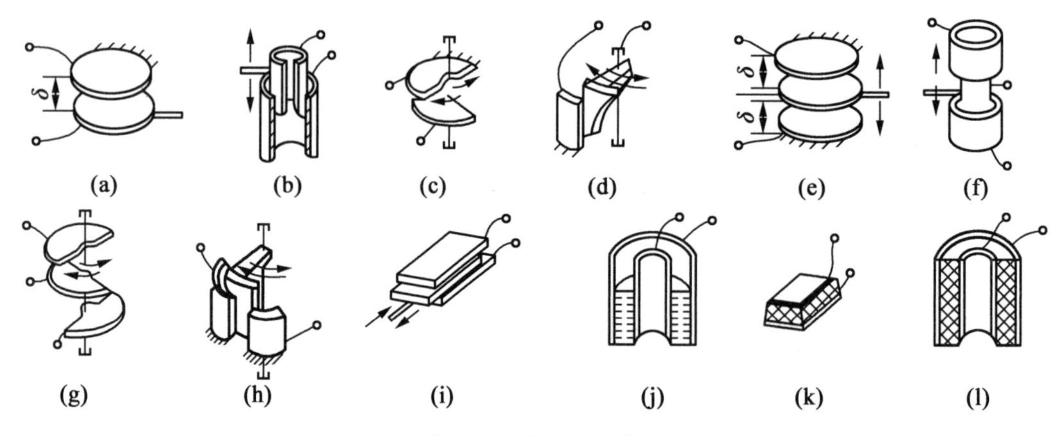

图 3.2　常用电容器的结构形式示意图

3.1.2　电容传感器的结构形式

1. 极距变化型电容传感器

根据式(3.1),如果两极板相互覆盖面积和极板间介质不变,则电容 C 和极距 δ 呈非线性关系,如图 3.3 所示。当极距有微小变化量 $\Delta\delta$ 时,若输出电容变化量为 ΔC,则传感器的灵敏度 K 为

$$K=\frac{\mathrm{d}C}{\mathrm{d}\delta}=-\frac{\varepsilon\varepsilon_0 A}{\delta^2} \tag{3.2}$$

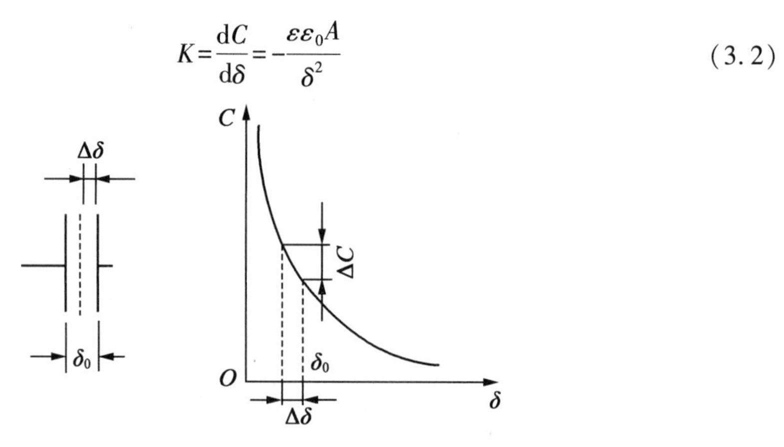

图 3.3　极距型电容传感器原理图

可以看出,灵敏度与极距的平方成反比,极距越小灵敏度越高。显然,这将引起非线性误差。为减少这一误差,通常规定传感器在较小的极距变化范围内工作($\Delta\delta/\delta_0\approx0.1$,$\delta_0$ 为初始极距)。

实际应用中常采用差动式,即在两块固定极板之间放一块动极板,图 3.4 所示为差动变极距式电容传感器的结构示意图。中间为动极板(接地),上、下两块为固定极板。当动极板向上移动 Δx 后,C_1 的极距变为 $d_0-\Delta x$,而 C_2 的极距变为 $d_0+\Delta x$,电容 C_1 和 C_2 形成差动变化,经过信号测量转换电路后,灵敏度提高近一倍,线性也得到改善。外界的影响(如温度、激励源电压、频率变化等)也基本能相互抵消。这种传感器的灵敏度高、动态性能好、可非接触测量,但仅适合小位移测试,大位移测试时非线性度大。

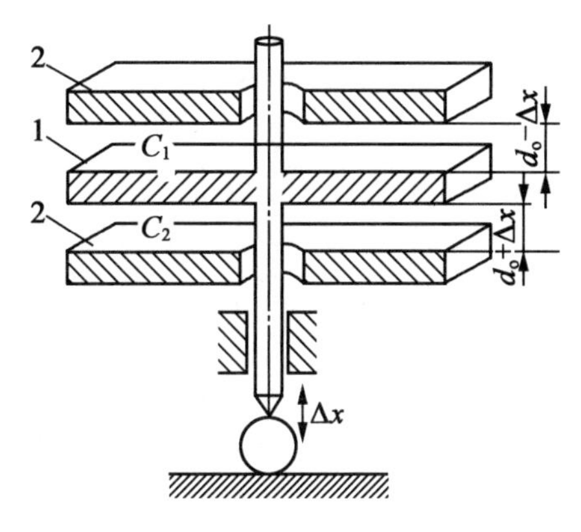

差动变极距式

1—动极板;2—固定极板

图3.4　差动变极距式电容传感器的结构示意图

2. 面积变化型电容传感器

电容传感器按照面积的改变方式不同,可以分为直线位移型和角位移型。

(1)直线位移型。

图3.5所示为直线位移型电容传感器。当动极板沿 x 方向移动时,动极板和固定极板的相互覆盖面积变化,引起电容变化。其电容为

$$C=\frac{\varepsilon\varepsilon_0 bx}{\delta} \tag{3.3}$$

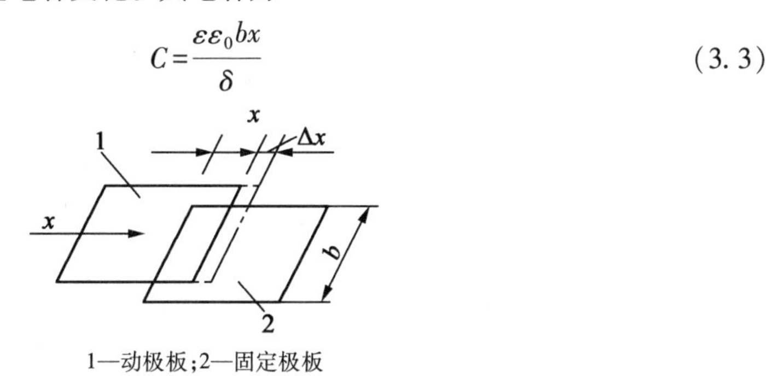

1—动极板;2—固定极板

图3.5　直线位移型电容传感器

其灵敏度为

$$S=\frac{\mathrm{d}C}{\mathrm{d}x}=\frac{\varepsilon\varepsilon_0 b}{\delta}=常数 \tag{3.4}$$

此时,输出与输入之间具有线性关系,但与极距变化型电容传感器相比,直线位移型电容传感器的灵敏度较低,适用于较大直线位移及角位移测量。

(2)角位移型。

图3.6所示为角位移型电容传感器。当动极板沿顺时针方向转动时,动极板和固定极板的相互覆盖面积变化,导致电容发生变化。其电容为

$$C=\frac{2\pi\varepsilon\varepsilon_0\alpha}{\ln(D/d)} \tag{3.5}$$

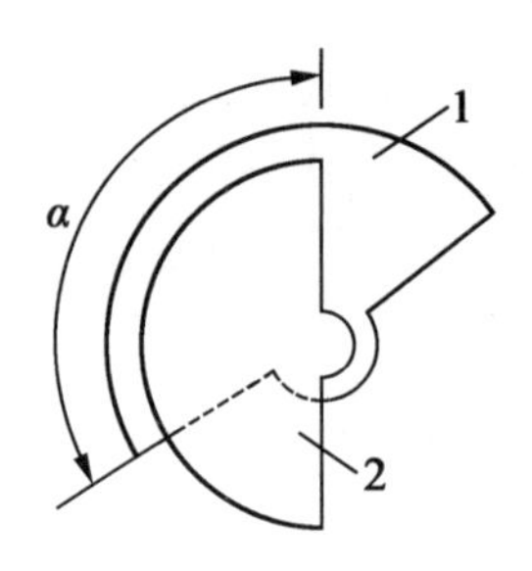

1—动极板;2—固定极板

图 3.6 角位移型电容传感器

此时,灵敏度为

$$S=\frac{\mathrm{d}C}{\mathrm{d}\alpha}=\frac{2\pi\varepsilon\varepsilon_0}{\ln(D/d)}=\text{常数} \tag{3.6}$$

式(3.6)说明灵敏度为常数,即传感器的输出与输入为线性关系。

3. 介质变化型电容传感器

介质变化型电容传感器是指电容器两极板间介质改变时,其电容发生变化。介质变化型电容传感器的极板固定,极距和相互覆盖面积均不改变。

当极板间介质的种类或其他属性变化时,其相对介电常数改变导致电容发生相应变化,从而实现被测量的转换。这种传感器常用于测量液位、某些材料的厚度、温度、湿度等。

传感器两极板固定不动,其极距 δ 和相互覆盖面积 A 固定。极板间为空气时,相应电容为

$$C=\frac{2\pi\varepsilon_1 L}{\ln(R/r)} \tag{3.7}$$

式中 R——外电极的内半径;

r——内电极的外半径;

L——电极长度;

ε_1——空气的介电常数。

电极的一部分被非导电性液体所浸没时,电容将发生变化。传感器的电容变化与介质之间的关系为

$$\Delta C=\frac{2\pi(\varepsilon_2-\varepsilon_1)l}{\ln(R/r)} \tag{3.8}$$

式中 ε_2——液体的介电常数;

l——液体浸没长度。

由式(3.8)可知,若 l 不变,ε_2 的改变将使 ΔC 改变,传感器可用于介电常数的测量。若 ε_2 不变,l 的改变也将使 ΔC 改变,传感器可用于厚度的测量。

图 3.7 所示为一种电容式液位计。当被测液位变化时,两个固定的筒状电极间液体浸没高度发生变化,从而可根据由此引起的电容变化测出相应的液位数据。

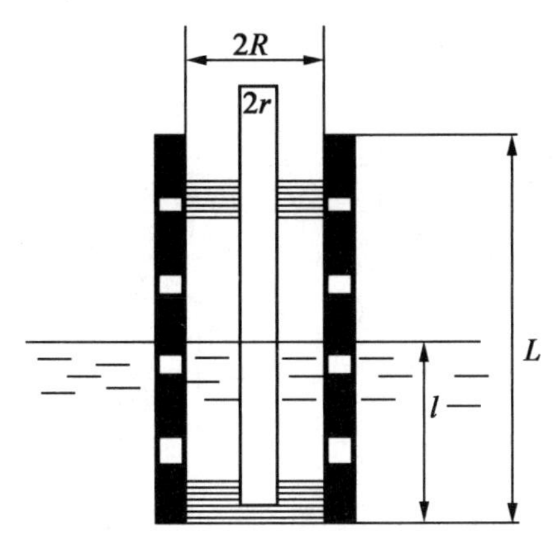

图 3.7　液位的测量

介质变化型电容传感器常用于检测片状材料的厚度、性质，颗粒状物体的含水量，以及液位等。表 3.1 列出了几种介质的相对介电常数。

表 3.1　几种介质的相对介电常数

介质名称	相对介电常数 ε_r	介质名称	相对介电常数 ε_r
真空	1	玻璃釉	3~5
空气	略大于 1	SiO_2	38
其他气体	1~1.2	云母	5~8
变压器油	2~4	干的纸	2~4
硅油	2~3.5	干的谷物	3~5
聚丙烯	2~2.2	环氧树脂	3~10
聚苯乙烯	2.4~2.6	高频陶瓷	10~160
聚四氟乙烯	2	低频陶瓷、压电陶瓷	1 000~10 000
聚偏二氟乙烯	3~5	纯净的水	80

3.2　电容传感器的测量电路

电容传感器的检测元件将被测非电量转换为电容的变化量后，由于电容非常小，必须采用测量电路将其转换为电压、电流或频率信号，以便显示、记录或传输。电容传感器的测量电路种类很多，下面介绍一些常用的测量电路。

3.2.1　差动脉冲宽度调制电路

图 3.8 所示为电容传感器的差动脉冲宽度调制电路原理图，该电路简称差动脉宽调制电路。它由电压比较器 A_1、A_2，双稳态触发器，电容充放电电路（R_1、R_2、VD_1、VD_2）构成。C_1、C_2 为传感器的差动电容，双稳态触发器的两个输出端 Q、$\overline{Q}$ 为该电路的输出端。

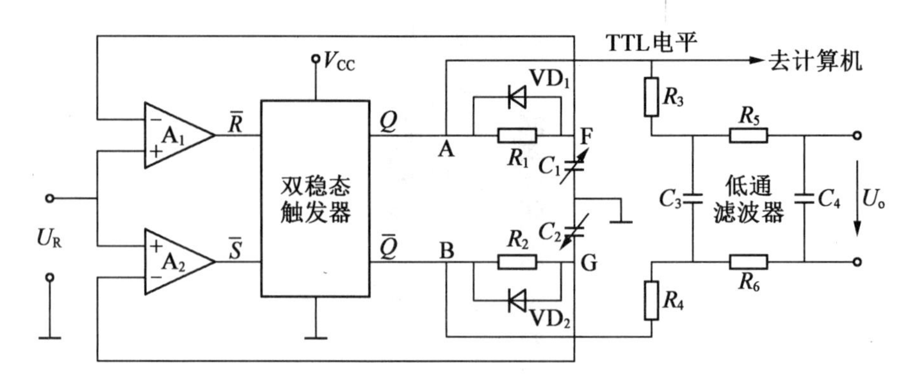

图 3.8　电容传感器的差动脉宽调制电路

当双稳态触发器的 Q 端输出高电平时，A 点通过 R_1 对 C_1 充电，F 点电位逐渐升高。在 Q 端为高电平期间，$\overline{Q}$ 端输出低电平，电容 C_2 通过二极管 VD_2 迅速放电，G 点电位被箝制在低电平。当 F 点电位超过参考电压 U_R 时，比较器 A_1 产生一个"置零脉冲"，触发双稳态触发器翻转，A 点跳变为低电位，B 点跳变为高电位。此时 C_1 经二极管 VD_1 迅速放电，F 点电位被箝制在低电平，而同时 B 点经 R_2 向 C_2 充电。当 G 点电位超过 U_R 时，比较器 A_2 产生一个"置 1 脉冲"，使触发器再次翻转，A 点恢复为高电位，B 点恢复为低电位。如此周而复始，在双稳态触发器的两输出端各自产生一个宽度受 C_1、C_2调制的脉冲波形。

①当两电容 $C_1=C_2$ 时，A、B 两点脉冲的宽度相等，如图 3.9(a)所示。此时 A、B 两点间平均电压为零。

②当 C_1、C_2 不相等时，如 $C_1>C_2$，则 C_1 和 C_2 的充电时间 $t_1>t_2$。这样，A、B 两点脉冲的宽度不等，如图 3.9(b)所示。A、B 两点间平均电压不再为零。输出电压 U_o 由 U_{AB} 低通滤波后获得。

A、B 两点的平均电压为

$$U_{AP}=\frac{t_1}{t_1+t_2}U_1 \tag{3.9}$$

$$U_{BP}=\frac{t_2}{t_1+t_2}U_1 \tag{3.10}$$

式中　U_1——触发器输出高电压。

$$U_{AB}=U_{AP}-U_{BP}=\frac{t_1-t_2}{t_1+t_2}U_1 \tag{3.11}$$

$$t_1=R_1C_1\ln\frac{U_1}{U_1-U_R} \tag{3.12}$$

$$t_2=R_2C_2\ln\frac{U_1}{U_1-U_R} \tag{3.13}$$

这是因为，放电时，$u_C=(U_1-V_R)e^{-\frac{t}{RC}}$，两边取对数，即可求出 t 的表达式。差动变极距式电容传感器的电容为

$$C_1=\frac{\varepsilon_0 A}{\delta_0-\Delta\delta} \tag{3.14}$$

$$C_2=\frac{\varepsilon_0 A}{\delta_0+\Delta\delta} \tag{3.15}$$

代入上式,有

$$U_{AB}=\frac{\Delta\delta}{\delta_0}U_1 \tag{3.16}$$

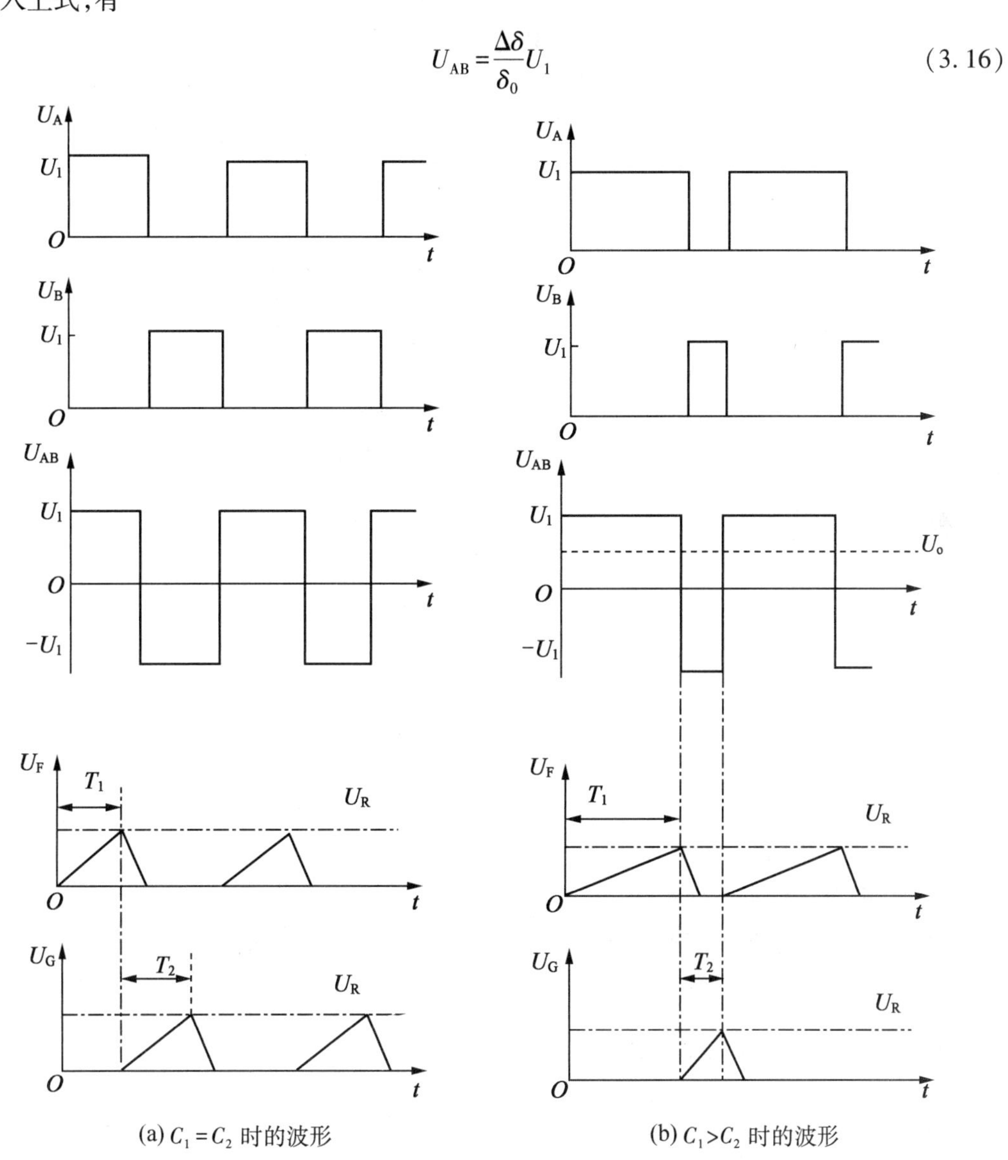

(a) $C_1=C_2$ 时的波形　　(b) $C_1>C_2$ 时的波形

图3.9　电容传感器的差动脉宽调制电路波形

差动脉冲宽度调制电路具有以下特点:

①输出电压与输入位移为线性关系;

②由于电路输出信号一般为 100 kHz~1 MHz 的方波,所以响应较快;

③该电路采用直流电源激励,虽然要求直流电源的电压稳定度较高,但比其他测量电路中要求高稳定度的稳频、稳幅高频交流电源更容易做到。

3.2.2 调频电路

调频电路把电容传感器作为振荡器电路的一部分，当电容随被测量发生变化时，振荡频率发生相应的变化。由于振荡器的频率受电容传感器的电容调制故称为调频电路。调频电路的原理框图如图3.10所示。图中电容传感器的传感元件C被接在LC振荡回路中（也可以作为晶体振荡器中石英晶体的负载电容）。当传感器的电容发生变化（ΔC）时，其振荡频率也改变，从而实现了由电容到频率的转换。

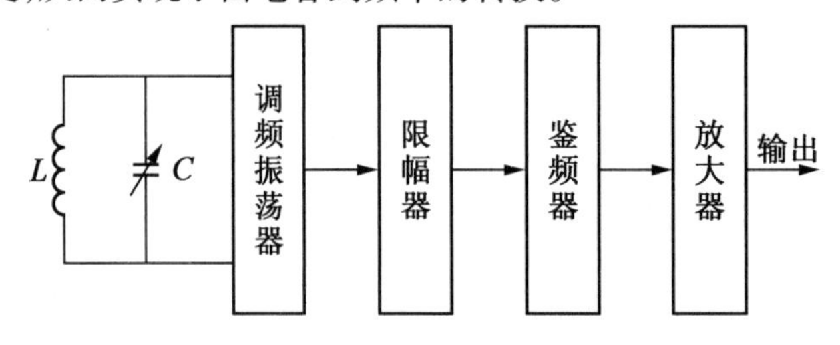

图3.10 调频电路的原理框图

调频电路的频率为

$$f=\frac{1}{2\pi\sqrt{LC}} \tag{3.17}$$

式中 L——振荡回路的固定电感；

C——振荡回路的总电容。

振荡器输出有两个变化量（即频率Δf和幅值Δu），限幅器的作用是对叠加在有用信号上的干扰电压进行“削峰”，提高抗干扰能力，使幅值成为定值，从而使输出量的变化只有频率的变化Δf，以此判断被测量的大小；加入鉴频器，是为了补偿系统的非线性，使整个测量系统线性化，并将频率信号转换为电压或电流等模拟量输出至放大器，进行放大，再经检波后就可用仪表来指示。

调频电路的特点是灵敏度高、抗干扰能力强；其缺点是振荡频率受温度变化和电缆分布电容影响较大。

3.2.3 运算放大器式电路

将电容传感器接入运算放大器，作为电路的反馈元件。图3.11所示为运算放大器式电路原理图，其中U_i为交流电源电压，C_0为固定电容，C为传感器电容，U_o为输出电压。

由运算放大器的工作原理可知，如果是变极距型平板电容器，则有

$$U_o=-U_i\frac{C_0}{\varepsilon A}d \tag{3.18}$$

式中负号表示输出与输入反相。由此可见，输出电压与极板间距为线性关系。

运算放大器式电路虽然从原理上解决了单个变极距型电容传感器特性的非线性问题，但要求放大器的开环放大倍数和输入阻抗足够大。为了保证仪器的精度，还要求电源的电压幅值和固定电容稳定。

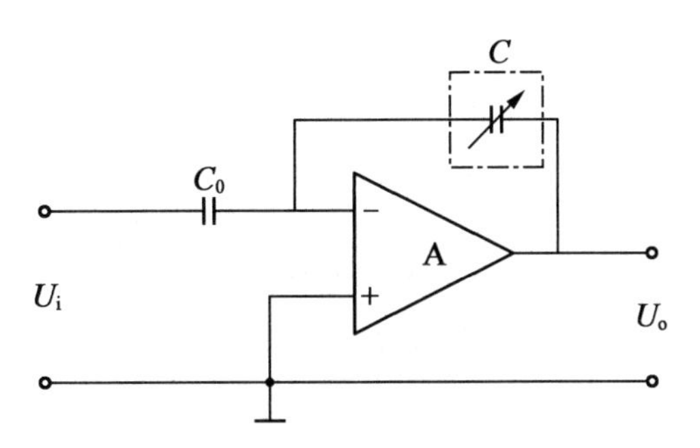

图 3.11　运算放大器式电路原理图

3.2.4　电桥电路

电容传感器接在电桥的一个桥臂或两个桥臂，其他桥臂可以是电阻、电容或电感，就可以构成单臂电桥或差动电桥，如图 3.12 所示。初始状态下，$Z_1=Z_2=Z_3=Z_4$，则图 3.12(a)所示的单臂电桥输出为

$$U_o=\frac{\Delta C}{4C_0}U_i \tag{3.19}$$

图 3.9(b)所示的双臂电桥输出为

$$U_o=\frac{\Delta C}{2C_0}U_i \tag{3.20}$$

注意，输出交流电压 U_o 还应接到对应的相敏检波电路，才能反映其相位变化。

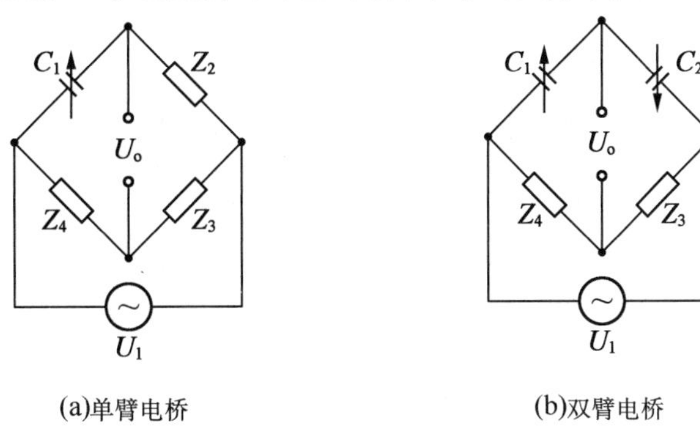

图 3.12　电容传感器的电桥电路

此外，电容传感器具有结构简单、灵敏度高、动态响应好等优点，但其测量精度往往受到电路寄生电容、电缆电容以及温湿度的影响。因此，要保证电路正常工作，有必要采取良好的绝缘和屏蔽措施。

3.2.5　双 T 型电桥电路

二极管双 T 型交流电桥电路如图 3.13 所示。U_i 是频率为 f 的高频激励电源，它提供了幅值对称的方波。VD_1、VD_2 为特性完全相同的两只二极管，固定电阻 $R_1=R_2=R$，C_1、C_2 为传感器的两个差动电容，且初始值 $C_1=C_2$。

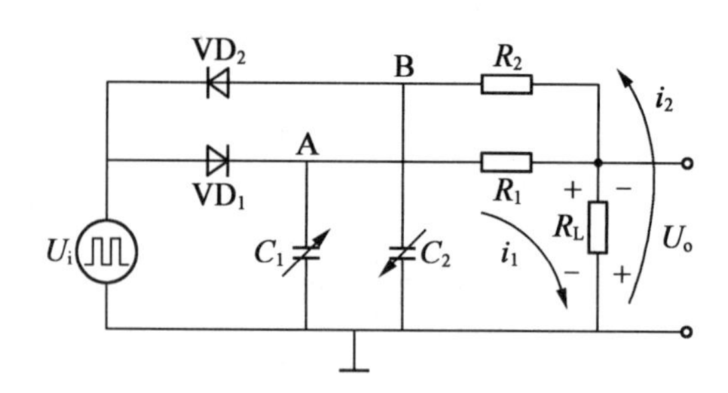

图 3.13　二极管双 T 型交流电桥电路

在 U_i 的正半周，VD_1 导通、VD_2 截止，于是电容 C_1 快速充电到 U_i 的幅值，有电流 i_1 流过 R_1。在随后的负半周，VD_1 截止、VD_2 导通，于是电容 C_2 快速充电到 U_i 的幅值，而电容 C_1 放电，有电流 i_2 逆向流过 R_1。

在初始状态下，由于 $C_1=C_2$，所以电流 $i_1=i_2$ 且方向相反，在一个周期内流过 R_L 的平均电流 $I_L=0$。

若 $C_1\neq C_2$，则 $i_1\neq i_2$。在一个周期内流过 R_L 的平均电流 I_L 就不为零，输出电压 U_o 在一个周期内平均值为

$$U_o = R_L I_L = R_L \frac{1}{T}\int_0^T [i_1(t) - i_2(t)]\,\mathrm{d}t \approx \frac{R(R+2R_L)}{(R+R_L)^2} R_L U_i f(C_1 - C_2)$$

当 $\frac{R(R+2R_L)}{(R+R_L)^2}R_L=M$ 为常数时，有

$$U_o=U_i fM(C_1-C_2)=K_T\Delta C \tag{3.21}$$

由式(3.21)可知，输出电压 U_o 与双 T 型电桥电路中的电容 C_1 和 C_2 的差值成正比。电路的灵敏度 K_T 也与激励电源电压幅值 U_i 和频率 f 有关，故对激励电源的稳定性要求较高。选取 U_i 的幅值高于二极管死区电压的 10 倍，可使二极管 VD_1、VD_2 工作在线性区域。R_1、R_2 及 R_L 的取值范围为 10~100 kΩ。可以在 R_L 之后设置低通滤波器，能获得平稳的直流输出电压。

双 T 型电桥电路具有以下特点：

①电路较为简单；

②差动电容传感器、信号源、负载有一个公共的接地点，不易受干扰；

③VD_1 和 VD_2 工作在伏安特性的线性段，死区电压影响较小；

④输出信号为幅值较高的直流电压。

3.3　电容传感器的应用

电容器的电容受三个因素影响，即极距 d、相互覆盖面积 A 和介电常数 ε。固定其中两个变量，电容 C 就是另一个变量的一元函数。只要想办法将被测非电量转换成极距或者相互覆盖面积、介电常数的变化，就可以通过测量电容这个电参数来达到非电量电测的目的。

电容传感器具有结构简单、耐高温、耐辐射、动态响应特性好等优点，广泛地应用于厚度、位移、速度、浓度等物理量的测量，而且可用于测量力、压力、差压、流量、成分、液位等。

下面举几例来说明电容式传感器的应用情况。

3.3.1　电容测厚仪

电容测厚仪的关键部件之一就是电容测厚传感器。在板材轧制过程中,它监测金属板材的厚度变化情况,电容测厚仪的工作原理如图3.14所示。在被测板材的上、下两侧各置一块面积相等、与板材距离相等的极板,这样极板与板材就构成了两个电容器 C_1 和 C_2。把两块极板用导线连成一个电极,而板材就是电容的另一个电极,其总电容 $C_x=C_1+C_2$,电桥由电容 C_x,固定电容 C_0、变压器的初级线圈 L_1、L_2 构成,音频信号发生器提供变压器初级信号,经耦合作为交流电桥的电源。

工作过程如下:当被轧制板材的厚度相对于要求值发生变化时,则电容 C_x 变化。板材变厚则 C_x 增大,板材变薄则 C_x 减小。此时电桥输出信号也将发生变化,变化量经耦合电容 C 输出给运算放大器放大、整流和滤波,再经差动放大器放大后,一方面由显示器输出板材厚度,另一方面通过反馈回路将偏差信号传送给压力调节装置,调节轧辊与板材间的距离,经过不断调节,使板材厚度控制在一定误差范围内。

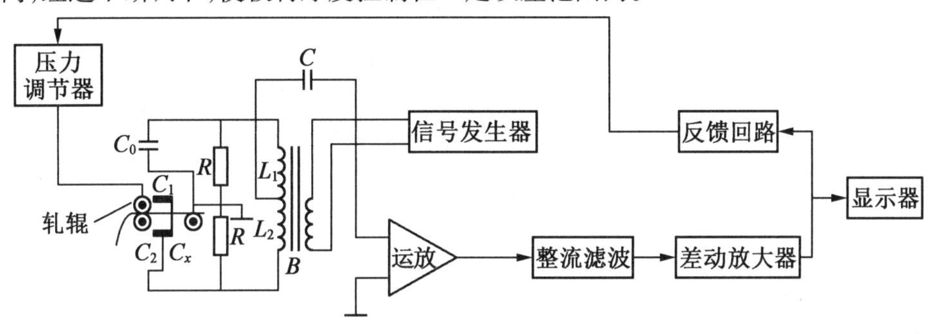

图3.14　电容测厚系统框图

3.3.2　电容式加速度传感器

电容式加速度传感器的结构示意图如图3.15所示。质量块4的 A、B 两面磨平抛光,与固定极板1、5构成两个电容 C_1 与 C_2,形成差动式电容传感器。

工作过程如下:壳体2固定在被测振动体上,当测量垂直方向上的直线加速度时,振动体的振动使壳体2相对质量块4运动。因而与壳体2固定在一起的固定极板1和固定极板5与质量块4产生相对运动,这会使得 C_1、C_2 变化相反,C_1、C_2 一个增大、一个减小,它们的差值与被测加速度的大小成正比。通过后续的测量电路运算处理,即可测量出加速度的大小。

这种加速度传感器的精度较高、频率响应范围宽、量程大,可以测量很大的加速度值。

3.3.3　电容式油量表

电容式油量表是一种机电式仪表。它是目前普遍采用的仪表之一。传感器是由同心圆筒极板组成的圆柱状电容器。其原理是圆柱状电容器的电容与油面高度具有一定的函数关系,然后由桥式测量电路将与油量对应的电容转换为指针的转角。桥式测量电路由阻容电桥、晶体管放大器、伺服电机、减速器、刻度盘和指针等部分组成。

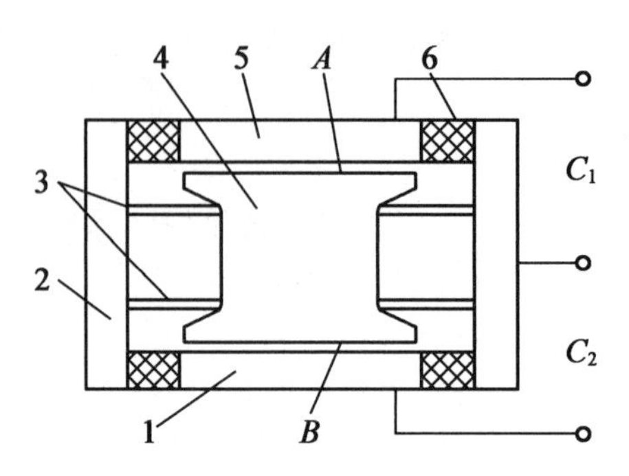

1,5—固定极板;2—壳体;3—弹簧片;4—质量块;6—绝缘块

图 3.15 电容式加速度传感器

油量表的基本工作过程如图 3.16 所示。当油箱中注满油时,指针停留在转角为 0°处。当油箱中的油位降低时,电容传感器的电容 C_x 减小,电桥处于不平衡状态,则伺服电机反转,指针逆时针偏转,其指示值减小,同时带动 R_P 的滑动臂移动。当 R_P 的电阻达到一定值时,电桥又达到新的平衡状态,伺服电机停转,指针停留在新的位置。

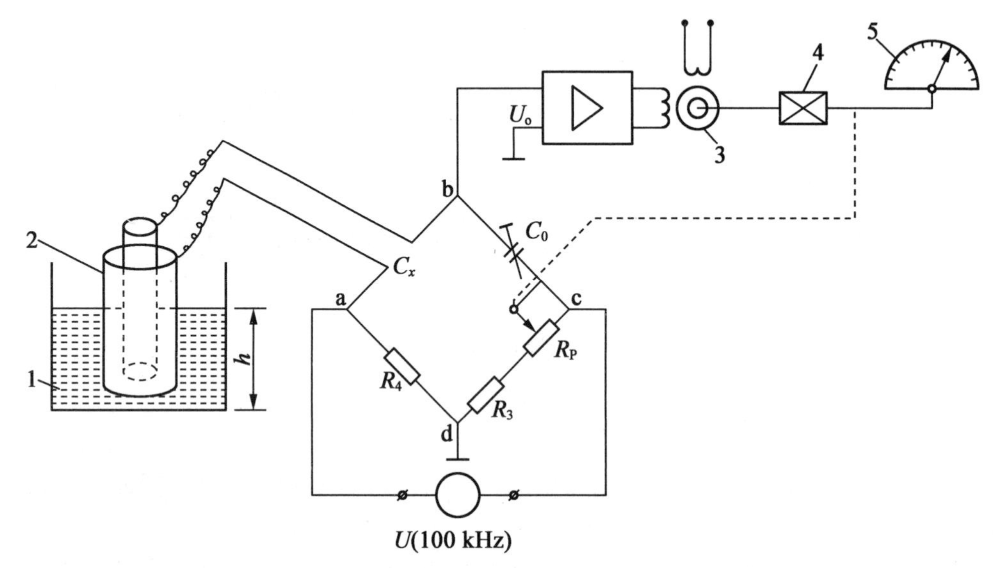

1—油箱;2—圆柱状电容器;3—伺服电机;4—减速器;5—油量表

图 3.16 电容式油量表工作原理图

3.3.4 电容式振动位移传感器

单电极的电容式振动位移传感器如图 3.17(a)所示。它的平面测端 1 作为电容器的一个极板,通过电极座 5 由引出线接入电路,另一个极板由被测物表面构成。金属壳体 3 与平面测端 1 间的绝缘衬垫 2 的作用是使彼此绝缘。

工作时壳体 3 被夹持在标准台架或其他支承上,壳体 3 接大地可起屏蔽作用。当被测物因振动发生位移时,将导致电容器的两个极板间距发生变化,从而转换为电容器的电容的改变来实现测量。图 3.12(b)所示为电容式振动位移传感器的一种应用示意图。这种传感器可用于测量 0.05 μm 的振动位移等。

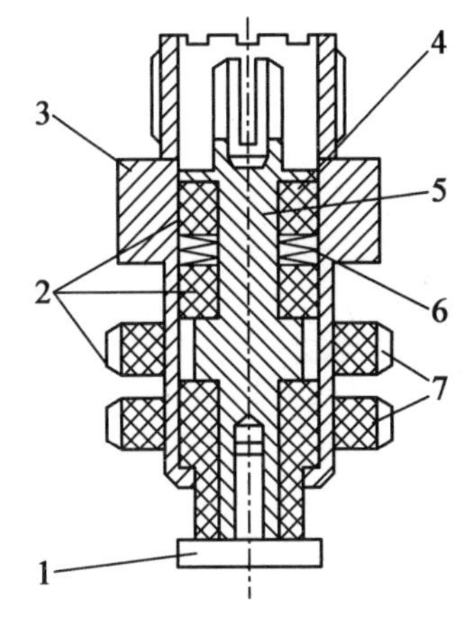

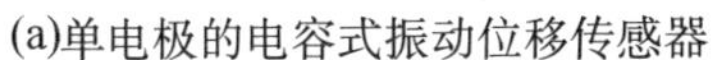
(a)单电极的电容式振动位移传感器

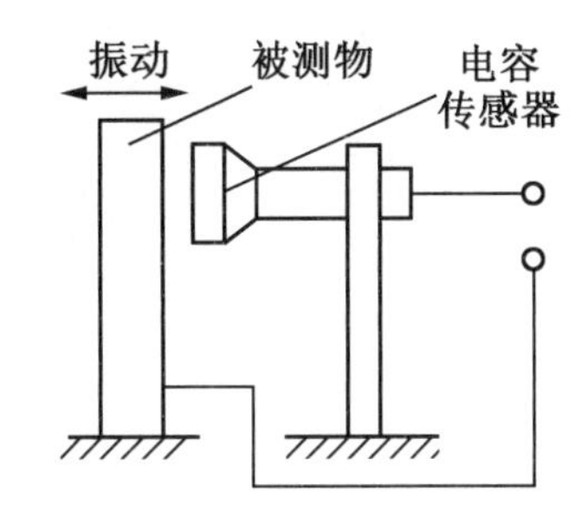

(b)电容式振动位移传感器的应用示意图

1—平面测端(电极);2—绝缘衬垫;3—壳体;4—弹簧卡圈;5—电极座;6—盘形弹簧;7—螺母

图 3.17　电容式位移传感器

3.3.4　电容接近开关

电容接近开关的检测物体,并不限于金属导体,也可以是绝缘的液体或粉状物体。它的核心是以电容极板作为检测端的电容传感器,结构如图 3.18(a)所示。检测极板在接近开关的最前端,测量电路安装在接近开关壳体后部,并用介质损耗很小的环氧树脂充填、灌封。电容接近开关的调幅式测量电路原理框图如图 3.18(b)所示,主要由 RC 高频振荡器、检波器、低通滤波器、直流电压放大器、电压比较器等几个环节组成。

电容接近开关的感应板由两个同心圆金属平面电极构成,当被测物体靠近电容接近开关时,两个电极与被测物构成电容 C,在 RC 振荡回路中,等效电容 C 为 C_1、C_2 的串联结果。当 C 增大到一定数值后,RC 振荡器起振。振荡器的高频输出电压 U_o 经二极管检波器和低通滤波器,再经直流电压放大电路放大后,U_{o1} 与灵敏度调节电位器 RP 设定的基准电压 U_R 进行比较。若 $U_{o1}>U_R$,则比较器翻转,输出动作信号,从而检测有无物体靠近。

3.3.5　电容式物位传感器

电容式物位传感器的原理是物料介电常数恒定时电极间电容正比于物位。其无可动部件,与物料密度无关,但是,要求物料的介电常数与空气的介电常数差别大,且需要高频测量电路。

电容式物位传感器的电极结构如图 3.19 所示。图 3.19(a)适用于导电容器中的绝缘性物料测量,且容器为立式圆筒状,筒壁与电极构成的电容 C 与物位成比例。图 3.19(b)适用于导电性物料测量,中央圆棒电极上包有绝缘材料。电容 C 是由绝缘材料的介电常数和物位决定的,与物料的介电常数无关,导电性物料使筒壁与中央电极间的距离缩短为绝缘层的厚度,物位升降相当于相互覆盖面积改变。

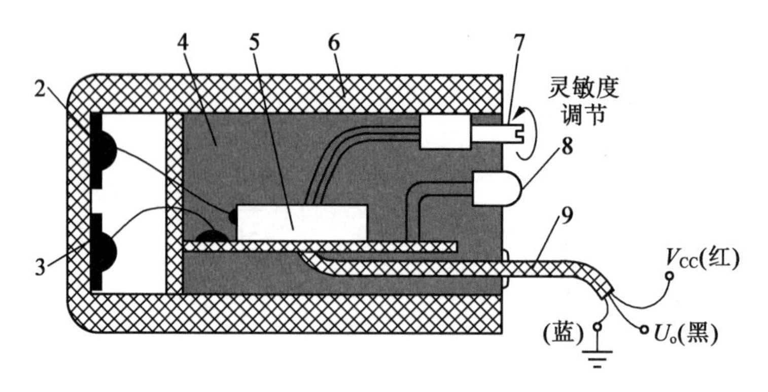

(a)结构示意图

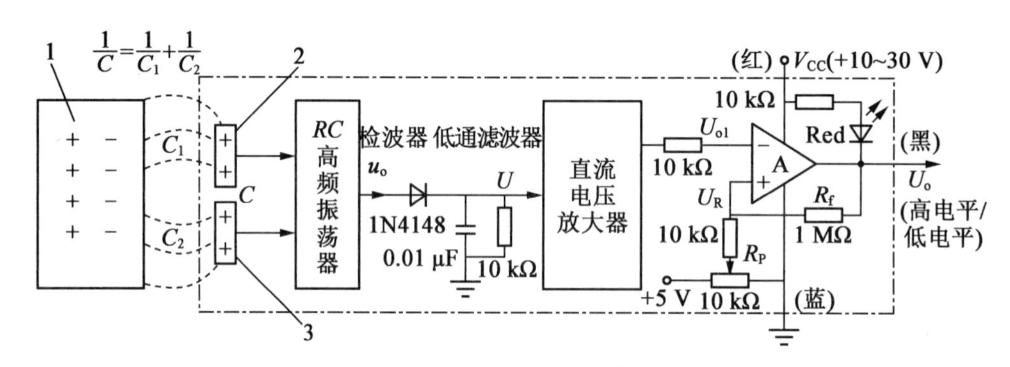

(b)调幅式测量电路原理框图

1—被测物;2—上检测极板(或内圆电极);3—下检测极板(或外圆电极);4—充填树脂;5—测量电路板;6—塑料外壳;7—灵敏度调节电位器 RP;8—动作指示灯;9—电缆;U_R—比较器的基准电压

图 3.18 电容接近开关的结构及原理框图

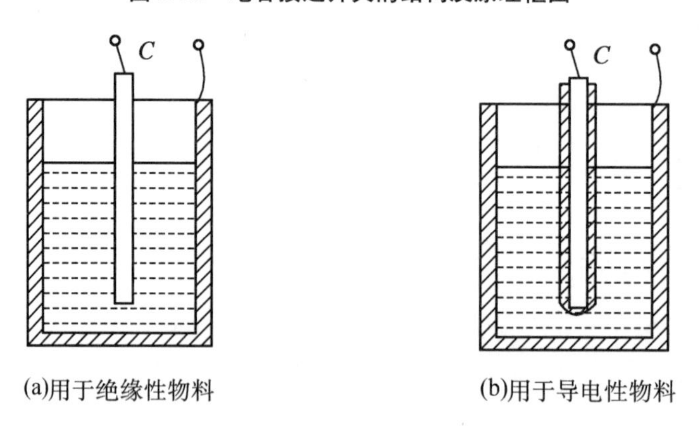

(a)用于绝缘性物料　　(b)用于导电性物料

图 3.19 电容物位传感器的电极

习　题

1. 简述电容传感器的工作原理。

2. 根据电容传感器工作时变换参数的不同,可以将电容传感器分为哪几种类型? 各有何特点?

3. 试分析差动脉冲宽度调制电路的工作原理。

4. 试分析电容测厚传感器的工作原理。

5. 采用运算放大器作为电容传感器的测量电路,其输出特性是否为线性的？为什么？

6. 在工业生产中,料位是常见的被测量。试应用所了解的变介电常数型电容传感器的工作原理,查阅相关资料,设计一个工业生产料位测量方案,给出适宜的测量电路,并分析其工作原理。

第4章　电感传感器

机械制造是我国工业发展的重点行业，近些年，随着经济实力与技术力量的发展，我国的机械制造行业开始拥有自己的核心技术，产业布局开始向相对完整的产业链方向扩张，向发达国家和发展中国家大量输出机械设备及技术。电感传感器在机械制造业中的应用十分重要。例如，机床、机械、冶金、机车汽车等行业的链轮轮齿速度检测，链输送带的速度和距离检测，齿轮计数转速表及汽车防护系统的控制等领域。

4.1　电感传感器的工作原理及结构形式

电感传感器利用电磁感应将被测的物理量转换成线圈的自感或互感的变化，再通过测量电路转换为电压或电流的变化量输出，以实现由非电量到电量的转换。

电感传感器是一种机电转换装置，特点是体积大、灵敏度高、输出信号大，在自动控制设备中广泛应用。被测的物理量是位移及与位移有关的参量，例如压力、振动、工件尺寸等物理量。

电感传感器一般具有以下特点：

①结构简单，无活动电触点，工作可靠，寿命较长；

②灵敏度高，电压灵敏度一般每毫米的位移可达数百毫伏的输出；

③线性度和重复性比较好，在一定位移（如几十微米至几毫米）内，传感器非线性误差可做到0.05%~0.1%，并且稳定性好；

④频率响应性能较差，不适合快速动态测量。

电感传感器种类较多，按结构可分为自感式电感传感器、互感式电感传感器、电涡流式电感传感器。通常电感传感器是指自感式，互感式又称差动变压器式。

4.2　电感传感器的类型

4.2.1　自感式电感传感器

1. 自感式电感传感器的结构与工作原理

自感式传感器的结构分为三部分，分别为铁芯、线圈、衔铁，如图4.1所示。铁芯和衔铁之间有气隙，衔铁移动时，气隙发生变化引起磁路的磁阻变化，使线圈的电感产生变化。

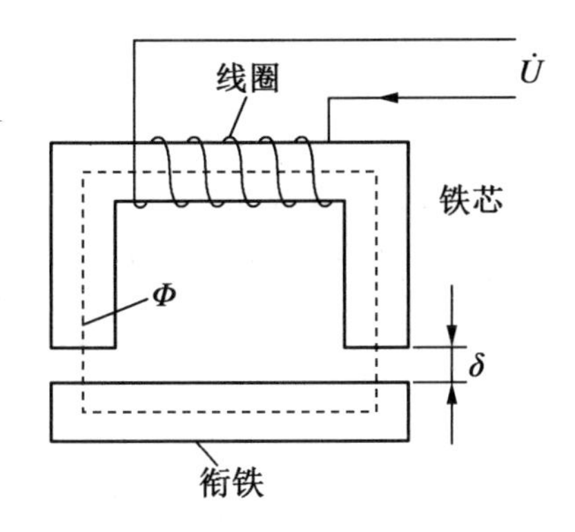

图 4.1　自感式电感传感器的结构原理图

根据工作原理,线圈的电感为

$$L=\frac{N\Phi}{I} \tag{4.1}$$

回路磁通量为

$$\Phi=\frac{NI}{R_m} \tag{4.2}$$

磁路总磁阻 R_m 由气隙磁阻 R_δ 和铁芯磁阻 R_F 组成。

由于磁路的气隙磁阻远大于铁芯磁阻,因此,磁路总磁阻可近似为气隙磁阻,即

$$R_m \approx R_\delta=\frac{2\delta_0}{\mu_0 S_0} \tag{4.3}$$

根据式(4.1)、式(4.2)和式(4.3)可以得出线圈的电感近似为

$$L \approx \frac{N^2\mu_0 S_0}{2\delta_0} \tag{4.4}$$

式中　N——线圈匝数;

δ_0——气隙厚度;

S_0——气隙的截面面积;

μ_0——真空磁导率。

由式(4.4)可知,只要改变气隙厚度 δ_0 或气隙的截面面积 S_0 就可以改变磁路的气隙磁阻。因此,自感式电感传感器又可以分为变气隙厚度型(变隙式)和变气隙的截面面积型(变面积式)。

2. 输出特性

下面以变隙式为例,讨论自感式电感传感器的输出特性。图 4.2 所示为变隙式自感式电感传感器的结构示意图。

电感初始气隙 δ_0 处,初始电感为

$$L_0 \approx \frac{N^2\mu_0 S_0}{2\delta_0} \tag{4.5}$$

衔铁位移 $\Delta\delta$ 引起的电感变化为

$$L=L_0+\Delta L=\frac{N^2\mu_0S_0}{2(\delta_0-\Delta\delta)}=\frac{N^2\mu_0S_0/2\delta_0}{(1-\Delta\delta/\delta_0)}=\frac{L_0}{1-\Delta\delta/\delta_0} \tag{4.6}$$

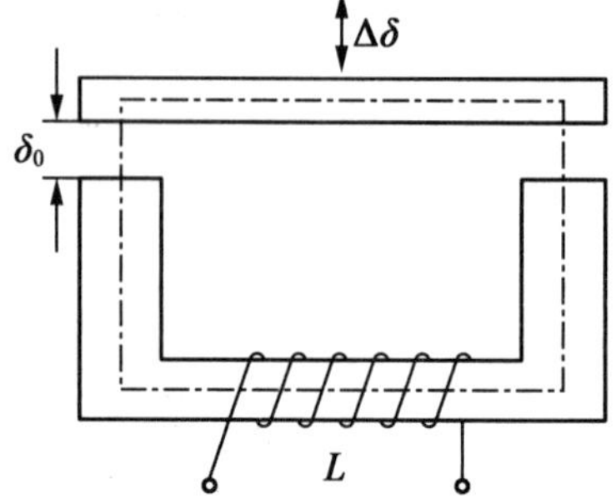

图 4.2 变隙式自感式电感传感器的结构示意图

当 $\Delta\delta/\delta \ll 1$ 时,可将式(4.6)用泰勒级数展开,求出电感增量,即

$$L=L_0+\Delta L=L_0\left[1+\frac{\Delta\delta}{\delta_0}+\left(\frac{\Delta\delta}{\delta_0}\right)^2+\left(\frac{\Delta\delta}{\delta_0}\right)^3+\cdots\right] \tag{4.7}$$

满足 $\Delta\delta/\delta \ll 1$ 时,忽略高次项(非线性项),对式(4.7)做线性处理,得到电感相对变化量与气隙变化成正比关系,即

$$\frac{\Delta L}{L_0}\approx\frac{\Delta\delta}{\delta_0} \tag{4.8}$$

定义变隙式自感式电感传感器的灵敏度为

$$K_0=\frac{\Delta L/L_0}{\Delta\delta}=\frac{1}{\delta_0} \tag{4.9}$$

通过对变隙式自感式电感传感器输出特性的分析,可以得到以下几点结论:

①传感器测量范围 $\Delta\delta$ 与灵敏度 K_0 相矛盾;

②$\Delta\delta/\delta_0$越小,高次项迅速减小,非线性误差越小,但传感器量程变小;

③变隙式自感式电感传感器测量小位移比较精确,一般取 $\Delta\delta/\delta_0=0.1\sim0.2$(1~2 mm/10 mm);

④为减小非线性误差实际测量中多采用差动形式。

差动变隙式自感式电感传感器的结构如图 4.3 所示,它由两个相同的线圈 L_1、L_2构成磁路。

当被测量通过导杆使衔铁(左右)位移时,两个回路中磁阻发生大小相等、方向相反的变化,形成差动形式。

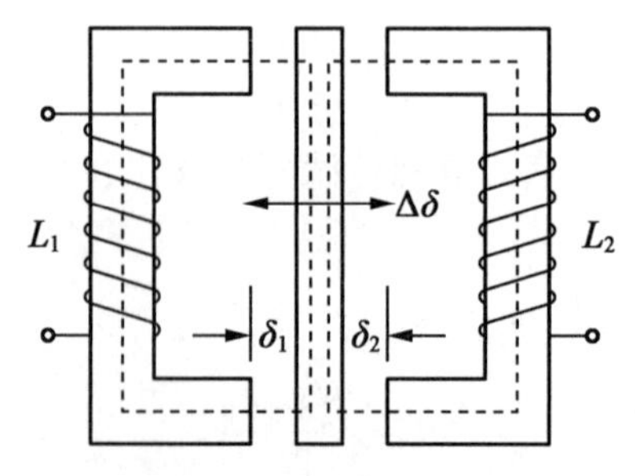

图 4.3 差动变隙式自感式电感传感器的结构

当衔铁移动时,两个电感的变化相反,一个增加,另一个减小。

$$\frac{\Delta L_1}{L_0}=\frac{\Delta\delta}{\delta_0}\left[1+\frac{\Delta\delta}{\delta_0}+\left(\frac{\Delta\delta}{\delta_0}\right)^2+\cdots\right] \tag{4.10}$$

$$\frac{\Delta L_2}{L_0}=\frac{\Delta\delta}{\delta_0}\left[1-\frac{\Delta\delta}{\delta_0}+\left(\frac{\Delta\delta}{\delta_0}\right)^2+\cdots\right] \tag{4.11}$$

两个电感产生的总的电感变化为

$$\Delta L=\Delta L_1+\Delta L_2=2L_0\frac{\Delta\delta}{\delta_0}\left[1+\left(\frac{\Delta\delta}{\delta_0}\right)^2+\left(\frac{\Delta\delta}{\delta_0}\right)^4+\cdots\right] \tag{4.12}$$

对式(4.12)进行线性处理,忽略高次项得到气隙相对变化引起的电感的相对变化为

$$\frac{\Delta L}{L_0}\approx 2\frac{\Delta\delta}{\delta_0} \tag{4.13}$$

差动形式的电感输出灵敏度为

$$K_0=\frac{\Delta L/L_0}{\Delta\delta}=\frac{2}{\delta_0} \tag{4.14}$$

通过差动结构和单线圈结构对比分析可以得出以下结论:

①相比单线圈结构,差动结构的灵敏度提高了一倍;

②与单线圈结构相比,差动结构的非线性项多乘了 $\Delta\delta/\delta$ 因子,不存在偶次项使$\Delta\delta/\delta_0$进一步减小,线性度得到改善。

③差动结构的两个电感可抵消部分温度、噪声干扰。

3. 自感式电感传感器常见的结构形式

自感式电感传感器常见的结构形式主要分为三种,变隙式、变截面角位移式和螺线管式,如图 4.4 所示。

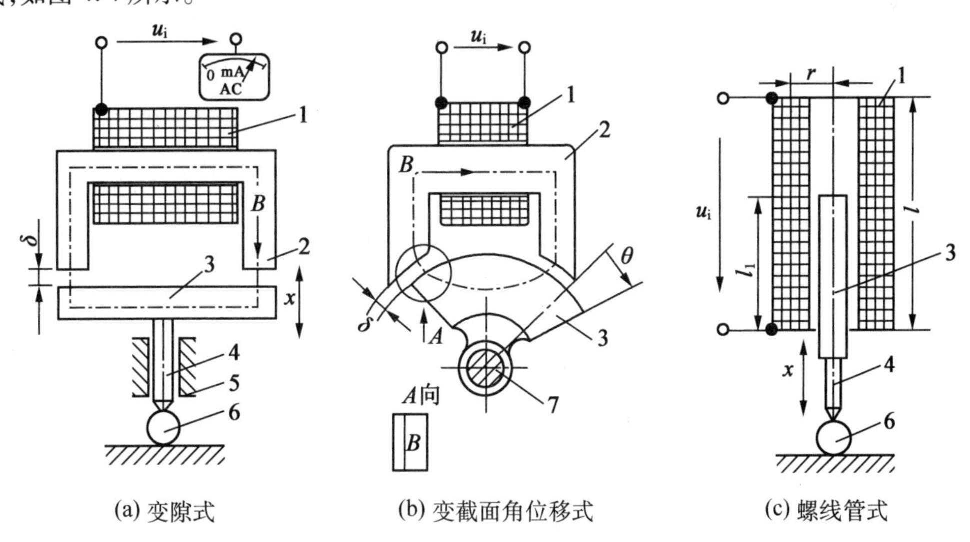

(a) 变隙式　(b) 变截面角位移式　(c) 螺线管式

1—绕组;2—铁芯;3—衔铁;4—测杆;5—导轨;6—工件;7—转轴

图 4.4　自感式电感传感器常见的结构形式

(1)变隙式电感传感器。

变隙式电感传感器的结构如图 4.5 所示,输出特性曲线如图 4.6 所示。变隙式电感

传感器的灵敏度为

$$K_0=\frac{\mathrm{d}L}{\mathrm{d}\delta}=-\frac{N^2\mu_0A}{2\delta^2}=-\frac{L_0}{\delta} \tag{4.15}$$

从式(4.15)和输出特性曲线中都可以看出,其灵敏度不是常数。为保证一定的线性度,变隙式电感传感器只能工作在一段很小的区域,因而只能用于微小位移的测量。

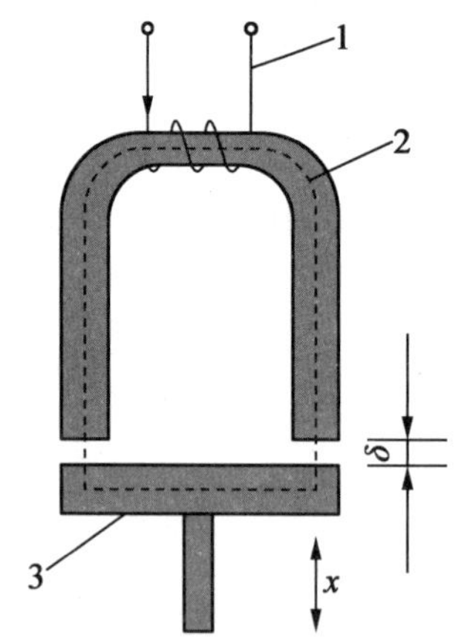

1—绕组;2—铁芯;3—衔铁

图 4.5 变隙式电感传感器结构图

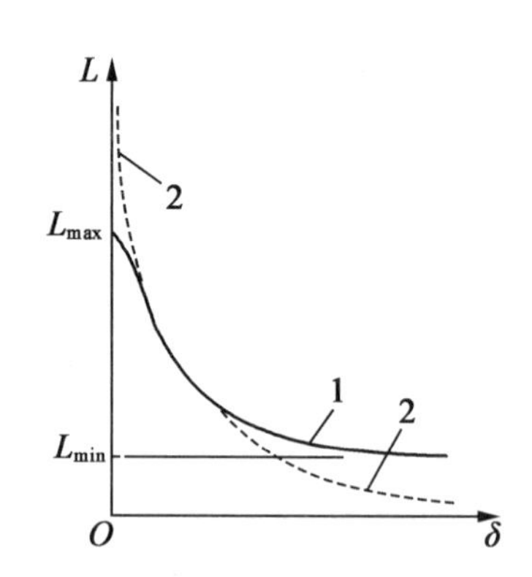

1—实际输出特性曲线;2—理想输出特性曲线

图 4.6 变隙式电感传感器的 δ-L 特性曲线

(2)变截面角位移式电感传感器。

变截面角位移式电感传感器的结构如图 4.7 所示,输出特性曲线如图 4.8 所示。

变截面角位移式电感传感器的灵敏度为

$$K_A=\frac{\mathrm{d}L}{\mathrm{d}A}=\frac{N^2\mu_0}{2\delta_0} \tag{4.16}$$

从式(4.16)中可以看出,其灵敏度为常数。但由于漏感等原因,变截面角位移式电感传感器在 $A=0$ 时,仍有一定的电感,所以其线性区域较小,而且灵敏度较低。

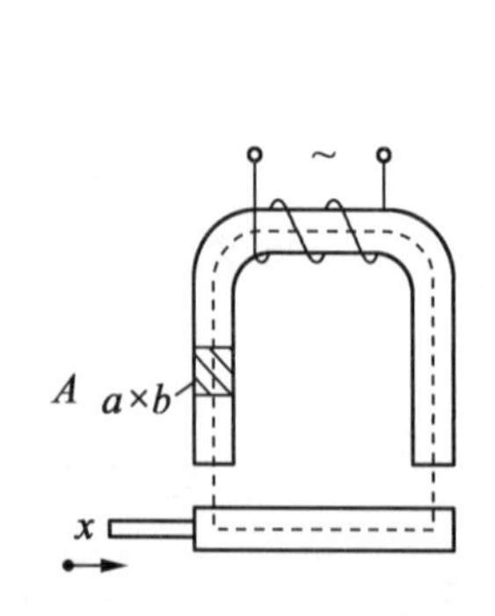

图 4.7 变截面角位移式电感传感器结构图

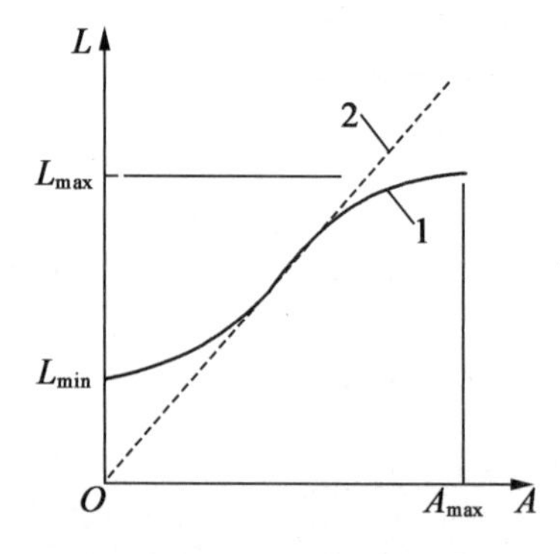

1—实际输出特性曲线;2—理想输出特性曲线

图 4.8 变截面角位移式电感传感器的 A-L 特性曲线

(3)螺线管式电感传感器。

螺线管式电感传感器的主要组件是一只螺线管和一根可移动的圆柱状衔铁。螺线管是具有多重卷绕的导线,卷绕内部可以是空心的,或者有一个磁芯。当有电流通过导线时，螺线管中间部位会产生比较均匀的磁场。衔铁插入螺线管后，将引起螺线管内部的磁阻减小，电感随插入的深度增大而增大。

被测对象产生位移带动衔铁位移，进而引起线圈磁力线路径上的磁阻变化，线圈的电感也因此而变化。

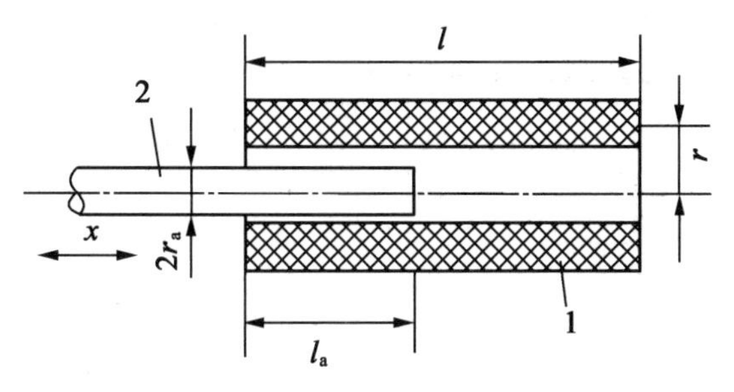

1—螺线管；2—衔铁

图4.9 螺线管式电感传感器结构图

线圈电感 L 的大小与衔铁插入螺线管的深度的关系为

$$L=\frac{4\pi^2 N^2}{l^2}[lr^2+(\mu_m-1)l_a r_a^2] \tag{4.17}$$

结合图4.9和式(4.17)可以看出，当螺线管式电感传感器结构一定时，L 与 l_a 具有线性关系。对于长螺线管($l \gg r$)，当衔铁工作在接近螺线管中部位置时，可以认为螺线管内磁场强度是均匀的，此时螺线管的电感 L 与衔铁插入深度成正比。螺线管越长，线性区就越大。螺线管式电感传感器的线性区约为螺线管长度的1/10。

通过以上三种形式的自感式电感传感器的分析，可以得出以下几点结论。

(1)变隙式电感传感器，气隙越小，灵敏度越高，非线性误差越小，但量程小，制作、装配比较困难。

(2)变面积式电感传感器的灵敏度较前者小，在一定的测量范围内线性较好，量程较变隙式大。

(3)螺线管式电感传感器的灵敏度较低，但量程大且结构简单易于制作，是使用非常广泛的一种电感传感器。

为了提高灵敏度，减小非线性误差，同时改善温度的变化、电源频率的变化等，实际工作中常采用差动形式的电感传感器。

4. 自感式电感传感器的测量电路

自感式电感传感器的测量电路形式较多，下面主要介绍交流电桥式检测电路、差动电感的变压器式电桥转换电路以及相敏检波电路。

(1)交流电桥式检测电路。

交流电桥的结构示意图与等效电路如图4.10和图4.11所示。两个桥臂由相同线圈组成差动形式，另外两个为平衡电阻。交流电桥输出电压为

$$\dot{U}_o=\frac{\dot{U}_{AC}}{2}\cdot\frac{\Delta Z}{Z}=\frac{\dot{U}_{AC}}{2}\cdot\frac{j\omega\Delta L}{R_C+j\omega L_0}\approx\frac{\dot{U}_{AC}}{2}\cdot\frac{\Delta L}{L_0} \tag{4.18}$$

由灵敏度公式 $\Delta L/L_0=2(\Delta\delta/\delta_0)$，可以得出

$$\dot{U}_o=U_{AC}(\Delta\delta/\delta_0) \tag{4.19}$$

经过分析可知,电桥输出电压 U_o 与气隙变化量 $\Delta\delta$ 有正比关系,与输入桥压有关,输入桥压 U_{AC} 升高则输出电压 U_o 升高;输出电压与初始气隙 δ_0 有关,δ_0 越小输出电压越大。

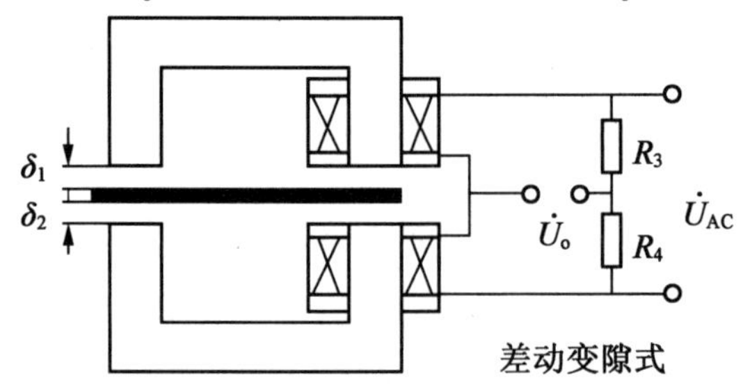

图 4.10 差动变隙式交流电桥结构示意图

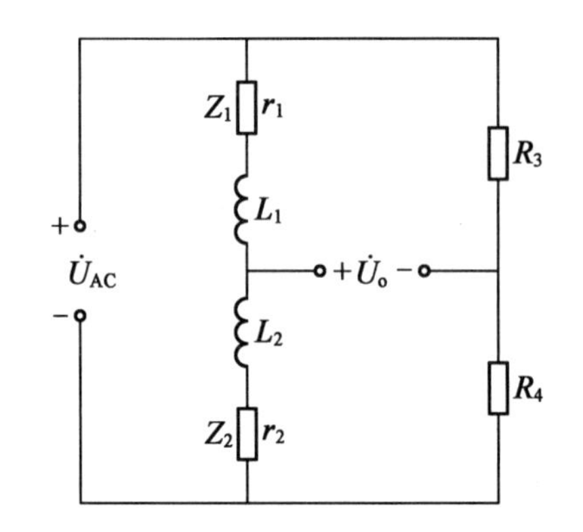

图 4.11 差动变隙式交流电桥等效电路

(2)差动电感的变压器式电桥转换电路。

差动电感的变压器式电桥转换电路如图 4.12 所示,桥路左边两臂为激励变压器的二次绕组,左边相邻的两个工作臂 Z_1、Z_2 是差动电感传感器的两个绕组阻抗,输出电压取自 A、B 两点。

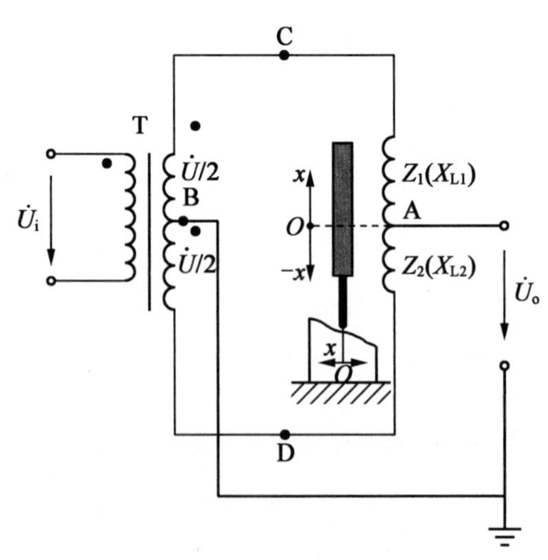

图 4.12 差动电感的变压器式电桥转换电路

以 D 为参考点,则输出电压:

$$\dot{U}_o=\dot{U}_{AB}=\frac{Z_2}{(Z_1+Z_2)}\dot{U}-\frac{\dot{U}}{2}=\frac{Z_2-Z_1}{Z_1+Z_2}\times\frac{\dot{U}}{2} \tag{4.20}$$

当传感器的衔铁处于中间位置时，上下两个绕组完全对称，即 $Z_1=Z_2=Z_0$。此时，电桥平衡，输出电压 $\dot{U}_o=0$。

当传感器的衔铁上移时，上差动绕组的磁阻减小，感抗增大，$Z_1=Z_0+\Delta Z$，下差动绕组的磁阻增大，感抗减小，$Z_2=Z_0-\Delta Z$，输出电压为

$$\dot{U}_o=-\frac{\dot{U}}{2}\times\frac{\Delta Z}{Z_0}\approx-\frac{\dot{U}}{2}\times\frac{\Delta L}{L_0} \tag{4.21}$$

同理，当衔铁下移时，上差动绕组的磁阻增大，感抗减小，$Z_2=Z_0-\Delta Z$，下差动绕组的磁阻减小，感抗增大，$Z_1=Z_0+\Delta Z$，输出电压为

$$\dot{U}_o=\frac{\dot{U}}{2}\times\frac{\Delta Z}{Z}\approx\frac{\dot{U}}{2}\times\frac{\Delta L}{L_0} \tag{4.22}$$

从上述讨论可知，衔铁上下移动相同距离时，输出电压 U_o 的大小相等，相位相反，由于是交流电压，输出指示无法判断位移方向，必须配合相敏检波电路来解决。

(3)相敏检波电路。

检波与整流的含义类似，都是指能将交流输入转换成直流输出的转换，但检波多用于描述信号电压的转换。如果输出电压送到指示仪表之前，经过一个能辨别相位的检波电路，则不但可以反映位移的大小，还可以反映位移的方向，这种对相位变化敏感的检波电路称为相敏检波电路。

带相敏整流电路的交流电桥如图 4.13 所示。

设差动电感传感器的线圈阻抗分别为 Z_1 和 Z_2。$R_1=R_2$。当衔铁处于中间位置时，$Z_1=Z_2=Z$，电桥处于平衡状态。C 点电位等于 D 点电位，电压表指示为零。

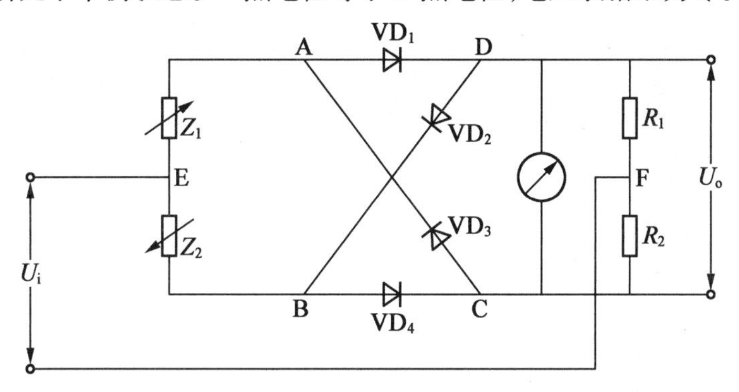

图 4.13　带相敏整流电路的交流电桥

当衔铁上移时，$Z_1=Z+\Delta Z$，$Z_2=Z-\Delta Z$。如果输入交流电压为正半周，则 E 点电位为正，F 点电位为负，C 点电位高于 D 点电位，直流电压表的指针反向偏转。如果输入交流电压为负半周，E 点电位为负，F 点电位为正，仍然是 C 点电位高于 D 点电位，直流电压表的指针仍反向偏转。用同样的方法可以得出，当衔铁下移时，无论在输入交流电压的正半周还是负半周，D 点电位都高于 C 点电位，电压表指针都是正偏。

可见，采用带相敏整流电路的交流电桥，输出信号既能反映位移的大小又能反映位移

的方向。

相敏检波输出特性与非相敏检波输出特性的比较,如图 4.14 所示。

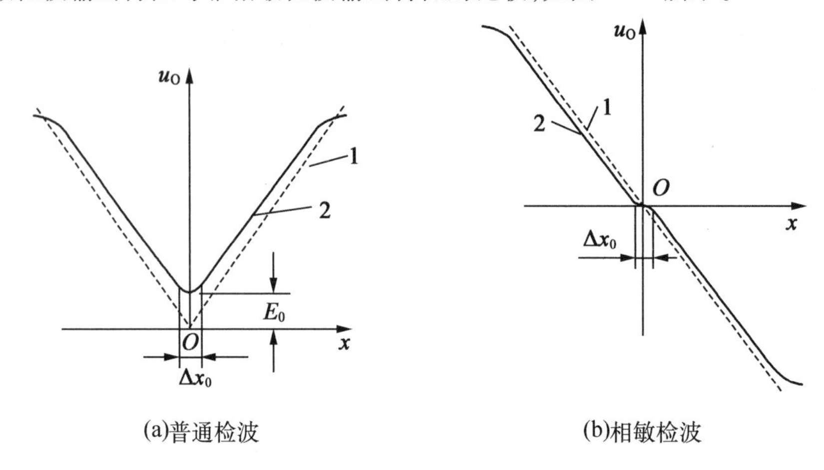

1—理想特性曲线;2—实际特性曲线;E_0—零点残余电压;Δx_0—位移的不灵敏区

图 4.14 相敏检波输出特性与非相敏检波输出特性比较

4.2.2 差动变压器式传感器

把被测的非电量变化转换成线圈互感量的变化的传感器称为互感式传感器。它根据变压器的基本原理制成,并将二次绕组用差动形式连接,所以又称差动变压器式传感器。

1. 工作原理

螺线管式差动变压器式传感器的结构如图 4.15 所示。骨架中间绕制一个一次绕组,两个二次绕组分别绕在一次绕组两边,衔铁在骨架中间可上下移动。

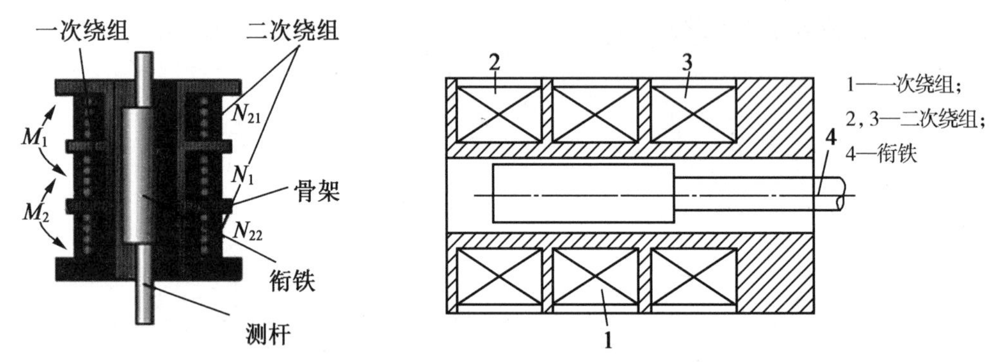

图 4.15 螺线管式差动变压器式传感器结构示意图

互感式传感器工作在理想情况下,即忽略涡流损耗、磁滞损耗和分布电容等影响的情况下的等效电路如图 4.16 所示。一次绕组加入交流激励电源后,由于一次绕组和二次绕组之间存在互感,二次绕组将产生感应电势。

当衔铁处于中间位置时,两个二次绕组互感相同,因而由一次侧激励引起的感应电动势也相同。由于两个二次绕组反向串联,所以差动输出电动势为零。

当衔铁移向二次绕组 N_{21} 一边时,$M_1>M_2 \Rightarrow \dot{U}_{21}>\dot{U}_{22} \Rightarrow \dot{U}_0 \neq 0$,衔铁位移越大,差动输出电动势就越大。同理,当衔铁移向二次绕组 N_{22} 一边时,差动输出电动势仍不为零,但由于移动方向改变，所以差动输出电动势反向。

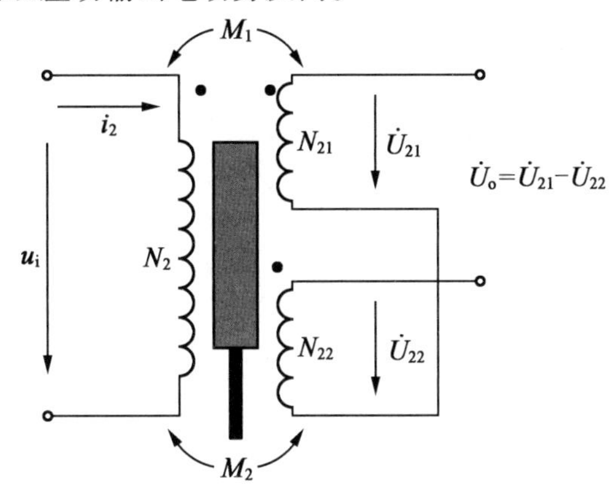

图4.16　差动变压器等效电路

假设加在一次绕组的激励电压为 $\dot{U}_1$，一次绕组的激励电流为 $\dot{I}_1$，激励电源的角频率为 ω，M_1、M_2 分别为一次绕组 N_1 与二次绕组 N_{21}、N_{22} 之间的互感量。对图4.16进行电路分析，可得到一次绕组的电流为

$$\dot{I}_1=\frac{\dot{U}_1}{R_1+\mathrm{j}\omega L_1} \tag{4.23}$$

二次绕组的感应电动势为

$$\dot{U}_{21}=-\mathrm{j}\omega M_1\dot{I}_1 \tag{4.24}$$

$$\dot{U}_{22}=-\mathrm{j}\omega M_2\dot{I}_1 \tag{4.25}$$

输出电压为

$$\dot{U}_o=-\mathrm{j}\omega(M_1-M_2)\dot{I}_1 \tag{4.26}$$

差动变压器输出电压与互感的差值成正比。差动变压器输出是被互感大小调制的交流电压，存在相位问题，有正、负变化。

2. 零点残余电压

差动变压器式传感器的理想与实际输出特性曲线如图4.17所示。理论上讲，衔铁处于中间位置时输出电压应为零，而实际输出 $U_o\neq0$，在零点上总有一个最小的输出电压，这个衔铁处于中间位置时最小不为零的电压称为零点残余电压。零点残余电压的存在使得传感器的输出特性的零点附近不灵敏，给测量带来误差，此值的大小是衡量差动自感式及互感式传感器性能好坏的重要指标。

产生零点残余电动势的原因如下。

①差动电感两个绕组的电气参数、几何尺寸或磁路参数不完全对称。

②存在寄生参数，如寄生电容或分布电容。

③电源电压含有高次谐波。

④励磁电流太大使磁路的磁化曲线存在非线性等。

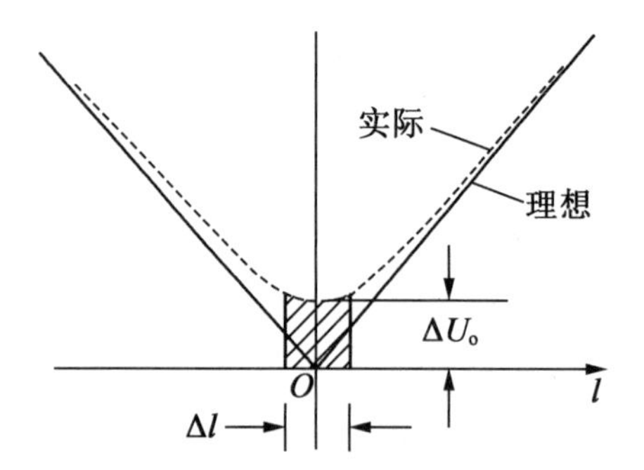

图 4.17　差动变压器式传感器的理想与实际输出特性曲线

减小零点残余电动势通常采用以下方法：

①提高框架和绕组的对称性；

②尽量采用正弦波作激励源；

③正确选择磁路材料，同时适当减小绕组的励磁电流，使衔铁工作在磁化曲线的线性区；

④在绕组上并联阻容移相网络，补偿相位误差；

⑤采用相敏检波电路。

3. 测量电路

差动变压器的输出电压是交流电压，它的幅值与衔铁的位移成正比。用交流电压表来测量输出电压时，只能判别输出电压的大小，无法判别衔铁的移动方向。为了反映衔铁位移的大小和方向，测量中常采用差动整流电路，电路图如图 4.18 所示。

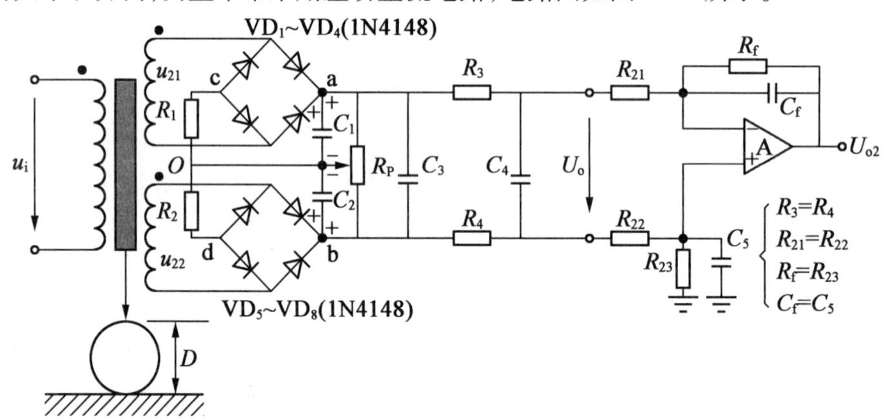

图 4.18　差动整流电路原理图

差动变压器的二次电压 u_{21}、u_{22} 分别经 VD1 ~ VD4、VD5 ~ VD8 组成的两个普通桥式电路整流，变成直流电压 U_{a0} 和 U_{b0}。由于 U_{a0} 与 U_{b0} 是反向串联的，所以 $U_{C_3}=U_{ab}=U_{a0}-U_{b0}$。图中，$R_P$ 是调零电位器。C_3、C_4 和 R_3、R_4 组成低通滤波电路，运算放大器 A 和 R_{21}、R_{22}、R_f、R_{23} 组成差动减法放大器，用于克服 a、b 两点的对地共模电压。

差动整流电路输出波形如图 4.19 所示。工件直径 D 增大，衔铁上移时的输出波形在第一象限，$U_{a0}>U_{b0}$，所以 $U_{ab}>0$。工件直径 D 减小，衔铁下移时的输出波形在第四象限，$U_{a0}<U_{b0}$，所以 $U_{ab}<0$。因此，可以从输出电压的正、负判断衔铁位移的方向。

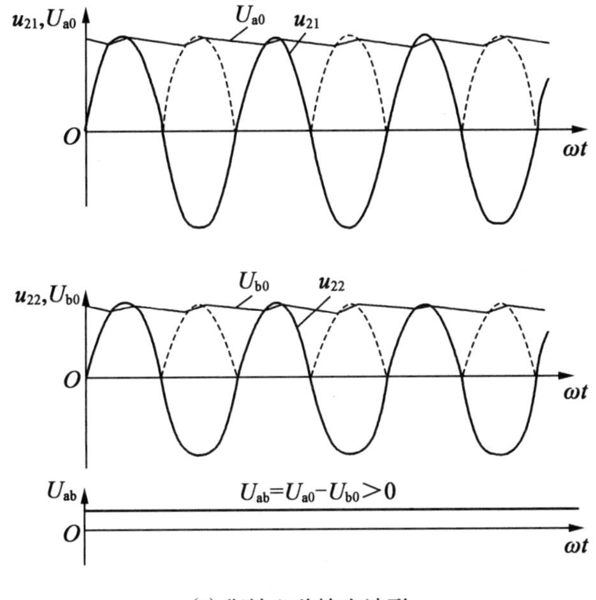

(a) 衔铁上移输出波形

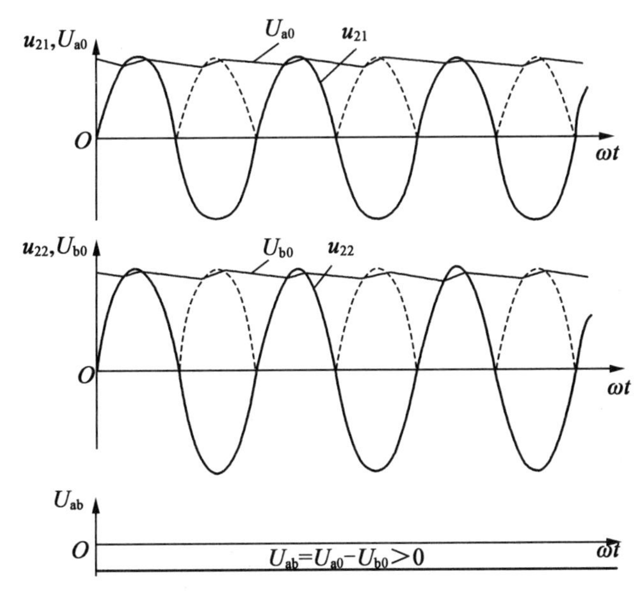

(b) 衔铁下移输出波形

图 4.19　差动整流电路输出波形

4.2.3　电涡流式电感传感器

1. 电涡流式电感传感器的工作原理

(1) 电涡流效应。

电涡流式电感传感器的基本工作原理是电涡流效应。由法拉第电磁感应原理可知，一个块状金属导体置于变化的磁场中或在磁场中做切割磁力线运动时，导体内部会产生一圈圈闭合的电流，这种电流叫电涡流，这种现象叫作电涡流效应。形成电涡流必须具备两个条件:(1)存在交变磁场;(2)金属导体处于交变磁场中。

电涡流式电感传感器的工作原理如图 4.20 所示。

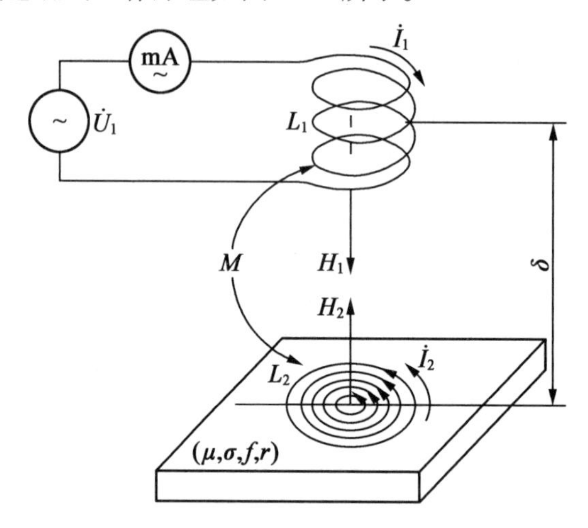

图 4.20 电涡流式电感传感器的工作原理图

把一个扁平线圈置于金属导体附近,当线圈中通以交变电流 I_1 时,线圈周围空间产生交变磁场 H_1;当金属导体靠近交变磁场时,导体内部就会产生电涡流 I_2,按照楞次定律,这个涡流总是企图抵消原磁场的变化,产生反抗 H_1 的交变磁场 H_2。H_2 与 H_1 的方向相反,由于 H_2 的反作用使线圈的等效电感和等效阻抗发生变化,使流过线圈的电流大小和相位都发生变化。

(2)等效电路分析。

电涡流线圈结构非常简单,但要定量分析是很困难的,可根据实际情况建立一个模型,求出模型的等效电路参数。

电涡流式电感传感器的等效电路如图 4.21 所示。设电涡流线圈在高频时的等效电阻为 R_1(大于直流电阻),电感为 L_1。当被测导体靠近电涡流线圈时,则被测导体等效为一个短路环,电涡流线圈 L_1 与导体之间存在一个互感 M。短路环可以看作只有一匝的短路线圈,其等效电阻为 R_2,电感为 L_2。

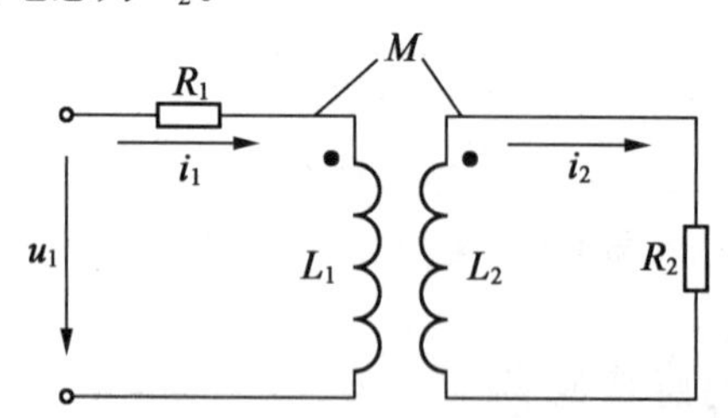

图 4.21 电涡流式电感传感器的等效电路

根据基尔霍夫电压定律,可以得到

$$R_1\dot{I}_1+\mathrm{j}\omega L_1\dot{I}_1-\mathrm{j}\omega M\dot{I}_2=\dot{U}_1 \tag{4.27}$$

$$R_2\dot{I}_2+\mathrm{j}\omega L_2\dot{I}_2-\mathrm{j}\omega M\dot{I}_1=0 \tag{4.28}$$

解方程,可得传感器线圈的复阻抗为

$$Z=\frac{\dot{U}_1}{\dot{I}_1}=\left[R_1+\frac{\omega^2M^2}{R_2^2+(\omega L_2)^2}R_2\right]+\mathrm{j}\left[\omega L_1-\frac{\omega^2M^2}{R_2^2+(\omega L_2)^2}\omega L_2\right] \tag{4.29}$$

线圈的等效电阻为

$$R=R_1+\frac{\omega^2M^2}{R_2^2+(\omega L_2)^2}R_2 \tag{4.30}$$

线圈的等效电感为

$$L=L_1-\frac{\omega^2M^2}{R_2^2+(\omega L_2)^2}L_2 \tag{4.31}$$

凡是引起次级线圈回路变化的物理量 R_2、L_2、M 均可以引起传感器原线圈等效电阻 R、电感 L 的变化。显然,被测导体的电阻率 ρ、磁导率 μ,线圈与被测导体间的距离 x,激励线圈的角频率 ω,都通过电涡流效应和磁效应与线圈阻抗 Z 发生关系。也就是说,电涡流线圈的等效阻抗与被测导体的各种参数有函数关系。金属材料的 μ、ρ、d、x 的变化都可以使初级线圈的 R、L 发生变化,即 $Z=R+\mathrm{j}\omega L=f(\rho,\mu,x,d,\omega)$。若控制某些参数不变,只改变其中一个参数,可使初级阻抗 Z_1 成为这个参数的单值函数。

2. 电涡流式电感传感器的结构与特性

电涡流式电感传感器的传感元件主要是一个线圈,俗称电涡流探头,它必须与被测导体以及测量电路一起,才能构成完整的电涡流式电感传感器。成品电涡流探头的结构十分简单,其核心是一个扁平的空心线圈。探头的直径越大,测量范围就越大,但是分辨力会越差,灵敏度也越低。电涡流探头内部结构图如图 4.22 所示,电涡流式电感传感器的实物图如图 4.23 所示。

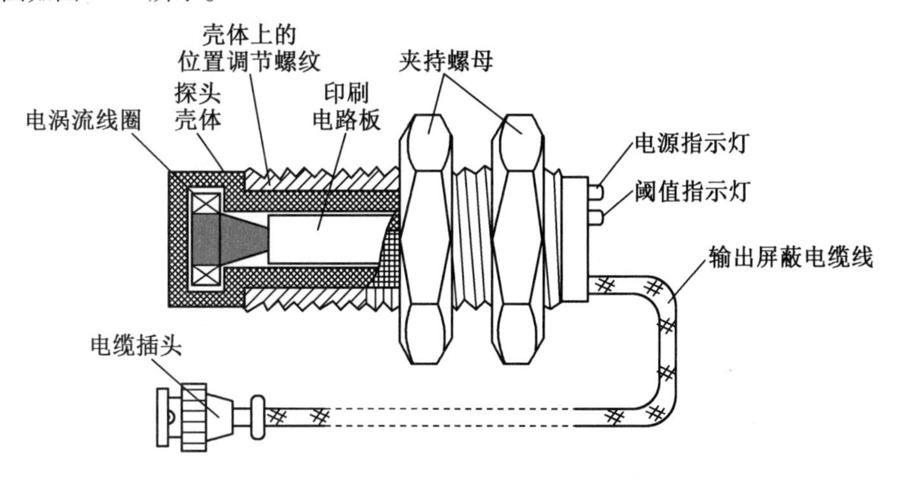

图 4.22　电涡流探头内部结构图

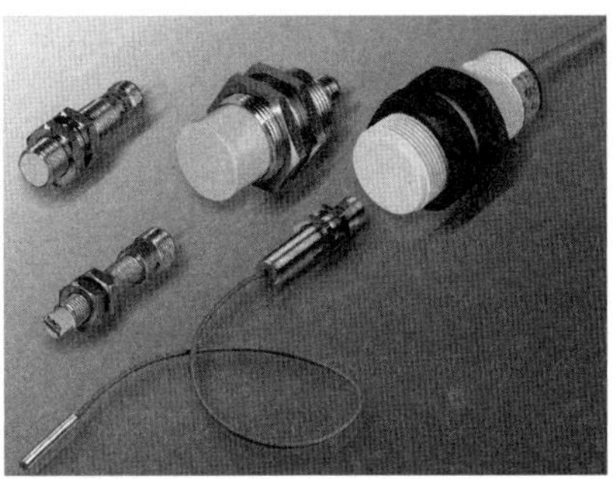

图 4.23 电涡流式电感传感器的实物图

3. 电涡流式电感传感器的测量电路

电涡流式电感传感器的测量电路主要有调频式和调幅式两种。

(1)调频式测量电路。

调频式测量电路如图 4.24 所示。传感器线圈作为组成 LC 振荡器的电感元件,并联谐振回路的谐振频率为

$$f=\frac{1}{2\pi\sqrt{LC_0}} \tag{4.32}$$

当电涡流线圈与被测导体的距离 x 变化时,电涡流线圈的电感在电涡流的影响下随之变化,引起振荡器的输出频率变化,该频率信号(TTL 电平)可直接由计算机计数,或通过频率-电压转换器(又称鉴频器)转换为电压信号,用数字电压表显示出对应的电压。

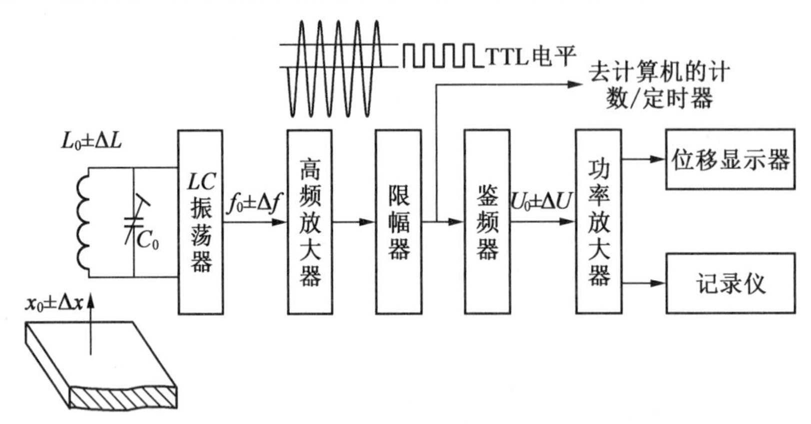

图 4.24 调频式测量电路

(2)调幅式测量电路。

调幅式测量电路如图 4.25 所示。石英晶体振荡器通过耦合电阻 R 向由传感器线圈和一个微调电容组成的并联谐振回路提供一个稳频稳幅的高频激励信号,相当于一个恒流源,即给谐振回路提供一个频率(f_0)稳定的激励电流 i_i。

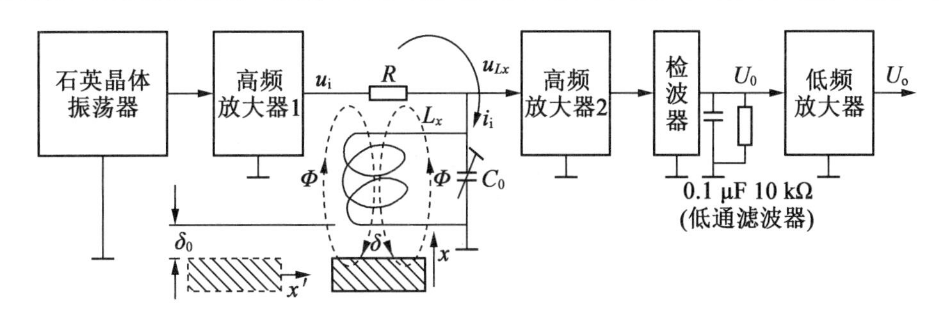

图 4.25　调幅式测量电路

当被测导体与电涡流探头的距离相当远时，调节 C_0，使 L_xC_0 的谐振频率等于石英晶体振荡器的频率 f_0，此时，谐振回路的 Q 值和阻抗 Z 最大。在 L_xC_0 并联谐振电路两端的电压 U_{Lx} 为最大值。当被测导体为非磁性金属时，随着被测导体从下向上运动，与电涡流探头的距离减小，探头线圈的等效电感 L_x 也随之减小，引起 Q 值下降，并联谐振回路的谐振频率 $f_1>f_0$，处于失谐状态，阻抗 Z 降低。由于限流电阻 R 较大，流过 R 的电流近似于恒定，所以 U_{Lx} 必然随着失谐的程度加大而降低。输出电压 U_o 反映了被测导体与电涡流探头的间距。

4. 电涡流式电感传感器的应用

(1)位移测量。

电涡流式电感传感器与被测导体的距离变化将影响其等效阻抗，根据该原理可用电涡流式电感传感器来实现对位移的测量，如汽轮机主轴的轴向位移(见图 4.26)、金属试样的热膨胀系数、钢水的液位、流体压力等。电涡流位移传感器属于非接触测量器件，工作时不受灰尘、油污等因素的影响。

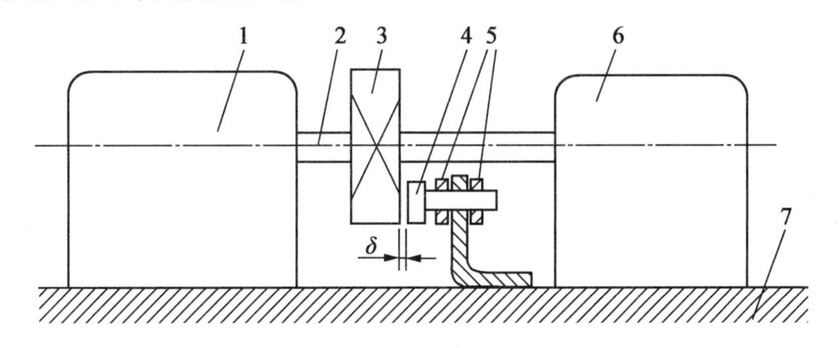

1—旋转设备(汽轮机)；2—主轴；3—联轴器；4—电涡流探头；5—夹紧螺母；6—发电机；7—基座

图 4.26　电涡流位移传感器用于轴向位移的监测

(2)振幅测量。

电涡流式电感传感器可以无接触地测量各种机械振动，测量范围从几十微米到几毫米。例如，测量轴的振动形状，可将多个电涡流式电感传感器并排安置在轴附近，如图 4.27 所示，在轴振动时获得各种传感器所在位置的瞬时振幅，因而可测出轴的瞬时振动分布形状。

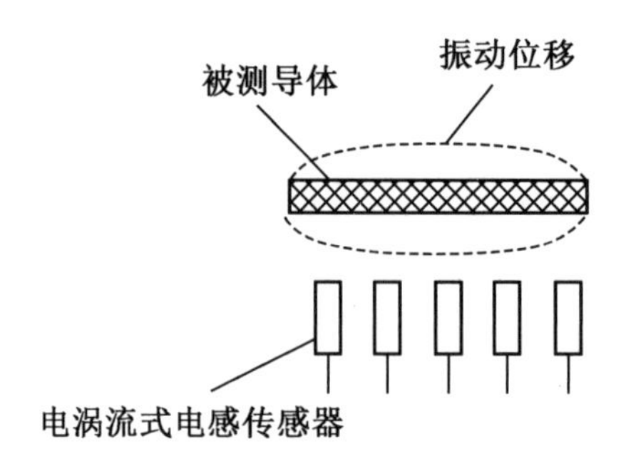

图 4.27 振幅测量

(3)转速测量。

把一个旋转金属体加工出一个缺口,如图 4.28(a)所示,或者加工成齿轮状,如图 4.28(b)所示,旁边安装一个电涡流式电感传感器。当旋转体旋转时,传感器将产生周期性的脉冲信号输出。对单位时间内输出的脉冲进行计数,即可计算出其转速 n(r/min),

$$n=\frac{f}{n}\times60 \tag{4.33}$$

式中 f——计数脉冲的频率;

N——齿数。

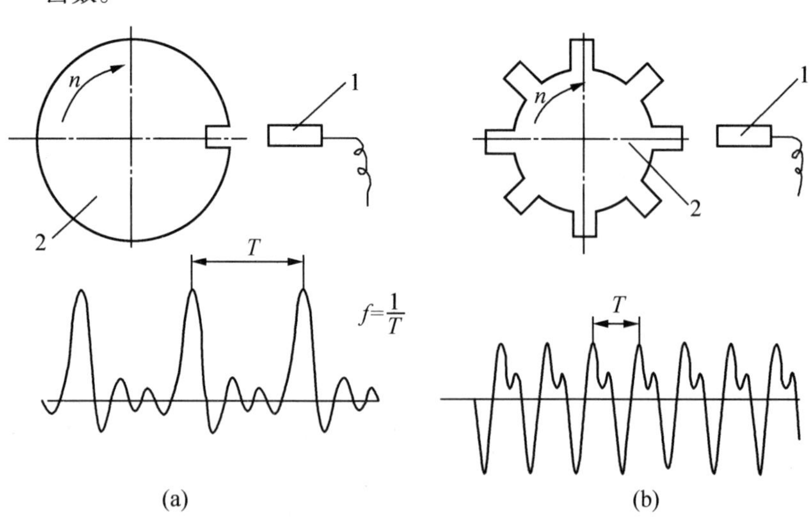

1—电涡流线圈;2—被测导体

图 4.28 电涡流式电感传感器测转速

(4)无损探伤。

可以将电涡流式电感传感器做成无损探伤仪,用于非破坏性地探测金属材料的表明裂纹、热处理裂纹以及焊缝裂纹等。如图 4.29 所示,探测时,使传感器与被测导体的距离不变,保持平行相对移动,有裂纹时,金属的电导率、磁导率发生变化,裂缝处的位移量也将改变,结果引起传感器等效阻抗发生变化,产生的电感发生变化,通过测量电路达到探伤的目的。

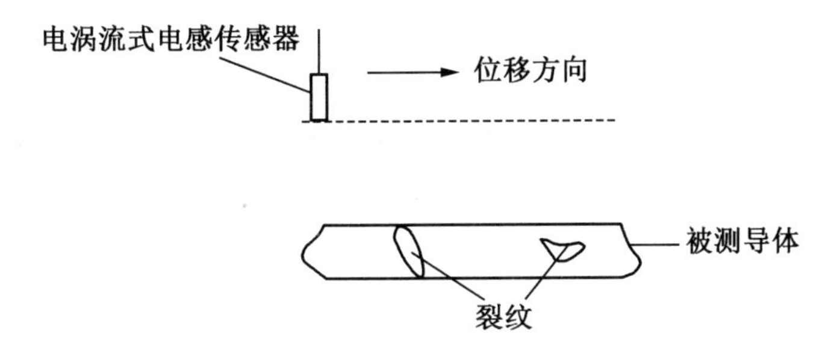

图 4.29　电涡流式电感传感器无损探伤

习　题

4.1　根据工作原理的不同,电感传感器可分为哪些种类?

4.2　引起零点残余电压的原因是什么？如何消除零点残余电压?

4.3　简述差动变隙式自感式传感器的结构、工作原理和输出特性,试比较单线圈结构和差动结构的基本特性,说明它们的性能指标有何异同。

4.4　什么是电涡流效应？说明电涡流式电感传感器的基本结构和工作原理。

4.5　电涡流式电感传感器可以进行哪些物理量的检测？能否可以测量非金属物体?为什么?

第 5 章　力传感器

力是一个重要的物理量。凡是能使物体的运动状态或物体所具有的动量发生改变而获得加速度或者使物体发生形变的作用都称为力。力的本质是物体之间的相互作用，但是不能直接测得其大小。当力施加于某一物体后，将使物体的运动状态或动量改变，使物体产生加速度，这是力的"动力效应"；力还可以使物体产生应力，发生形变，这是力的"静力效应"。因此，可以利用这些变化来实现对力的检测。力的检测方法多种多样。

掌握了力的检测方法，可以进行与力相关的物理量检测，如压力、位移等。能够测量压力并提供远传电信号的装置统称为压力传感器。压力传感器常见的类型有应变式、压阻式、压电式、电容式、光电式、光纤式、超声式等。压力传感器可以直接将被测压力变换成各种形式的电信号，从而实现自动化系统集中检测与控制的要求，因而在工业生产中得到广泛应用。

5.1　应变式力传感器

在所有力传感器中，应变式力传感器应用最为广泛。它能应用于从极小到很大的动、静态力测量，且测量精度高，其使用量约占力传感器总量的 90%。被测物理量为荷重或力的应变式传感器，统称为应变式力传感器。

应变式力传感器是一种通过测量各种弹性元件的应变来间接测量力的传感器，主要由应变片、弹性元件和其他附加构件所组成，是利用"静力效应"测力的位移型传感器。

衡量弹性元件性能的主要指标是非线性、弹性滞后、弹性模量的温度系数、热膨胀系数、刚度、强度和固有频率等。应变式力传感器具有精度高、体积小、质量小、测量范围宽等优点，同时抗振动、抗冲击性能良好。但应变片的电阻受温度影响较大，需要考虑温度补偿。应变式力传感器所用弹性元件可根据被测介质和测量范围的不同而采用各种结构形式，常见的弹性元件结构形式有柱式、悬臂梁式、环式等。

1. 柱（筒）式弹性元件

图 5.1 给出了几种柱式力传感器及其电桥式测量电路示意图。柱式力传感器为实心的，如图 5.1(a)所示，筒式力传感器为空心的，如图 5.1(b)所示。当载荷较大时，常用实心结构的传感器；当载荷较小时，为增大柱的曲率半径，便于粘贴应变片等，往往使用空心筒式结构的传感器。

应变片与弹性元件的装配可以采用粘贴式或非粘贴式，粘贴式可采用 1、2 或 4 个特性相同的应变片，粘贴在弹性元件的适当位置上，并分别接入电桥，作为桥臂，从而分别构成单臂、半桥、全桥，电桥输出电压信号可以反映被测力的大小。为了提高测量灵敏度、改善非线性输出，通常采用两对应变片，并使相对桥臂的应变片分别处于承受拉应力和压应力的位置，两片感受纵向应变，另外两片感受横向应变（因为纵向应变与横向应变是互为反向变化的)。

弹性元件上应变片的粘贴和桥路的连接应尽可能消除载荷偏心和弯矩的影响,应变片粘贴在弹性元件外壁应力分布均匀的中间部分,对称地粘贴多片,其沿圆周方向展开分布的情况如图5.1(c)所示,即一个桥臂粘贴两个应变片,相对独立的两个应变片串联,构成一个桥臂,如R_1和R_3串联,R_2和R_4串联,并置于相对桥臂,当一方受拉时,另一方受压,构成差动式结构,以消除偏心干扰,减小弯矩影响,横向贴片R_5、R_6、R_7、R_8作温度补偿用,构成全桥,如图5.1(d)所示。

其受力后,产生形变为

$$\varepsilon=\frac{F}{AE} \tag{5.1}$$

式中 F——弹性力;

E——弹性材料的弹性模量;

A——弹性元件的横截面积。

可以看出,弹性元件在外力作用下所产生的应变与外力成正比。这种弹性元件结构简单、承载能力大,主要用于中等载荷和大载荷(可达数兆牛顿)的拉(压)力传感器,但灵敏度低、精度稍差、成本低。柱式力传感器用于发动机的推力测试、水坝坝体承载状况监测等。

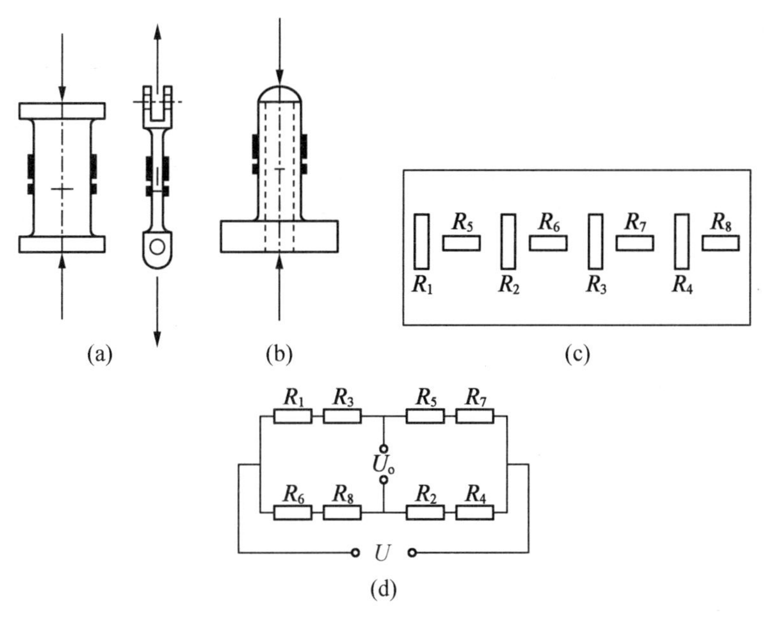

图5.1 柱式力传感器及其电桥式测量电路

2. 悬臂梁式弹性元件

悬臂梁是一端固定、一端自由的弹性元件。悬臂梁式弹性元件如图5.2所示,结构简单、加工容易、粘贴应变片容易、灵敏度较高,适用于测量小载荷。悬臂梁式力传感器采用弹性梁及电阻应变片作为敏感元件,组成全桥电路,当垂直正压力或拉力作用在弹性梁时,应变片随弹性梁一起变形,其应变使应变片的电阻变化,应变电桥输出与拉力或压力成正比的电压信号。如果配以相应的应变仪、数字电压表或其他二次仪表,即可显示或记录质量或力。

悬臂梁分为等截面型和等强度型两种类型。

图5.2(a)所示为等强度梁,是一种特殊形式的悬臂梁。沿梁长度方向的截面按一定规律变化,当外力 F 作用在自由端时,距作用点任何距离截面上的应力相等。其特点是结构简单、加工方便、应变片粘贴容易、灵敏度较高,主要用于小载荷、高精度的拉、压力传感器中。它可测量0.01 N到几千牛的拉、压力。它在同一截面正反两面中性轴的对称表面上粘贴应变片。

等强度梁的固定端宽度为 b_0,厚度为 h,长度为 l,弹性模量为 E,当有载荷(力)F 作用于其自由端时,梁表面整个长度方向上产生大小相等的应变,应变大小为

$$\varepsilon=\frac{6lF}{b_0h^2E} \tag{5.2}$$

为了保证等应变性,力 F 必须作用在梁的两斜边的交会点上。

这种梁的优点是对在 l 方向上粘贴应变片的位置要求不严格。设计时应根据最大载荷 F 和材料允许应力选择梁的尺寸。悬臂梁式力传感器自由端的最大挠度不能太大,否则荷重方向与梁的表面不成直角,会产生误差。

图5.2(b)所示为矩形结构的等截面梁。等截面梁就是横截面处处相等的悬臂梁。它适用于5 kN以下的载荷测量,传感器结构简单、灵敏度高。等截面梁上的应力分布较复杂,当载荷(力)F 作用在自由端时,梁内各截面产生的应力是相等的,表面上的应变也是相等的,与水平方向的贴片位置无关。它同样在同一截面正反两面中性轴的对称表面上粘贴应变片。载荷将导致等截面梁发生形变,该形变将传递给与之相连的应变片,导致应变片产生相同的形变,从而使得其电阻发生变化,将该电阻应变片接入测量电桥,测量电桥输出电压的变化即可实现对载荷 F 的测量。

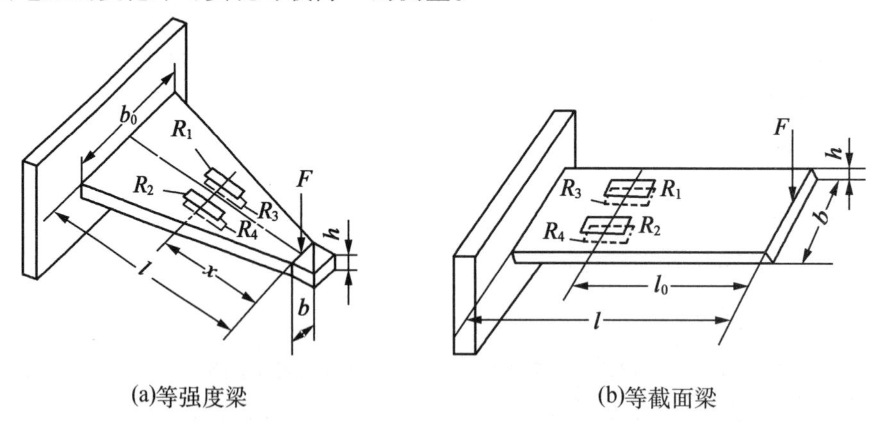

(a)等强度梁　　　　(b)等截面梁

图5.2　悬臂梁式弹性元件

等截面梁的宽度为 b,厚度为 h,长度为 l,当力作用在自由端时,在固定端截面中产生的应力最大时,而自由端的挠度最大。在距固定端较近,距载荷点为 l_0 的上下表面,顺着 l 的方向分别贴上应变片 R_1、R_2、R_3、R_4。此时,若 R_1、R_2 受拉,则 R_3、R_4 受压,两者产生极

性相反的等量应变。把四个应变片组成差动电桥,以获取高的灵敏度。粘贴应变片处的应变为

$$\varepsilon_0=\frac{\sigma}{E}=\frac{6l_0F}{bh^2E} \tag{5.3}$$

在实际应用中,还有双孔梁、S形弹性元件等类型,如图5.3所示。

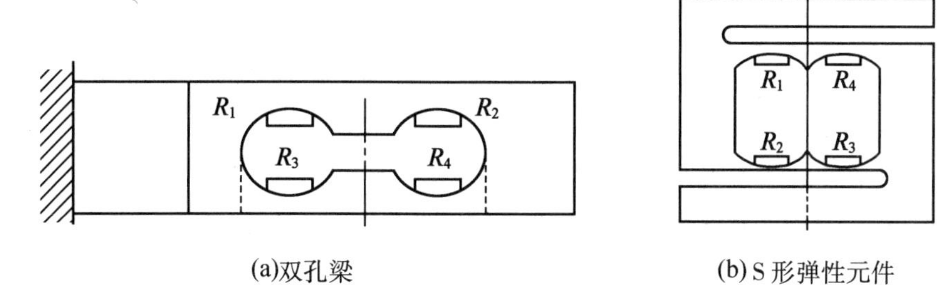

(a)双孔梁　　(b)S形弹性元件

图5.3 其他悬臂梁式弹性元件

双孔梁多用于小量程工业电子秤和商业电子秤。S形弹性元件用于测量较小载荷,如吊钩秤、配料秤、搅拌机、测力机、电子磅秤。

3. 环式弹性元件

与柱式相比,它的应力分布更复杂,变化较大,有正有负,很容易接成差动电桥。环式弹性元件的结构和应力分布如图5.4所示。从应力分布图中可以看出,C位置应变片的应变为0,即它起温度补偿作用。

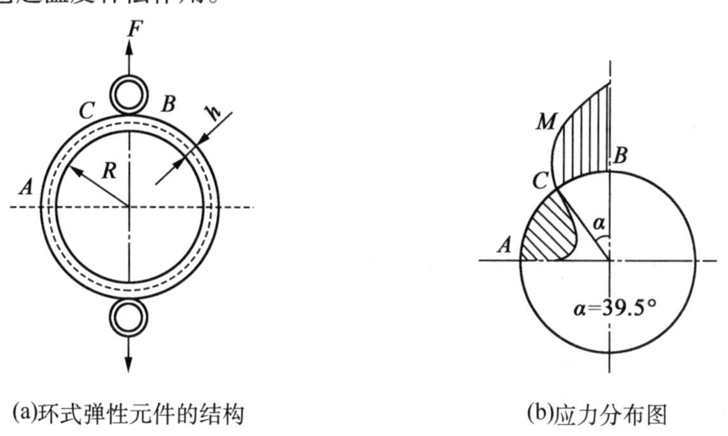

(a)环式弹性元件的结构　　(b)应力分布图

图5.4 环式弹性元件

4. 轮辐式弹性元件

柱式、筒式、梁式等弹性元件是根据正应力与载荷(力)成正比的关系来测量的,存在着一些不易克服的缺点。为了进一步提高测力性能和测量精度,要求弹性元件具有抗偏心、抗侧向力和抗过载能力,较常用的是轮辐式弹性元件,如图5.5所示。轮辐式力传感器的形状很像带有辐条的车轮。由于它的高度很低,也称为低外形传感器。这种传感器的突出优点是高度低、精度高、线性度好、抗偏载及侧向力能力强等,既可用于测量压力,也可用于测量拉力,因此特别适用于称重和测力。

轮辐式力传感器主要由五个部分组成,轮毂、轮圈、辐条、受拉应变片和受压应变片,如图 5.5(a)所示。辐条成对且对称地连接轮圈和轮毂,当外力作用在轮毂上端面和轮毂下端面时,矩形辐条就产生平行四边形形变,如图 5.5(b)所示,形成与外力成正比的切应变。此切应变引起与中性轴成 45°方向的相互垂直的两个应力,即由切应力引起的拉应力和压应力,通过测量拉应力或压应力值就可知切应力值。

因此,在轮辐式力传感器中,把应变片粘贴到与切应力成 45°的位置上,使它感受的仍是拉伸和压缩应变,但该应变不是由弯矩产生的,而主要是由切应力产生的。这类传感器最突出的优点是抗过载能力强,能承受几倍于额定量程的过载。此外,其抗偏心、抗侧向力的能力也较强,精度在 0.1%之内。

由于具有扁平外形和较强的抗过载能力,可承受大的偏心度和侧向力,埋在地下用于测量行走中的拖车、卡车,可根据输出对超载车辆报警。轮辐式力传感器主要应用于油压机测力,试验机、汽车衡、各种工业称重系统等。

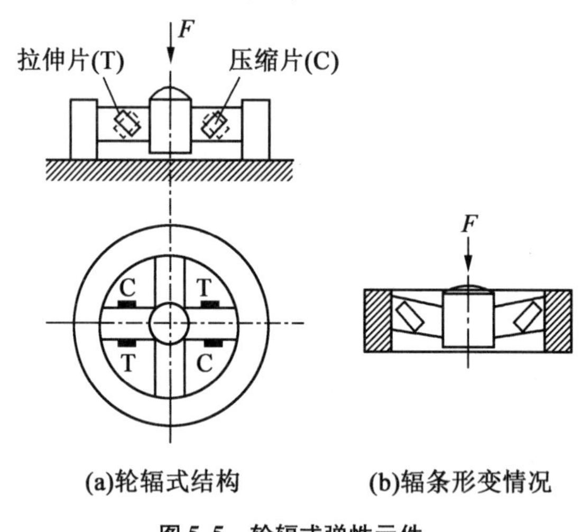

图 5.5　轮辐式弹性元件

5.2　压阻式压力传感器

金属电阻应变片性能稳定,精度较高,至今还在不断地改进和发展,并在一些高精度应变式传感器中得到了应用。这类应变片的主要缺点是应变灵敏系数小,而半导体应变片可以改善这一不足。

固体受力后电阻率发生变化的现象称为压阻效应,而半导体材料的压阻效应非常强。压阻式压力传感器是基于半导体材料(单晶硅)的压阻效应制成的传感器,它是利用集成电路工艺,在半导体单晶硅(锗)的基底上,利用光刻、扩散等技术直接刻制出相当于应变片敏感栅的“压阻敏感元件”,将弹性元件与敏感元件合二为一,制成扩散硅压阻式压力传感器。

扩散硅压阻式压力传感器由外壳、硅膜片和引出线等组成,图 5.6 所示为扩散硅压阻式压力传感器的结构简图。核心部分是硅杯和硅膜片,硅膜片在硅杯的底部。硅杯的底部被加工成中间薄(用于产生应变)、周边厚(起支撑作用)的形状。

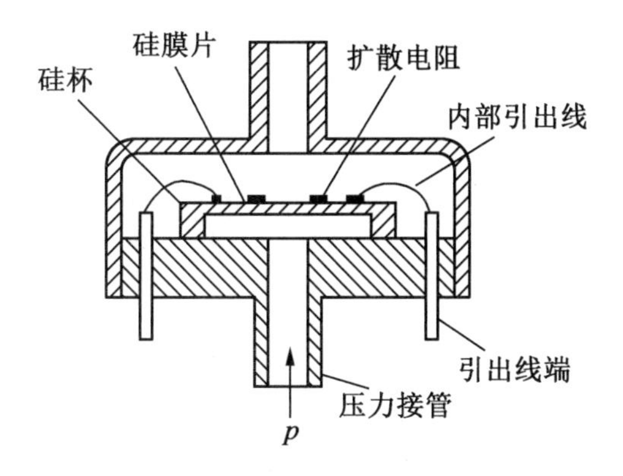

图5.6　扩散硅压阻式压力传感器的结构简图

在硅膜片上，利用集成电路工艺设置4个相等的电阻，构成应变电桥，硅膜片的两边有两个压力腔，一个是与被测系统相连接的高压腔，另一个是低压腔，通常和大气相通。硅膜片上的两对电阻分别受压应力、拉应力。硅杯的内腔与被测压力 p 相连，杯外与大气相通，测量表压；若杯外与另一压力源相接，则可测压差。当硅膜片两边存在压力差时，就有压力作用在硅膜片上，硅膜片产生形变，硅膜片上各点产生应力，硅膜片的形变将使扩散电阻的电阻率变化，从而使电阻发生变化。4个电阻在应力作用下发生变化，电桥失去平衡，输出相应的电压。该电压与硅膜片两边的压力差成正比。

压阻式压力传感器受温度的影响比较大，为了补偿温度的影响，在硅膜片上沿对压力不敏感的方向生成一个电阻，这个电阻只感受温度变化，可接入桥路作为温度补偿电阻，以提高测量精度。

压阻式压力传感器具有体积小、质量小、灵敏度高、动态性能好、可靠性高、寿命长、横向效应小，以及能在恶劣环境下工作等一系列优点。压阻式压力传感器可用于加速度、温度等的测量，如室内或室外环境中无人机、智能手机、可穿戴设备，以及其他移动设备精准地识别高度变化（三维GPS导航）。它还可以用于气动测量，气动测量技术是通过空气流量和压力变化来测量工件尺寸的一种技术，在机械制造业中应用广泛。

5.3　压电式力传感器

压电式力传感器利用压电材料（石英晶体、压电陶瓷）的压电效应。压电式力传感器具有体积小、质量小、工作频带宽等特点，因此在各种动态力、机械冲击与振动的测量，以及声学、医学、力学、宇航等方面都得到了非常广泛的应用。

5.3.1　压电效应

石英晶体的压电效应早在1680年就被发现，1948年制作出第一个石英传感器。某些晶体或多晶陶瓷，当沿着一定方向受到外力作用时，内部就产生极化现象，同时在某两个表面上产生符号相反的电荷；当外力去掉后，又恢复到不带电状态，如图5.7(a)所示；当作用力方向改变时，电荷的极性也随着改变；晶体受力所产生的电荷量与外力的大小成正比。上述现象称为正压电效应。反之，沿压电材料的极化方向对晶体施加一定交变电场，晶体本身将产生机械形变，外电场撤离，形变也随着消失，这种现象称为“电致伸缩效应”,也称“逆压电效应”,如图 5.7(b)所示。

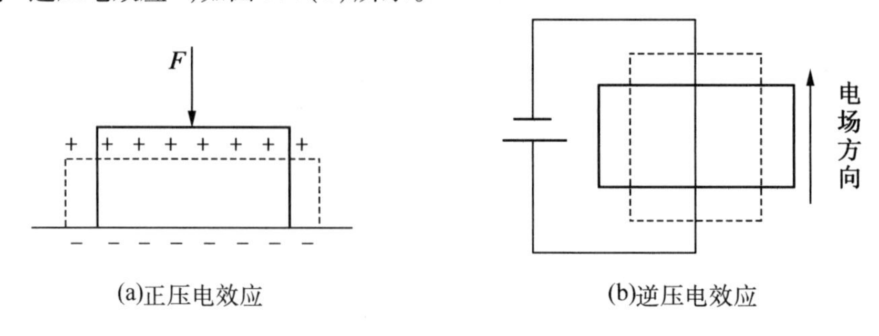

(a)正压电效应 (b)逆压电效应

图 5.7 压电效应图

5.3.2 压电材料

选用合适的压电材料是设计高性能传感器的关键。一般应考虑以下几个方面。

①转换性能:具有较高的耦合系数或具有较大的压电常数。

②机械性能:机械强度高、机械刚度大,以获得宽的线性范围和高的固有振动频率。

③电性能:高的电阻率和大的介电常数,以减弱外部分布电容的影响并获得良好的低频特性。

④温度和湿度稳定性:具有较高的居里点,以得到宽的工作温度范围。

⑤时间稳定性:压电特性不随时间改变。

自然界中大多数晶体都具有压电效应,但压电效应大多微弱。用于制作传感器的常用的压电材料有压电晶体(如石英晶体)、压电陶瓷(如钛酸钡、锆钛酸铅等)、新型压电材料(如压电高分子材料、压电半导体材料等)。

1. 压电晶体

压电晶体的种类很多,如石英、酒石酸钾钠、电气石、磷酸铵(ADP)、硫酸锂等。其中,石英晶体是压电式力传感器中常用的一种性能优良的压电材料。石英晶体有天然石英和人工石英两种。由于天然石英产量有限,且大部分都存在各种缺陷;而人工生产石英晶体的技术目前已很完备,人工石英的质量完全可以媲美天然石英,故人工石英已获得广泛的应用。

(1)压电效应。

石英晶体的化学成分为二氧化硅(SiO_2)。天然石英晶体外形是正六棱柱,在晶体学中可用三根相互垂直的轴 z、x、y 表示它的坐标,如图 5.8(a)所示。

z 轴为光轴(中性轴),它是晶体的对称轴、光束(光柱)的中心线,或光学系统的对称轴。光束绕此轴转动,没有任何光学特性的变化。光线沿 z 轴通过晶体不产生反射、折射现象,z 轴没有压电效应,不产生电荷,是基准轴。

x 轴为电轴(垂直于光轴),x 轴的压电效应最强,产生电荷最多,它通过正六棱柱相对的两个棱且垂直于光轴 z。

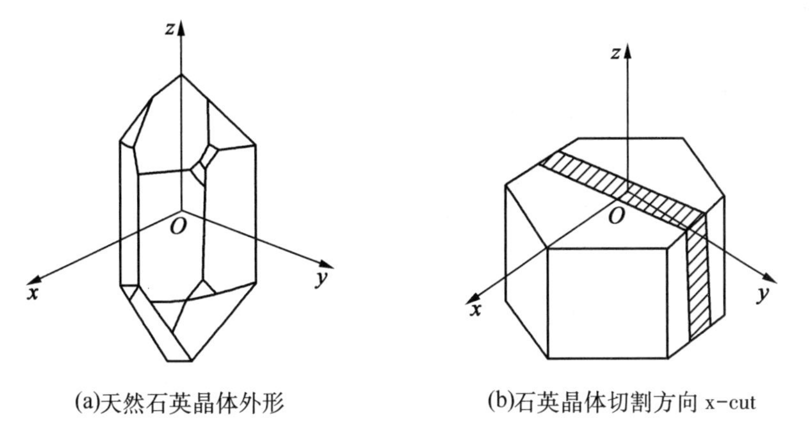

(a)天然石英晶体外形　　(b)石英晶体切割方向 x-cut

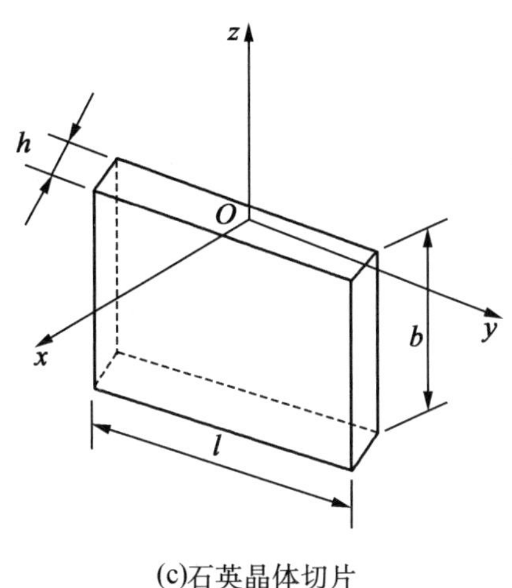

(c)石英晶体切片

图 5.8　石英晶体及其切片

y 轴为机械轴(力轴),它垂直于两个相对的表面,在此轴上加力产生的形变最大,逆压电效应最强。

石英晶体沿不同方向切片,其特性不同。如图 5.8(b)所示,假设沿 yOz 切割石英晶体,也就是垂直于 x 方向,也称 x-cut,得到图 5.8(c)所示的晶体切片。其长、宽、高分别用 l、b、h 表示。石英晶体的每个晶体单元中,有 3 个硅离子、6 个氧离子,如图 5.9(a)所示。将组成石英晶体的硅离子和氧离子在垂直于晶体 z 轴的 xy 上进行投影,等效为正六边形排列,如图 5.9(b)所示。图中"⊕"代表 Si^{4+},"⊖代表 $2O^{2-}$,正负离子分布在正六边形的顶点上。

(2)力与电荷的关系。

当 x 轴方向受力时,垂直于 x 轴的平面上产生电荷,如图 5.10(a)所示,电荷大小 Q_x 为

$$Q_x = d_{11} F_x \tag{5.4}$$

式中　F_x——沿 x 轴方向施加的压缩力,N;

d_{11}——压电常数,与受力和形变的方式有关,石英晶体在 x 轴方向承受机械应力时,压电常数 $d_{11} = 2.3 \times 10^{-12}$ C/N;

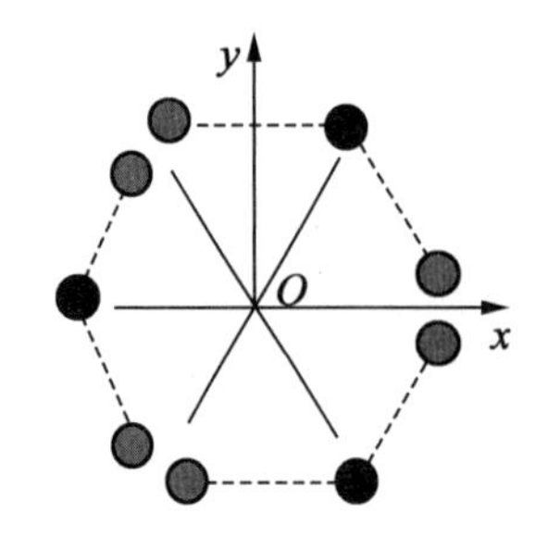

(a)硅、氧离子在 xOy 平面上的投影

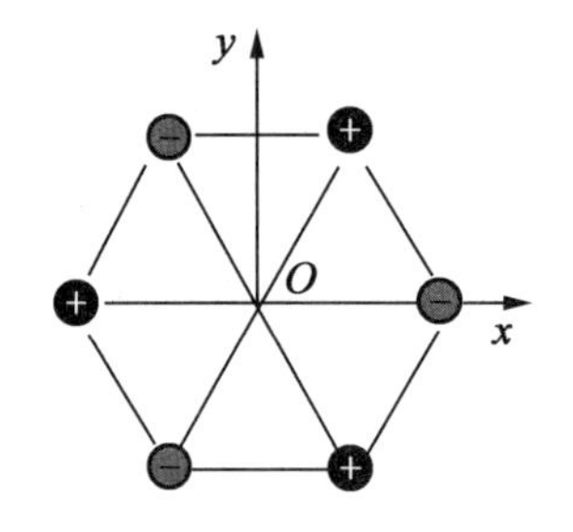

(b)等效为正六边形排列的投影

图 5.9 硅、氧离子的排列示意图

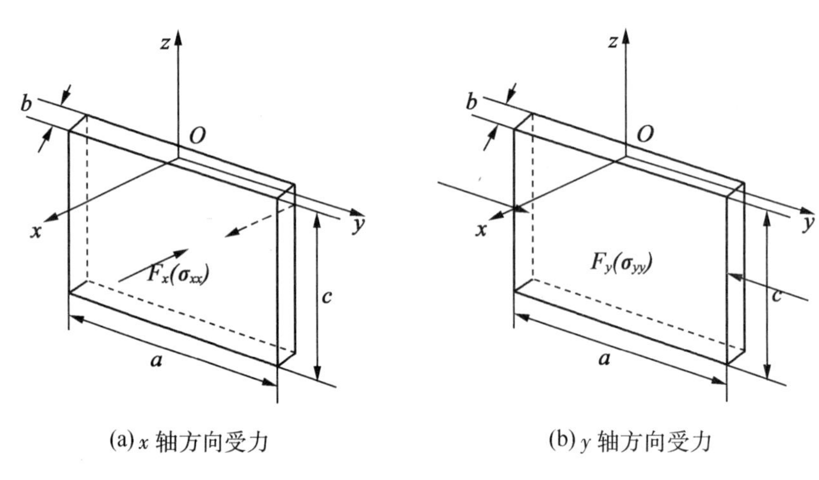

(a) x 轴方向受力

(b) y 轴方向受力

图 5.10 压电晶体受力图

也可以用电荷密度 q_{xx}(单位面积上面电荷的大小,C/m^2)来表示

$$q_{xx}=\frac{Q_x}{lh} \tag{5.5}$$

式中 l、h——分别为石英晶片的长度和厚度,m。

由于沿 x 轴方向作用的应力为 $\sigma_{xx}=\frac{F_x}{lh}$,因此电荷密度可以表示为

$$q_{xx}=d_{11}\sigma_{xx} \tag{5.6}$$

电荷 Q_x 的符号由 F_x 决定,从式(5.6)可以看出, 切片上产生电荷的多少与切片的几何尺寸无关。压电常数是衡量材料压电效应强弱的参数,它直接关系到压电输出灵敏度。

y 轴方向受力时,仍然在垂直于 x 轴的平面上产生电荷,但极性相反,如图 5.10(b)所示,电荷大小为

$$Q_x=d_{12}\frac{l}{h}F_y=-d_{11}\frac{l}{h}F_y \tag{5.7}$$

式中 d_{12}——y 轴方向受力时的压电系数,$d_{12}=-d_{11}$。

沿机械轴方向的力作用在晶体上时产生的电荷与晶体切片的尺寸有关,式(5.7)中的符号说明,沿 y 轴的压力所引起的电荷极性与沿 x 轴的压力所引起的电荷极性是相反的。

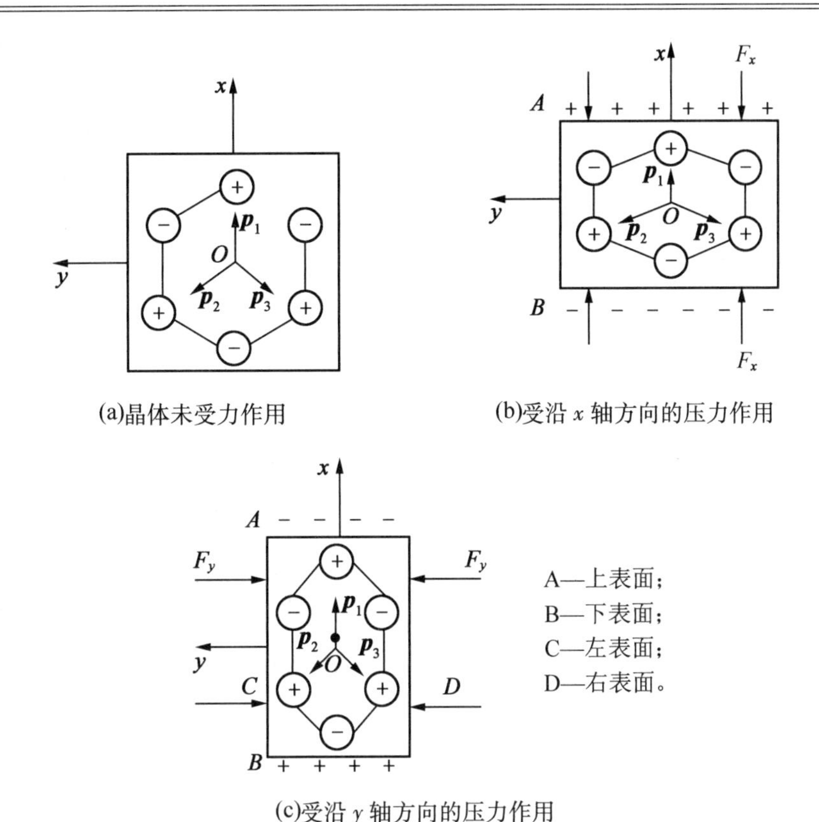

(c)受沿 y 轴方向的压力作用

图 5.11　石英晶体未受力及受压力作用图

当石英晶体未受力作用时，正、负离子（即 Si^{4+} 和 $2O^{2-}$）正好分布在正六边形的顶角上，形成三个大小相等，互成 120°夹角的电偶极矩$\boldsymbol{p}_1$、$\boldsymbol{p}_2$ 和$\boldsymbol{p}_3$（$p=ql$，q 为电荷量，l 为正、负电荷之间的距离，电偶极矩的方向为负电荷指向正电荷）。此时，正、负电荷中心重合，电偶极矩的矢量和等于零，即$\boldsymbol{p}_1+\boldsymbol{p}_2+\boldsymbol{p}_3=\boldsymbol{0}$，这时晶体表面不产生电荷，石英晶体从整体上呈电中性。

如图 5.11(b)所示，当石英晶体受到沿 x 轴方向的压力作用时，晶体沿 x 轴方向产生压缩形变，正、负离子产生相对位移，正、负电荷中心不重合，$\boldsymbol{p}_1$ 减小，$\boldsymbol{p}_2$ 和$\boldsymbol{p}_3$ 增加，电偶极矩在 x 轴方向的分量$(\boldsymbol{p}_1+\boldsymbol{p}_2+\boldsymbol{p}_3)_x>\boldsymbol{0}$，正电荷在 x 轴的正方向的晶体表面上出现。电偶极矩在 y 轴和 z 轴方向的分量均为零，即$(\boldsymbol{p}_1+\boldsymbol{p}_2+\boldsymbol{p}_3)_y=\boldsymbol{0}$，$(\boldsymbol{p}_1+\boldsymbol{p}_2+\boldsymbol{p}_3)_z=\boldsymbol{0}$，在垂直于 y 轴和 z 轴的晶体表面上不出现电荷。这种受沿 x 轴方向的力作用，而在垂直于此轴晶体表面上产生电荷的现象，称为“纵向压电效应”。

同理，如图 5.11(c)所示，当石英晶体受到沿 y 轴方向的压力作用时，$\boldsymbol{p}_1$ 增加，$\boldsymbol{p}_2$ 和$\boldsymbol{p}_3$ 减小，电偶极矩在 x 轴方向的分量$(\boldsymbol{p}_1+\boldsymbol{p}_2+\boldsymbol{p}_3)_x<\boldsymbol{0}$，在 x 轴的正方向的晶体表面上出现负电荷（这种情况等同于受沿 x 轴方向的拉力作用的效果），同样在垂直于 y 轴和 z 轴的晶体表面上不出现电荷。这种受沿 y 轴方向的力作用，而在垂直于 x 轴的晶体表面上产生电荷的现象，称为“横向压电效应”。

当石英晶体受到沿 z 轴方向的力（压力或拉力）作用时，因为石英晶体在 x 轴方向和 y 轴方向的形变相同，正、负电荷中心始终保持重合，电偶极矩在 x、y 轴方向的分量等于 $\boldsymbol{0}$。所以沿光轴方向施加作用力，石英晶体不会出现压电效应。

当作用力 F_x 或 F_y 的方向相反时,电荷的相性随之改变。当石英晶体受到沿 x 轴方向的拉力作用时,在垂直于 x 轴的表面出现电荷,电荷的极性如图 5.12(a)所示,与石英晶体受到沿 y 轴方向的压力作用时相同。当石英晶体受到沿 y 轴方向的拉力作用时,在垂直于 x 轴的表面出现电荷,电荷的极性如图 5.12(b)所示,与石英晶体受到沿 x 轴方向的压力作用时相同。如果石英晶体的各个方向同时受到均等的作用力(如液体压力),石英晶体将保持电中性。所以石英晶体没有体积变形的压电效应。

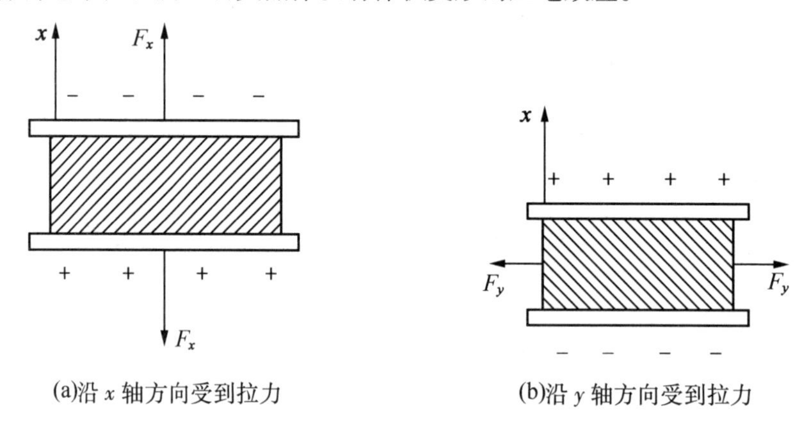

图 5.12 石英晶体受拉力作用图

所以,有以下结论:

①无论是正压电效应还是逆压电效应,其作用力(或应变)与电荷(电场强度)之间具有线性关系;

②晶体在哪个方向上有正压电效应,则在此方向上一定存在逆压电效应;

③石英晶体不是在任何方向上都存在正压电效应。

(3)压电常数。

压电晶体受外力 F 作用时,在相应的表面产生表面电荷 Q

$$Q=d_{ij}F \tag{5.8}$$

式中 Q——表面电荷,C;

d_{ij}——压电常数,C/N。

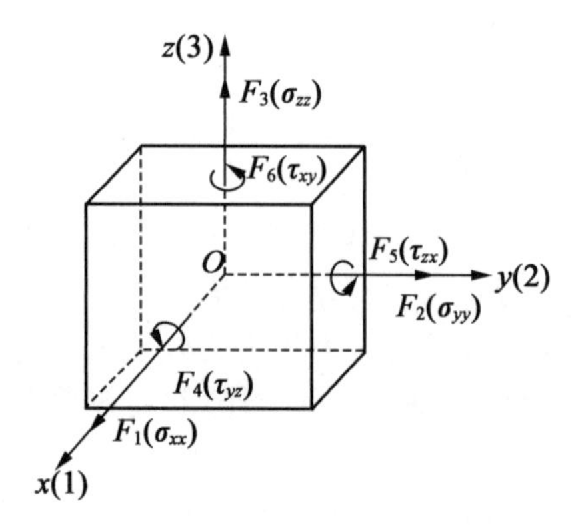

图 5.13 压电常数

压电常数 d_{ij} 有两个下标。对于正压电效应,下标 i 表示晶体极化方向,$i=1$、2、3,分别表示产生电荷的表面垂直于 x 轴、y 轴、z 轴。下标 j 表示受力的性质,也就是作用力的方向,$j=1$、2、3、4、5、6,分别表示沿 x、y、z 轴方向作用的单向应力和在垂直于 x、y、z 轴的平面内作用的剪切力。对于逆压电效应,i 表示所加电场的方向,$i=1$、2、3,分别表示施加的电场方向沿 x 轴、y 轴、z 轴。j 表示产生应变的方向,$j=1$、2、3、4、5、6,分别表示沿 x、y、z 轴方向的应变和在垂直于 x、y、z 轴的平面(即 yz 平面、zx 平面、xy 平面)内产生的剪切应变,如图 5.13 所示。单向应力的符号规定为拉应力为正而压应力为负;剪切力的正号规定为自旋转轴的正向看去,使其在Ⅰ、Ⅲ象限的对角线伸长。例如,压电常数 d_{12} 的含义为,对于正压电效应,在沿着 y 轴(2)方向施加力时,在 x 轴(1)方向产生电场;对于逆压电效应,在沿着 x 轴方向施加电场时,在 y 轴方向产生应变。

压电晶体的主要性能特点是:(1)压电常数小,其时间和温度稳定性好,常温下几乎不变,在 20~200 ℃范围内,压电常数的变化率仅为-0.016%/℃;(2)机械强度高,刚度大,固有频率高,动态特性好;(3)居里点为573 ℃,重复性好。天然石英的上述性能尤佳。因此,它们常用于精度和稳定性要求高的场合和制作标准传感器。

2. 压电陶瓷

压电陶瓷是一种经过极化处理的多晶铁电体。“多晶”是指它是由无数细微的单晶组成,“铁电体”是指它具有类似铁磁材料磁畴的“电畴”结构。压电陶瓷在未进行极化处理时,不具有压电效应;经过极化处理后,压电陶瓷的压电效应非常明显,具有很大的压电常数,是石英晶体的几百倍,制造成本也较低。常用的压电陶瓷材料有锆钛酸铅系列压电陶瓷(PZT)和非铅系压电陶瓷(如 $BaTiO_3$ 等)。

压电陶瓷的压电效应与石英晶体不同。如图 5.14(a)所示,它由无数细微的电畴组成,这些电畴实际上是自发极化的小区域,自发极化的方向完全是任意排列的。在无外电场作用时,从整体来看,这些电畴的极化效应被互相抵消,使原始的压电陶瓷呈电中性,不具有压电效应。

为了使压电陶瓷具有压电效应,必须进行极化处理。所谓极化处理,就是在一定温度下对压电陶瓷施加强电场(如 20~30 kV/cm 直流电场),经过 2~3 h 以后,压电陶瓷具有压电性能。因为,当对陶瓷施加外电场 E 时,电畴由自发极化方向转到与外电场的方向一致,这个方向就是压电陶瓷的极化方向,通常取 z 轴方向,如图 5.14(b)所示。

经过极化处理的压电陶瓷具有一定的极化强度,如图 5.14(c)所示。在外电场去掉后,其内部各电畴的自发极化在一定程度上按原外加电场方向取向,强度不再为零,这种极化强度称为剩余极化强度。当压电陶瓷受外力作用时,电畴的界限发生移动,因此剩余极化强度将发生变化,压电陶瓷就呈现出压电效应。

陶瓷片内的极化强度总是以电偶极矩的形式表现出来,即在陶瓷的一端出现正束缚电荷,另一端出现负束缚电荷。由于束缚电荷的作用,在陶瓷片的电极面上吸附了一层来自外界的自由电荷。自由电荷与陶瓷片内的束缚电荷符号相反而数值相等。自由电荷起着屏蔽和抵消陶瓷片内极化强度的作用。因此,陶瓷片对外不表现极性。

如果在陶瓷片上加一个与极化方向平行的压力 F,压电陶瓷产生压缩形变,正、负电荷距离变小,电畴发生偏转,使极化强度降低,原来吸附在电极上的一部分自由电荷被释放，这是放电现象。当压力撤销后，压电陶瓷恢复原状，正、负电荷距离变大，使极化强度增加，则电极吸附自由电荷，这是充电现象。力→形变→电荷，这就是压电陶瓷的正压电效应，如图 5.15(a)所示。

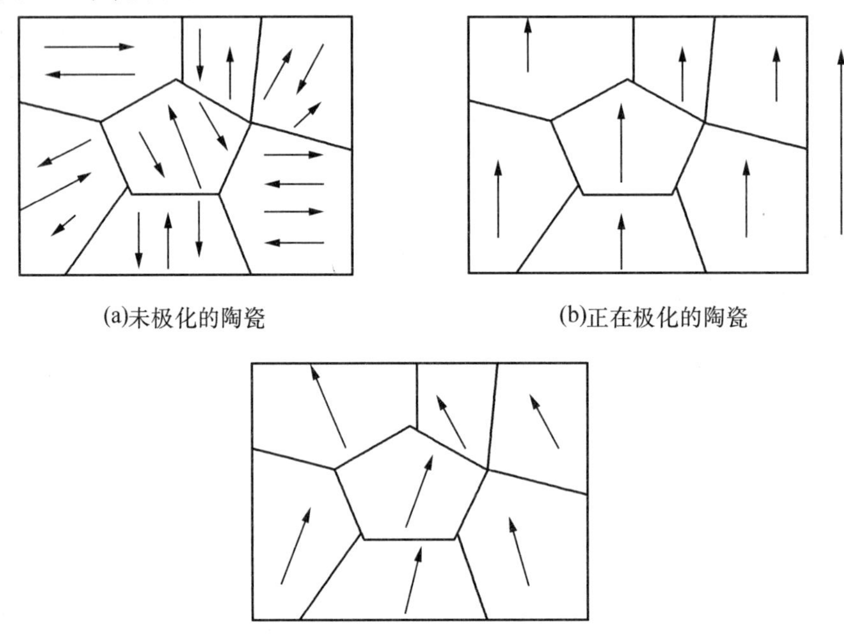
(a)未极化的陶瓷　(b)正在极化的陶瓷

(c)极化后的陶瓷

图 5.14　压电陶瓷的极化

若在陶瓷片上加一个与极化方向相同的电场，压电陶瓷形变加大；若在陶瓷片上加一个与极化方向相反的电场，压电陶瓷形变减小。施加电场→形变，这就是压电陶瓷的逆压电效应，如图 5.15(b)所示。

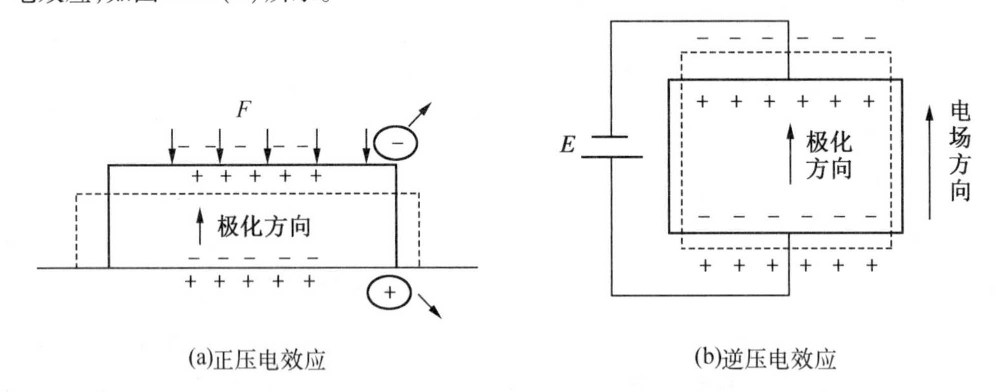

(a)正压电效应　(b)逆压电效应

图 5.15　压电陶瓷的压电效应(实线代表形变前的情况，虚线代表形变后的情况)

对比石英晶体和压电陶瓷可以看出，石英晶体的居里点(高达 573 ℃)高，稳定性好，无热释电现象，但压电常数小，成本高；压电陶瓷的压电常数大，成本低，但居里点低，稳定性不如石英晶体，有热释电现象，会给传感器带来热干扰。利用热释电现象特性可以制作热电传感器，如红外探测。

3. 新型压电材料

(1)压电半导体材料。

1968年以来,出现了多种压电半导体材料,如硫化锌(ZnS)、碲化镉(CdTe)、氧化锌氧化锌和砷化镓(GaAs)等。用这些材料制成的传感器具有灵敏度高,响应时间短等优点。此外用氧化锌作为表面声波振荡器的压电材料,可检测力和温度等参数。这些材料的显著特点是:既具有压电特性,又具有半导体特性。因此既可用其压电特性研制传感器,又可用其半导体特性制作电子器件;也可以两者结合,集元件与线路于一体,研制新型集压电传感器测试系统。

(2)有机高分子压电材料。

典型的有机高分子压电材料有聚偏二氟乙烯(PVF2或PVDF)、聚氟乙烯(PVF)、改性聚氯乙烯(PVC)等。某些高分子聚合物薄膜经延展拉伸和电场极化后,具有一定的压电性能。它是一种柔软的压电材料,可根据需要制成薄膜或电缆套管等形状。它不易破碎,具有防水性,可以大量连续拉制,制成较大面积或较长的尺度,价格便宜,频率响应范围较宽。

5.3.3　测量电路

1. 等效电路

给压电晶体加上电极就构成了最简单的压电式力传感器,当压电式力传感器的压电元件受力时,便在两个方向上分别产生正、负电荷,因此可把压电式力传感器视为一个电荷源。而压电元件聚集正、负电荷的两表面相当于电容器的两个极板,它又相当于一个以压电材料为介质的有源电容器,其等效电路如图5.16所示。

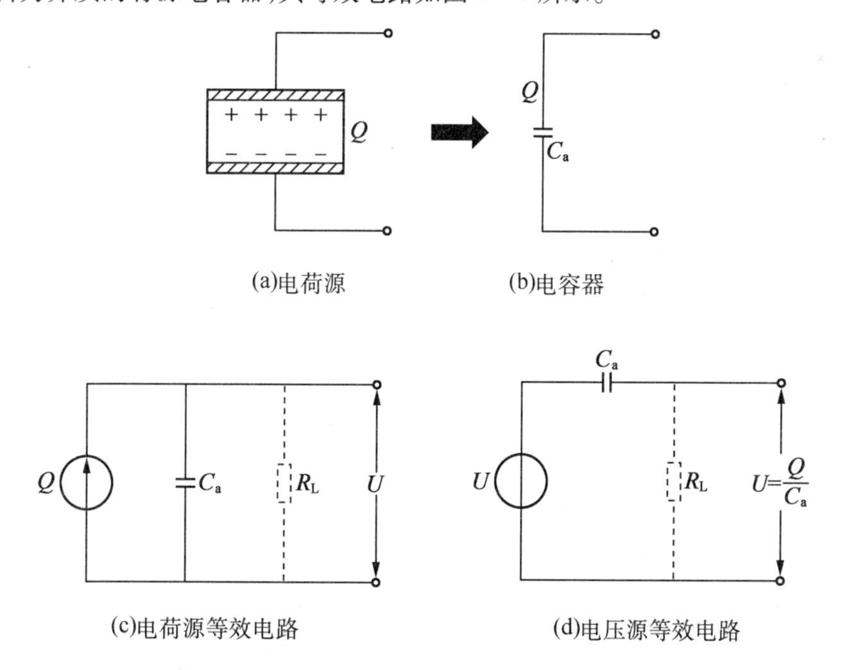

图5.16　压电元件等效电路

当压电元件受外力作用时,两表面产生等量的正、负电荷 Q,电容为 C_a,如图 5.17(a)~(b)所示,压电元件的开路电压(认为其负载电阻为无穷大)U 为

$$U=\frac{Q}{C_a} \tag{5.9}$$

因为压电式力传感器既可等效为电荷源又可等效为电容器,所以其可以等效为一个电荷源和一个电容器并联,如图 5.16(c)所示。压电式传感器也可等效为一个电压源和一个电容器串联,如图 5.16(d)所示。

在实际使用中,压电式力传感器总是与测量仪器或测量电路相连接,因此还须考虑连接电缆的等效电容 C_c、放大器的输入电阻 R_i、放大器的输入电容 C_i,以及压电式力传感器的泄漏电阻 R_a。压电式力传感器在测量系统中的实际等效电路如图 5.17 所示。压电元件可以等效为一个电荷源 Q、一个电容 C_a 和一个电阻 R_a 并联,如图 5.17(a)中的虚线方框所示;也可以等效为一个电压源 U、一个电容 C_a 和一个电阻 R_a,如图 5.17(b)中的虚线方框所示。

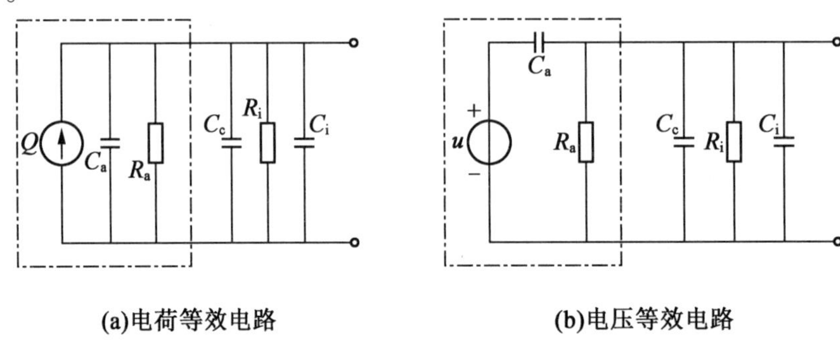

图 5.17 放大器输入端等效电路

在实际应用中,由于单片压电晶体的输出电荷很小,因此,组成压电式力传感器的压电晶体不止一片,常常将两片或两片以上的压电晶体粘接在一起。粘接的方法有两种,即并联和串联,如图 5.18 所示。

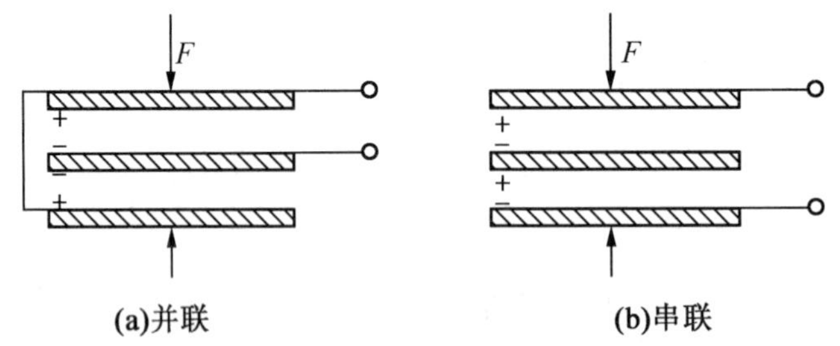

图 5.18 压电元件的联接方式

①并联方法:两片压电晶体的负端粘接在一起,中间插入金属电极作为负极,两边连接起来作为正极。负电荷集中在中间电极上,正电荷集中在两侧的电极上,传感器的电容大、输出电荷量大、时间常数也大,故这种传感器适用于测量缓变信号及电荷量输出信号。

$$Q'=2Q;\quad U'=U;\quad C'=2C \tag{5.10}$$

②串联方法:将两片压电晶体的不同极性端粘接在一起,粘接面处的正、负电荷抵消。正电荷集中于上极板,负电荷集中于下极板,传感器本身的电容小、响应快、输出电压大,

故这种传感器适用于测量电压输出信号和频率较高的信号。

$$Q'=Q;\quad U'=2U;\quad C'=\frac{1}{2}C \tag{5.11}$$

2. 测量电路

测量时应考虑的问题:(1)输入阻抗要大,几百兆欧以上,从而减小测量误差;(2)当压电式力传感器与测量电路相连时,要考虑电缆电容、放大器输入电阻、放大器输入电容、传感器的泄漏电阻等。压电式力传感器的前置放大器有两个作用:一是把压电式力传感器的高输出阻抗变换成低阻抗输出;二是放大压电式力传感器输出的弱信号。

根据压电元件的工作原理及等效电路,它的输出可以是电压信号也可以是电荷信号,与压电元件配套的测量电路的前置放大器也有两种形式:电压放大器、电荷放大器。

电压放大器:其输出电压与输入电压(压电元件的输出电压)成正比。

电荷放大器:其输出电压与输入电荷成正比。

(1)电压放大器。

电压放大器又称阻抗变换器。它的作用是将压电式力传感器的高输出阻抗经放大器变换为低阻抗输出,并将微弱的电压信号进行适当放大。等效电路如图5.19(a)所示,将电路中的所有电容和电阻分别等效为 C 和 R,电路简化后如图5.19(b)所示。

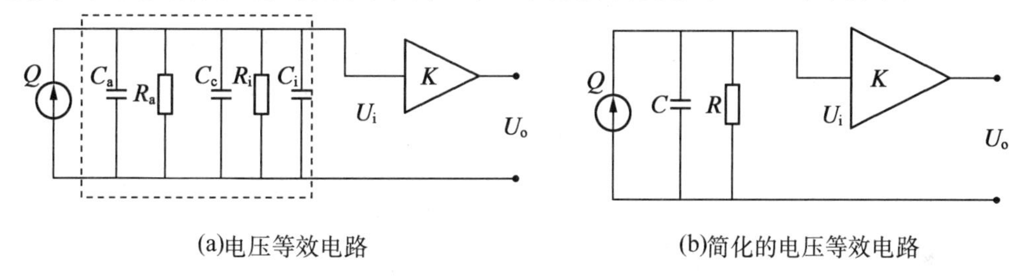

(a)电压等效电路　　(b)简化的电压等效电路

图5.19　电压放大器输入端等效电路

等效电阻为

$$R=\frac{R_a R_i}{R_a+R_i} \tag{5.12}$$

等效电容为

$$C=C_c+C_i+C_a \tag{5.13}$$

容抗为 $\frac{1}{j\omega C}$,R 与 C 并联,则总的阻抗为 $\frac{R}{1+j\omega RC}$,放大器输入电压 $\dot{U}_i$ 为

$$\dot{U}_i=\dot{I}\ \frac{R}{1+j\omega RC} \tag{5.14}$$

所以,若压电元件受到作用力 $f=F_m\sin\omega t$,则产生的电荷量为

$$Q=d_{ij}f \tag{5.15}$$

电流的大小为

$$i=\frac{dQ}{dt}=\omega d_{ij}F_m\cos\omega t \tag{5.16}$$

写成复数形式为

$$\dot{I}=\omega d_{ij}\dot{F} \tag{5.17}$$

总的阻抗的模为$\dfrac{1}{|1+\mathrm{j}\omega RC|}=\dfrac{1}{\sqrt{1+(\omega RC)^2}}$，由式(5.15)、式(5.17)，可得放大器输入电压的幅值为

$$U_{\mathrm{im}}=|\dot{U}_{\mathrm{i}}|=\frac{d_{\mathrm{ij}}F_{\mathrm{m}}\omega R}{\sqrt{1+(\omega RC)^2}} \tag{5.18}$$

令时间常数 $\tau=RC=R(C_{\mathrm{c}}+C_{\mathrm{i}}+C_{\mathrm{a}})$，由式(5.18)，当 $\omega\to0$ 时，$U_{\mathrm{im}}=\dfrac{d_{ij}F_{\mathrm{m}}\omega R}{\sqrt{1+(0)^2}}$，则 $U_{\mathrm{im}}\to 0$。这说明当作用力是静态力($\omega=0$)时，前置放大器的输入电压为零。所以压电式力传感器不能测量静态物理量。为了扩大传感器的低频响应范围，必须尽量提高回路的时间常数，但不能提高电容，否则电压灵敏度会下降，因此只能提高电阻。主要取决于前置放大器的输入电阻，放大器的输入电阻越大，测量回路的时间常数越大，传感器的低频响应越好。

当 $\omega\gg1$ 时，$U_{\mathrm{im}}=\dfrac{d_{ij}F_{\mathrm{m}}\omega R}{\sqrt{(\omega RC)^2}}=\dfrac{d_{ij}F_{\mathrm{m}}}{C}$，说明 ω 很大时，U_{im} 与频率无关，所以高频特性好(或者说，传感器的输出不随测试信号频率的变化而变化，幅频特性曲线比较平坦)。

所以，电压放大器的突出优点是高频响应相当好，电路简单、元件少、价格低廉、工作可靠；连接电缆不能太长，电缆长，电缆电容 C_{c} 就大，电缆电容增大，必然使传感器的电压灵敏度降低，在一定程度上限制了压电式力传感器在某些场合的应用。注意使用时，传感器与前置放大器之间连接电缆不能随意更换，若更换电缆要重新标定。一般将放大器装入传感器中，组成一体化传感器，引出线很短，C_{c} 接近于 0，以解决电缆带来的影响。

3. 电荷放大器

由于电压放大器使所配接的压电式力传感器的电压灵敏度随电缆分布电容及传感器自身电容的变化而变化，而且更换电缆后需要重新标定。又由于电荷放大器电路的电缆长度变化的影响不大，几乎可以忽略不计，因此电荷放大器的应用日益广泛。适用于远距离测量的电荷放大器，已被公认是一种较好的放大器。

电荷放大器是一个具有深度电容负反馈的高增益放大器，将大内阻的电荷源转换为小内阻的电压源，且输出电压正比于输入电荷，在一定条件下，传感器的灵敏度与电缆电容无关。

电荷放大器的等效电路如图 5.20(a)所示，略去压电式力传感器的泄漏电阻的 R_{a} 和放大器输入电阻 R_{i} 两个并联电阻(理想情况下二者都为无穷大)，将压电式力传感器的等效电容 C_{a}、连接电缆的等效电容 C_{c}、放大器的输入电容 C_{i} 合并为电容 C 后，电荷放大器等效电路如图 5.21(b)所示。它由一个反馈电容 C 和高增益运算放大器构成。图中 K 为运算放大器的增益。

R_{f} 的作用是稳定直流工作点，减小零点漂移，一般取 $R_{\mathrm{f}}\geqslant10^9\ \Omega$。若开环增益 K 足够大，并且放大器的输入阻抗很高，则放大器输入端几乎没有分流，运算电流仅流入反馈回路 C_{f} 与 R_{f}。$K\gg1$，一般 K 约为 10^4 以上，$(1+K)C_{\mathrm{f}}\gg C_{\mathrm{c}}+C_{\mathrm{i}}+C_{\mathrm{a}}$，则电荷放大器的输出为

$$U_o=\frac{-KQ}{(1+K)C_f+C_c+C_i+C_a}\approx\frac{-Q}{C_f}\tag{5.19}$$

式中　“-”表示放大器的输入与输出反相。

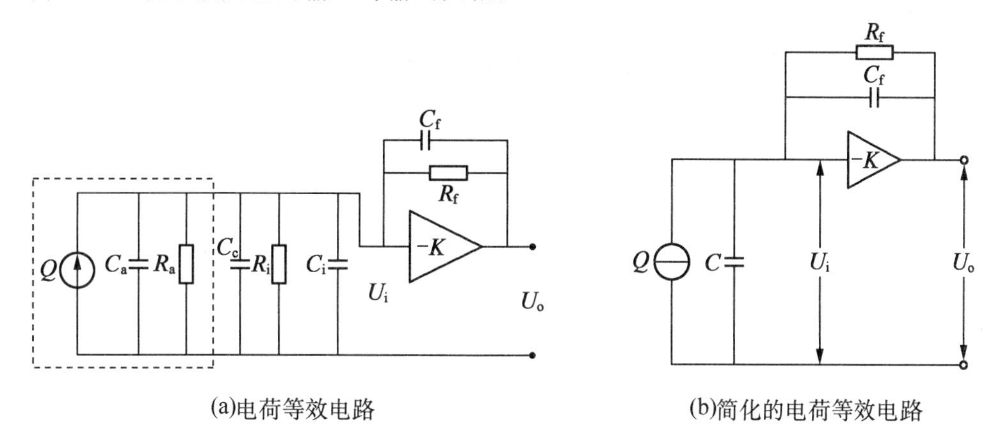

(a)电荷等效电路　(b)简化的电荷等效电路

图5.20　电荷放大器输入端等效电路

电荷放大器能将压电式力传感器输出的电荷转换为电压，且输出电压正比于输入电荷，但并无放大电荷的作用，只是一种习惯叫法。电荷放大器将大内阻的电荷源转换为小内阻的电压源，输入阻抗高达 $10^{10}\sim10^{12}\ \Omega$，而输出阻抗小于 100 Ω。电荷放大器的输出电压 U_o 只取决于输入电荷 Q 和反馈电容 C_f，与电缆电容 C_c 无关。考虑不同量程，C_f 做成可以选择的电容，一般为 $100\sim10^4$ pF。电荷放大器的缺点是电路复杂，价格昂贵，使用电荷放大器，电缆长度变化影响可忽略，并且允许使用长电缆。

总的来说，电压放大器为了与传感器匹配需要高输入阻抗，因此，抗干扰能力不足；电荷放大器的输出电压与输入电荷量成正比，因而信噪比高。电压放大器带宽、灵敏度受传感器线路电容限制；电荷放大器只与电量有关，所以，频带宽，灵敏度也高。在实际应用中，电压放大器和电荷放大器都应加过载放大保护电路，否则，在传感器过载时，会产生过高的输出电压。

5.3.4　压电式力传感器的应用

压电式力传感器按用途和压电元件的组成可分为单向力、双向力和三向力传感器，它们在结构上基本一样，可以测量几百至几万牛的动态力。

一种用于机床动态切削力测量的单向压电石英力传感器的结构如图5.21所示。它主要由石英晶片、绝缘套、电极、传力上盖及基座等组成。压电元件采用 xy 切型石英晶体，利用其纵向压电效应，通过 d_{11} 实现力-电转换，石英晶体刚度大、测量范围宽、线性及稳定性高、动态特性好。它用两块晶片作传感元件，上盖为传力元件，其产生弹性变形部分的厚度（由测力大小决定）较薄，聚四氟乙烯绝缘套用来绝缘和定位。

当外力作用时，被测力作用于传力上盖，它将产生弹性形变，使石英晶片沿电轴方向受压力作用。由于纵向压电效应，石英晶片在电轴方向上出现电荷，两个石英晶片沿电轴方向并联，引出线一端接在两压电片中间的金属片上，另一端直接与传力上盖相接。两片并联可提高其灵敏度。这种结构的单向力传感器体积小、质量小（仅10 g）、固有频率高

(约 50~60 kHz),最大可测 50 kN 的动态力,分辨率达 10^{-3} N。

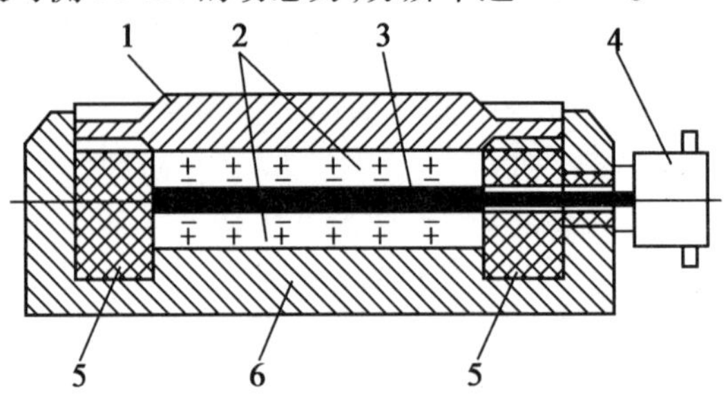

1—传力上盖;2—压电晶体;3—电极;4—电极引出插头;5—绝缘套;6—底座

图 5.21 单向压电石英力传感器结构示意图

膜片式压电式力传感器如图 5.22 所示,压电元件夹于两个弹性膜片之间,压电元件的一个侧面与膜片接触并接地,另一个侧面通过引出线将电荷量引出。被测压力均匀作用在膜片上,使压电元件受力而产生电荷。电荷量一般用电荷放大器或电压放大器放大,转换为电压或电流输出,输出信号与被测压力值相对应。

膜片式压电式力传感器体积小、结构简单、工作可靠;测量范围宽,可测 100 MPa 以下的压力;测量精度较高;频率响应高,可达 30 kHz,是动态压力检测中常用的传感器,但由于压电元件存在电荷泄漏,故不适宜测量缓慢变化的压力和静态压力。

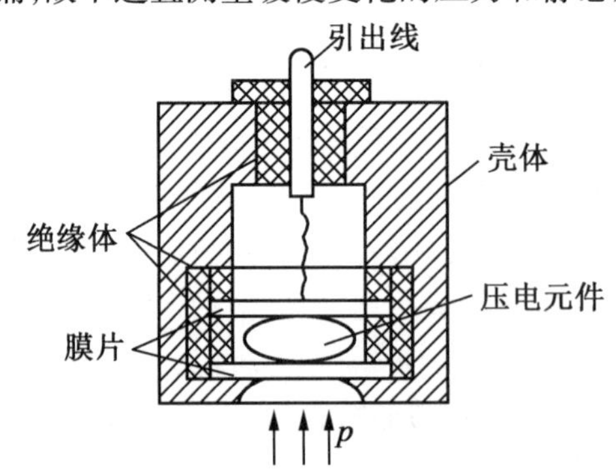

图 5.22 膜片式压电式力传感器结构示意图

思政元素:了解国家重大需求,培养科学精神、民族自信。《"十四五"机器人产业发展规划》中明确提出研制三维视觉传感器、六维力传感器和关节力矩传感器等力觉传感器等产品,满足机器人智能化发展需求。在对压电陶瓷的学习中,对伟大祖国悠久陶瓷历史进行深入了解,增强民族自豪感。

习 题

1. 测力传感器有哪些类型。
2. 简述压电效应。
3. 简述压电式测力原理。
4. 简述电阻应变仪的测量原理。

第6章　温度传感器

6.1　温度测量的理论基础

在工业生产的过程中，温度通常是需要测量和控制的重要参数，许多物理现象和化学性质都与温度有关，许多生产过程都必须在一定的温度范围内进行。温度也是诸多物理现象中具有代表性的物理量，现代生活中准确的温度是不可缺少的信息内容，如电冰箱、空调、微波炉都少不了温度传感器。

温度是表征物体冷热程度的物理量。温度的基本概念是以热平衡为基础的，如果两个相接触的物体温度不相同，它们之间就会产生热交换，热量从温度高的物体向温度低的物体传递，直到两个物体达到相同的温度为止。

6.1.1　温标

为定量描述温度的高低，必须建立温度标尺（温标），各种温度计和温度传感器的温度数值均由温标确定。温标明确了温度的单位、定义、固定点的数值、内插标准仪器和标准的插补公式。各类温度计的刻度均由温标确定。国际上常用的温标有摄氏温标、华氏温标、热力学温标等。

1. 摄氏温标

标准大气压下，冰的融点为 0 度，水的沸点为 100 度，两者中间分 100 格，每格为摄氏 1 度，符号为 t，单位为 ℃。

2. 华氏温标

标准大气压下，冰的融点为 32 度，水的沸点为 212 度，两者中间分 180 格，每格为华氏 1 度，符号为 θ，单位为℉。

华氏温标与摄氏温标的换算关系是：$\theta=32+1.8t$。

3. 热力学温标

分子运动停止（即没有热存在）时的温度为绝对零度，水的三相点（气、液、固三态同时存在且进入平衡状态时的温度）为 273.16 K，把从绝对零度到水的三相点之间的温度均匀分为 273.16 格，每格为 1 K，符号为 T，单位为 K。

热力学温标和摄氏温标的换算关系是：$T=273.15+t$。

6.1.2　温度传感器的分类

温度传感器的分类方法有很多。温度传感器按照用途可分为基准温度计和工业温度计；按照测量方法又可分为接触式和非接触式；按工作原理还可分为膨胀式、电阻式、热电式、辐射式等；按输出方式分，有自发电型、机械非电测型等。

表 6.1 列出了常用温度传感器的工作原理、名称、测温范围和特点。

表 6.1 温度传感器的工作原理、名称、测温范围和特点

工作原理	名称	测温范围/℃	特点
体积热膨胀	气体温度计	-250~1 000	不需要电源，耐用；感温元件体积较大
	液体压力温度计	-200~350	
	玻璃水银温度计	-50~350	
	双金属片温度计	-50~300	
接触热电动势	钨铼热电偶	1 000~2 100	自发电型，标准化程度高，品种多，可根据需要选择；需进行冷端温度补偿
	铂铑热电偶	200~1 800	
	其他热电偶	-200~1 200	
电阻的变化	铂热电阻	-200~900	标准化程度高；需要接入桥路才能得到电压输出
	热敏电阻	-50~300	
PN 结的结电压	硅半导体二极管（半导体集成温度传感器）	-50~150	体积小，线性好，-2 mV/℃；测温范围小
温度-颜色	示温涂料	-50~1 300	面积大，可得到温度彩色图像；易衰老，准确度低
	示温液品	0~100	
光辐射 热辐射	红外辐射温度计	-50~1 500	非接触式测量，反应快；易受环境及被测物体表面状态影响，标定困难
	高温比色温度计	500~3 000	
	热释电温度计	0~1 000	
	光子探测器	0~3 500	

6.2 热电偶

热电偶被广泛应用于测量 100~1 300 ℃范围内的温度，根据需要还可以用来测量更高或更低的温度。它具有结构简单、制作容易、精度高、温度测量范围宽、动态响应特性好、输出信号便于远距离传输等优点。热电偶是一种有源传感器，测量时不需要外加电源，使用方便，常用于测量炉子或管道内气体、液体的温度或固体的表面温度。

6.2.1 热电偶测温原理

1. 热电效应

如图 6.1 所示，两种不同类型的金属导体，两端分别接在一起构成闭合回路，当两个接点温度不等（有温度差）时，回路里会产生热电势，形成电流，这种现象称为热电效应。这种将温度转换成热电势的传感器称为热电偶。

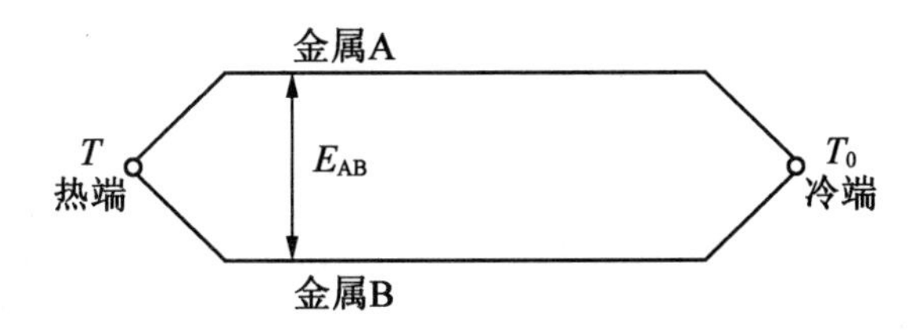

图 6.1　热电偶结构原理图

在图 6.1 中,金属电极 A、B 称为热电极。冷端(T_0)又称为基准端,是固定温度的接点,恒定在某一标准温度,通常冷端标准温度为冰点(0 ℃)。热端(T)又称为测温端,是待测温度的接点,置于被测温度场中。

2. 热电势

热电偶产生的热电势是由两种导体的接触电势和单一导体的温差电势所组成的。

(1)两种导体的接触电势。

不同金属的自由电子密度不同,当两种金属接触时,在接触点处会产生电子扩散,如图 6.2 所示,浓度大的向浓度小的金属扩散。浓度大的失去电子显正电,浓度小的得到电子显负电。

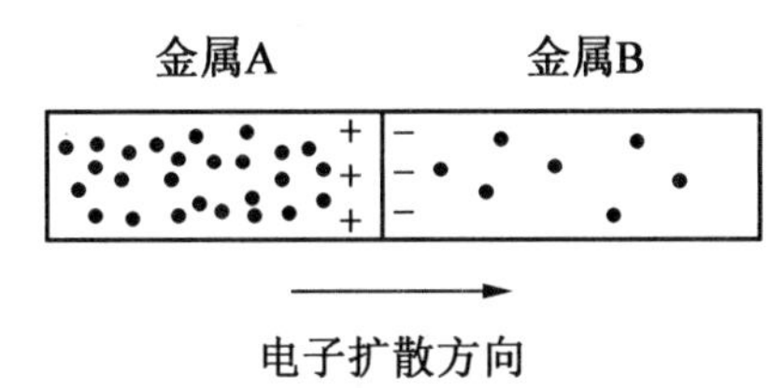

图 6.2　两种导体的接触电势

当扩散达到动态平衡时,得到稳定的接触电势。接触电势的大小与导体的材料、接点的温度有关,而与导体的直径、长度、几何形状等无关。两接点的接触电势分别用符号 $E_{AB}(T)$ 和 $E_{AB}(T_0)$ 表示,它们可以表示为

$$E_{AB}(T)=\frac{kT}{e}\ln\frac{N_A}{N_B} \tag{6.1}$$

$$E_{AB}(T_0)=\frac{kT_0}{e}\ln\frac{N_A}{N_B} \tag{6.2}$$

式中　$E_{AB}(T)$、$E_{AB}(T_0)$ ——A、B 两种金属在温度 T、T_0 时的接触电动势;

k——玻尔兹曼常数($k=1.38\times10^{-23}$ J/K);

T、T_0——两接点处的绝对温度;

N_A、N_B——分别是 A、B 两种金属的电子浓度;

e——单个电子电荷量,$e=1.602\times10^{-19}$ C。

在闭合回路中,总的接触电势为

$$E_{AB}(T,T_0)=\frac{k(T-T_0)}{e}\ln\frac{N_A}{N_B} \tag{6.3}$$

(2)单一导体的温差电势。

如图 6.3 所示,对于单一金属导体,如果将导体两端分别置于不同的温度场 T、T_0(T>

T_0)中,在导体内部,热端的自由电子具有较大的动能,将向冷端移动,导致热端失去电子带正电,冷端得到电子带负电,这样导体两端将产生一个热端指向冷端的静电场。该电场阻止电子从热端继续向冷端转移,并使电子反方向移动,最终达到动态平衡状态。这样,在导体两端产生电位差,称为温差电势。

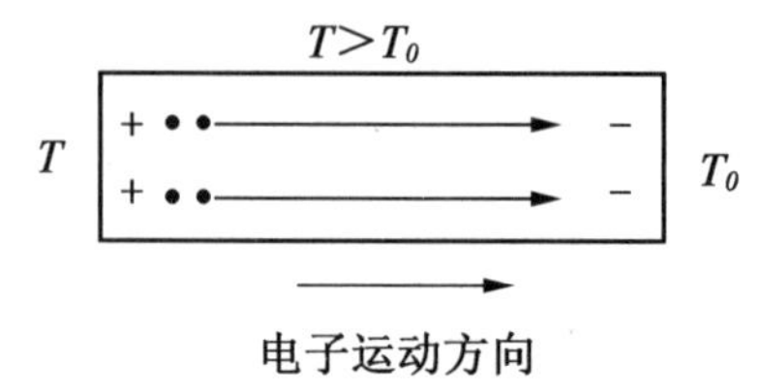

图 6.3　单一导体的温差电势

温差电势的大小取决于导体材料和两端的温度,可表示为

$$e_{\mathrm{A}}(T,T_0)=\int_{T_0}^{T}\sigma_{\mathrm{A}}\mathrm{d}T \tag{6.4}$$

$$e_{\mathrm{B}}(T,T_0)=\int_{T_0}^{T}\sigma_{\mathrm{B}}\mathrm{d}T \tag{6.5}$$

式中　σ_A、σ_B——泽贝克系数。

A、B 两导体构成闭合回路总的温差电势为

$$e_{\mathrm{A}}(T,T_0)-e_{\mathrm{B}}(T,T_0)=\int_{T_0}^{T}(\sigma_{\mathrm{A}}-\sigma_{\mathrm{B}})\mathrm{d}T \tag{6.6}$$

(3)热电偶回路的总热电势。

根据前面的分析可知,热电偶回路总共存在四个电势:两个接触电势、两个温差电势,但实践证明,热电偶回路中所产生的热电势,主要是由接触电势引起的,温差电势所占比例极小,可以忽略不计。由于 $E_{\mathrm{AB}}(T)$ 和 $E_{\mathrm{AB}}(T_0)$ 的极性相反,假设导体 A 的电子密度大于导体 B 的电子密度,且 A 为正极,B 为负极,因此回路的总电势为

$$E_{\mathrm{AB}}(T,T_0)=\frac{k(T-T_0)}{e}\ln\frac{N_{\mathrm{A}}}{N_{\mathrm{B}}}+\int_{T_0}^{T}(\sigma_{\mathrm{A}}-\sigma_{\mathrm{B}})\mathrm{d}T \tag{6.7}$$

由此可见,热电偶总电势与两种材料的电子密度和两接点的温度有关,可得出以下结论:

①若热电偶两电极材料相同($N_{\mathrm{A}}=N_{\mathrm{B}}$、$\sigma_{\mathrm{A}}=\sigma_{\mathrm{B}}$),无论两接点温度如何,总热电势 E_{AB} 为零;

②如果热电偶两接点温度相同($T=T_0$),A、B 材料不同,回路总电势 E_{AB} 为零;

③热电偶的热电势大小与材料(N_{A}、N_{B})和接点温度(T、T_0)有关,与其尺寸、形状等无关;

④热电偶必须用不同材料作电极,在 T、T_0 两端必须有温差梯度,这是热电偶产生热电势的必要条件。

电子密度取决于热电偶材料的特性和温度,当热电极 A、B 选定后,热电势 $E_{\mathrm{AB}}(T,T_0)$ 就是两接点温度 T 和 T_0 的函数差,即

$$E_{\mathrm{AB}}(T,T_0)=f(T)-f(T_0) \tag{6.8}$$

如果自由端的温度保持不变,$f(T_0)=C$(常数),此时,$E_{\mathrm{AB}}(T,T_0)$ 就成为 T 的单一函

数,即

$$E_{AB}(T,T_0)=f(T)-f(T_0)=f(T)-C=\varphi(T) \tag{6.9}$$

式(6.9)在实际测温中得到了广泛应用。当保持热电偶自由端温度 T_0 不变时,只要用仪表测出总热电势,就可以求得工作端温度 T。在实际应用中常把自由端温度保持在 0 ℃或室温。值得注意的是,热电偶输出的电压是有极性的,如果在使用中热电偶的极性被接错,将导致正的温度显示为负的温度或者负的温度显示为正的温度。

对于不同金属组成的热电偶,温度与热电势之间有不同的函数关系,一般通过实验方法来确定,并将不同温度下所测得的结果列成表格,编制出针对各种热电偶的热电势与温度的对照表,称为分度表,供使用时查阅,如表 6.2~6.6 所示。

表 6.2　铂铑$_{30}$-铂铑$_6$ 热电偶分度表

分度号:B　（参考端温度为 0 ℃）

测量端温度/℃	0	10	20	30	40	50	60	70	80	90
	热电动势/mV									
+0	-0.000	-0.002	-0.003	-0.002	0.000	0.002	0.006	0.011	0.017	0.025
100	0.033	0.043	0.053	0.065	0.078	0.098	0.107	0.123	0.140	0.159
200	0.178	0.199	0.220	0.243	0.266	0.291	0.317	0.344	0.372	0.401
300	0.431	0.462	0.494	0.527	0.561	0.596	0.632	0.669	0.707	0.746
400	0.786	0.827	0.870	0.913	0.957	1.002	1.048	1.095	1.143	1.192
500	1.241	1.292	1.344	1.397	1.450	1.505	1.560	1.617	1.674	1.732
600	1.791	1.851	1.912	1.974	2.036	2.100	2.164	2.230	2.296	2.363
700	2.430	2.499	2.569	2.639	2.710	2.782	2.855	2.928	3.003	3.078
800	3.154	3.231	3.308	3.387	3.466	3.546	3.626	3.708	3.790	3.873
900	3.957	4.041	4.126	4.212	4.298	4.386	4.474	4.562	4.652	4.742
1000	4.833	4.924	5.016	5.109	5.202	5.297	5.391	5.487	5.583	5.680
1100	5.777	5.875	5.973	6.073	6.172	6.273	6.374	6.475	6.577	6.680
1200	6.783	6.887	6.991	7.096	7.202	7.308	7.414	7.521	7.628	7.736
1300	7.845	7.953	8.063	8.172	8.283	8.397	8.504	8.616	8.727	8.839
1400	8.952	9.065	9.178	9.291	9.405	9.519	9.634	9.748	9.863	9.979
1500	10.094	10.210	10.325	10.441	10.558	10.674	10.790	10.907	11.024	11.141
1600	11.257	11.374	11.491	11.608	11.725	11.842	11.959	12.076	12.193	12.310
1700	12.426	12.543	12.659	12.776	12.892	13.008	13.124	13.239	13.354	13.470
1800	13.585	—	—	—	—	—	—	—	—	—

表 6.3 铂铑$_{10}$-铂热电偶分度表

分度号:S （参考端温度为 0 ℃）

测量端温度/℃	0	10	20	30	40	50	60	70	80	90
	热电动势/mV									
+0	0.000	0.055	0.113	0.173	0.235	0.299	0.365	0.432	0.502	0.573
100	0.645	0.719	0.795	0.872	0.950	1.029	1.109	1.190	1.273	1.356
200	1.440	1.525	1.611	1.698	1.785	1.873	1.962	2.051	2.141	2.232
300	2.323	2.414	2.506	2.599	2.692	2.786	2.880	2.974	3.069	3.164
400	3.260	3.356	3.452	3.549	3.645	3.743	3.840	3.938	4.036	4.135
500	4.234	4.333	4.432	4.532	4.632	4.732	4.832	4.933	5.034	5.136
600	5.237	5.339	5.442	5.544	5.648	5.751	5.855	5.960	6.064	6.169
700	6.274	6.380	6.486	6.592	6.699	6.805	6.913	7.020	7.128	7.236
800	7.345	7.454	7.563	7.672	7.782	7.892	8.003	8.114	8.225	8.336
90o	8.448	8.560	8.673	8.786	8.899	9.012	9.126	9.240	9.355	9.470
1000	9.585	9.700	9.816	9.932	10.048	10.165	10.282	10.400	10.517	10.635
1100	10.754	10.872	10.991	11.110	11.229	11.348	11.467	11.587	11.707	11.827
1200	11.947	12.067	12.188	12.308	12.429	12.550	12.671	12.792	12.913	13.034
1300	13.155	13.276	13.397	13.519	13.640	13.761	13.883	14.004	14.125	14.247
1400	14.368	14.489	14.610	14.731	14.852	14.973	15.094	15.215	15.336	15.456
1500	15.576	15.697	15.817	15.937	16.057	16.176	16.296	16.415	16.534	16.653
1600	16.771	16.890	17.008	17.125	17.245	17.360	17.470	17.594	17.711	17.826

表 6.4 镍铬-镍硅热电偶分度表

分度号:K （参考端温度为 0 ℃）

测量端温度/℃	0	10	20	30	40	50	60	70	80	90
	热电动势/mV									
-0	-0.000	-0.392	-0.777	-1.156	-1.527	-1.889	-2.243	-2.586	-2.920	-3.242
+0	0.000	0.397	0.798	1.203	1.611	2.022	2.436	2.850	3.266	3.681
100	4.095	4.508	4.919	5.327	5.733	6.137	6.539	6.939	7.388	7.737
200	8.137	8.537	8.938	9.341	9.745	10.151	10.560	10.969	11.381	11.793
300	12.207	12.623	13.039	13.456	13.874	14.292	14.712	15.132	15.552	15.974
400	16.395	16.818	17.241	17.664	18.088	18.513	18.938	19.363	19.788	20.214
500	20.640	21.066	21.493	21.919	22.346	22.772	23.198	23.624	24.050	24.476
600	24.902	25.327	25.751	26.176	26.599	27.022	27.445	27.867	28.288	28.709
700	29.128	29.547	29.965	30.383	30.799	31.241	31.629	32.042	32.455	32.866
80	33.277	33.686	34.095	34.502	34.909	35.314	35.718	36.121	36.524	36.925

表 6.4(续)

测量端温度 /℃	0	10	20	30	40	50	60	70	80	90
	热电动势/mV									
900	37.325	37.724	38.122	38.519	38.915	39.310	39.703	40.096	40.488	40.897
1000	41.269	41.657	42.045	42.432	42.817	43.202	43.585	43.968	44.349	44.729
1100	45.108	45.486	45.863	46.238	46.612	46.985	47.356	47.726	48.095	48.462
1200	48.828	49.192	49.555	49.916	50.276	50.633	50.990	51.344	51.697	52.049
1300	52.398	—	—	—	—	—	—	—	—	—

表 6.5　镍铬-铜镍热电偶分度表

分度号:E　　（参考端温度为 0 ℃）

测量端温度 /℃	0	10	20	30	40	50	60	70	80	90
	热电动势/mV									
-0	-0.000	-0.581	-1.151	-1.709	-2.254	-2.787	-3.306	-3.811	-4.301	-4.777
+0	0.000	0.591	1.192	1.801	2.419	3.047	3.683	4.329	4.983	5.646
100	6.317	6.996	7.633	8.377	9.078	9.787	10.501	11.222	11.949	12.681
200	13.419	14.161	14.909	15.661	16.417	17.178	17.942	18.710	19.481	20.256
300	21.033	21.814	22.597	23.383	24.171	24.961	25.754	26.549	27.345	28.143
400	28.943	29.744	30.546	31.350	32.155	32.960	33.767	34.574	35.382	36.190
500	36.999	37.808	38.617	39.426	40.236	41.045	41.853	42.662	43.470	44.278
600	45.085	45.891	46.697	47.502	48.306	49.109	49.911	50.713	51.513	52.312
700	53.110	53.907	54.703	55.498	56.291	57.083	57.873	58.663	59.451	60.237
800	61.022	—	—	—	—	—	—	—	—	—

表 6.6　铜-康铜热电偶分度表

分度号:T　　（参考端温度为 0 ℃）

测量端温度 /℃	0	10	20	30	40	50	60	70	80	90
	热电动势/mV									
-200	-5.603	-5.753	-5.889	-6.007	-6.105	-6.181	-6.232	-6.258	—	—
-100	-3.378	-3.656	-3.923	-4.177	-4.419	-4.648	-4.865	-5.069	-5.261	-5.439
-0	-0.000	-0.383	-0.757	-1.121	-1.475	-1.819	-2.152	-2.475	-2.788	-3.089
0	0.000	0.391	0.789	1.196	1.611	2.035	2.467	2.908	3.357	3.813
100	4.277	4.749	5.227	5.712	6.204	6.702	7.207	7.718	8.235	8.757
200	9.286	9.320	10.360	10.905	11.456	12.011	12.572	13.137	13.707	14.281
300	14.860	15.443	16.030	16.621	17.217	17.816	18.420	19.027	19.638	20.252
400	20.869	—	—	—	—	—	—	—	—	—

6.2.2 热电偶的基本定律

1. 中间导体定律

利用热电偶进行测温,必须在回路中引入连接导线和仪表,接入导线和仪表后,会不会影响回路中的热电势呢? 中间导体定律说明,在热电偶测温回路内接入第三种导体,只要其两端温度相同,则对回路的总热电动势没有影响。

如图 6.4 所示,如果将热电偶 T_0 端断开,接入第三导体 C,回路中的热电势为

$$E_{ABC}(T,T_0)=E_{AB}(T)+E_{BC}(T_0)+E_{CA}(T_0) \tag{6.10}$$

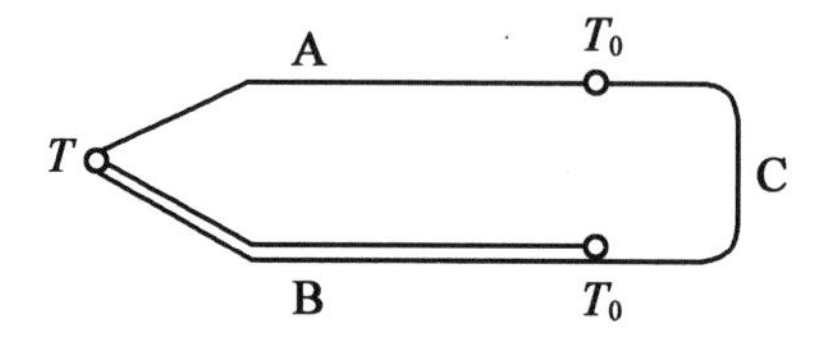

图 6.4 中间导体回路图

设 $T=T_0$,则 $E_{ABC}(T,T_0)=0$

$$E_{BC}(T_0)+E_{CA}(T_0)=-E_{AB}(T_0) \tag{6.11}$$

代入式(6.10)中可得

$$E_{ABC}(T,T_0)=E_{AB}(T)-E_{AB}(T_0)=E_{AB}(T,T_0) \tag{6.12}$$

中间导体定律的意义在于,利用热电偶来实际测温时,连接导线、测量仪表和插接件等均可看成中间导体,只要保证这些中间导体两端的温度相同,则对热电偶的热电势没有影响。

2. 中间温度定律

如图 6.5 所示,均质材料热电偶 A、B 的热电势仅取决于热电偶的材料和两个接点的温度,而与热电极的尺寸和形状无关。如果热电偶 A、B 两接点的温度分别为 T 和 T_0,则所产生的热电势等于热电偶 A、B 两接点温度为 T 和 T_n 时与热电偶 A、B 两接点温度为 T_n 和 T_0 时所产生的热电势的代数和,即

$$E_{AB}(T,T_0)=E_{AB}(T,T_n)+E_{AB}(T_n,T_0) \tag{6.13}$$

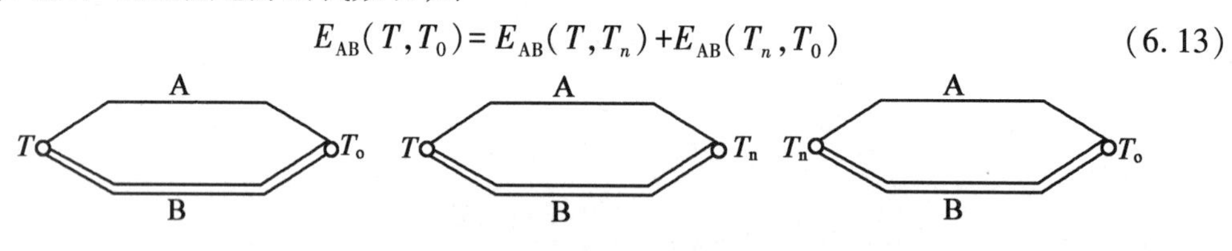

图 6.5 中间温度定律

中间温度定律为制定热电偶分度表奠定了理论基础。根据中间温度定律,只需列出自由端温度为 0 ℃时各工作端温度与热电势的关系。若自由端温度不是 0 ℃,所产生的热电势可按下式计算。

$$E_{AB}(T,0)=E_{AB}(T,T_n)+E_{AB}(T_n,0) \tag{6.14}$$

实际测量时,利用这一性质,对参考端温度不为 0℃时的热电势以及冷端延伸引出线进行修正和补偿。

6.2.3　热电偶的结构和种类

1. 结构

为了适应不同测量对象的测温条件和要求，热电偶的结构形式有装配式、铠装式和薄膜式。

（1）装配式热电偶。

装配式热电偶的结构如图 6.6 所示，它一般由热电极、绝缘管、保护管和接线盒等几个部分组成，在工业上使用非常广泛。

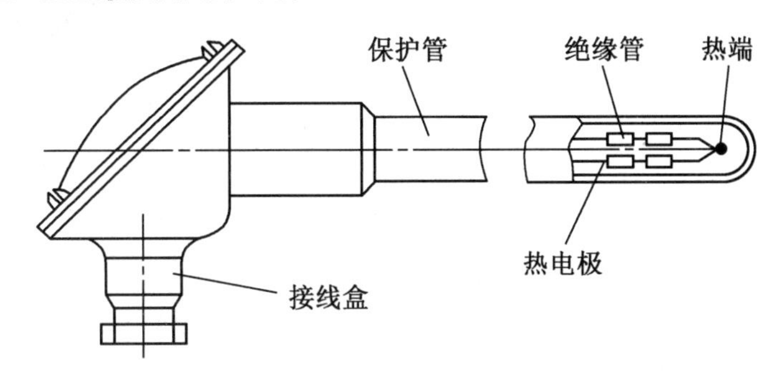

图 6.6　装配式热电偶结构示意图

热电极是热电偶的基本组成部分，使用时有正、负极性之分。热电极的直径由材料价格、机械强度、导电率、热电偶的用途和测量范围等因素决定。热电极的长度则取决于应用需要和安装条件，通常为 300~2 000 mm，常用长度为 350 mm。

绝缘管在热电极之间及热电极与保护管之间进行绝缘保护，防止两根热电极短路，截面形状一般为圆形或椭圆形，中间开有两个 4 个或 6 个孔，热电极穿孔而过。制作绝缘管的材料一般为黏土、高铝或钢玉等，要求在室温下，绝缘管的绝缘电阻应在 5 MΩ 以上，常用的是氧化铝管和耐火陶瓷。

保护管用来使热电极与被测介质隔离，保护热电偶感温元件免受被测介质化学腐蚀和机械损伤的装置。一般要求保护管应具有耐高温、耐腐蚀的特性，且导热性、气密性好。

接线盒供热电偶与补偿导线连接之用，根据被测对象和现场环境条件，可分为普通式和密封式两种结构。

装配式热电偶在管道中和锅炉中的安装，如图 6.7 所示。

（2）铠装式热电偶。

铠装式热电偶是由热电极、绝缘材料和金属保护套管一起拉制加工而成的坚实缆状组合体，如图 6.8 所示。它可以做得很细、很长，使用中可随需要任意弯曲，其优点是测温端热容量小，因此热惯性小、动态响应快；寿命长、机械强度高，弯曲性好，可安装在结构复杂的装置上。

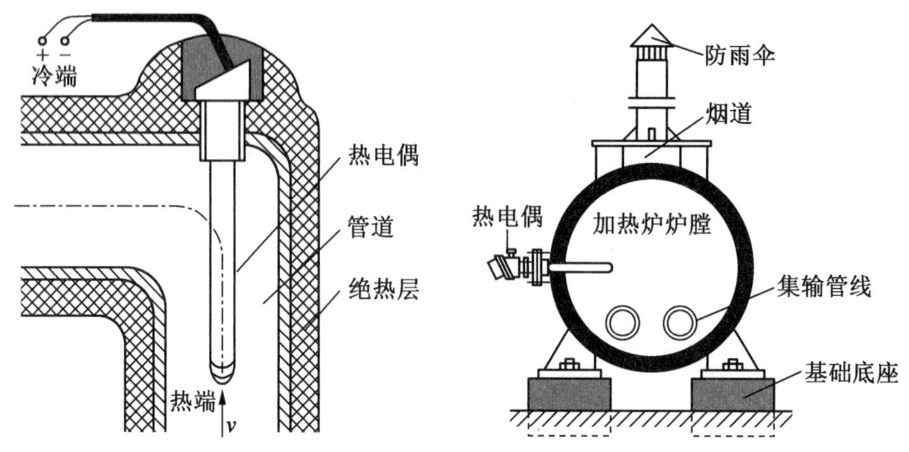

图 6.7 装配式热电偶在管道和锅炉中安装示意图

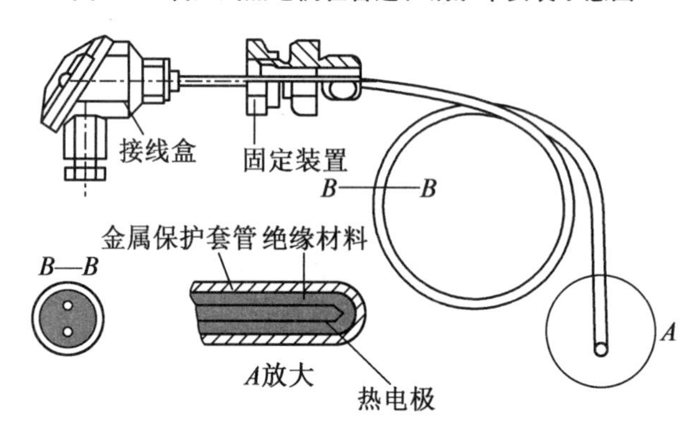

图 6.8 铠装式热电偶结构示意图

(3)薄膜式热电偶。

薄膜式热电偶是将两种薄膜热电极材料用真空蒸镀、化学涂层等办法蒸镀到绝缘基板上制成的一种特殊热电偶,如图 6.9 所示。薄膜热电偶的接点可以做得很小、很薄,具有热容量小、响应速度快等特点,适用于微小面积上的表面温度和快速变化的动态温度的测量。

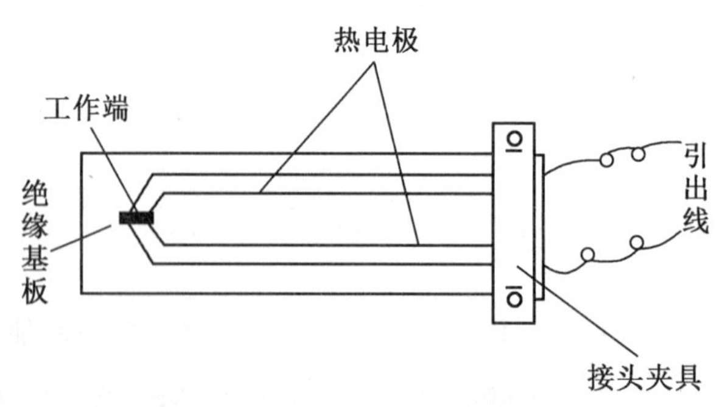

图 6.9 薄膜式热电偶结构示意图

2. 种类

热电极和热电偶的种类繁多,国际电工委员会(IEC)对已被公认为性能比较好的 8 种热电偶制定了统一的标准,如表 6.7 所示。我国已采用 IEC 标准,并按标准生产热电偶。在表6.7所列的热电偶中,写在前面的热电极为正极,写在后面的为负极。

表6.7 8种国际通用热电偶特性表

名称	分度号	测温范围/℃	100 ℃时的热电势/mV	1 000 ℃时的热电势/mV	特点
铂铑$_{30}$-铂铑$_{6}$	B	50~1820	0.033	4.834	熔点高,测温上限高,性能稳定,准确度高,100 ℃以下热电势极小,所以可不必考虑冷端温度补偿;价昂,热电势小,线性差;只适用于高温域的测量
铂铑$_{13}$-铂	R	-50-1768	0.647	10.506	使用上限较高,准确度高,性能稳定,复现性好;热电势较小,不能在金属蒸气和还原性气体中使用,在高温下连续使用时特性会逐渐变坏,价昂;多用于精密测量
铂铑$_{10}$-铂	S	-50~1768	0.646	9.578	使用上限较高,准确度高,性能稳定,复现性好;但性能不如R型热电偶;以前曾经作为国际温标的法定标准热电偶
镍铬-镍硅	K	-270~1370	4.096	41.276	热电势大,线性好,稳定性好,价廉;材质较硬,在1 000 ℃以上长期使用会引起热电势漂移;多用于工业测量
镍铬硅-镍硅	N	-270~1300	2.744	36.256	是一种新型热电偶,各项性能均比K型热电偶好;适用于工业测量
镍铬-铜镍(锰白铜)	E	-270~800	6.319	—	热电势比K型热电偶大50%左右,线性好,价廉;不能用于还原性气体,多用于工业测量
铁-铜镍(白铜)	G	-210-760	5.269	—	价廉,在还原性气体中较稳定;纯铁易被腐蚀和氧化;多用于工业测量
铜-铜镍(锰白铜)	T	-270-400	4.279	—	价廉,加工性能好,离散性小,性能稳定,线性好,准确度高;铜在高温时易被氧化,测温上限低;多用于低温域测量;可作 -200~0 ℃温域的计显标准

注:铂铑$_{30}$表示该合金含70%的铂及30%的铑,其他类推。

6.2.4 热电偶的冷端温度补偿

由热电偶的测温原理可以知道,热电偶产生的热电势大小与两端温度有关,热电偶的输出电势只有在冷端温度不变的条件下才与工作端温度具有单值函数关系。实际应用时由于热电偶冷端离工作端很近,且又处于大气中,其温度受到被测对象和周围环境温度波动的影响，因而冷端温度难以保持恒定，这样会带来测量误差。进行冷端温度补偿的方法有以下几种。

1. 冷端恒温法

将热电偶的冷端置于装有冰水混合物的恒温容器中，使冷端的温度保持在 0 ℃不变。此法也称冰浴法，它消除了 T_0 不等于 0 ℃而引入的误差，由于冰融化较快，所以一般只适用于实验室中。图 6.10 所示为冰浴法接线图。

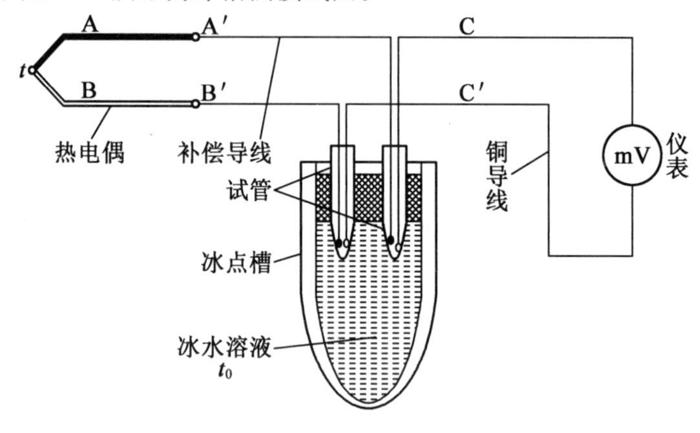

图 6.10　冰浴法接线图

2. 计算修正法

当热电偶的冷端温度 $T_0 \neq 0$ ℃时，由于热端与冷端的温差随冷端的变化而变化，所以测得的热电势 $E_{AB}(T,T_0)$ 与冷端为 0 ℃时所测得的热电动势 $E_{AB}(T_0,0)$ 不等。若冷端温度高于 0 ℃，则 $E_{AB}(T,T_0)<E_{AB}(T_0,0)$。可以利用下式计算并修正测量误差。

$$E_{AB}(T,0)=E_{AB}(T,T_0)+E_{AB}(T_0,0) \tag{6.15}$$

式(6.15)中，$E_{AB}(T,T_0)$ 是用毫伏表直接测得的。修正时，先测出冷端温度 T_0，然后从该热电偶分度表中查出 $E_{AB}(T_0,0)$，并把它加到所测得的 $E_{AB}(T,T_0)$ 上。根据式(6.15)求出 $E_{AB}(T,0)$，根据此值再在分度表中查出相应的温度值。计算修正法共需要查分度表两次。

该方法适用于热电偶冷端温度较恒定的情况，在智能化仪表中，查表及运算过程均可由计算机完成。

3. 补偿导线法

热电偶的长度一般只有 1 m 左右，要保证热电偶的冷端温度不变，可以把热电极加长，使自由端远离工作端，放置到恒温或温度波动较小的地方，但这种方法对贵金属材料制成的热电偶来说将使投资增加，解决办法是采用一种被称为补偿导线的特殊导线，将热电偶的冷端延伸出来，如图 6.11 所示。

补偿导线实际上是一对与热电极化学成分不同的导线，在 0~150 ℃温度范围内与配接的热电偶具有相同的热电特性，但价格相对便宜。利用补偿导线将热电偶的冷端延伸到温度固定的场所，且它们具有一致的热电特性，相当于将热电极延长，根据中间温度定律，只要热电偶和补偿导线的两个接点温度一致，就不会影响热电势的输出。常用的热电偶补偿导线类型如表 6.8 所示，根据表中的数据可知，补偿导线主要用于贵金属制成的热电偶的补偿，对于非贵金属通常用制作热电极的材料本身进行补偿。

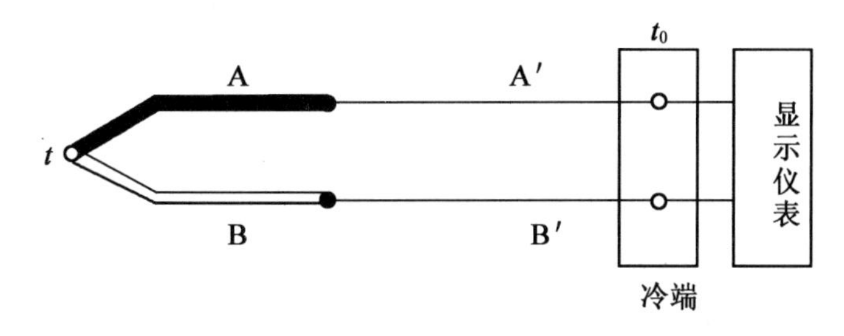

图 6.11　补偿导线连接图

表 6.8　热电偶补偿导线类型

热电偶类型	补偿导线类型	补偿导线	
		正极	负极
铂铑$_{10}$-铂	铜-铜镍合金	铜	铜镍合金 （镍的质量分数为 0.6%）
镍铬-镍硅	Ⅰ型:镍路-镍硅	镍铬	镍硅
镍铬-镍硅	Ⅱ型:铜-康铜	铜	康铜
镍铬-康铜	镍铬-康铜	镍铬	康铜
铁-康铜	铁-康铜	铁	康铜
铜-康铜	铜-康铜	铜	康铜

4. 电桥补偿法

电桥补偿法也称自动补偿法，它是在热电偶与仪表之间加上一个补偿电桥，如图 6.12 所示。当热电偶冷端温度升高，导致回路总电势降低时，这个电桥感受自由端温度的变化，产生一个电位差，其数值刚好与热电偶降低的电势相同，两者互相补偿，这样测量仪表上所测得的电势将不随自由端温度的变化而变化，自动补偿法解决了冷端温度较正法不适合连续测温的问题。

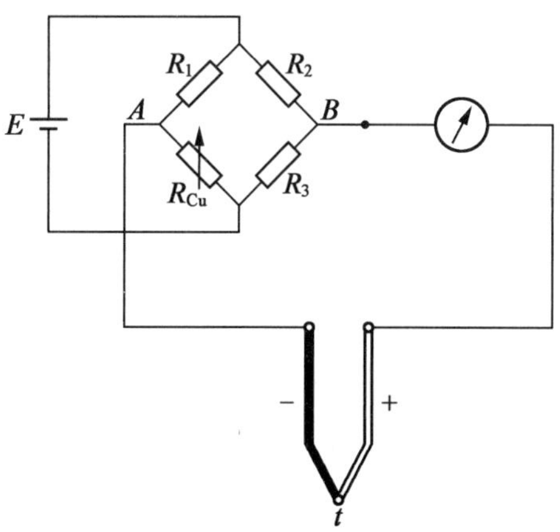

图 6.12　补偿电桥

这样,补偿电路利用不平衡电桥产生的不平衡电压作为补偿信号,以自动补偿热电偶测量过程中因冷端温度不为 0 ℃或冷端温度变化而引起热电势的变化。

6.3 辐射测温

6.3.1 红外传感器工作原理

1. 红外辐射

红外辐射也称红外线,是一种不可见光,其光谱位于可见光中的红色以外,所以称红外线,波长为 0.75~1 000 μm。红外辐射是介于可见光和微波之间的电磁波,由于红外线的波长比无线电波的波长短,所以红外仪器的空间分辨力比雷达高;另外,红外线的波长比可见光的波长长,因此红外线透过阴霾的能力比可见光强。图 6.13 所示为电磁波波谱图。工程上把红外线占据在电磁波谱中的位置(波段)分为:近红外、中红外、远红外、极远红外四个波段。

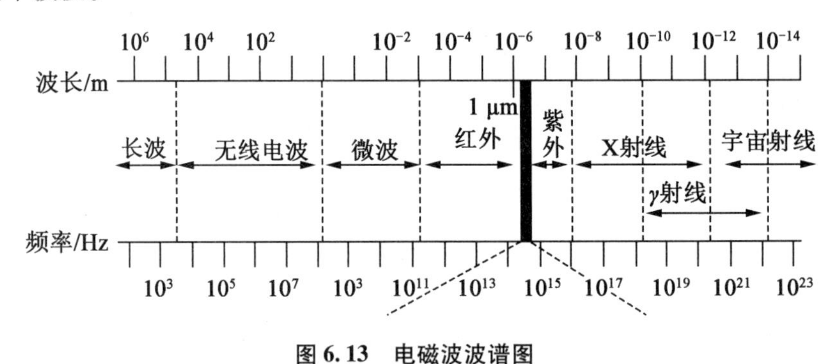

图 6.13 电磁波波谱图

红外线以波的形式在空间传播,因为空气中的氮、氧、氢不吸收红外线,大气层对不同波长的红外线存在不同吸收带,因此红外线在通过大气层时,有 2~2.6 μm、3~5 μm、8~14 μm 三个波段通过率最高,这三个波段对红外探测技术非常重要,红外探测器一般工作在这三个波段。

红外辐射的物理本质是热辐射,人、动物、植物、火、水等温度高于绝对零度的物体都有热辐射,只是波长不同而已。一个炽热的物体向外辐射能量大部分是红外辐射,温度越高,辐射红外线越多,辐射能越强。根据辐射源的几何尺寸、距离远近可将其视为点源和面源,红外辐射源的基准是黑体炉。

2. 红外探测器

红外传感器是利用红外辐射实现相关物理量测量的一种传感器。红外传感器的构成比较简单。它一般由光学系统、红外探测器、信号调节电路和显示单元等几部分组成。其中红外探测器是红外传感器的核心器件。红外探测器种类很多,按探测原理的不同,通常可分为两大类:热探测器和光子探测器。

(1)热探测器。

红外线被物体吸收后将转换为热能。热探测器正是利用了红外辐射的这一热效应。当热探测器的敏感元件吸收红外辐射后将引起温度升高,使敏感元件的相关物理参数发生变化。通过对这些物理参数及其变化的测量就可确定热探测器所吸收的红外辐射。

热探测器的主要优点：响应波段宽，响应范围为整个红外区域（对入射的各种波长的红外辐射能量全部吸收），室温下工作、使用方便。

热探测器主要有四种类型，它们分别是：热敏电阻型、热电偶型、高莱气动型（利用气体吸收红外辐射后温度升高、体积增大的特性来反映红外辐射的强弱）和热释电型。这四种类型的热探测器中，热释电探测器的探测效率最高，频率响应最宽，所以这种传感器发展得比较快，应用范围也最广。

红外热释电探测器是一种检测物体辐射的红外能量的传感器，是根据热释电效应制成的。热释电效应是指温度升高引起电介质产生电荷的现象。20世纪60年代，激光红外技术的迅速发展推动了对热释电效应的研究和对热释电晶体的应用。热释电晶体已广泛用于红外光谱仪、红外遥感，以及热辐射探测器，它可以作为红外激光的一种较理想的探测器。

在外加电场的作用下，电介质中的带电粒子（电子、原子核等）将受到电场力的作用。总体上讲，正电荷趋向于阴极、负电荷趋向于阳极，其结果是电介质的一个表面带正电、相对的表面带负电，如图6.14所示，这种现象称为电介质的"电极化"。

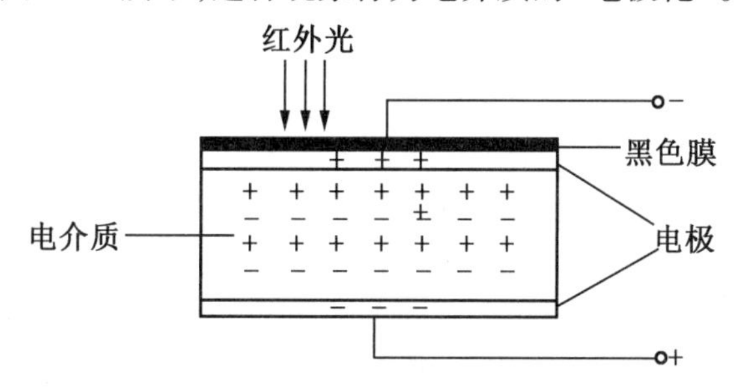

图6.14　电介质的极化与热释电

对大多数电介质来说，在电压去除后，极化状态随即消失，但是有一类称为"铁电体"的电介质，在外加电压去除后仍保持着极化状态。可以回顾一下同样具有剩余极化特性的压电陶瓷，实际上许多压电材料是铁电体，典型的铁电体材料有钛酸钡（$BaTiO_3$）、磷酸二氢钾（KH_2PO_4）等。

一般而言，铁电体的极化强度 P_S（单位面积上的电荷）与温度有关，温度升高，极化强度降低。温度升高到一定程度极化将突然消失，这个温度称为"居里温度"（居里点），在居里点以下，极化强度 P_S 是温度的函数，利用这一关系制成的热敏类探测器称为热释电探测器。

热释电探测器的构造是把敏感元件切成薄片，在研磨成5~50μm的极薄片后，把元件的两个表面做成电极，类似于电容器的构造。为了保证晶体（常用材料有单晶、压电陶瓷及高分子薄膜等）对红外线的吸收，有时也用黑化以后的晶体或在透明电极表面涂上黑色膜。当红外光照射到已经极化了的铁电体薄片上时，薄片的温度升高，使其极化强度降低，表面的电荷减少，这相当于释放一部分电荷，释放的电荷可以用放大器转变成输出电压。如果红外光照射，使铁电体薄片的温度升高到新的平衡值，表面电荷也就达到新的平衡浓度，不再释放电荷，也就不再有输出信号。这区别于其他光电类或热敏类探测器，这些探测器在受辐射的情况下都将经过一定的响应时间到达另一个稳定状态，这时输出信号最大。而热释电探测器则与此相反。在稳定状态(恒定的红外辐射)下输出信号下降到零,只有在薄片温度升高的过程中才有输出信号。因此,在设计制造和应用热释电探测器时,都要设法使铁电体薄片具有最有利的温度变化。热释电型红外传感器输出信号的强弱取决于薄片温度变化的快慢,从而反映入射的红外辐射的强弱,所以热释电型红外传感器的电压响应率正比于入射光辐射率变化的速率,不取决于晶体与辐射是否达到热平衡。必须对红外辐射进行调制(又称斩光),使恒定的辐射变成交变辐射,不断地引起传感器的温度变化,才能产生热释电,并输出交变信号。

对于热释电探测器敏感元件的尺寸,应尽量减小体积,可以减小灵敏面(提高电压响应率)或减小厚度(提高电流响应率),从而减小热容量,提高探测率。但元件灵敏面有个下限,当减小到元件阻抗大于放大器的输入阻抗时,响应率和探测率都得不到改善;另外,理论上元件厚度越薄越好,但厚度过薄将使入射红外光的吸收不完全,对某些陶瓷材料还会出现针孔,因此,对不同情况应有一个最佳厚度。总的来讲,元件尺寸要与放大器性能相匹配。

近年来,热释电型红外传感器在家庭自动化、保安系统,以及节能领域的需求大幅度增加。热释电型红外传感器常用于根据人体红外感应实现自动电灯开关、自动水龙头开关、自动门开关等。

(2)光子探测器。

光子探测器型红外传感器是利用光子效应进行工作的传感器。所谓光子效应,就是当有红外线入射到某些半导体材料上,红外辐射中的光子流与半导体材料中的电子相互作用,改变了电子的能量状态,引起各种电学现象。通过测量半导体材料中电子性质的变化,可以知道红外辐射的强弱。光子探测器主要有内光电探测器和外光电探测器两种,内光电探测器(类似于光电式传感器,这里的光源是红外线而不是可见光)又分为光电导、光生伏特和光磁电探测器三种类型。半导体红外传感器广泛地应用于军事领域,如红外制导、响尾蛇空对空及空对地导弹、夜视镜等设备。

光子探测器的主要特点有灵敏度高、响应速度快、具有较高的响应频率,但探测波段较窄,一般工作于低温。

6.3.2 红外传感器的应用

1. 红外测温仪

红外测温技术在产品质量监控、设备在线故障诊断和安全保护等方面发挥着重要作用。近20年来,非接触红外测温仪在技术上得到迅速发展,性能不断完善,功能不断增强,品种不断增多,适用范围也不断扩大,市场占有率逐年增长。比起接触式测温方法,红外测温有着响应时间快、非接触、使用安全及使用寿命长等优点。

红外检测是一种在线监测式检测技术,它集光电成像技术、计算机技术、图像处理技术于一体,通过接收物体发出的红外线,将其热像显示在显示屏上,从而准确判断物体表面的温度分布情况,具有准确、实时、快速等优点。物体由于自身分子的运动,不停地向外辐射红外热能,从而在物体表面形成一定的温度场,俗称“热像”。红外诊断技术正是通过吸收这种红外辐射能量,测出物体表面的温度及温度场的分布,从而判断物体发热情况。

图 6.15 所示为常见的红外测温仪原理图。它是一个光、机、电一体化的系统,测温系统主要由下面几个部分组成:透镜、滤光片、调制盘、红外探测器、步进电动机、信号调理电路、微处理器和温度传感器等。红外线通过固定焦距的透镜、滤光片聚焦到红外探测器的光敏面上,红外探测器将红外辐射转换为电信号输出。步进电动机可以带动调制盘转动将被测的红外辐射调制成交变的红外辐射。红外测温仪的信号调理电路包括前置放大器、选频放大器、发射率调节电路、线性化电路等。现在还可以容易地制作带单片机的智能红外测温仪,其稳定性、可靠性和准确性更高。

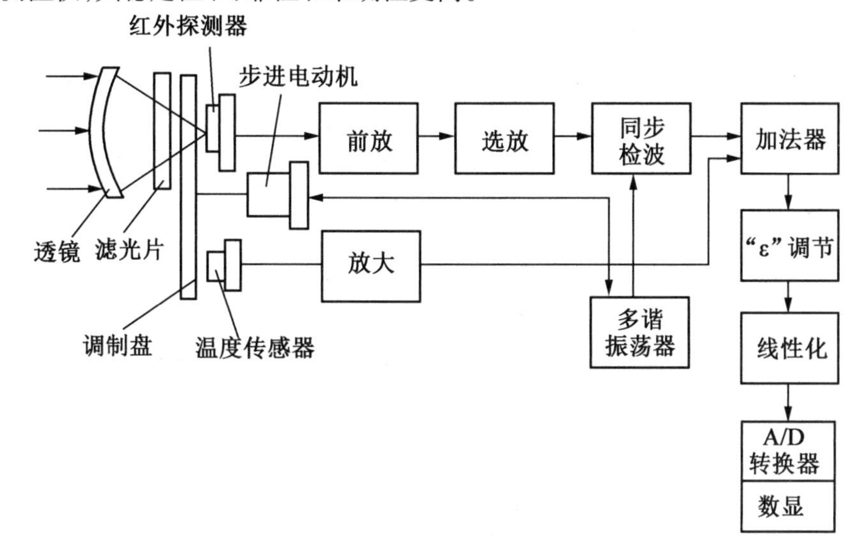

图 6.15　红外测温仪原理图

各部分电路的作用如下。

(1)前置放大器:起阻抗变换和信号放大作用。

(2)选频放大器:只放大与被调制辐射同频率的交流信号,抑制其他频率的噪声。

(3)同步检波电路:将交流输入信号变换成峰-峰值的直流信号输出。

(4)加法器:输入为经调制的交变辐射,是目标与调制盘环境温度的差值,利用加法器将环境温度信号与测量信号相加,可达到环境温度补偿的目的。

(5)发射率(ε) 调节电路:实质上是一个放大电路。当仪器的测量信号相对于标定的指标有所减小时,该电路的作用就是把相对减小的部分恢复。

(6)线性化电路:由于物体的红外辐射与温度不是线性关系,该电路用于完成信号的线性化处理,线性化后的测量信号与温度成线性关系。

(7)A/D 转换器:将模拟信号转换为数字信号,便于通过数码管等显示测得的温度值。

(8)多谐振荡器:包括一系列分频器,输出一定时序的方波信号,驱动步进电动机和同步检波电路的开关电路。

2. 红外线气体分析仪

红外线在大气中传播时,由于大气中不同的气体分子、水蒸气、固体微粒等物质对不同波长的红外线都有一定的吸收和散射作用,形成不同的吸收带,因此会使红外辐射在传播过程中逐渐减弱。

红外线气体分析仪利用了气体对红外线选择性吸收这一特性。它设有一个测量室和一个参比室(即对照室)。测量室中含有一定量的被分析气体,对红外线有较强的吸收能力,而参比室中的气体不吸收红外线,因此两个气室中红外线的能量不同,将使气室内压力不同,导致薄膜电容的两电极间距改变,引起电容 C 变化,电容 C 的变化反映被分析气体中被测气体的浓度。

图 6.16 所示为工业用红外线气体分析仪的结构原理图,该分析仪由红外线辐射光源、滤波气室、红外探测器及测量电路等部分组成。光源由镍铬丝通电加热发出 3~10 μm 的红外线,同步电动机带动切光片旋转,切光片将连续的红外线调制成脉冲状态的红外线,以便红外探测器检测。测量室中通入被分析气体,参比室中注入的是不吸收红外线的气体。红外探测器是薄膜电容型,它有两个吸收气室,充以被测气体,当它吸收了红外辐射能量后,气体温度升高,导致室内压力增大。

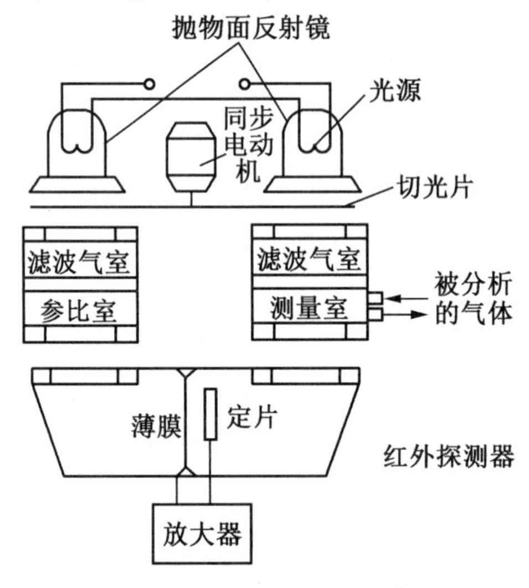

图 6.16 工业用红外线气体分析仪的结构原理图

测量(如分析 CO 气体的含量)时,两束红外线经反射、切光后射入测量室和参比室,由于测量室中含有一定量的 CO 气体,该气体对 4.65 μm 的红外线有较强的吸收能力;而参比室中的气体不吸收红外线,这样射入红外探测器的两个吸收气室的红外线具有能量差异,使两吸收气室内压力不同,测量边的压力小,于是薄膜偏向定片方向,改变了薄膜电容两极板间的距离,也就改变了电容 C。被测气体的浓度越大,两束红外线能量的差值也越大,则电容的变化量也越大,因此电容的变化量可以反映被分析气体中被测气体的浓度大小,最后通过测量电路的输出电压或输出频率等来显示。

红外线气体分析仪被广泛用于大气及污染检测,燃烧过程、石油及化工过程、煤炭及焦炭生产过程等工业生产过程的气体检测。

3. 工业红外热成像仪

工业现场利用热成像技术进行实时检测,其特点是非接触测量,可用于安全距离检测;可快速扫描设备,以及时发现故障;可测量移动中的目标物体。工业红外热成像仪的应用实例如下。

(1)高炉炉衬检测。

当耐火材料出现裂缝、脱落、局部缺陷时,高炉表面的温度场分布不均匀,存在安全隐患。利用工业红外热成像仪可以测量出过热(缺陷)区的温度、位置,以及分布面积的大小。

(2)轴承检查。

当电机轴承出现故障时,电机温度会升高,润滑剂开始分解。利用工业红外热成像仪可以在设备运行时进行热成像检查,捕获热像,进行故障分析和判断。

(3)储罐物位检测。

通常储罐设有物位检测传感器,但一旦检测系统出现故障,将造成泄漏和事故,使生产中断。利用工业红外热成像仪可以定时、定期直接在表面拍摄出物位线,帮助设备维护人员及时发现检测系统故障,避免潜在的危险。

思政元素:科学精神,我国拥有完全自主知识产权的 CR300BF 型“复兴号”动车组运力更高,设计更加人性化,例如,每节车厢都安装了四个温度传感器,对车厢温度的灵敏度更高,同时也可以对车厢的温度进行监控和自动调节,提高乘客的舒适度;严谨的科学态度与科技报国的家国情怀,培养严谨的科学态度,以及勇于探索未知、追求真理、勇攀科学高峰的责任感和使命感,进而激发科技报国的家国情怀与使命担当。

习　题

1. 什么是热电效应? 热电偶产生热电势的必要条件是什么? 利用热电效应制作的温度传感器是哪一种,大致测温范围是多少?

2. 热电阻、热敏电阻分别采用什么材料制作,测温范围是多少?

3. 根据热释电探测器的测温原理,热释电元件将温度变化转换为电信号时,经过了哪两次信息变换过程? 红外测温有什么优点?

4. 用镍铬-镍硅(K 型)热电偶测量某一温度时,若冷端(参考端)温度 $T_n = 25$ ℃,测得的热电势为 20.54 mV,求测量端实际温度 T。

5. 用镍铬-镍硅(K 型)热电偶测温度,已知冷端温度 T_0 为 40.0 ℃,用高精度毫伏表测得这时的热电势为 29.186 mV,求测量端温度。

6. 红外探测器有哪些类型? 说明它们的工作原理。

7. 热电偶的冷端温度补偿有哪些方法? 各自的原理是什么?

第7章　磁传感器

磁传感器是把磁场、电流、应力应变、温度、光等外界因素引起的敏感元件磁性能变化转换成电信号来检测相应物理量的器件，按结构主要分为体型和结型两大类。前者的代表有霍尔传感器和磁敏电阻，后者的代表有磁敏二极管、磁敏晶体管等。它们都是利用半导体材料内部的载流子随磁场改变运动方向的特性而制成的一种磁传感器。

磁传感器广泛用于现代工业和电子产品中，通过感应磁场强度来测量电流、位置、方向等物理参数。在现有技术中，有许多不同类型的传感器用于测量磁场和其他参数。

7.1　磁电式传感器的基本原理及类型

磁电式传感器是利用电磁感应原理，将被测量（如振动、位移、转速等）转换成感应电动势的一种传感器。它利用的是导体和磁场发生相对运动时会在导体两端输出感应电动势的特性，是一种机-电能量变换型传感器，直接从被测物体吸取机械能并转换成电能输出，不需要供电电源，只适合动态测量。

由于有较大的输出功率，所以电路简单，性能稳定，输出阻抗小，工作频带宽（一般为10~1 000 Hz）。磁电式传感器具有双向转换特性，利用其逆转换效应可构成力（矩）发生器和电磁激振器。

当一个 W 匝线圈相对静止地处于随时间变化的磁场中时，设穿过线圈的磁通为 $\boldsymbol{\Phi}$，$\boldsymbol{\Phi}$ 发生变化时，线圈中所产生的感应电动势 e 与磁通变化率$\frac{\mathrm{d}\boldsymbol{\Phi}}{\mathrm{d}t}$的关系为

$$e=-W\frac{\mathrm{d}\boldsymbol{\Phi}}{\mathrm{d}t} \tag{7.1}$$

式中　W——线圈的匝数；

$\boldsymbol{\Phi}$——线圈的磁通，单位为韦伯（Wb），在磁感应强度为 B 的匀强磁场中，有一个面积为 S 且与磁场方向垂直的平面，S 与 B 的垂面存在夹角，则 $\boldsymbol{\Phi}=BS\cos\theta$。

磁通的变化率

$$\frac{\mathrm{d}\boldsymbol{\Phi}}{\mathrm{d}t}\propto(B,Rm,v) \tag{7.2}$$

线圈感应电动势 e 的大小取决于线圈匝数和穿过线圈磁通的变化率，而磁通的变化率又与所加的磁场强度、磁路磁阻，以及线圈相对于磁场的运动速度有关，改变上述任意一个因素，均会改变线圈的感应电动势，从而可以得到相应的不同结构形式的磁电式传感器。根据磁通的变化，磁电式传感器分为变磁通式和恒磁通式两种，用于测量线速度或角速度。

变磁通式传感器主要靠改变磁路的磁通 Φ 大小进行测量,又分为旋转型和平移型。图 7.1 所示为旋转型变磁通式结构,利用铁磁性物质制成的铁芯与被测物体相连而转动,铁芯不断改变气隙和磁路的磁阻,从而改变线圈的磁通,在线圈中感应出电动势,又称变磁阻式结构。这种类型的传感器在结构上有开磁路和闭磁路两种,一般都用来测量旋转物体的角速度,以感应电动势的频率作为输出,感应电动势的频率等于磁通变化的频率。

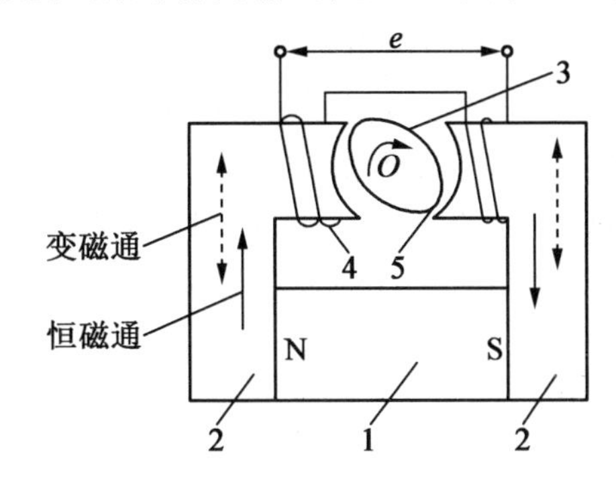

1—永久磁铁;2—磁轭;3—铁芯(衔铁);4—线圈;5—气隙

图 7.1　旋转型变磁通式结构

图 7.2 所示为平移型变磁通式结构,其工作原理为,衔铁的平移使气隙和磁路的磁阻变化,引起磁通变化,从而在线圈中产生感应电动势。

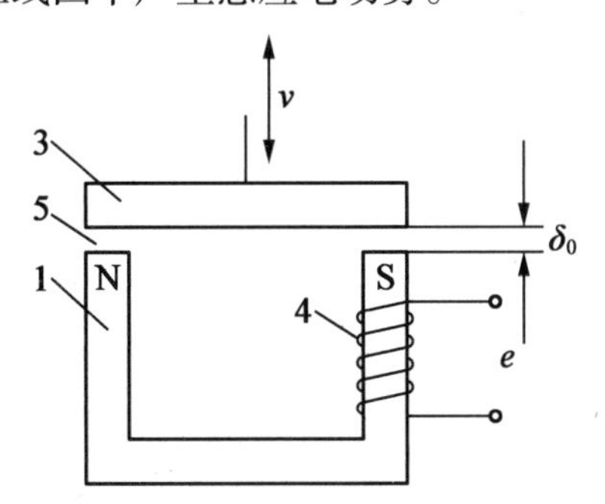

1—永久磁铁;3—铁芯(衔铁);4—线圈;5—气隙

图 7.2　平移型变磁通式结构

变磁通式传感器结构简单,输出信号较弱,由于平衡和安全问题而不宜测量高转速,对环境条件要求不高,能在-150~+90 ℃的温度下工作,测量精度几乎不受影响,也能在油、水雾、灰尘等条件下工作。但它的工作频率下限较高,约为 50 Hz,上限可达 100 kHz。

恒磁通式传感器是在测量过程中,使导体(线圈)位置相对于恒定磁通 Φ 变化而实现测量的。其结构一般包括永久磁铁、线圈、金属骨架、壳体等。磁路系统产生恒定的直流磁场,磁路中的工作气隙是固定不变的,因而气隙中的磁通恒定不变。根据运动部件的不同,又可以分为动圈式和动铁式。

动圈式传感器的结构如图 7.3(a)所示,图中的磁路系统由圆柱状永久磁铁、线圈和极掌、圆筒状磁轭及气隙等组成。气隙中的磁场均匀分布,测量线圈绕在筒状骨架上,经膜片弹簧悬挂于气隙磁场中。其运动部件是线圈,永久磁铁与壳体固定不动,线圈和金属骨架(合称线圈组件)用弹簧支承。

动铁式传感器的结构如图 7.3(b) 所示,运动部件是永久磁铁,线圈组件与壳体固定,永久磁铁用柔软弹簧支承。两者的阻尼都是由线圈和磁场发生相对运动而产生的电磁阻尼。

动圈、动铁都是相对传感器壳体而言的。动圈式和动铁式的工作原理是相同的,线圈和壳体固定,永久磁铁用弹簧支承,当壳体随被测物体一起振动时,由于弹性元件较软而运动部件质量相对较大(有较大惯性),因此振动频率足够高(远高于传感器的固有频率)时,运动部件来不及跟随被测物体一起振动,近似于静止不动,振动能量几乎全部被弹性元件吸收,永久磁铁与线圈之间产生相对运动,相对运动速度接近于被测物体的振动速度,线圈切割磁力线,从而产生与运动速度 v 成正比的感应电动势。感应电动势的大小为

$$e=\left|\frac{\mathrm{d}\varphi}{\mathrm{d}t}\right|=Bt\frac{\mathrm{d}x}{\mathrm{d}t}=Blv \tag{7.3}$$

式中 B——稳恒均匀磁场的磁感应强度,T;

l——气隙磁场中有效匝数为 W 的线圈总长度,m;

$l=l_a\cdot W$(l_a——每匝线圈的平均长度);

v——线圈与磁铁沿轴线方向的相对运动速度,m/s。

当传感器的结构参数(B、l、W)选定时,感应电动势 e 的大小正比于线圈的运动速度 v,因为直接可以测量线圈的运动速度,故这种传感器也称为速度传感器。

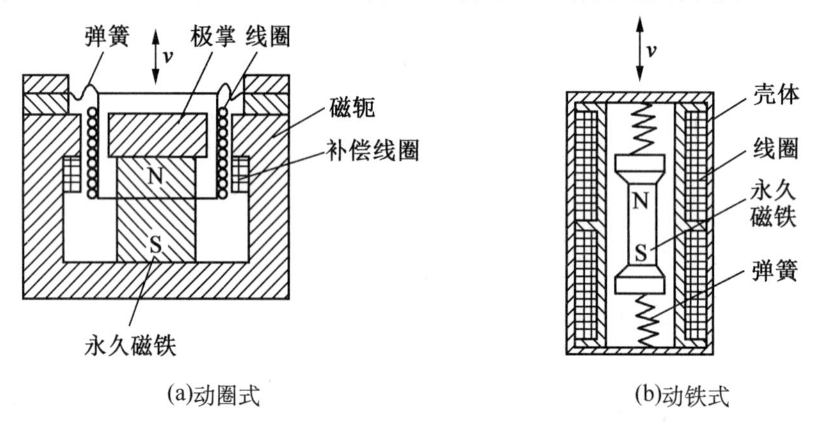

图 7.3 恒磁通式结构

传感器的灵敏度为

$$S=\frac{e}{v}Bl \tag{7.4}$$

当振动频率低于传感器的固有频率时,传感器的灵敏度(e/v)随振动频率而变化;当振动频率远高于固有频率时,传感器的灵敏度基本上不随振动频率而变化,而近似为常数;当振动频率更高时,线圈阻抗增大,传感器的灵敏度随振动频率增加而下降。

为提高灵敏度,应选用磁能积较大的永久磁铁和尽量小的气隙长度,以提高气隙磁通密度 B;增加 l_a 和 W 也能提高灵敏度,但它们受到体积和质量、内电阻及工作频率等因素

的限制。为了保证传感器输出的线性度,要保证线圈始终在均匀磁场内运动。选择合理的结构形式、材料和尺寸,以满足传感器基本性能要求。恒磁通式传感器的频响范围一般为几十至几百赫兹。低的可到 10 Hz,高的可达 2 kHz。

磁电式传感器只适用于动态测量,可直接测量振动物体的速度或旋转体的角速度。如果在其测量电路中接入积分电路或微分电路,那么还可以用来测量位移或加速度。

7.2 霍尔传感器及误差补偿电路

霍尔传感器是利用霍尔元件基于霍尔效应而将被测量(如电流、磁场、位移、压力等)转换成电动势输出的一种传感器。霍尔效应是磁电效应的一种,是霍尔(Hall,1855—1938)于 1879 年在研究金属的导电机制时发现的。但由于金属材料的霍尔效应太弱而没有得到应用。

随着半导体技术的发展,而半导体的霍尔效应比金属强得多,利用半导体的霍尔效应制成各种霍尔元件,它具有对磁场敏感、结构简单、体积小、频率响应范围宽、输出电压变化大和使用寿命长等优点,可用于电磁、压力、加速度、振动等方面的测量,广泛地应用于工业自动化技术、检测技术及信息处理等。通过霍尔效应实验测定的霍尔系数,能够判断半导体材料的导电类型、载流子浓度及载流子迁移率等重要参数。

7.2.1 霍尔传感器

1. 霍尔效应

霍尔效应是导体中的电流与磁场相互作用而产生电动势的物理效应。将一载流导体置于磁场中,磁场方向与电流方向正交,则在载流导体的垂直于电流与磁场方向产生横向电动势,这一现象称为霍尔效应,相应的电动势称为霍尔电势。

如图 7.4 所示,一块长为 l,宽为 b,厚度为 d 的半导体矩形薄片(称为霍尔基片),左、右、前、后侧面都安装上电极,在厚度方向施加磁感应强度为 B 的磁场。当沿霍尔基片长度方向通以电流 I 时,霍尔基片中的自由电子沿电流反方向做定向移动,平均速度为 v。由物理学可知,半导体的载流子(在此设为 N 型半导体,其载流子为电子)在磁场中沿和磁力线垂直的方向运动时,受到洛伦兹力作用。洛伦兹力的大小为

$$F = evB\sin\alpha \tag{7.5}$$

式中 e——带电粒子的电荷量,$e=1.602\times10^{-19}$ C;

v——半导体中电子的运动速度,m/s;

B——垂直于霍尔基片表面的磁感应强度,T;

α——电子运动方向与磁场方向之间的夹角。

根据左手定则,可以判断出洛伦兹力 F 的方向由外向里。电子除了做定向移动外,还在洛伦兹力 F 的作用下向里偏转,电子被推向半导体后侧面,并在该侧面积累负电荷,而在前侧面相应地积累正电荷,这样在霍尔基片两侧面间建立起静电场 E_H,称为霍尔电场。

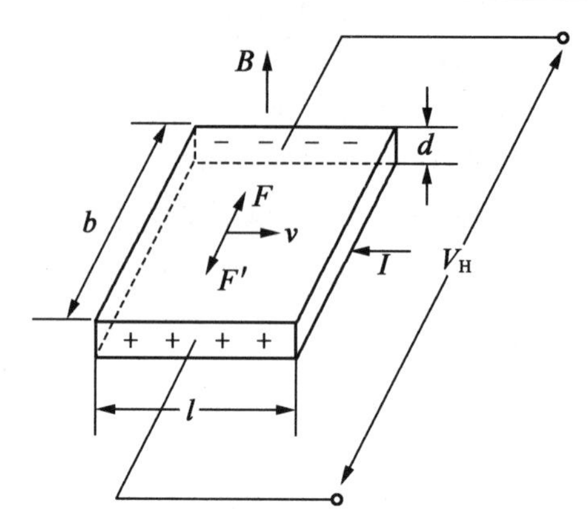

图 7.4 霍尔效应

在霍尔电场的作用下，电子将受到一个与洛伦兹力方向相反的电场力 $F'=eE_H$（E_H 为霍尔电场的电场强度）的作用，这个力阻止电荷继续积聚。随着前、后侧面累积电荷的增加，霍尔电场的电场强度增大，电子受到的霍尔电场力也增大，霍尔基片中电荷积累处于动态平衡时，电荷不再增加，电子所受洛伦兹力与霍尔电场力大小相等，$F'=F$，即

$$eE_H=evB\sin\alpha \tag{7.6}$$

当电子运动方向与磁场方向相互垂直时，有 $\sin\alpha=1$，则 $E_H=vB$。这时，在霍尔基片的前侧面与后侧面就产生电势差，其大小为

$$U_H=bE_H=bvB \tag{7.7}$$

式中 U_H——霍尔基片宽度方向两侧面间由于电荷积累所形成的电势差，即霍尔电势。

由式(7.7)，霍尔电势 U_H 与磁感应强度 B 具有线性关系，因此，通过测量 U_H 可以得到 B。这就是霍尔传感器的工作原理。

2. 霍尔灵敏度

通过霍尔基片的电流 I 与霍尔基片中载流子的浓度 n 和速度 v 的关系为

$$I=nevbd \tag{7.8}$$

霍尔基片在单位控制电流和单位磁感应强度时产生的霍尔电势，称为霍尔灵敏度，单位是 mV/(mA · T)，记为 K_H，即

$$K_H=\frac{U_H}{IB} \tag{7.9}$$

霍尔元件的灵敏度大小与载流材料的物理性质、几何尺寸有关，一般要求霍尔元件灵敏度越大越好。

将式(7.7)、(7.8)代入式(7.9)得

$$K_H=\frac{1}{ned} \tag{7.10}$$

由式(7.10)可知，霍尔灵敏度 K_H 与霍尔基片的厚度 d 成反比，因此，常把霍尔基片做成薄片状，如采用薄膜技术的薄膜霍尔元件，但也不能无限制地减小霍尔基片的厚度，否则会加大霍尔元件的输入和输出电阻，其厚度一般为 0.1~0.2 mm。另外，霍尔灵敏度 K_H 还与自由电子浓度 n 成反比。因为金属的自由电子浓度过高，所以金属不适用于制作霍尔基片。

由式(7.9)、(7.10)可得

$$U_H = K_H IB = \frac{1}{ne}\frac{IB}{d} = R_H \frac{IB}{d} \tag{7.11}$$

式中　R_H——霍尔系数,$R_H = \frac{1}{ne}$,取决于导体载流子浓度,反映了霍尔效应的强弱程度。

由式(7.11)可见,当控制电流的方向或磁场的方向改变时,霍尔电势的方向也将改变。但当磁场和控制电流同时改变方向时,霍尔电势并不改变原来的方向。霍尔基片确定时,U_H 正比于 I 及 B。当控制电流恒定时,B 愈大 U_H 愈大。同样,当霍尔灵敏度 K_H 及磁感应强度 B 恒定时,增加控制电流 I,也可以提高霍尔电势的输出。但控制电流不宜过大,否则,会烧坏霍尔元件。

当磁感应强度 B 和霍尔基片平面法线成角度 α 时,霍尔电势为

$$U_H = K_H IB\cos\alpha \tag{7.12}$$

在使用霍尔传感器进行测量时,电源是一个恒压源,其电压 $U=El$。电子在电场作用下的运动速度 v 常用载流子迁移率 μ 来表征,即在单位电场强度作用下,载流子的平均速度值。设霍尔元件的载流子迁移率为 μ,则电子在电场中的平均迁移速度为 $v=\mu E$,所以

$$v = \mu\frac{U}{l} \tag{7.13}$$

因此有,

$$U_H = \frac{\mu bBU}{l} \tag{7.14}$$

霍尔电势正比于激励电流 I、电源电压 U 及磁感应强度 B 外,还与载流子迁移率 μ 及霍尔基片的宽度 b 成正比,与霍尔基片的长度 l 成反比。

霍尔灵敏度与载流子迁移率 μ 成正比,由于电子的迁移率大于空穴,所以,霍尔元件多采用电子迁移率大的 N 型半导体单晶材料制成。N 型锗:容易加工制造,霍尔系数、温度性能和线性度都较好,可用于高精度测量。N 型硅:线性度非常好,霍尔系数、温度性能同 N 型锗。锑化铟(InSb):对温度非常敏感,尤其在低温范围内温度系数大,但在室温时霍尔系数较大,可用于敏感元件。砷化铟(InAs):霍尔系数较小,温度系数也较小,输出特性线性度好,可用于高精度测量。

3. 霍尔元件及其主要指术指标

霍尔元件是一种四端型元件,其外形、结构和图形符号如图 7.5 所示,由霍尔基片、四根引出线和壳体组成。在霍尔基片长度方向的两侧面上焊有 a、b 两根引出线,称为控制电流端引出线,通常为红色导线,其焊接处称为控制电流极(激励电极),要求焊接处接触电阻很小,并呈纯电阻,即欧姆接触(无 PN 结特性)。在霍尔基片另两侧面的中间以点的形式对称地焊有 c、d 两根引出线,通常为绿色导线,其焊接处称为霍尔电极(要求欧姆接触)。霍尔元件的壳体用非导磁金属、陶瓷或环氧树脂封装。国产器件常用 H 代表霍耳元件,后面的字母代表元件的材料,数字代表产品的序号。例如,HZ-1 代表用锗材料制成的霍尔元件。

由于霍尔元件产生的电势差很小,故通常将霍尔元件与放大器电路、温度补偿电路及稳压电源电路等集成在一个芯片上,称为霍尔传感器。

(1)额定激励电流 I_H。

在空气中,使霍尔基片温升 10 ℃所施加的控制电流值,通常用 I_H 表示。

通过电流 I_H 的载流导体产生焦耳热 W_H 为

$$W_H = I^2R = I^2\rho \frac{1}{bd} \tag{7.15}$$

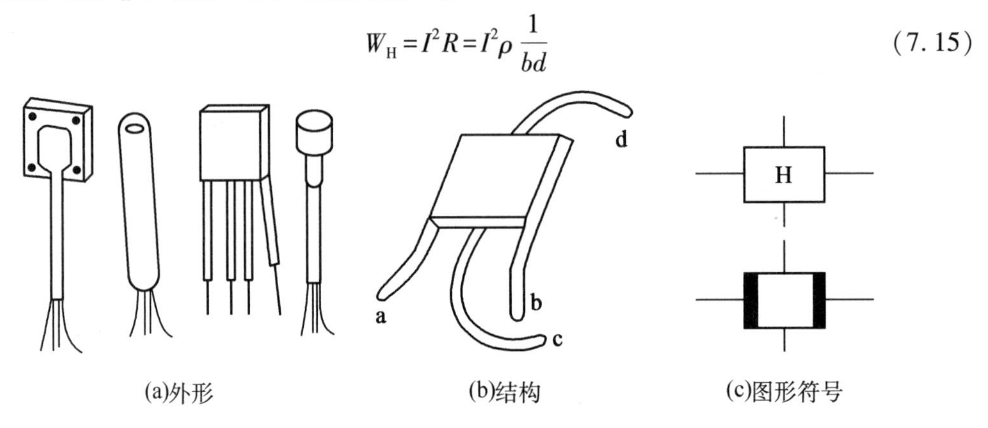

图 7.5 霍尔元件的外形和符号

而霍尔元件的散热 W_H 主要由没有电极的两个侧面承担,即

$$W_H = 2lb \cdot \Delta TA \tag{7.16}$$

式中 ΔT——限定的温升;

A——散热系数,W/(cm^2 · ℃)。

当达到热平衡时,额定激励电流为

$$I_H = b \cdot \sqrt{2d \cdot \Delta T \cdot A \cdot 1/\rho} \tag{7.17}$$

当霍尔基片做好后限制额定激励电流的主要因素是散热条件。

(2)输入电阻 R_i。

控制电流极间的电阻,规定在室温(20±5 ℃)的环境温度中测取。

(3)输出电阻 R_o。

霍尔电极间的电阻,规定在(20±5 ℃)条件下测取。霍尔电极输出电势差对外电路来说相当于一个电压源,其电源内阻即输出电阻。

(4)不等位电势 U_0 及不等位电阻 R_0。

由式(7.10),无外加磁场,磁感应强度为零,霍尔电势 U_H 应该为 0。霍尔元件在额定激励电流 I_H 下,霍尔电极间仍有空载电势,称为不等位电势(或零位电势)。不等位电势也可用不等位电阻表示,即两个霍尔电极之间沿控制电流方向的电阻,R_0 越小越好。不等位电阻大小为

$$R_0 = \frac{U_0}{I_H} \tag{7.18}$$

式中 U_0——不等位电势(零位电势);

R_0——不等位电阻(零位电阻)。

7.2.2 霍尔元件的误差及补偿电路

误差产生的原因包括制造工艺、使用条件、环境温度等因素,影响霍尔元件的转换精度。误差类型包括零位误差和温度误差。零位误差主要是由不等位电势产生的。不等位电势主要由于霍尔电极安装位置不对称或不在同一个等电位上,半导体材料不均匀造成电阻率不均匀或是几何尺寸不均匀,或者激励电极接触不良造成激励电流分配不均匀等

制造工艺的缺陷而出现。对零位误差的要求是越小越好,一般要求 U_0<1 mV。温度误差是指半导体材料的电阻率、载流子迁移率、载流子浓度等容易受温度影响,从而影响霍尔元件的输出变化,即产生温度误差。

1. 不等位电势的补偿

不等位电动势与霍尔电势具有相同的数量级,有时甚至超过霍尔电势,因此,必须采取措施进行消除。由于不等位电势与不等位电阻是一致的,因此可以用分析不等位电阻的方法来进行补偿。

图7.6所示为霍尔元件不等位电势示意图,霍尔元件可以等效为一个四臂电桥,如图7.7所示。图中A、B为霍尔电极,C、D为激励电极,在极间分布的电阻用 r_1、r_2、r_3、r_4 表示,理想情况是 $r_1=r_2=r_3=r_4$,零位电势为零(或零位电阻为零),电桥处于平衡状态。由于A、B电极不在同一等位面上,所以四个桥臂的电阻不相等,电桥不平衡,不等位电势不等于零。根据A、B两点电位的高低,判断应在某一桥臂上并联一定的电阻(补偿电阻),使电桥达到平衡。

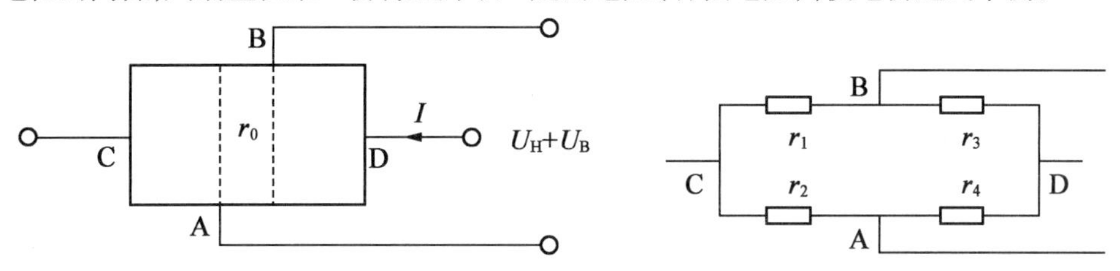

图7.6　霍尔元件不等位电势示意图　　　　**图7.7　霍尔元件的等效电路**

一般采用补偿电阻的方法来消除霍尔元件的不等位电势,有两种补偿方法。常见的几种补偿电路如图7.8所示。第一种方法是在电桥电阻较大的桥臂上并联电阻,如图7.8(a)所示,称为不对称补偿,这种方法比较简单;第二种方法是在电桥两个桥臂上同时并联电阻,如图7.8(b)、(c)所示,称为对称补偿,补偿后的温度稳定性较好。其中,图7.8(c)也相当于在等效电桥的两个桥臂上同时并联电阻,不仅可使其电路结构更加简单,操作起来更加便捷,且能够让霍尔传感器具有非常高的测量精度。因此,该补偿电路可用作霍尔传感器零位误差补偿中的首选电路。

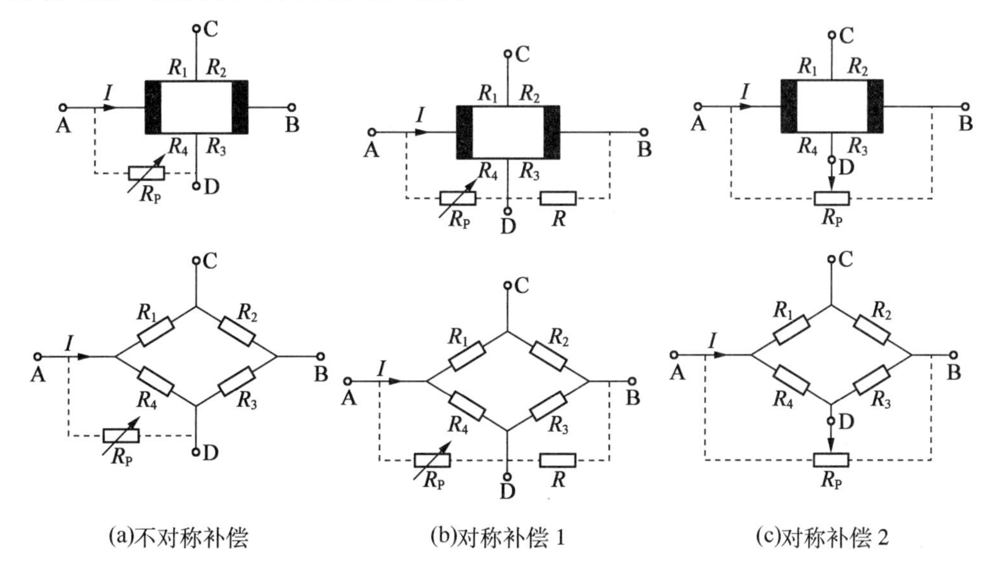

(a)不对称补偿　　(b)对称补偿1　　(c)对称补偿2

图7.8　不等位电势补偿电路原理图

2. 寄生直流电势

在外加磁场为零、霍尔元件用交流激励时,霍尔电极输出除了交流不等位电势外,还有直流电势,称为寄生直流电势,是影响霍尔元件温漂的原因之一。

寄生直流电势的补偿方法为,在制作、安装元件时,尽量做到使电极欧姆接触,并做到均匀散热。欧姆接触就是金属与半导体的接触面的电阻远小于半导体本身的电阻。

3. 温度补偿

半导体材料的电阻率、载流子迁移率和载流子浓度等都随温度而变化。霍尔基片是采用半导体材料制成的,因此它们的性能参数(如输入和输出电阻、灵敏度等)都具有较大的温度系数。当温度变化时,霍尔元件产生温度误差。对于输入电阻的温度误差,由式(7.11)可知,保持霍尔电势不变,可以采用恒流源供电,减小由于输入电阻随温度变化引起的激励电流 I 变化所带来的影响。对于输出电阻,可以增加高输入阻抗的运放,减小温度误差。

霍尔元件灵敏度与温度的关系可写成

$$K_{H}=K_{H0}(1+\alpha\Delta T) \tag{7.19}$$

式中 K_{H0}——温度为 T_0 时的 K_H 值;

ΔT——温度变化值,$\Delta T=T-T_0$;

α——霍尔元件灵敏度的温度系数。

由此可见,温度变化,霍尔元件灵敏度随之变化,致使霍尔电势变化,产生温度误差。同时,霍尔元件之间参数离散性较大,不便于互换。为了减小温度误差,有必要进行补偿。补偿的方法有两种,一是选用温度系数较小的材料(如砷化铟)或者采取恒温措施;二是采用适当的补偿电路。

大多数霍尔元件灵敏度的温度系数 α 为正值,灵敏度为正值,则由 $U_H=K_{H0}(1+\alpha\Delta T)IB$ 可知,霍尔电势随温度升高而增加,如果同时让激励电流 I 减小,从而保持 K_HI 乘积不变,从而抵消灵敏度随温度增加的影响。为了减小激励电流,在其输入回路中并联适当的补偿电阻 r,可以分流部分电流。当温度升高时,霍尔元件的内阻增加,通过霍尔元件的电流减小,而通过 r 的电流增加。

如图 7.9 所示,设在温度 T_0 时,恒流源输出电流为 I,R_0 为霍尔元件内阻,r 为补偿电阻,流过该电阻的电流为 I_r,霍尔元件的控制电流 I_{H_0} 为

$$I_{H0}=\frac{r}{R_0+r}I \tag{7.20}$$

温度为 T_0 时的霍尔电势为

$$U_{H0}=K_{H0}I_{H0}B \tag{7.21}$$

当温度由 T_0 上升到 T 时,霍尔元件的内阻变为 $R=R_0(1+\beta\Delta T)$,β 为霍尔元件内阻的温度系数,霍尔电流为

$$I_H=\frac{r}{R+r}I \tag{7.22}$$

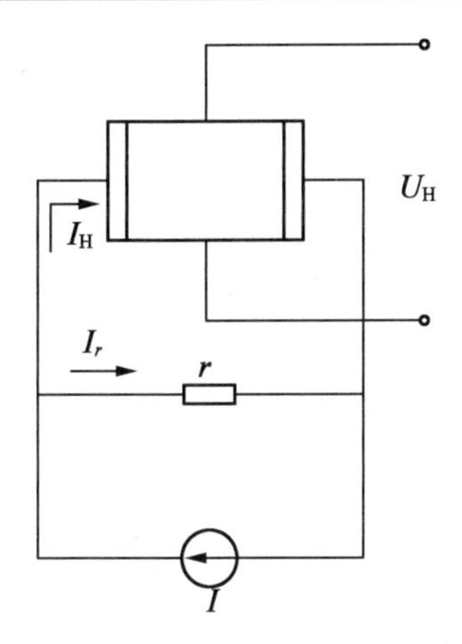

图 7.9 采用恒流源供电和输入回路并联电阻

温度为 T 时的霍尔电势为

$$U_H = K_H I_H B = K_{H0}(1+\alpha\Delta T) I_H B \tag{7.23}$$

为了使霍尔电势不随温度而变化，即 T_0 和 T 时，霍尔电势相等，$U_H = U_{H0}$，则由式(7.19)~(7.23)，得

$$r = \frac{\beta-\alpha}{\alpha} R_0 \tag{7.24}$$

由于 $\alpha \ll \beta$，式(7.24)可简化为

$$r \approx \frac{\beta}{\alpha} R_0 \tag{7.25}$$

当霍尔元件选定后，通过查元件的参数表可以得到 α、β、R_0，由式(7.25)可以确定补偿电阻 r 的值。也可选择温度系数不同的两种电阻实行串、并联组合，可使温度误差的影响减到极小。

电路中的分流电阻 r 一般采用热敏电阻。当温度升高时，霍尔元件的灵敏度 K_H 增加，热敏电阻 r 自动地加强分流，使旁路的电流 I_r 增大，而减小了霍尔元件的激励电流 I_H，$K_H I$ 保持不变，从而达到补偿的目的。

7.2.3 霍尔传感器的应用

霍尔传感器结构简单、工艺成熟、体积小、寿命长、线性好、频带宽等，因而得到广泛应用。霍尔传感器主要用于测量能够转换为磁场变化的其他物理量，还可以通过转换测量其他非电量，如力、力矩、压力、应力、位置、位移、速度、加速度、角度、角速度、转数、转速以及工作状态发生变化的时间等，将其转变成电量来进行检测和控制。

霍尔电势是关于 I、B、θ 三个变量的函数，即 $U_H = K_H IB\cos\theta$。利用这个关系可以使其中两个量不变，将第三个量作为变量，或者固定其中一个量，其余两个量都作为变量。

(1)维持 I、θ 不变，则 $U_H = f(B)$，主要应用为测量磁场强度的高斯计、测量转速的霍尔转速表、磁性产品计数器、霍尔式角编码器，以及基于微小位移测量原理的霍尔式加速度计、微压力计等。

(2)维持 I、B 不变，则 $U_H = f(\theta)$，主要应用有角位移测量仪等。

(3)维持 θ 不变,则 $U_{H}=f(IB)$,即传感器的输出 U_{H} 与 I、B 的乘积成正比,由于霍尔元件的输出量正比于两个输入量的乘积,因此可以方便而准确地实现乘法运算,可构成各种非线性运算部件,主要应用有模拟乘法器、霍尔式功率计等。

集成霍尔传感器是利用集成电路工艺将霍尔元件和测量电路集成在一起的一种传感器。集成霍尔传感器与分立元件相比,它具有可靠性高、体积小、质量小、功耗低等优点。集成霍尔传感器的输出是经过处理的霍尔输出信号。按照输出信号的形式,可以分为霍尔开关集成传感器和霍尔线性集成传感器两种。

1. 霍尔开关集成传感器

霍尔开关集成传感器是利用霍尔效应与集成电路技术结合而制成的一种磁敏传感器,它能感知与磁信息有关的物理量,并以开关信号形式输出。霍尔开关集成传感器具有使用寿命长、无触点磨损、无火花干扰、无转换抖动、工作频率高、温度特性好、能适应恶劣环境等优点。

图 7.10(a)所示为霍尔开关集成传感器的内部结构框图,它主要由稳压电路、霍尔元件、放大器、整形电路、开路输出五部分组成。稳压电路可在较宽的电源电压范围内保证传感器正常工作;放大器将霍尔元件输出的微弱电压信号放大;整形电路将放大器输出的模拟信号转换成数字信号;开路输出可使传感器方便地与各种逻辑电路连接。

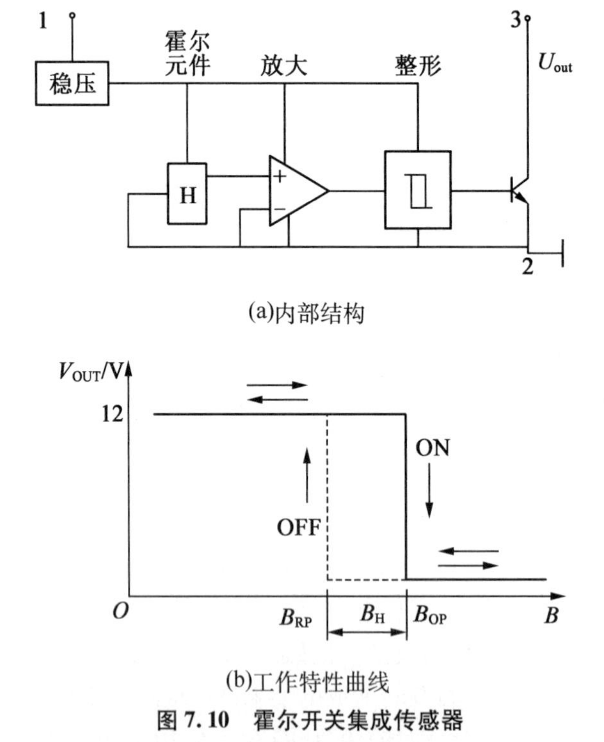

图 7.10 霍尔开关集成传感器

图 7.10(b)所示为霍尔开关集成传感器的工作特性曲线,从图中可以看出,工作特性有一定的磁滞 B_{H},这对开关动作的可靠性非常有利。图中的 B_{OP} 为工作点“开”的磁感应强度,B_{RP} 为释放点“关”的磁感应强度。该曲线反映了外加磁场与传感器输出电平的关系。当有磁场作用在传感器上时,霍尔元件输出霍尔电势 U_{H},该电压经放大器放大后,送至施密特整形电路,当外加磁感应强度高于 B_{OP} 时,也就是放大后的 U_{H} 大于“开启”阈值

时，施密特整形电路翻转，输出高电平，使半导体管导通——“开状态”；当磁场减弱时，霍尔元件输出的 U_H 很小，直到外加磁感应强度低于 B_{RP} 时，经放大器放大后其值也小于施密特整形电路的“半闭”阈值，施密特整形电路再次翻转，输出低电平，使半导体管截止，这种状态为“关状态”。一次磁场强度的变化，就使传感器完成了一次开关动作。

霍尔开关集成传感器的常见应用有点火系统、保安系统、转速和里程测定、机械设备的限位开关和按钮开关、电流的测定与控制、位置及角度的检测等。

2. 霍尔线性集成传感器

霍尔线性集成传感器的输出电压与外加磁场呈线性比例关系。输出一般为模拟量。如图7.11(a)所示，这类传感器一般由霍尔元件和放大器组成，当外加磁场时，霍尔元件产生随磁场线性比例变化的霍尔电势，经放大器放大后输出。在实际电路设计中，为了提高传感器的性能，往往在电路中设置稳压、电流放大输出级、失调调整和线性度调整等电路。霍尔开关集成传感器的输出有低电平和高电平两种状态，而霍尔线性集成传感器的输出却是对外加磁场的线性感应。霍尔线性集成传感器有单端输出和双端输出两种，图7.11(a)所示为单端输出的传感器，它是一个三端器件，它的输出电压对外加磁场的微小变化能做出线性响应，通常将输出电压用电容交连到外接放大器，将输出电压放大到较高的水平。其典型产品是CS3501T，其特性曲线如图7.11(b)所示。双端输出如图7.11(c)所示，其输出构成差动式结构。

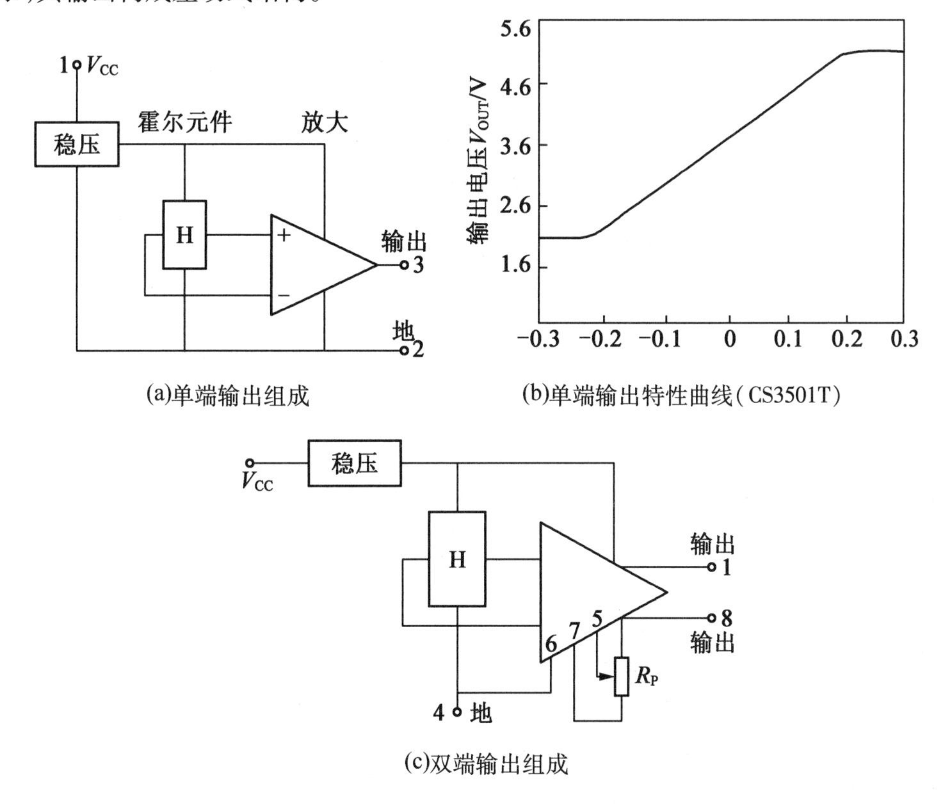

(a)单端输出组成

(b)单端输出特性曲线(CS3501T)

(c)双端输出组成

图7.11 霍尔线性集成传感器

霍尔线性集成传感器广泛用于位置、力、质量、厚度、速度、磁场、电流等的测量或控制。

3. 应用举例

(1)转速测量。

利用霍尔元件的开关特性可以实现对转速的测量,如图 7. 12 所示。将永久磁铁按适当的方式固定在被测轴上,霍尔元件置于磁铁的气隙中。当被测转轴转动时,磁铁便随之转动,霍尔元件和磁体重合时,磁力线集中穿过霍尔元件,可产生较大的霍尔电势,其输出波形如图 7. 12 所示,将信号放大、整形后输出高电平,并产生一个相应的脉冲;反之,输出为低电平,输出脉冲发生跳变。转速越快,输出频率越高,输出脉冲的频率正比与转速,测出频率就测出了转速。

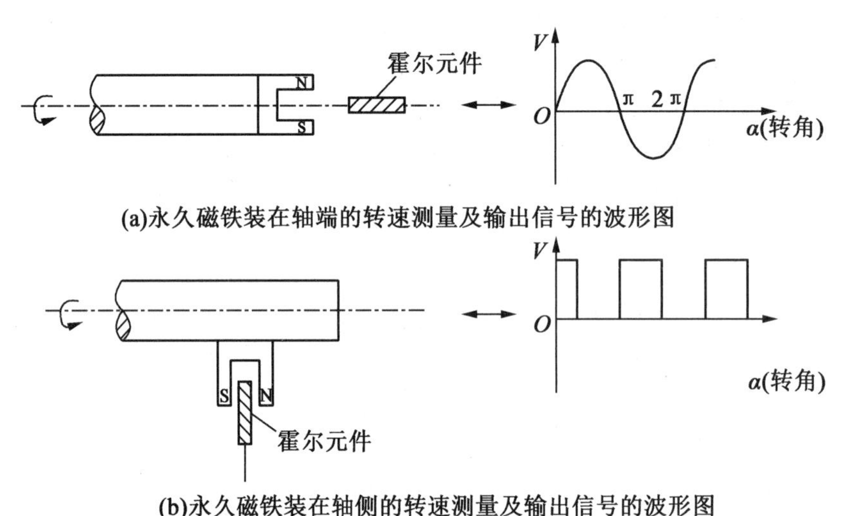

(a)永久磁铁装在轴端的转速测量及输出信号的波形图

(b)永久磁铁装在轴侧的转速测量及输出信号的波形图

图 7. 12　不同结构形式的转速测量方法及输出信号波形图

当磁铁对准霍尔元件时,通过频率计测量脉冲可得转速,转速为

$$n=\frac{60}{PT} \tag{7.26}$$

式中　n——转速;

P——转一圈的脉冲数;

T——输出方波信号的周期,也是频率计的频率的倒数。

图 7. 13 所示为几种常见的霍尔转速传感器的结构。一般由霍尔开关集成传感器和永久磁铁、磁性转盘组成。将磁性转盘的输入轴与被测转轴相连,当被测转轴转动时,磁性转盘及安装在上面的永久磁铁便随之转动,经过固定在磁性转盘附近的霍尔开关集成传感器时,便可在每一个永久磁铁通过时产生一个相应的电脉冲,检测出单位时间的脉冲数,根据转盘上放置永久磁铁的数量计算被测转速。根据转速传感器的分辨率,配上适当的电路就可构成数字式转速表,由于采用非接触测量,这种转速表对被测转轴影响小,输出信号的幅值与转速无关,因此测量精度高,测速范围在 1~10 r/s,广泛应用于汽车速度和行车里程的测量显示系统中。

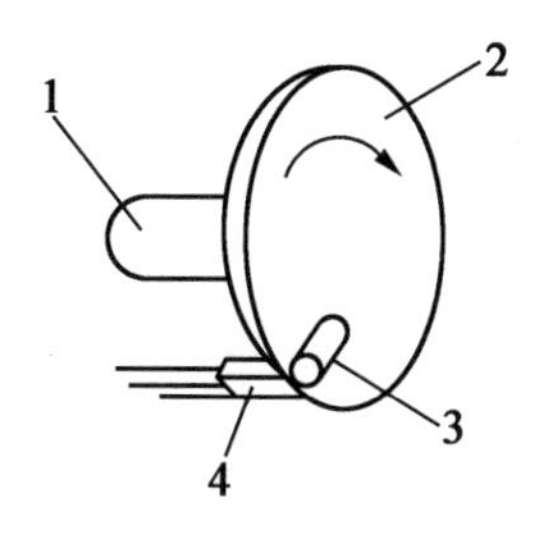

(a)永久磁铁装轴端径向

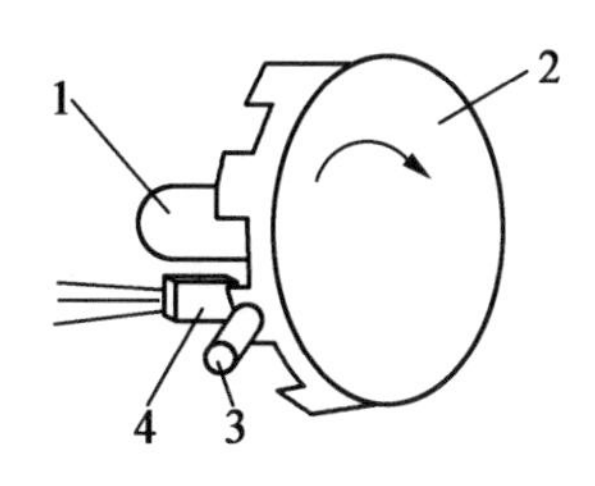

(b)永久磁铁装轴侧

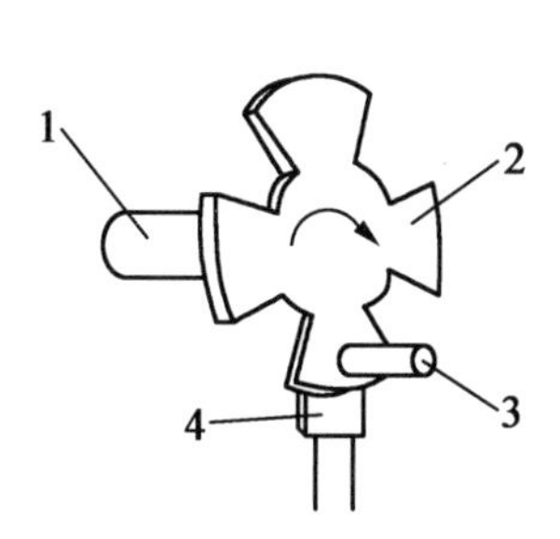

(c)永久磁铁装轴端轴向

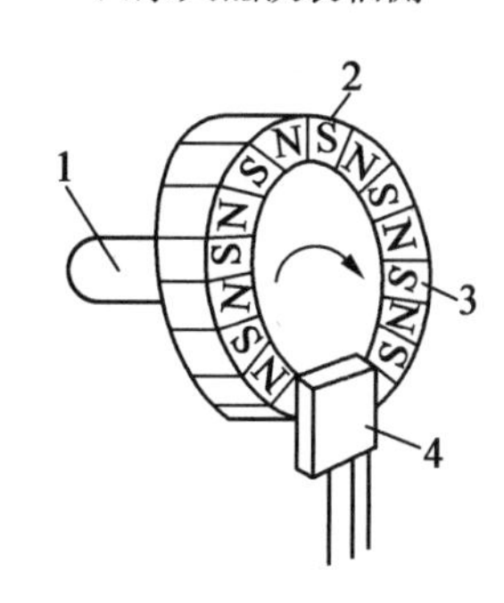

(d)永久磁铁装轴端圆周分布

1—输入轴；2—磁性转盘；3—永久磁铁；4—霍尔传感器

图7.13　几种霍尔转速传感器的结构

永久磁铁的数量决定了传感器测量转速的分辨率，每个永久磁铁形成一个小磁场，当被测物体转动时永久磁铁将随之转动，经过霍尔元件时将使霍尔电势发生突变。显然，永久磁铁的数量越多，分辨率越高。若在被测物体上安装的磁钢（高磁场强度的磁性材料）数为Z，利用计数器读取霍尔开关集成传感器输出的脉冲数为N，所需时间为t，则被测转速为

$$n=\frac{N}{Zt} \tag{7.27}$$

（2）电流测量（电流计）。

根据安培定律，当电流I流过一根长直导线时，在导线周围产生磁场，根据公式$U_H=K_H IB\cos\theta$可知，磁场大小与流过导线的电流成正比，这个磁场可以通过软磁材料来聚集产生磁通，然后用霍尔器件进行检测。由于磁场与霍尔器件输出有良好的线性关系，因此可利用霍尔器件输出信号的大小来反映直导线的电流大小。这种传感器用于精度要求不太高的场合。

霍尔磁补偿式电流传感器的检测原理如图7.14所示。将霍尔元件（或霍尔集成传感器）放在磁导体的气隙中，将被测电流的导线穿过霍尔元件的检测孔。当有电流通过导线时，在导线周围将产生磁场，磁力线集中在铁芯内，并在铁芯的缺口处穿过霍尔元件，从而产生与电流成正比的霍尔电势。导体中的电流越大，气隙处的磁感应强度就越大，霍尔元件输出的霍尔电势U_H就越大，因此可以通过霍尔电势检测导线中的电流。

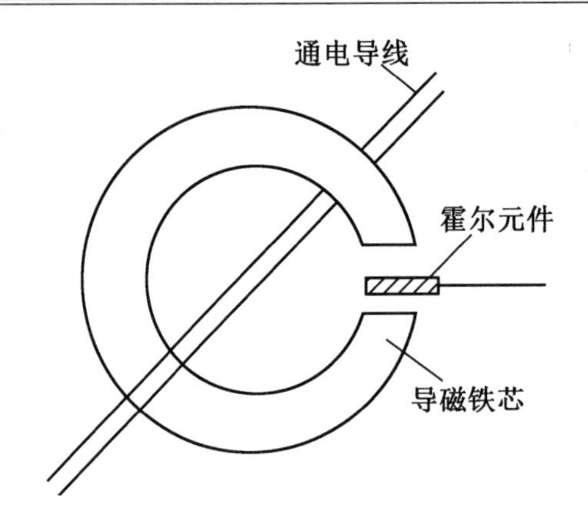

图 7.14 霍尔磁补偿式电流传感器的检测原理

(3)微位移的测量。

如图 7.15 所示，如果保持霍尔元件的激励电流不变，在极性相反、磁场强度相同的两个磁钢气隙中放入一个霍尔基片，当霍尔基片处于中间位置时，霍尔基片同时受到大小相等、方向相反的磁通作用，则有 $B=0$，此时霍尔电势 $U_H=0$；当霍尔基片沿着 $\pm x$ 方向移动时，有 $B\neq 0$，则霍尔电势发生的变化为

$$U_H=K_HI_HB=K\Delta x \tag{7.28}$$

式中 K——霍尔式位移传感器的输出灵敏度。

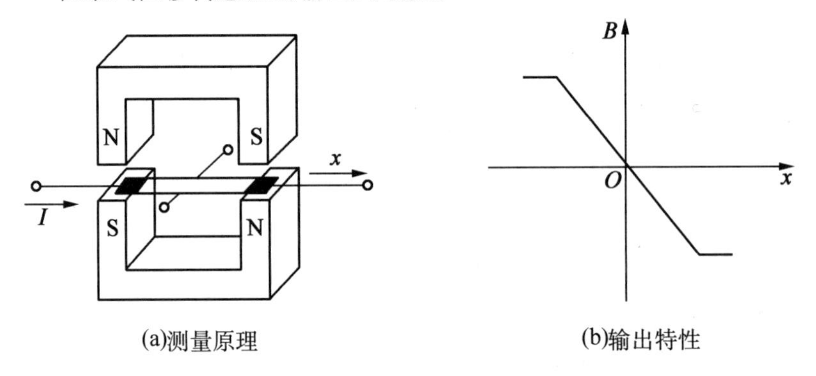

图 7.15 微位移测量原理及其输出特性

由式(7.28)可知，当霍尔元件有微小位移时，就有霍尔电势输出，在一定范围内，位移与 U_H 具有线性关系。这种传感器灵敏度很高，但它所能检测的位移较小，适合于微位移及振动的测量，测量范围一般在毫米级。

(4)霍尔式接近开关。

利用霍尔元件做成的开关，叫作霍尔开关。霍尔元件通以恒定的控制电流，当磁铁的有效磁极接近，并达到动作距离时，霍尔式接近开关动作。

霍尔开关集成传感器可用于检测运动部件工作状态位置，如图 7.16 所示。在图 7.16(a)中，磁极的轴线与霍尔式接近开关的轴线在同一直线上。当磁铁随运动部件移动到距霍尔式接近开关几毫米时，霍尔式接近开关的输出由高电平变为低电平，经驱动电路使继电器吸合或释放，控制运动部件停止移动(否则将撞坏霍尔式接近开关)，从而起到限位的作用。

机械手臂中的极限位置控制示意图如图7.16（b）所示。在机械手臂上安装两个磁铁，磁铁与霍尔式接近开关处于同一水平面上，当磁铁随运动部件运动到距霍尔式接近开关几毫米时，霍尔元件因产生霍尔效应而使开关内部电路状态发生变化，霍尔元件的输出由高电平变为低电平，将输出一个脉冲霍尔电势。霍尔式接近开关经驱动电路使控制机械手臂动作的继电器或电磁阀释放，控制机械手臂停止运动（否则将撞坏霍尔式接近开关），从而起到限位的作用。

这种接近开关的检测对象必须是磁性物体，并且还要建立一个较强的闭合磁场。它除可以完成行程控制和限位保护外，还是一种非接触型的检测装置，用作检测零件尺寸和测速等，也可用于变频计数器、变频脉冲发生器、液面控制和加工程序的自动衔接等。对本身的线性和温度稳定性等要求不高，只要有足够大的输出即可。另外，作用于霍尔元件的磁感应强度变化值，仅与磁体和元件的相对位置有关，与相对运动速度无关。霍尔式接近开关结构简单、工作可靠、寿命长、功耗低、复定位精度高、操作频率高，以及能够适应恶劣的工作环境等。

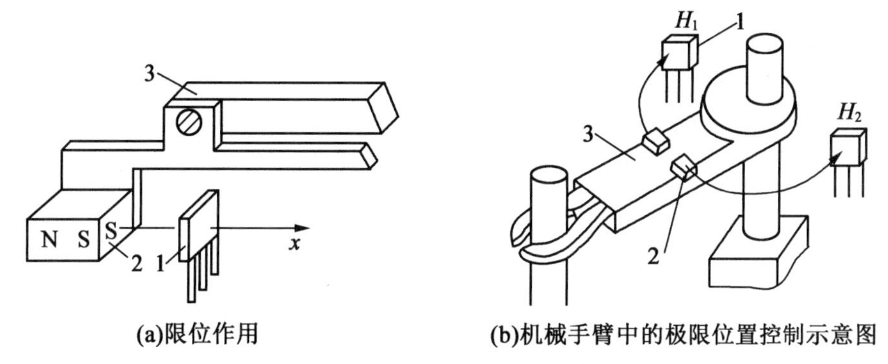

1—霍尔元件；2—磁铁；3—运动部件

图7.16　霍尔式接近开关

7.3　其他磁敏传感器

磁敏传感器是对磁场参量（B、H、φ）敏感的元器件或装置，具有把磁学物理量转换为电信号的功能。

7.3.1　磁敏电阻

磁敏电阻是一种电阻随磁场变化而变化的磁敏元件，也称MR元件。其理论基础为磁阻效应。

1. 磁阻效应

当霍尔元件受到与电流方向垂直的磁场作用时，不仅会出现霍尔效应（制造磁阻器件时应避免霍尔效应，计算时互为非线性项），其电阻也会随磁场而变化，这种现象称为磁阻效应。利用磁阻效应制作的电路元件，叫作磁阻元件。

在没有外加磁场时，磁阻元件的电流密度矢量，如图7.17（a）所示。当磁场垂直作用在磁阻元件表面上时，由于霍尔效应，电流密度矢量偏移电场方向某个霍尔角θ，如图

7.17(b)所示。这使电流流通的途径变长,导致元件两端金属电极间的电阻增大。电极间的距离越长,电阻的增长比例就越大,所以在磁阻元件的结构中,大都是把霍尔基片切成薄片,然后用光刻的方法插入金属电极和金属边界。

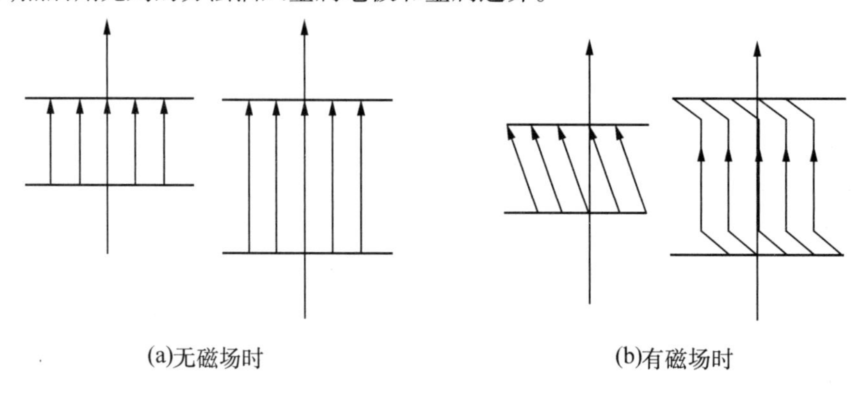

图 7.17 磁阻元件工作原理示意图

磁阻效应可以分为物理磁阻效应和几何磁阻效应,前者是指在磁场中因载流子运动方向变化而导致电流密度减小,电阻率增大的现象;后者是指由于半导体片几何形状的不同而出现电阻不同变化的现象。

当温度恒定时,半导体磁阻元件在弱磁场中的电阻率与磁感应强度 B 的平方成正比,如果器件在只有电子参与导电的最简单情况下,理论推导出来的磁阻效应方程为

$$\rho_B=\rho_0(1+0.273\mu^2B^2) \tag{7.29}$$

式中 B——磁感应强度;

μ——电子迁移率;

ρ_0——零磁场下的电阻率;

ρ_B——磁感应强度为 B 时的电阻率。

则,电阻率的变化为 $\Delta\rho=\rho_B-\rho_0$,电阻率的相对变化为

$$\frac{\Delta\rho}{\rho_0}=0.273\mu^2B^2=k(\mu B)^2 \tag{7.30}$$

式中 $k=0.273$。

当磁场一定时,迁移率高的材料磁阻效应明显,如锑化铟、砷化铟等半导体的载流子迁移率都很高,所以更适合作磁敏电阻。从微观上讲,材料的电阻率增加是因为电流的流动路径因磁场的作用而加长所致。

采用的半导体材料与霍尔元件大体相同。但这种传感器对磁场的作用机理不同,因而供电也不同,是采用恒压源(但也需要一定的电流)供电。后续电路不同,对供电电源的稳定性及内部噪声的要求有所不同。

2. 磁敏电阻的形状

磁敏电阻有长方形、圆盘形等形状。图 7.18 所示为长方形磁阻元件,其长度为 L,宽度为 b,在两端制成电极,构成两端器件。其工作原理是,在固体中,由于杂质原子和晶格振动,阻碍电子运动,这种阻碍的存在使电子运动速度可减到零。载流子因为是弧形运动,所以若在磁场中走过的路程增加,则它们受到阻碍的程度也就提高,从而引起电阻率的增加。电阻率的相对变化与磁感应强度和迁移率的关系可以近似表示为

$$\frac{\Delta\rho}{\rho_0}=k(\mu B)^2[1-f(L/b)] \tag{7.31}$$

式中　$f(L/b)$——形状效应系数；

　　　L、b——磁阻元件的长度和宽度。

由式(7.31)可知,在恒定磁感应强度下,磁敏电阻的长度 L 与宽度 b 的比越小,电阻率的相对变化越大,灵敏度越高。一般由磁场而引起的电阻的变化量不会变大,往往以电压的变化作为实际的输出,而电压的变化用 ΔR 与电流的乘积来表示。为了增强磁阻效应,就要使电阻变大。从原理上讲,把 L/b 小的元件多个串联,就能解决问题。需在 $L>b$ 的长方形磁阻元件上面制作许多平行等间距的金属条(即短路栅格),以短路霍尔电势。尽管这样的结构较好,但是制作困难,不太实用。

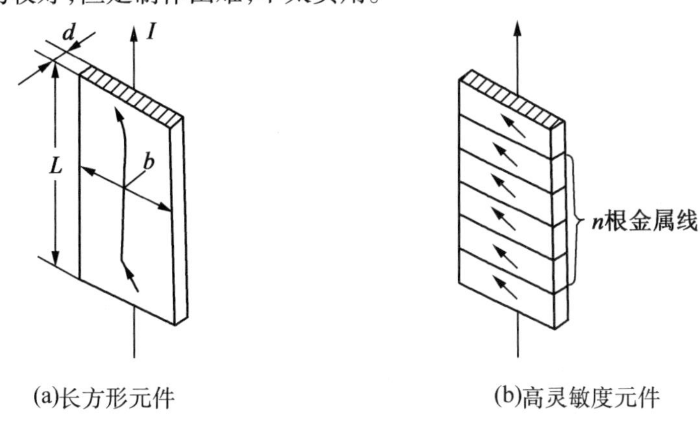

图 7.18　长方形和高灵敏度元件

因为圆盘的磁阻最大,所以常见的磁敏电阻采用圆盘形结构。图 7.19 所示为圆盘形磁阻元件——科尔比诺(Corbino)圆盘,其中心和边缘处为电极,产生的效应为科尔比诺效应。图 7.19(a)所示为没有加磁场,从图 7.19(b)可以看出,电流在两个电极间流动,载流子的运动路径因磁场发生弯曲,所以电阻增大。

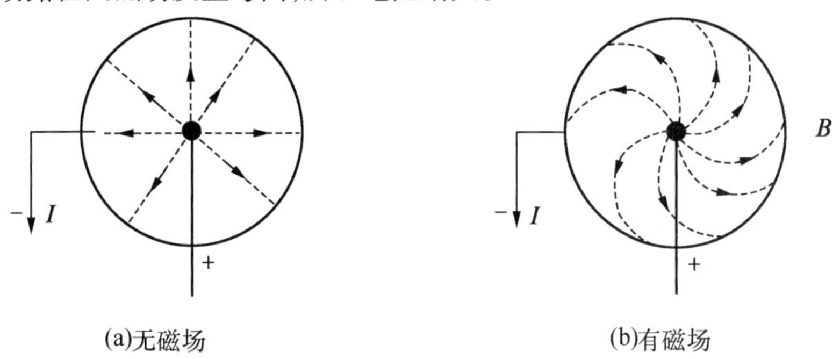

图 7.19　科尔比诺圆盘

3. 磁敏电阻的基本特性

(1)$B-R$ 特性。

该特性一般由无磁场时的电阻 R_0 和磁感应强度为 B 时的电阻 R_B 来描述。通常情况是,R_0 随元件形状不同而异,约为几十至几千欧姆,而 R_B 随 B 的变化而不同。图 7.20 所示为磁敏电阻的 $B-R$ 特性曲线。在 0.1 T 以下的弱磁场时,磁阻与 B 的平方成正比;在

0.1 T以上的强磁场时,磁阻与 B 成正比,呈线性变化。

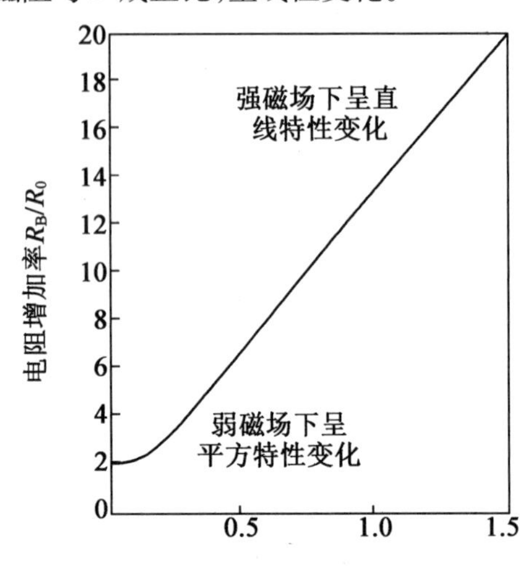

图 7.20 锑化铟的 *B-R* 特性曲线

(2)灵敏度 K。

磁敏电阻的灵敏度 K 为

$$K=\frac{R_3}{R_0} \tag{7.32}$$

式中 R_3——磁感应强度为0.3 T时的 R_B 值;

R_0——无磁场时的电阻。

一般有,$K \geqslant 2.7$。

(3)电阻-温度特性。

半导体磁阻元件的温度特性不好,温度系数约为-2%/℃,这个值较大。图7.21中的电阻在35 ℃的变化范围内减小了1/2。因此,在应用时,一般都要设计温度补偿电路。可采用两个元件串联成对使用,构成差动式补偿结构。强磁磁阻元件常用恒压方式,以获得较好的温度性能。

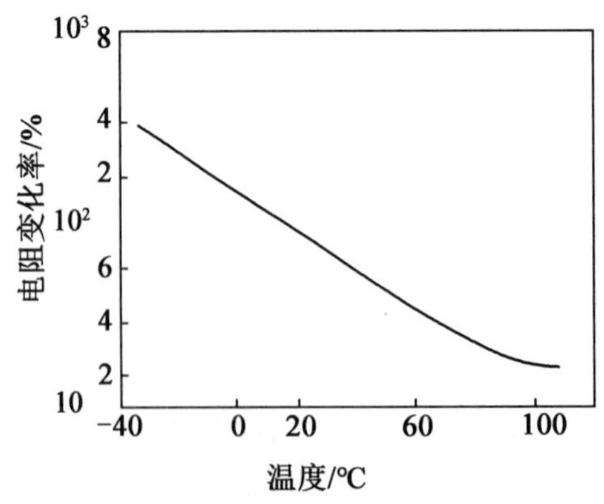

图 7.21 半导体元件的电阻-温度特性曲线

7.3.2 磁敏二极管及其补偿电路

磁敏二极管是继磁敏电阻、霍尔元件后发展起来的磁电转换元件,可以将磁信息转换成电信号。其主要特点是灵敏度高,比霍尔元件高几百到上千倍,且线路简单,成本低,适合测弱磁场;具有正反磁灵敏度,故可用作无触点开关;在较小电流下,灵敏度仍很高;灵敏度与磁场关系呈线性范围窄,这一点不如霍尔元件。

1. 结构

图 7.22 所示为磁敏二极管的结构与图形符号,有硅磁敏二极管和锗磁敏二极管两种。在高纯度锗或硅半导体的两端用合金法制成高掺杂的 P 型和 N 型两个区域,在 P、N 之间有一个较长的本征区 I, 同时对两个侧面进行处理,本征区 I 的一面磨成光滑的复合表面(I 区),另一面打毛,成为高复合区(r 区),因为电子-空穴对易于在粗糙表面复合而消失。当通以正向电流后就会在 P、I、N 结之间形成电流。由此可知,磁敏二极管是 PIN 型的。与普通二极管的区别在于普通二极管 PN 结的基区很短,以避免载流子在基区复合,磁敏二极管的 PN 结却有很长的基区,大于载流子的扩散长度,但基区是由接近本征半导体的高阻材料构成。

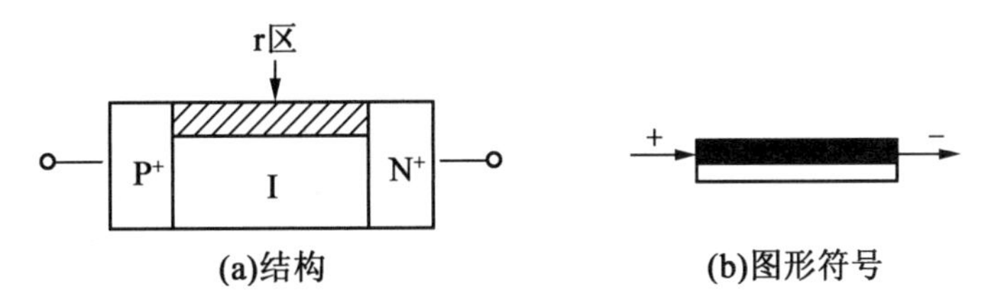

图 7.22　磁敏二极管的结构与图形符号

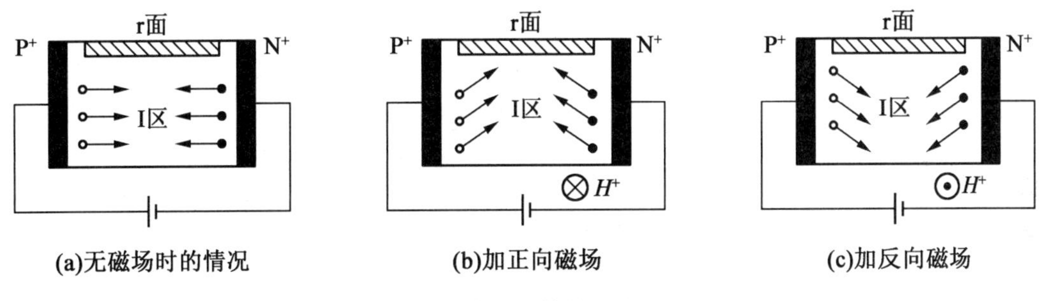

图 7.23　磁敏二极管的工作原理图

2. 工作原理

图 7.23 (a)所示为未加磁场时的载流子运动图,在磁敏二极管外加正向磁场,即 P 区接正极,N 区接负极,于是大量空穴从 P 区进入 I 区,同时大量电子从 N 区注入 I 区,产生电流,电子和空穴在 I 区的复合很少。

若加入正向磁场 H^{+},方向为从外向里,则注入的空穴和电子均受到洛伦兹力作用,而偏向 r 面,并进行复合而消失,载流子密度下降,电阻增大,因而电流减小,如图 7.23 (b)所示。PI 结和 PN 结电压下降,载流子注入减弱,I 区电阻进一步增大,最终达到稳定状态。

若加入反向磁场 H^{-},方向为从里向外,由于受到洛伦兹力的作用,大量的空穴和电子转向光滑面,复合率变小,载流子密度上升,电阻减小,电流增大,如图 7.23(c)所示。PI 结和 PN 结电压上升,载流子注入增强,I 区电阻进一步减小,最终达到稳定状态而使电流变大。

负向偏压时,仅有微小电流流过,几乎与磁场无关。

由此可见,磁敏二极管在磁场强度的变化下,其电流发生变化,从而实现磁电转换。且 r 面和光滑面的复合率相差越大,磁敏二极管灵敏度越高。由于磁敏二极管在正、负磁场作用下,其输出信号增量的方向不同,因此利用这一点可以判别磁场方向。

3. 磁敏二极管的主要特性

(1)磁电特性。

磁电特性是指在一定的负载电阻条件下,磁敏二极管两端的输出电压变化与外加磁感应强度变化的关系。图 7.24(a)所示为磁敏二极管单个使用时的磁电特性曲线,测试原理如图 7.24(b)所示。可以看出,正向磁灵敏度大于反向。图 7.24(c)所示为两个磁敏二极管互补使用时的磁电特性曲线,互补使用是指选用两只特性相同或相近的磁敏二极管,使它们的高复合表面 r 相对或相背叠放,再串接于电路,当有外磁场时,由于两个磁敏二极管对磁场的极性相反,互补管的灵敏度是两只管子的灵敏度之和,特性曲线对正、负磁场对称,且在弱磁场下有较好的线性。

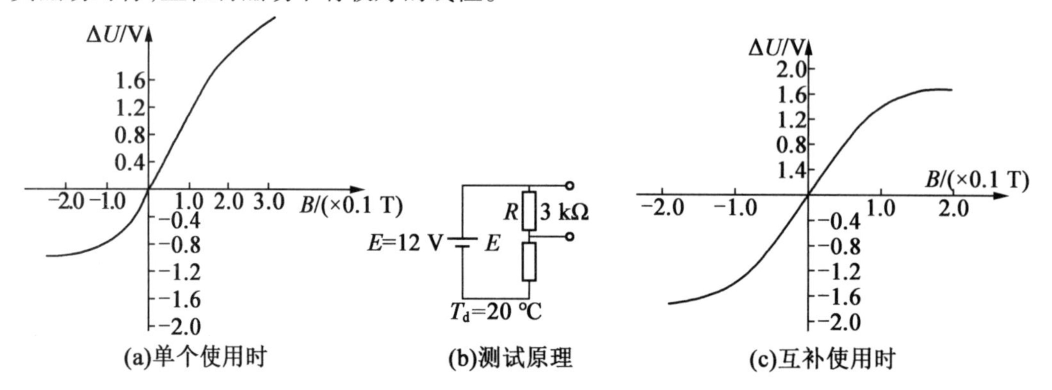

图 7.24 磁敏二极管磁电特性曲线

(2)伏安特性。

伏安特性曲线就是在给定磁场情况下,磁敏二极管两端正向偏压和通过它的电流的关系曲线。图 7.25(a)所示为给锗磁敏二极管加正向偏置电压时的伏安特性曲线。当磁感应强度 B 不同时,有着不同的伏安特性曲线。$B=0$ 的曲线,表示不加磁场时的伏安特性,B_+和 B_-分别表示在不同极性磁场作用下的伏安特性。当偏压一定时,曲线 B_+表示在正向磁场作用下,磁敏二极管的电阻增大,电流减小;曲线 B_-表示在负向磁场作用下,磁敏二极管的电阻减小,电流增加。当在同一外施磁场条件下,电流越大输出的电压变化也越大,灵敏度越高。

硅磁敏二极管的伏安特性有两种形式。一种如图 7.25(b)所示,开始在较大偏压范围内,电流变化比较平坦,随外加偏压的增加,电流逐渐增加;此后,伏安特性曲线上升很快,表现出其动态电阻比较小。另一种如图 7.25(c)所示,曲线上有负阻现象,即电流急增的同时,有偏压突然跌落的现象。

产生负阻现象的原因是高阻硅的热平衡载流子较少,且注入的载流子未填满复合中心之前,不会产生较大的电流,当填满复合中心之后,电流才开始急增。

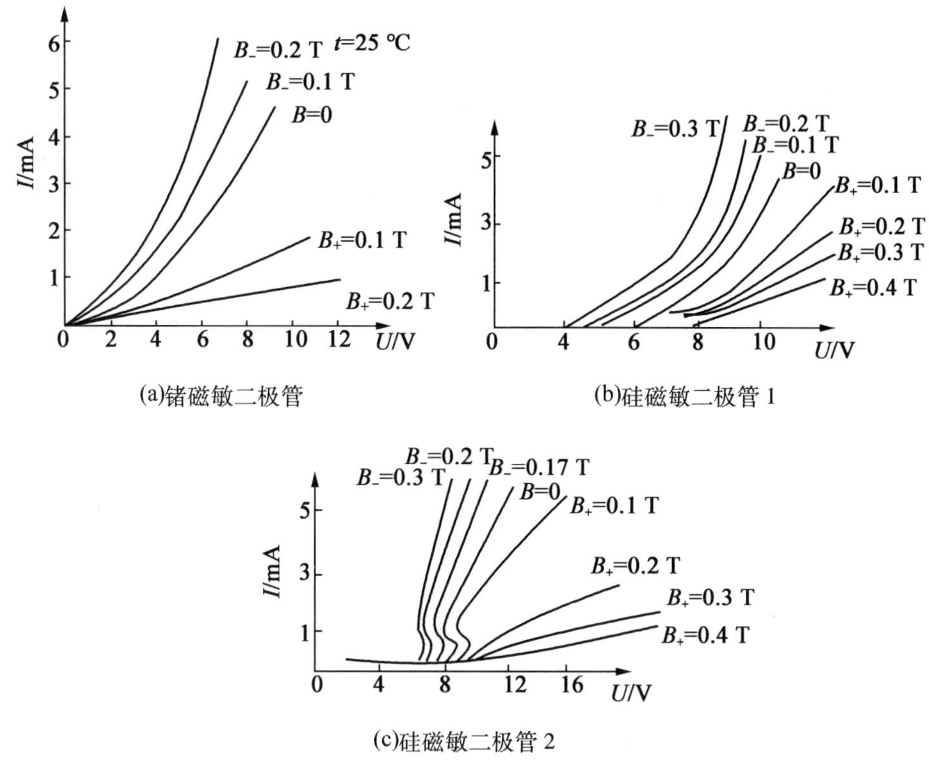

图7.25 磁敏二极管的伏安特性曲线

(3)频率特性。

硅磁敏二极管的响应时间几乎等于注入载流子漂移过程中被复合并达到动态平衡的时间。所以,频率响应时间与载流子的有效寿命相当。硅磁敏二极管的响应时间小于1 μs,即响应频率高达1 MHz。锗磁敏二极管的响应频率小于10 kHz,如图7.26所示。

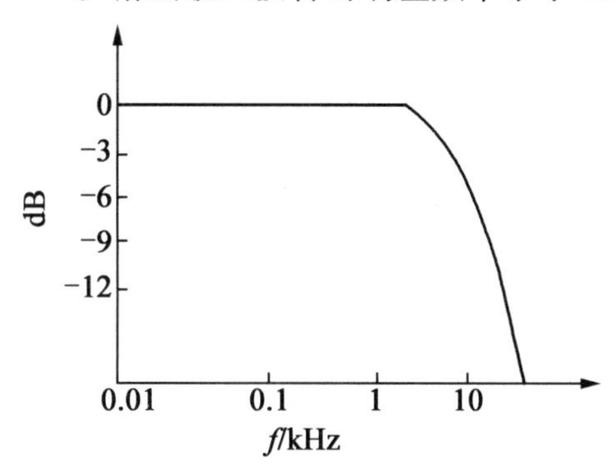

图7.26 锗磁敏二极管频率特性

(4)温度特性。

温度特性是指在标准测试条件下,输出电压变化(或无磁场作用时输出电压)随温度变化的规律,如图7.27所示。随着温度升高,材料中热激发载流子浓度增加,迁移率下降,将使磁敏二极管伏安特性曲线发生漂移。磁敏二极管的温度特性好坏也可用温度系数来表示。硅磁敏二极管的温漂主要由热激发载流子浓度下降引起,具有正的温度系数。

锗磁敏二极管的温漂主要由热激发载流子浓度增加引起，具有负的温度系数。在标准测试条件下，锗磁敏二极管 u_0 的温度系数小于-60 mV/℃，Δu 的温度系数小于 1%/℃。硅平面磁敏二极管的温度特性比锗磁敏二极管的温度特性好，硅属高阻抗半导体材料，在同样的温度条件下，硅的热平衡载流子浓度比锗的热平衡载流子浓度低三个数量级，而且 P^+ 区和 N^+ 区的注入将淹没热激发载流子的影响，因此，硅平面磁敏二极管 u_0 的温度系数小于+20 mV/℃，Δu 的温度系数小于 0.7%/℃。所以，规定硅管的使用温度为-40～+85 ℃，而锗管为-30～+65 ℃。

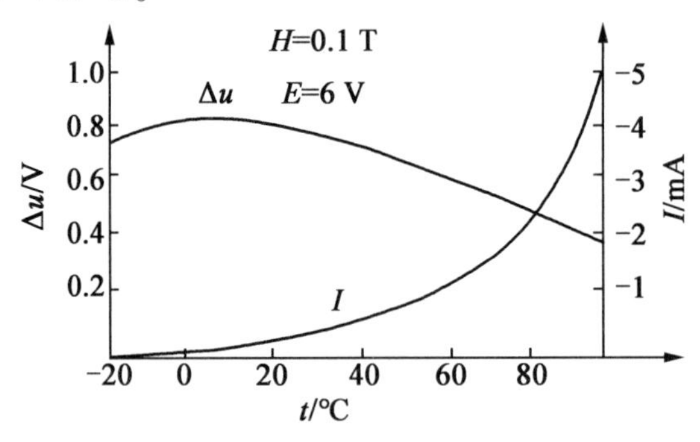

图 7.27 磁敏二极管温度特性

(5)温度补偿电路及灵敏度。

由温度特性曲线可知，磁敏二极管受温度影响比较大，为避免使用中产生较大误差，必须进行温度补偿。为了进行温度补偿常选择两只或四只特性一致的磁敏二极管按磁场极性反向设置组成多种温度补偿电路，常用的温度补偿电路有三种，如图 7.28 所示。

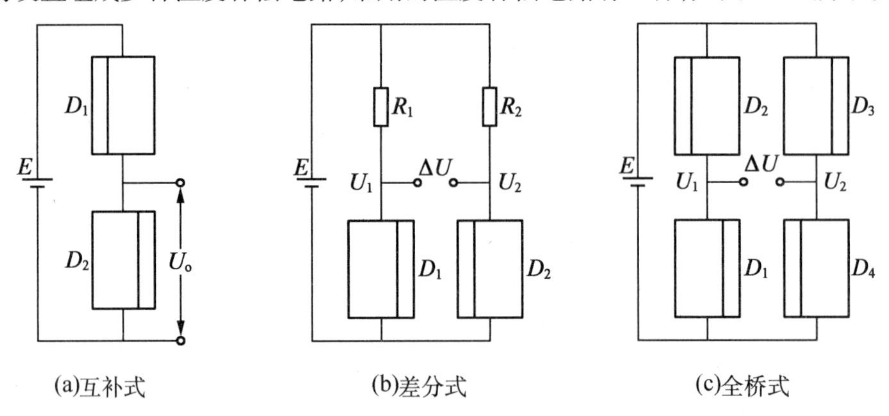

图 7.28 温度补偿电路

①互补式电路，如图 7.28(a)所示。选用特性相近的两只磁敏二极管，按磁场相反方法组合，并串接在电路中，可以进行温度补偿，还能提高磁灵敏度。无磁场作用时的输出电压 U_o 取决于两管的电阻分压比，当温度变化时，两管的等效电阻均改变，若其特性相同，则分压比关系不变，所以输出电压 U_o 不随温度变化。

②差分式电路，如图 7.28(b)所示。采用电桥的差动形式，进行温度补偿，还能提高磁灵敏度。按图中接法，则有 $\Delta U=\Delta U_{1+}+\Delta U_{2-}$，若输出电压不对称，可通过调节电阻 R_1 和 R_2，使输出得以改善。

③全桥式电路,如图 7.28(c)所示。对四只磁敏二极管的特性一致要求较高,目前已集成化。输出电压为 $\Delta U=2(\Delta U_{1+}+\Delta U_{2-})$。

上述方法可以提高灵敏度,全桥式电路灵敏度最高。此外,提高偏压可以提高磁灵敏度(但电流不宜过大,否则功耗大、易发热、温漂严重);也可以采用交流偏压和脉冲电压源,提高灵敏度,又减小功耗和抑制温漂。选用硅磁敏二极管好于锗磁敏二极管。

7.3.3　磁敏三极管传感器

磁敏三极管是在磁敏二极管的基础上研制出来的。磁敏三极管可分为 NPN 和 PNP 两种类型,制作的材料可以是锗或者硅。磁场的作用使集电极的电流增加或减少。它的电流放大倍数虽然小于 1,但基极电流和电流放大系数均具有磁灵敏度,因此可以获得远高于磁敏二极管的灵敏度,尤其适用于某些需要高灵敏度的场合,如微型引信、地震探测等方面。

1.结构与工作原理

锗磁敏三极管的结构与图形符号如图 7.29 所示。NPN 型锗磁敏管是在弱 P 型近本征半导体上,用合金法或扩散法形成三个结(即发射结、基极结、集电结)所形成的半导体元件。其最大特点是基区较长,与磁敏二极管相似,在长基区的侧面制成一个复合率很高的高复合区 r。在 r 区的对面保持光滑的无复合的镜面,长基区分为输运基区和复合基区两部分。

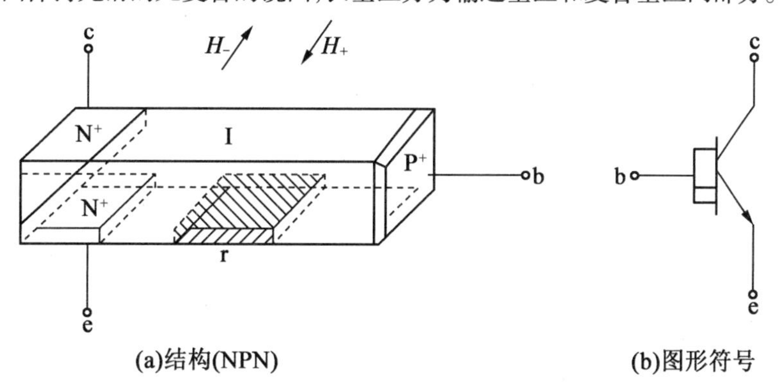

图 7.29　锗磁敏三极管的结构与图形符号

硅磁敏三极管是用平面工艺制造的,如图 7.30 所示。它通常采用 N 型材料,利用二次硼扩散工艺,分别形成发射区和集电区,然后扩磷形成基区而制成 PNP 型磁敏三极管。由于工艺上的原因,很少制造 NPN 型磁敏三极管。

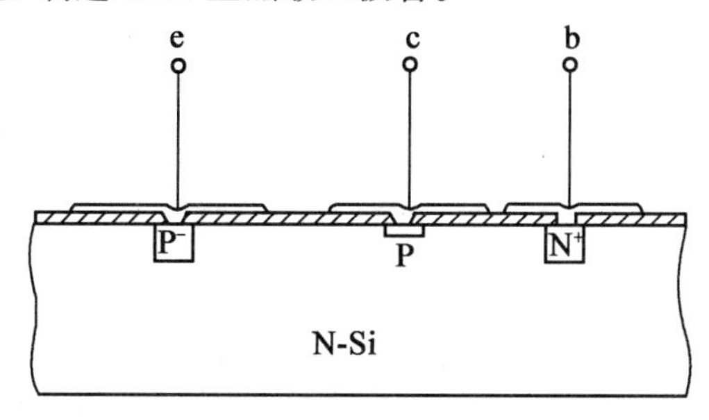

图 7.30　硅磁敏三极管的结构

2. 工作原理

在无外磁场、正向磁场下、反向磁场下，载流子的流动状态如图 7.31 所示。

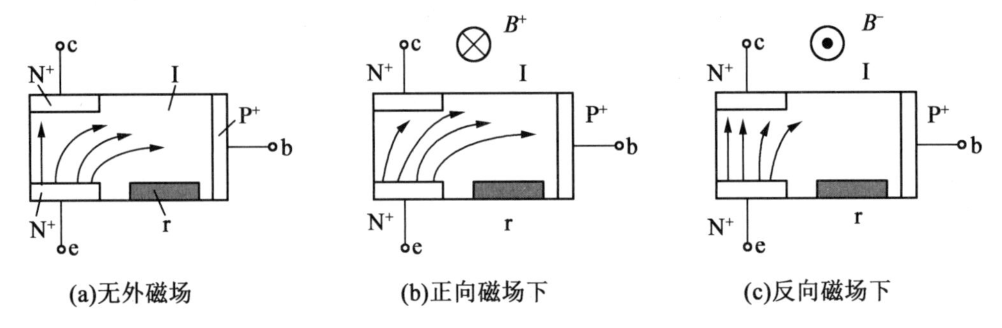

图 7.31　磁敏三极管的工作原理图

①无外磁场作用时，在横向电场作用下，由于磁敏三极管基区长度大于载流子有效扩散长度，因此发射区注入的载流子除少量输运到集电区外，大部分通过 E-I-B，形成基极电流，所以电流放大倍数 $\beta=I_c/I_b<1$ 。

②受正向磁场 B^+ 的作用（方向向内）时，如图 7.31(b) 所示，由于洛伦兹力的作用，载流子向发射极一侧偏转，从而使集电极电流 I_c 明显下降。

③受反向磁场 B^- 的作用（方向向外）时，如图 7.31(c) 所示，载流子受到洛伦兹力的作用，向集电极一侧偏转，集电极电流增加，基极电流减小。

由此可以看出，磁敏三级管的工作原理与磁敏二极管完全相同。在正向或反向磁场作用下，集电极电流会减小或增大。因此，可以用磁场方向控制集电极电流的增大或减小，用磁场的强弱控制集电极电流的增大或减小的变化量。

3. 主要特性

(1)磁电特性。

磁电特性是磁敏三极管最重要的工作特性之一。例如，国产 NPN 型 3BCM 锗磁敏三极管的磁电特性曲线如图 7.32 所示。在弱磁场作用下，磁电特性曲线接近一条直线。

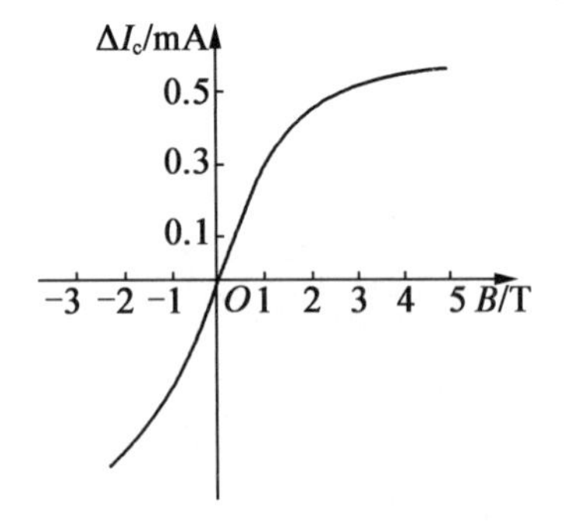

图 7.32　3BCM 的磁电特性

(2)伏安特性。

磁敏三极管的伏安特性类似普通三极管的伏安特性，如图 7.33 所示。图 7.33(a) 所示为不受磁场作用时的伏安特性曲线。图 7.33(b) 所示为磁敏三极管在 $B=\pm0.1$T 、基极恒流（$I_b=3$ mA）条件下，集电极电流的伏安特性。可见，集电极电流 I_c 对磁感应强度 B 的大小、方向都敏感。

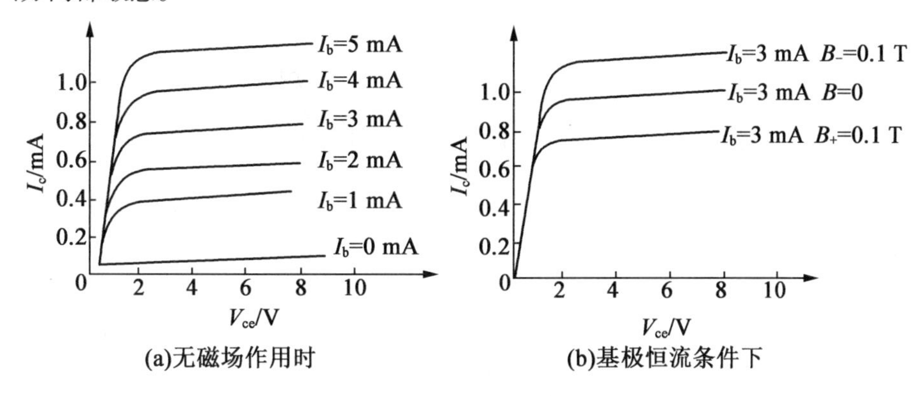

(a)无磁场作用时　　(b)基极恒流条件下

图 7.33 磁敏三极管的伏安特性

(3)温度特性。

磁敏三极管对温度也是敏感的。3ACM、3BCM 磁敏三极管的正温度系数为 0.8%/℃;3CCM 磁敏三极管的负温度系数为-0.7%/℃。3BCM 的温度特性曲线如图 7.24 所示。温度对正向磁灵敏度影响不太大,对负向磁灵敏度影响较大,加负向磁场时,随温度升高,特性曲线与 $B=0$ 的曲线相交,在交点温度下,负向磁灵敏度为零,称为无灵敏度温度点。I_b 越大,这一点对应的温度越低。在该点附近,不仅灵敏度变小,而且由负向磁灵敏度变为正向磁灵敏度。

使用温度范围,3BCM 为-40~+65 ℃,3CCM 为-45~+100 ℃。

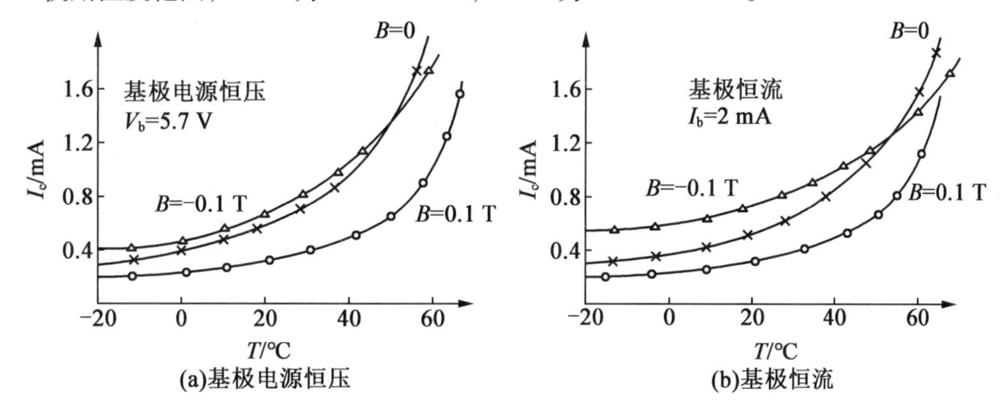

(a)基极电源恒压　　(b)基极恒流

图 7.34 3BCM 磁敏三极管的温度特性

(4)温度补偿。

①用温度系数相反的一般三极管来补偿。硅磁敏三极管的 I_c 具有负温度系数,可用具有正温度系数的普通非磁敏硅三极管进行补偿,如图 7.35(a)所示。

②使用磁敏二极管来补偿磁敏三极管输出电压 U_o 的温漂,如图 7.35(b)所示。

③使用差分电路来补偿。图 7.35(c)所示为差分补偿电路,选两只特性一致的磁敏三极管,并使它们对磁场的极性相反而叠放在一起。这种电路输出电压的磁灵敏度为单管的正、负向磁灵敏度之和,$h_{u1u2}=|V_{m1}-V_{m2}|/B=h_{u+}+h_{u-}$,即差分补偿电路既进行了温度补偿,又提高了磁灵敏度。

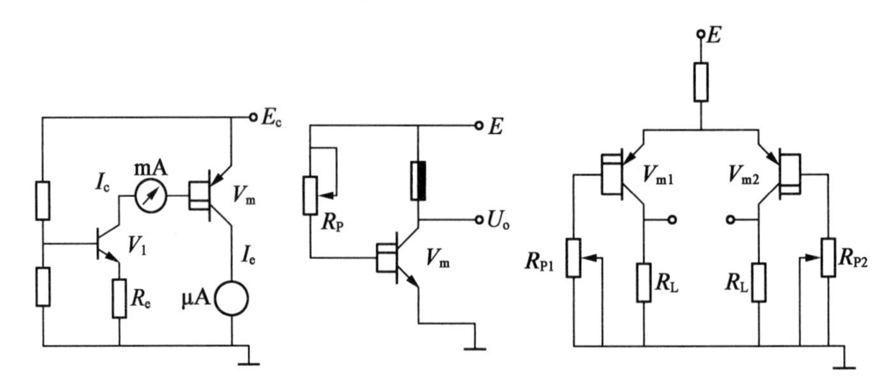

图 7.35 磁敏三极管的温度补偿电路

思政元素：从发现霍尔效应的过程，体悟进行科学研究必须具备严谨的科学态度、勇于探索的执着；引入霍尔效应的最新科研成果，如清华大学薛其坤团队发现量子反常霍尔效应，增强民族自豪感和爱国主义情怀，树立四个自信，为实现中华民族的强国梦而努力奋斗。

习　题

1. 说明磁电式传感器的工作原理。
2. 什么是霍尔效应，制作霍尔元件应采用什么材料。
3. 霍尔元件的不等位电势是如何产生的，减小不等位电势可以采用哪些方法。
4. 温度变化对霍尔电势有什么影响，如何补偿。
5. 简述磁敏三极管的工作原理。

第 8 章　物位及流量传感器

8.1　物位测量传感器

物位是指存放在容器或工业设备中物质的高度或位置。例如,液体介质液面的高低称为液位,液体-液体或液体-固体的分界面称为界位,固体粉末或颗粒状物质的堆积高度称为料位。液位、界位及料位的测量统称为物位测量。

物位测量的目的在于正确地测量容器或工业设备中储藏物质的容量或质量。它不仅是物料消耗量或产量计量的参数,也是保证连续生产和设备安全的重要参数。特别是现代化工业生产过程中生产规模大、反应速度快,常会遇到高温、高压、易燃易爆、强腐蚀性或黏性大等多种情况,对物位的自动检测和控制至关重要。

测量液位、界位或料位的仪表称为物位计。根据测量对象不同,可分为液位计、界位计及料位计。为满足生产过程中各种不同条件和要求的物位测量,物位计的种类很多,测量方法也各不相同。

在进行物位测量之前,必须充分了解物位测量的工艺特点,其特点可分为以下几个方面。

(1)液位测量的工艺特点。

①液面是一个规则的表面,但当物料流进流出时,会有波浪,或在生产过程中出现沸腾或起泡沫的现象。

②大型容器中常会出现液体各处温度、密度和黏度等物理量不均匀的现象。

③容器中常会有高温、高压、液体黏度很大,或含有大量杂质悬浮物等情况。

(2)料位测量的工艺特点。

①物料自然堆积时,有堆积倾斜角,导致料面不平。物料进出时,又存在着滞留区,部分物料“挂”在容器出口的边缘,影响着物位最低位置的准确测量。

②储仓或料斗中,物料内部存在大的孔隙,或粉料之中存在小孔隙,前者影响对物料储量的计算,而后者则在振动、压力或湿度变化时使物位也随之变化。

界位测量中常见的问题是界面位置不明显,浑浊段的存在影响准确测量。

以上提及的一些问题,给物位测量带来不少困难,目前虽有多种物位计,但在实际工作中仍经常要针对特殊需要进行特殊设计。目前常用的测量方法主要有浮力式液位测量、静压式液位测量、电容式液位测量、超声波物位测量、微波法物位测量、光纤式液位测量等。下面将对浮力式液位传感器和静压式液位传感器进行介绍。

8.1.1　浮力式液位传感器

1. 测量原理

浮力式液位测量是应用浮力原理测量液位的。它利用漂浮于液面上的浮子升降位移反映液位的变化，或利用浮子浮力随液位浸没高度而变化。前者称为恒浮力法，后者称为变浮力法。

(1)恒浮力法。

测量原理如图8.1(a)所示，浮子1由绳索经滑轮2与容器外的平衡重物3相连，利用浮子所受重力和浮力之差与平衡重物的重力相平衡，使浮子漂浮在液面上。平衡关系为

$$W-F=G \tag{8.1}$$

式中 W——浮子所受重力，N；

F——浮子所受浮力，N；

G——平衡重物的重力，N。

一般使浮子浸没一半时，满足上述平衡关系。当液位上升时，浮子被浸没的体积增加，因此浮子所受浮力 F 增加，则 $W-F<G$，使原有平衡关系被破坏，平衡重物会使浮子向上移动。当液位下降时，浮子相应地向下移动。直到重新满足平衡关系为止，浮子停留在新的液面高度上。因而实现了浮子对液位的跟踪。若忽略绳索的重力影响，由式(8.1)，W 和 G 可认为是常数，因此浮子停留在任何高度的液面上时，F 的值也应为常数，故称此方法为恒浮力法。这种方法实质上是通过浮子把液位的变化转换为机械位移的变化。

如图8.1(b)所示，设浮子为扁圆柱状，其直径为 D、高度为 b、重力为 W，浮子浸没在液体中部分高度为 Δh，液体介质密度为 ρ，液面高度为 H。

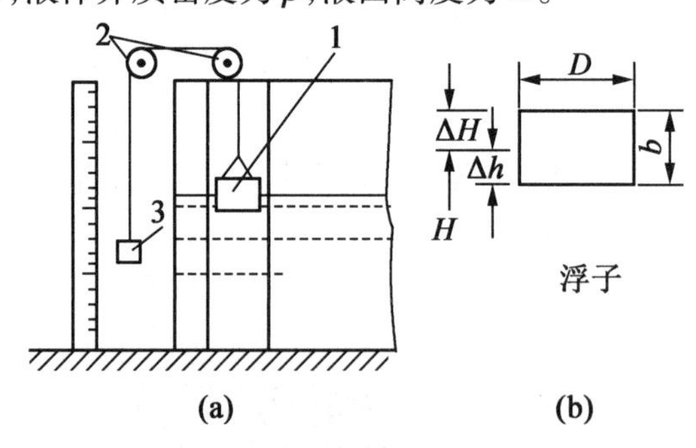

1—浮子；2—滑轮；3—平衡重物

图8.1 恒浮力法测量液位原理示意图

单独分析浮子因受浮力漂浮在液面上的情况，当它受的浮力 F 与本身的重力 W 相等时，浮子平衡在某个位置上，此时

$$W=\frac{\pi D^2}{4}\Delta h\rho g$$

$$\Delta h=\frac{4W}{\pi D^2\rho g} \tag{8.2}$$

当液面高度 H 变化时，浮子随之上升，Δh 应不变化才能准确地测量。由式(8.2)可知，温度或成分变化引起介质密度变化，或黏性液体的黏附、腐蚀性液体的侵蚀以致改变浮子的重力或直径，这些都会引起测量误差。

当液位变化 ΔH 时，浮子沉浸在液体中的部分变大，浮力增加，原来的平衡关系被破坏，浮子上浮，其浮力变化 ΔF 为

$$\Delta F=\frac{\pi D^2}{4}\Delta H\rho g \tag{8.3}$$

浮子随液位变化而上下浮动的原因是浮力的变化 ΔF，只有在浮力的变化 ΔF 大到能够使浮子动作时，才能反映出液位的变化。

由于仪表各部分具有摩擦，所以只有当浮力的变化 ΔF 达到一定数值 $\Delta F'$，能克服摩擦时，浮子才开始动作，这就是仪表产生不灵敏区的原因。$\dfrac{\Delta H}{\Delta F'}$表示液位计的不灵敏区，$\Delta F'$为浮子开始移动时的浮力的变化，

$$\frac{\Delta H}{\Delta F'}=\frac{4}{\pi D^2\rho g} \tag{8.4}$$

由式(8.4)可知，在设计浮子时，适当地增加浮子的直径 D，可有效地减小仪表的不灵敏区，提高仪表的测量精度。

应根据使用条件和使用要求来设计浮子的形状和结构，图 8.2 所示为三种不同形状的浮子。扁平状浮子做成大直径空心扁圆盘状，不灵敏区较小，可小到十分之几毫米，测量精度高。因此，它可测量密度较小的介质液位。对高频小变化的波浪，其抗波浪性也好。但对液面的大波动则比较敏感，易随之漂动。高圆柱状浮子的高度大、直径小，所以抗波浪性也好，但对液面变动不敏感，因此用它做成的液位计精度差，不灵敏区较大。扁圆柱状浮子的抗波浪性和不灵敏区在上述两者之间，由于其结构简单，易于加工制作，在实际工作中被大量采用。

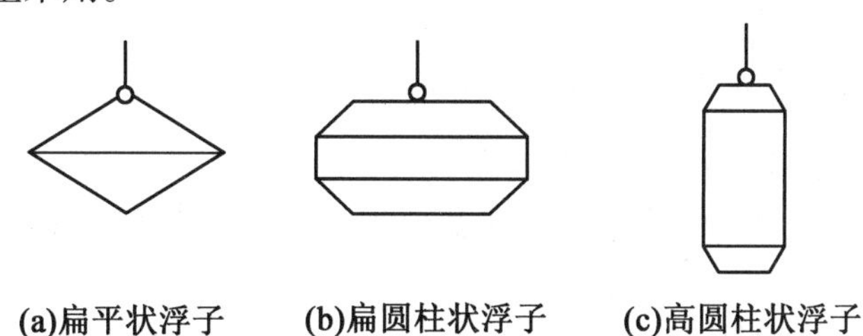

图 8.2　三种不同形状的浮子

(2)变浮力法。

测量原理如图 8.3 所示，将一个截面相同、重力为 W 的圆筒状金属浮筒悬挂在弹簧下，浮筒的重力被弹簧的弹性力所平衡。当浮筒的一部分被液体浸没时，由于受到液体的浮力作用而向上移动，当与弹性力达到平衡时，浮筒停止移动，此时满足如下关系。

$$cx=W-AH\rho g \tag{8.5}$$

式中　c——弹簧刚度，N/m；

x——弹簧压缩位移，m；

A——浮筒的截面面积，m^2；

H——浮筒被液体浸没的高度，m；

p——被测液体密度，kg/m^3；

g——重力加速度，m/s^2。

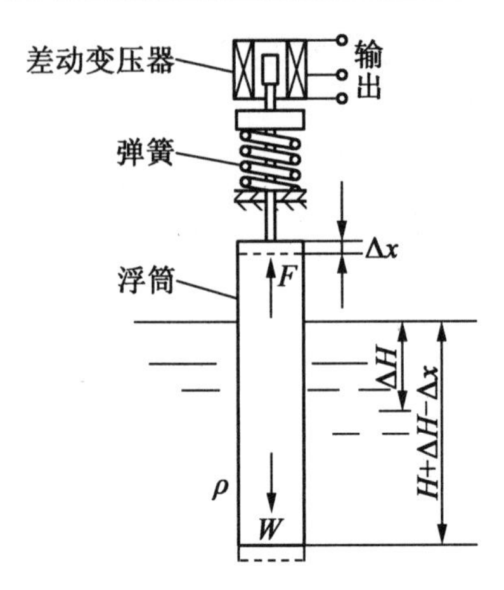

图 8.3 变浮力法液位测量原理

当液位变化时，由于浮筒所受浮力发生变化，浮筒的位置也要发生变化。如果液位升高 ΔH，则浮筒要向上移动 Δx，此时的平衡关系为

$$c(x-\Delta x)=W-A(H+\Delta H-\Delta x)\rho g \tag{8.6}$$

式(8.5)减式(8.6)便得到

$$c\Delta x=A\rho g(\Delta H-\Delta x)$$

$$\Delta x=\frac{A\rho g}{c+A\rho g}\Delta H=k\Delta H \tag{8.7}$$

由式(8.7)可知，浮筒产生的位移 Δx 与液位的变化 ΔH 成比例。如图 8.3 所示，在浮筒的连杆上安装一个铁芯，通过差动变压器便可以输出相应的电信号，显示出液位的数值。

综上所述，变浮力法测量液位是通过检测元件把液位的变化转换为力的变化，然后将力的变化转换为机械位移，并通过位移传感器转换成电信号，以便进行远传和显示。

2. 恒浮力式液位计

(1)浮球式液位计。

如图 8.4 所示，浮球 1 是由金属(一般为不锈钢)制成的空心球。它通过连杆 2 与转动轴 3 相连，转动轴 3 的另一端与容器外侧的杠杆 5 相连，并在杠杆 5 上加上平衡重物 4，组成以转动轴 3 为支点的杠杆力矩平衡系统。

浮球浮在液面上，当容器内液位发生变化时，浮球也上下移动。连杆机构将浮球的运动位移转换为轴的转动。转换装置为圆形滑线变阻器。轴的角度旋转使滑线变阻器的电阻发生变化。液位对应的电流信号由变送器处理。显示仪器显示液体的实际高度，达到液位检测和控制的目的。

一般要求浮球的一半浸没于液体之中时，系统满足力矩平衡，可调整平衡重物的位置或质量实现上述要求。当液位升高时，浮球被浸没的体积增加，所受浮力增加，破坏了原有的力矩平衡状态，平衡重物使浮球向上移动，直到浮球的一半浸没在液体中，重新恢复力矩平衡状态为止，浮球停留在新的平衡位置上。平衡关系式为

$$(W-F)l_1=Gl_2 \tag{8.8}$$

式中 W——浮球的重力，N；

F——浮球所受的浮力，N；

G——平衡重物的重力，N；

l_1——转动轴到浮球的垂直距离，m；

l_2——转动轴到平衡重物中心的垂直距离，m。

浮球式液位计常用于温度、黏度较高而压力不太高的密闭容器的液位测量。它可以直接将浮球安装在容器内部（内浮式），如图 8.4(a)所示；对于直径较小的容器，也可以在容器外侧另做一个浮球室与容器相通（外浮式），如图 8.4(b)所示。外浮式便于维修，但不适用于黏稠或易结晶、易凝固的液体。内浮式的特点则与此相反。浮球式液位计采用轴、轴套、密封填料等结构，既要保持密封又要将浮球的位移灵敏地传送出来，因此，它的耐压受到结构的限制而不会很高。它的测量范围受到其运行角的限制（最大为 35°）而不能太大，故仅适用于窄范围液位的测量。

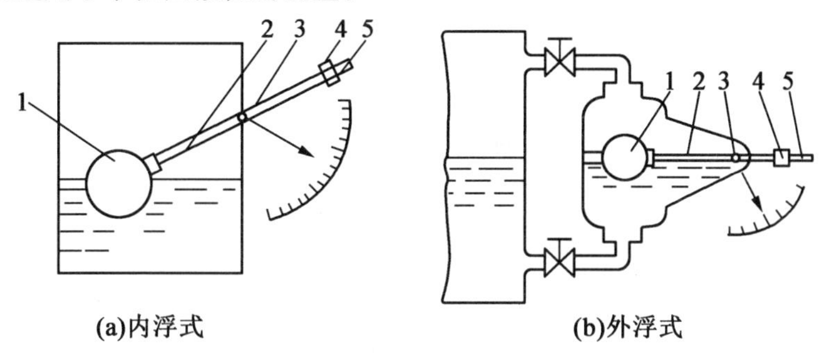

(a)内浮式　(b)外浮式

1—浮球；2—连杆；3—转动轴；4—平衡重物；5—杠杆

图 8.4　浮球式液位计

(2)磁浮子式液位计。

对于中小容器和工业设备，常用磁浮子舌簧管液位变送器，如图 8.5 所示。在容器中自上而下插入下端封闭的不锈钢管 1，管内有条形绝缘板 2，板上有紧密排列的舌簧管 3 和电阻 4。在不锈钢管 1 外套有可上下滑动的珠状浮子 5，其内部装有环状永磁铁氧体 6。环状永磁铁氧体的两面分别为 N、S 极，磁力线将沿管内的舌簧闭合。因此，处于浮子中央的舌簧管吸合导通，其他呈断开状态，如图 8.5(a)所示。

各舌簧管及电阻按图 8.5(b)所示方法接线，随液位的升降，AC 间或 AB 间的电阻相应地改变，再用适当的电路将电阻转换为标准电流信号，就成为液位变送器。也可以在 CB 间接恒定电压，A 端就相当于电位器的滑动端，可得到与液位对应的电压信号。整个仪表安装方式如图 8.5(c)所示。

管 1 和浮子 5 都用非磁性的材料制成，除不锈钢外也可用铝、铜和塑料等，但不可用铁。这种液位变送器比较简单，其可靠性主要取决于舌簧管的质量。为了防止个别舌簧管吸合不良引起错误信号，通常设计成同时有两个舌簧管吸合。由于舌簧管尺寸所限，总数和排列密度不能太大，所以液位信号的连续性差。此外，量程不能很大，目前只能做到 6 m 以下，太长难以运输和安装。

如果只要求液位越限报警，不必提供液位值，在图 8.6 所示的竖管里只需装两个舌簧管，其中 2 装在上限液位处，3 装在下限液位处，分别引出导线，接至报警或位式控制电路。在竖管外固定两个挡环 4 和 5，使浮子只能升或降到挡环为止，浮子里的磁铁就把舌簧管通断状态保持下去，直到浮子离开为止。

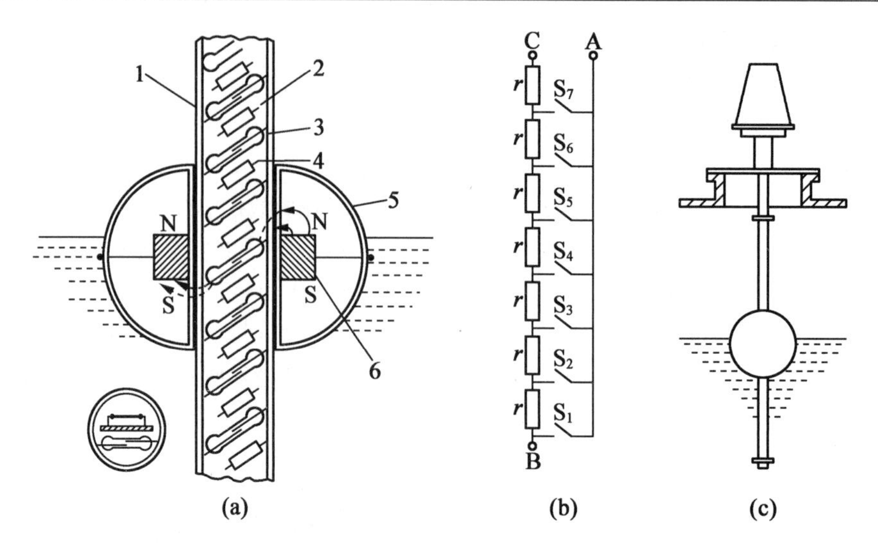

1—不锈钢管;2—绝缘板;3—舌簧管;4—电阻;5—浮子;6—永磁铁氧体

图 8.5 磁浮子舌簧管液位变送器

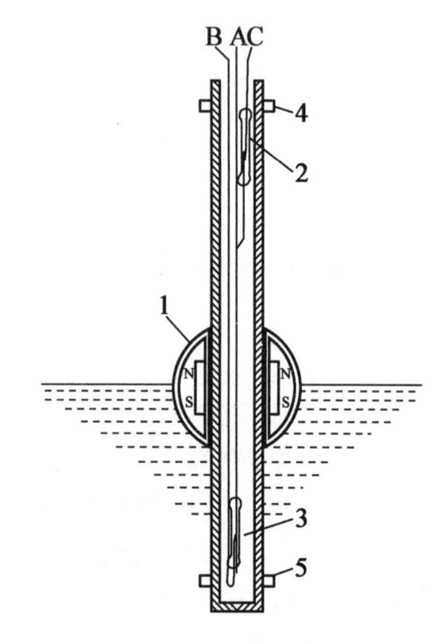

1—浮子;2,3—舌簧管;4,5—挡环

图 8.6 位式磁浮子液位传感器

就地指示用的磁浮子式液位计,为了便于观察,常按图 8.7 所示的原理显示。图 8.7(a)所示为磁翻板液位计,自被测容器接出不锈钢管,管内有带磁铁的浮子,管外设置一排轻而薄的翻板,每个翻板都有水平轴,可灵活转动。翻板一面涂红色,另一面涂白色,翻板上还附有小磁铁,小磁铁彼此吸引,使翻板总保持红色朝外或白色朝外。当浮子在近旁经过时,浮子上的磁铁就会迫使翻板转向,以致液面下方的红色朝外,上方的白色朝外,观察起来和彩色柱效果相同,每块翻板高约 10 mm。

图 8.7(b)所示为磁滚柱液位计。将上述磁翻板改用有水平轴的小柱代替,一侧涂红色,另一侧涂白色,也附有小磁铁,同样能显示液位。柱体可以是圆柱,也可以是六棱柱,直径约 10 mm。

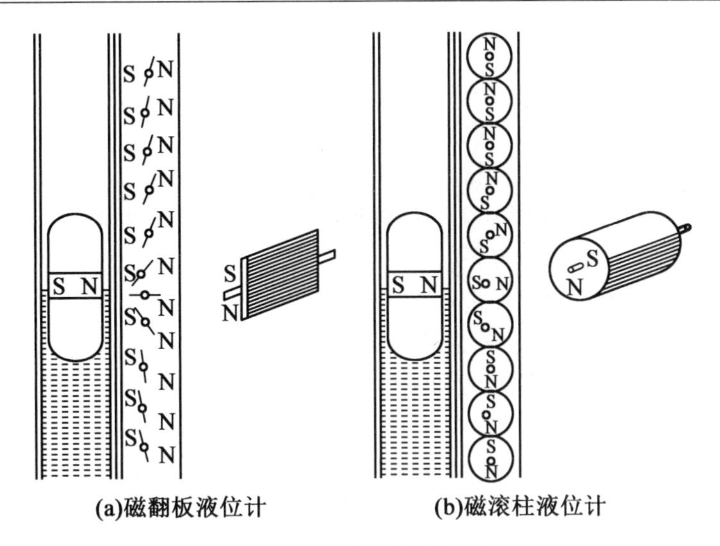

图 8.7　磁翻板及磁滚柱液位计

如果希望兼有上下限报警功能，可在磁翻板或磁滚柱的不锈钢管旁附加舌簧管，但应有自保持作用，磁浮子越限以后要保持报警状态直到液位恢复正常为止。

以上两种磁浮子式液位计指示部分都应防止尘沙侵入，所以成排的翻板或滚柱都有密封壳体保护。安装场所附近不可有强磁场。

(3)浮子钢带式液位计。

浮子钢带式液位计的原理如图 8.8 所示。浮子吊在钢带的一端，钢带对浮子施以拉力。钢带可以自由伸缩，当浮子在测量范围内移动时，钢带对浮子的拉力基本不变。为了防止浮子受被测液体流动的影响而偏离垂直位置，可增加一个导向机构。导向机构由悬挂的两根钢丝组成，靠下端的重锤进行定位，浮子沿导向钢丝随液位变化上下移动。如果被测液体表面流速不大，可以省略导向系统。

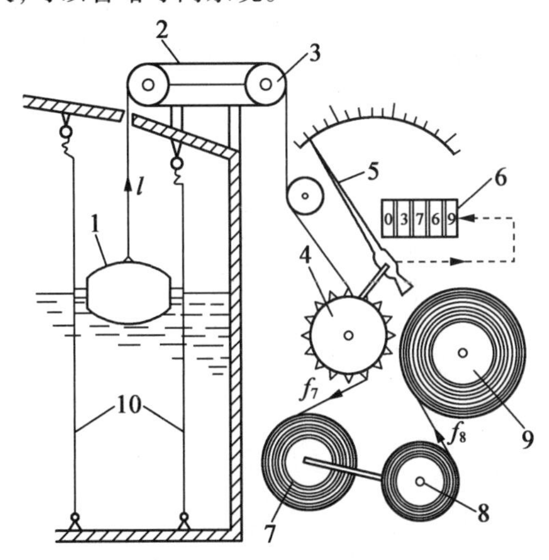

1—浮子；2—钢带；3—滑轮；4—钉轮；5—指针；6—计数器；7—收带轮；8—轴；　9—恒力弹簧轮

图 8.8　浮子钢带式液位计

浮子 1 经过钢带 2 和滑轮 3 将浮力的变化传到钉轮 4 上,钉轮 4 周边的钉状齿与钢带 2 上的孔啮合,将钢带 2 的直线运动转换为转动,由指针 5 和计数器 6 指示出液位。在钉轮轴上再安装转角传感器,就可以实现液位信号的远传。

为了保证钢带 2 张紧,绕过钉轮 4 的钢带 2 由收带轮 7 收紧,其收紧力由恒力弹簧提供。恒力弹簧在自由状态下是卷紧在恒力弹簧轮 9 上的,受力反绕在轴 8 上以后其恢复力始终保持常数,因而称为恒力弹簧。

从图 8.8 中可见,由于恒力弹簧具有一定厚度,虽然 f_8 恒定,但它对轴 8 形成的力矩并非常数,液位低时力矩大。同样,由于钢带 2 厚度使液位低时收带轮 7 的直径小,于是在 f_8 恒定的情况下,钢带 2 上的拉力和液位有关。液位低时拉力大,恰好与液位低时钢带 2 的重力抵消,使浮子受的提升力几乎不变,从而减小了误差。

当浮子浸没在液体中某一高度时,液体对浮子产生的浮力为 F,若浮子本身的重力为 W,恒力弹簧对浮子的拉力为 T,则整个系统平衡时应满足

$$T=W-F \tag{8.9}$$

如果液位升高,则在瞬间会使浮力 F 增加,恒力弹簧会通过钢带将浮子上拉,钢带上的小孔和钉轮上的钉状齿啮合,从而将钢带的线位移变为钉轮的角位移。当拉力 T 恒定,钉轮的周长、钉状齿间距及钢带的孔间距均制造得很精确时,可以得到较高的测量精度。但这种传动方式,密封比较困难,不适用于有压容器,因此,通常多用于常压储罐的液位测量。

它的测量范围一般为 0~20 m,测量精度可达到±0.03%。若采用远传信号方式,不仅可以提供远传标准信号,还可以现场提供液位的液晶数字显示。

3. 变浮力式液位计

浮筒式液位计就是应用变浮力原理测量液位的一种典型仪表,其中扭力管式浮筒液位计比较常用。

扭力管式浮筒液位计的测量部分如图 8.9 所示。作为液位检测元件的浮筒 1 垂直地悬挂在杠杆 2 的左端,杠杆 2 的右端与扭力管 3、装于扭力管内的芯轴 4 垂直紧固连接,并由固定在外壳上的支点所支撑。扭力管的另一端固定在外壳 5 上,芯轴 4 的另一端为自由端,用于输出角位移。

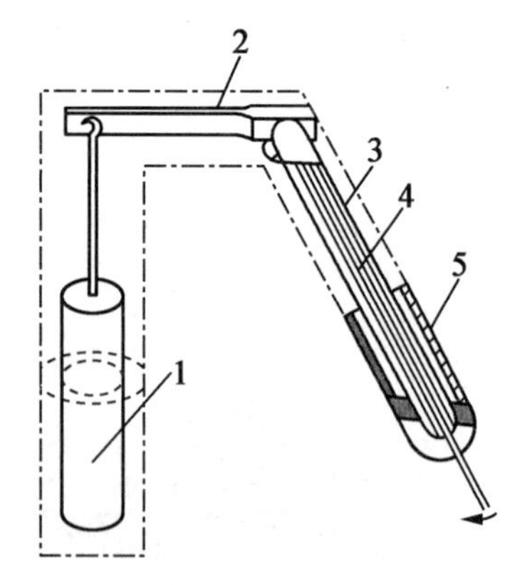

1—浮筒;2—杠杆;3—扭力管;4—芯轴;5—外壳

图 8.9 扭力管式浮筒液位计部分示意图

当液位低于浮筒下端时，浮筒的全部重力作用在杠杆上，此时的作用力为

$$F_0 = W \tag{8.10}$$

式中　W——浮筒的重力，N。

此时经杠杆作用在扭力管上的扭力矩最大，使扭力管产生最大的扭角 $\Delta\theta_{max}$（约为 7°）；当液体浸没整个浮筒时，作用在扭力管上的扭力矩最小，使扭力管产生的扭角为 $\Delta\theta_{min}$（约为 2°）。

当液位为 H 时，浮筒的浸没深度为 $H-x$，作用在杠杆上的力为

$$F_x = W - A\rho g(H-x) \tag{8.11}$$

式中　A——浮筒的截面面积，m^2；

x——浮筒上移的距离，m；

A——被测液体的密度，kg/m。

由式(8.7)可知，浮筒上移的距离与液位成正比，即 $x=KH$，所以式(8.11)可以改写为

$$F_x = W - A(1-K)\rho gH \tag{8.12}$$

因此，浮筒所受浮力的变化量为

$$\Delta F = F_x - F_0 = -A(1-K)\rho gH \tag{8.13}$$

由式(8.13)可知，液位 H 与 F 成正比。随液位 H 升高浮力增加，作用于杠杆的力 F 减小，扭力管的扭角也减小。扭角的角位移由芯轴输出，并通过机械传动放大机构带动指针就地指示液位。也可以将此角位移转换为气动或电动的标准信号，以适应远传和控制的需要。

8.1.2　静压式液位传感器

静压式液位的测量方法是通过测得液柱产生的静压实现液位测量的。其原理如图 8.10 所示，设 p_A 为密封容器中 A 点的静压（气相压力），p_B 为 B 点的静压，H 为液柱高度，ρ 为液体密度。根据流体静力学原理可知，A、B 两点的压力差为

$$\Delta p = p_B - p_A = H\rho g \tag{8.14}$$

如果图 8.10 中的容器为敞口容器，则 A 点的压力为大气压，式(8.14)可改写为

$$p = p_B = H\rho g \tag{8.15}$$

式中　p_B——B 点的表压，Pa。

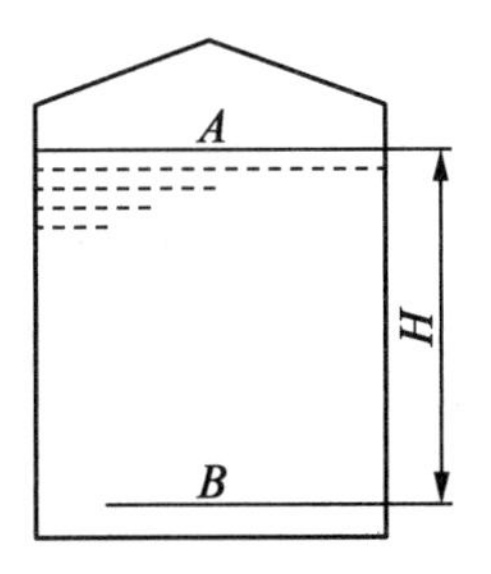

图 8.10　静压法液位测量原理

由式(8.14)和式(8.15)可知，液体的静压力是液位和液体密度的函数，当液体密度为常数时，A、B 两点的压力或压力差与液位有关。因此，可以通过测量 p 或 Δp 实现液位的测量。这样液位的测量就变为液体的静压测量，凡是能测量压力或差压的仪表，只要量

程合适均可用于液位测量。同时还可以看出，根据上述原理可以直接求得容器内所储存液体的质量。因为式(8.14)和式(8.15)中的 p 或代表了单位面积上一段高度为 H 的液体所具有的质量。所以，测得 p 或 Δp 再乘以容器的截面面积，即可得到容器中全部液体的质量。

1. 压力式液位传感器

压力式液位传感器是基于测压仪表所测压力值来测量液位的原理，主要用于敞口容器的液位测量。如图 8.11 所示，针对不同测量对象可以分别采用不同的方法。

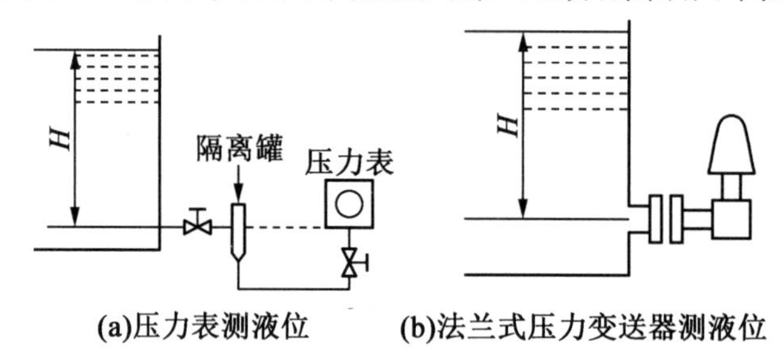

(a)压力表测液位　(b)法兰式压力变送器测液位

图 8.11　测压仪表测液位

(1)测压仪表测量。

如图 8.11(a)所示，测压仪表(压力表或压力变送器)通过引压导管与容器底部相通，由测压仪表指示值便可以知道液位。若需要信号远传则可以采用传感器或变送器。如果测压仪表的测压基准点与最低液位不一致，必须要考虑附加液柱的影响，要对其进行修正。

这种方式适合黏度较小、洁净液体的液位测量。当测量黏稠、易结晶或含有颗粒液体的液位时，由于引压管易堵塞，不能从导管引出液位信号，可以采用图 8.11(b)所示的法兰式压力变送器测量液位的方式。

(2)吹气法测量。

对于测量有腐蚀性、高黏度或含有悬浮颗粒液体的液位，也可以采用图 8.12 所示的吹气法进行测量。在敞口容器中插入一根导管，压缩空气经过滤器、减压阀、节流元件、转子流量计，最后由导管下端敞口处逸出。

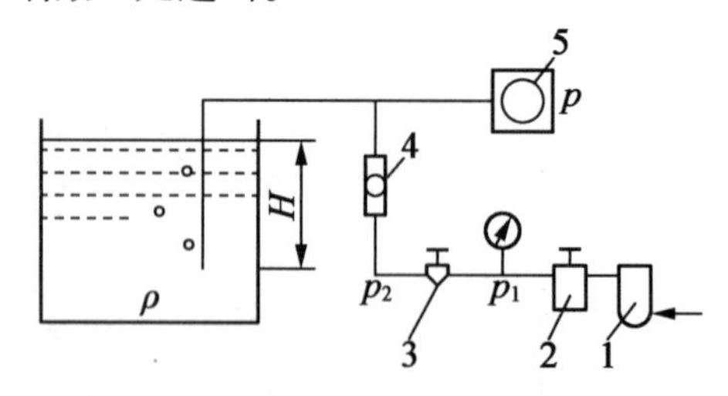

1—过滤器;2—减压阀;3—节流元件;4—转子流量;5—压力表

图 8.12　吹气法测量原理

压缩空气的压力 p_1 根据被测液位的范围，由减压阀 2 控制在某一数值上；p_2 是通过调整节流元件 3 保证液位上升到最高点时，仍有微量气泡从导管下端敞口处逸出。由于节流元件 3 前的压力 p 变化不大，根据流体力学原理，当满足 p_2 小于等于 $0.528p_1$ 时，可以实现气源流量恒定不变。

正确选择吹气量是吹气法测量的关键。通常吹气流量约为 20 L/h,吹气流量可由转子流量计 4 进行显示。根据液位计长期运行经验表明,吹气量选大一些为好,这有利于吹气管防堵、防止液体反充、克服微小泄漏所造成的影响及提高灵敏度等。但是随着吹气量的增加,气源耗气量也增加,吹气管的压降会成比例增加,增大了造成泄漏的可能性。所以吹气量的选择要兼顾各种因素,并非越大越好。

当液位上升或下降时,液封的压力会升高或降低,致使从导管下端逸出的气量也要随之减少或增加。导管内压力几乎与液封静压相等,因此,由压力表 5 显示的压力值即可获取液位 H。

2. 差压式液位传感器

在密封容器中,容器下部的液体压力除与液位有关外,还与液面上部介质压力有关。由式(8.14)可知,在这种情况下,可以用测差压的方法来获得液位,如图 8.13 所示。与压力检测法一样,差压检测法的差压指示值除了与液位有关外,还受液体密度和差压仪表的安装位置影响。当这些因素影响较大时必须进行修正。对于安装位置引起的指示偏差可以采用“零点迁移”来解决。

(1)零点迁移。

无论是压力检测法还是差压检测法都要求取压口(零液位)与压力(差压)检测仪表的入口在同一水平高度,否则会产生附加静压误差。但是,实际安装时不一定能满足这个要求。在这种情况下,可通过计算进行校正,更多是对压力(差压)变送器进行零点调整,使它在受附加静压差时输出为“零”,这种方法称为“零点迁移”。零点迁移分为无迁移、负迁移和正迁移三种情况。

正、负迁移的实质是通过调整迁移机构改变差压变送器的零点,使被测液位为零时,变送器的输出为起始值 4 mA,因此,称为零点迁移。它仅改变了变送器测量范围的上下限,而测量范围的大小不会改变。

需要注意的是并非所有的差压变送器都带有迁移功能,实际测量中,由于变送器的安装高度不同,会存在正迁移或负迁移问题。在选用差压式液位传感器时,应在差压变送器的规格中注明是否带有正、负迁移装置及其迁移量的大小。

(2)特殊液位测量。

①有腐蚀性、易结晶或高黏度介质液位测量。测量具有腐蚀性或含有结晶颗粒,以及黏度大、易凝固等介质的液位时,为解决引压管线腐蚀或堵塞的问题,可以采用法兰式差压变送器,如图 8.13 所示,变送器 3 的法兰直接与容器上的法兰连接,作为敏感元件的测量头(金属膜盒)1 经毛细管 2 与变送器 3 的测量室相连通,在膜盒、毛细管和测量室所组成的封闭系统内充有硅油,作为传压介质,起到将变送器与被测介质隔离的作用。变送器的工作原理与一般差压变送器完全相同。毛细管的直径较小,一般内径为 0.7~1.8 mm,外面套以金属软管进行保护,具有可挠性,单根毛细管的长度一般为 5~11 mm,可选择,安装比较方便。法兰式差压变送器有单法兰、双法兰、插入式或平法兰等结构形式,可根据被测介质的不同情况进行选用。

②锅炉汽包水位测量。差压式液位计是目前电厂锅炉汽包、除氧器等容水设备中用得非常普遍的一种水位测量仪表。汽包水位测量时,受汽、水密度变化等许多因素影响,容易引起较大的测量误差,因此,需要采取一些补偿措施。

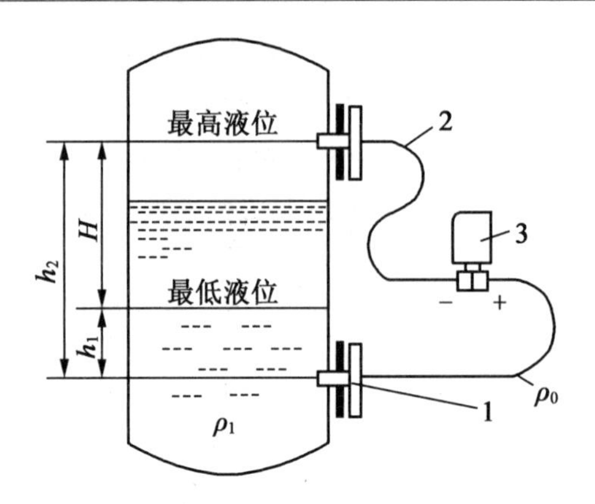

1—测量头;2—毛细管;3—变送器

图 8.13 法兰式差压变送器测液位

差压式液位计的关键环节是把水位转换成差压的平衡容器,常用的双室平衡容器工作原理如图 8.14 所示。外边的粗管为正压容室,上部与汽包汽侧连通,由汽包进入平衡容器的蒸汽不断凝结成水,由于溢流而保持一个恒定水位、形成恒定的水静压力 p_+。粗管里面的细管为负压容室,下部和汽包水侧连通,被测水位形成水静压力 p_-。

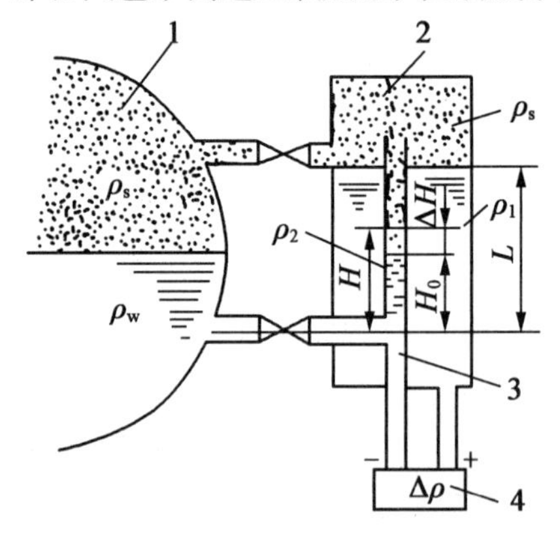

图 8.14 双室平衡容器工作原理

汽包水位偏离正常水位时,平衡容器输出的差压随之变化。由于 $\rho_2>\rho_s$,因此,随着汽包水位的升高,平衡容器的输出差压减小;当汽包水位降低时,平衡容器的输出差压增大。在锅炉启停过程中,由于汽包压力低于额定的工作压力,因此差压式液位计的指示水位要比实际水位低。这种测量读数的负值误差,在中压锅炉中可达 40~50 mm,在高压锅炉中可达 100~150 mm。

8.2　流量测量传感器

8.2.1　流量

流量的精确测量是一个比较复杂的问题，这是由流量测量的性质决定的。流动的介质可以是液体、气体、颗粒状固体，或是它们的组合形式。液流可以是层流或紊流、稳态的或瞬态的。流体的特性参数多样性决定了对它的测量方法的多样性。

流量是流过介质的量与该量流过的导管截面所需时间之比，根据采用的不同定义，流量又可分为体积流量和质量流量。

体积流量为

$$q_V=\frac{\Delta V}{\Delta t}=uA \tag{8.16}$$

质量流量为

$$q_m=\frac{\Delta m}{\Delta t}=\rho uA \tag{8.17}$$

体积流量和质量流量的关系为

$$q_m=q_V\rho \tag{8.18}$$

式中　q_V——体积流量；m^3/s；

q_m——质量流量，kg/s；

ΔV——流体体积，m^3；

Δm——流体质量，kg；

Δt——时间，s；

u——管内平均流速，m/s；

ρ——流体密度，kg/m^3；

A——管道横截面积，m^2。

如果流动是不随时间显著变化的，则称为定常流，式(8.16)和式(8.17)中的时间 Δt 可以取任意单位时间。如果流动是非定常流，流量随时间不断变化，则式(8.16)和式(8.17)中的时间 Δt 应足够短，以致该段时间内可以认为流动是稳定的。所以，流量的概念是瞬时的概念，流量是瞬时流量的简称。

在一段时间内流过管道横截面的流体总量称为累积流量，也可称为总量。在数值上它等于流量对时间的积分，数学表达式为

$$V=\int_{t_1}^{t_2}q_V\mathrm{d}t \tag{8.19}$$

$$m=\int_{t_1}^{t_2}q_m\mathrm{d}t \tag{8.20}$$

8.2.2　流量测量仪表的分类

流量测量仪表种类繁多，其测量原理、结构特性、适用范围，以及使用方法等各不

相同。

按测量原理，流量测量仪表可分为容积式、速度式和差压式三类。

容积式流量计是利用机械测量元件把流体连续不断地分隔成单位体积并进行累加而计量出流体总量的仪表，如腰轮流量计、椭圆齿轮流量计、刮板流量计等。

速度式流量计是以测量管道内或明渠中流体的平均速度来求得流量的仪表，如涡轮流量计、涡街流量计、电磁流量计、超声流量计等。

差压式流量计是利用伯努利方程原理测量流量的仪表。它以输出差压信号反映流量的大小，如节流式流量计、均速管流量计、形流量计、弯管流量计等。浮子流量计属于差压式流量计的一种特例。

8.2.3 容积式流量计

容积式流量计又称定（正）排量流量计，其工作过程是：流体不断地充满具有一定容积的某“计量空间”，然后连续地从出口流出，在一次测量中，将这些计量空间被流体充满的次数不断累加，乘以计量空间的体积，就可以得到通过流量计的流体总量。所以，容积式流量计是采用容积累加的方法获得流体总量的流量测量仪表。

容积式流量计具有对上游流动状态变化不敏感、测量准确度高、可用于高黏度液体、可直接得到流体累积量等特点。在各工业领域，尤其在石油化工、贸易、轻工、食品等领域中得到了广泛的应用。

1. 容积式流量计的测量原理及结构

（1）测量原理。

容积式流量计采用固定的小容积来反复计量通过流量计的流体体积。所以，容积式流量计内部必须具有构成一个标准体积空间，通常称为“计量空间”或“计量室”。这个空间由仪表壳的内壁和流量计转动部分一起构成。

容积式流量计的工作原理为：流体通过流量计，就会在流量计进、出口之间产生一定的压力差；流量计的转动部分在这个压力差的作用下将产生旋转，并将流体由入口排向出口；在这个过程中，流体一次次地充满流量计的计量空间，然后又不断地被送往出口；在给定流量计的条件下，计量空间的体积是确定的，只要测得转子的转动次数，就可以得到通过流量计的流体体积的累积值。

设流量计的计量空间体积为 $V(\mathrm{m}^3)$，一定时间内转子转动次数为 N，则在该时间内流过的流体体积为

$$V=Nv \tag{8.21}$$

再设仪表的齿轮比常数为 a，其值由传递转子转动的齿轮组的齿轮比和仪表指针转动一周的刻度值所确定。若仪表的指示值为 I，它与转子转动次数 N 的关系为

$$I=\alpha N \tag{8.22}$$

由式（8.21）和式（8.22）可得，一定时间内通过仪表的流体体积与仪表指示值的关系为

$$V=I\frac{v}{\alpha} \tag{8.23}$$

(2)结构。

为适应生产中对流量测量的各种不同介质和不同工作条件的要求,有各种不同形式的容积式流量计。其中,比较常见的有齿轮型、刮板型等形式。

①齿轮型容积式流量计。这种流量计的体内装有两个转子,直接或间接地相互啮合,在流量计进口与出口之间的压差作用下产生转动。通过齿轮的转动,不断地将充满在齿轮与壳体之间的计量空间中的流体排出。通过测量齿轮转动次数,可得到通过流量计的流量。

图 8.15 所示为椭圆齿轮型容积式流量计的工作示意图。

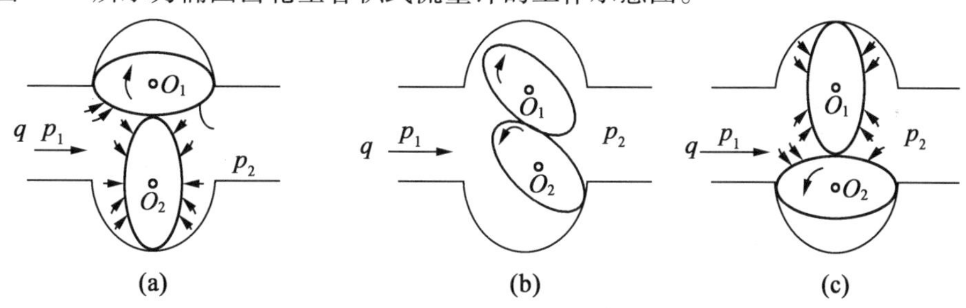

图 8.15　椭圆齿轮型容积式流量计的工作示意图

该流量计由两个椭圆齿轮相互啮合进行工作,其工作过程简述如下。图 8.15 中 p_1 表示流量计进口流体压力;p_2 表示出口流体压力,显然 $p_1>p_2$。在图 8.15(a)中,下面的齿轮虽然受到流体的压差作用,但不产生旋转力矩,而上面的齿轮在两侧差压作用之下产生旋转力矩而转动。由于两个齿轮相互啮合,故各自以 O_1 和 O_2 为轴心按箭头方向旋转,同时上面的齿轮将半月形计量空间中的流体排向出口。在此状态下,上齿轮为主动轮,下齿轮为从动轮。在图 8.15(b)所示的位置,两个齿轮在流体差压作用下产生旋转力矩,并在该力矩作用下沿箭头方向继续旋转,转变到图 8.15(c)所示的位置。这时齿轮位置与图 8.15(a)相反,下齿轮为主动轮,上齿轮为从动轮。下齿轮在进、出口流体差压作用之下旋转,又一次将它与壳体之间的半月形计量空间中的流体排出。如此连续不断,椭圆齿轮每转一周,就排出 4 份计量空间流体体积。

因此,只要读出齿轮的转数,就可以计算出排出液体的量。

参考图 8.16,可计算出排出的流体总量 Q 为

$$Q=4nV=2\pi n(R^2-ab)\delta \tag{8.24}$$

式中　n——齿轮的转动次数;

a——椭圆齿轮的长半轴,m;

b——椭圆齿轮的短半轴,m;

δ——椭圆齿轮的厚度,m;

R——计量室的半径,m;

V——计量室的体积,m^3。

②刮板型容积式流量计。刮板型容积式流量计也是一种常见的容积式流量计。在这种流量计的转子上装有两对可以径向内外滑动的刮板,转子在流量计进、出口差压作用之下转动,每转一周排出 4 份计量空间流体体积。因此,只要测出转动次数,就可以计算出排出流体的体积。

常见的凸轮式刮板流量计结构如图 8.17 所示。图中壳体内腔是一圆形空筒,转子也是一个空心圆筒状物体,径向有一定宽度,径向在各为 90°的位置开 4 个槽,刮板可以在槽

内自由滑动,4 块刮板由两根连杆连接,相互垂直,在空间交叉。在每一刮板的一端装有一小滚珠,4 个滚珠均在一固定凸轮上滚动使刮板时伸时缩,当相邻两刮板均伸出至壳体内壁时,就形成第一个计量空间的标准体积。刮板在计量区段运动时,只随转子旋转而不滑动,以保证其标准体积恒定。当离开计量区段时,刮板缩入槽内,流体从出口排出。同时,后一刮板又与其相邻的另一刮板形成第二个计量空间,同样动作。转子转动一周,排出 4 份计量空间体积的流体。

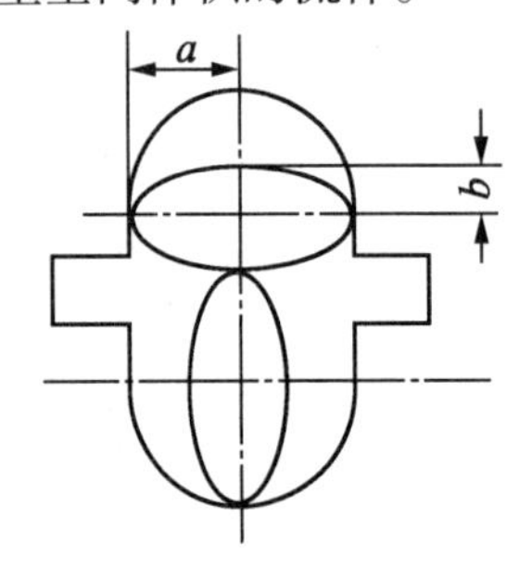

图 8.16 椭圆齿轮几何结构示意图

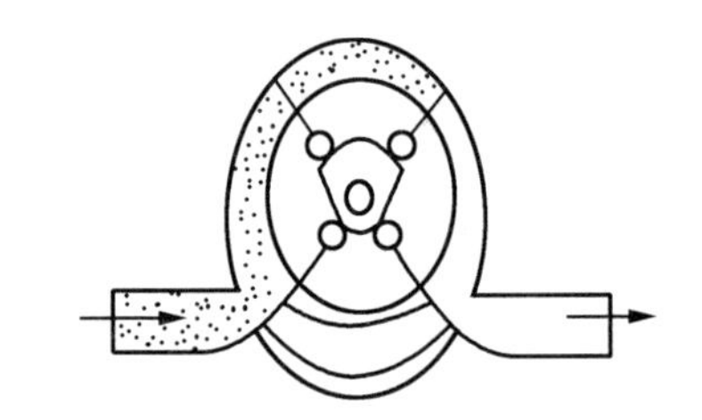

图 8.17 凸轮式刮板流量计

2. 容积式流量计的特点及使用要求

容积式流量计的特点是精度高、范围度宽、可测小流量、受黏度等因素影响较小和对前面的直管段长度没有严格要求。但对大流量的检测来说成本高、质量大、维护不方便。

使用容积式流量计应注意以下几点。

①选择容积式流量计,虽然没有雷诺数的限制,但应该注意实际使用时的测量范围必须是在仪表的量程范围内,不能简单地按连接管尺寸去确定仪表的规格。

②为了保证运动部件的顺利转动,器壁与运动部件间应有一定的间隙,流体中如有尘埃颗粒会使仪表卡住,甚至损坏。为此,在流量计前必须要装过滤器(或除尘器)。

③由于各种原因,可能使进入流量计的液体中夹杂有少量气体,为此,应该在流量计前设置气体分离器,否则会影响仪表检测精度。

④流量计可以水平或垂直安装。安装在水平管道上时,应设有副线。当垂直安装时,仪表应装在副线上,以免铁屑、杂质等落入仪表的测量部分。容积式流量计安装示意图如图 8.18 所示。

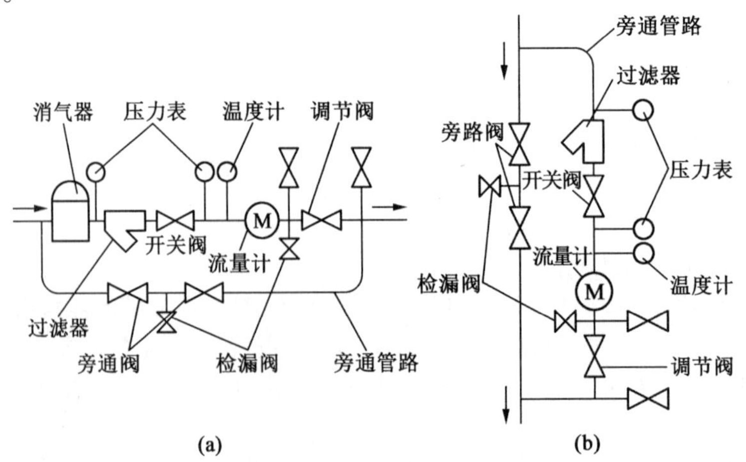

图 8.18 容积式流量计安装示意图

⑤用不锈钢、聚四氟乙烯等耐腐蚀材料制成的椭圆齿轮流量计,可用来测有腐蚀性的介质流量。当被测介质易凝固或易结晶时,仪表应加装蒸汽夹套保温。

8.2.4　浮子流量计

浮子流量计又称转子流量计,或面积流量计。浮子流量计是一种利用物体在流体中的浮力与重力平衡来测量流体流量的装置。其工作原理是阿基米德原理,即浮子在流体中受到的浮力等于其排出流体所受的重力。它也是利用节流原理测量流体的流量,在测量过程中,始终保持节流件(浮子)前后的压降不变,而通过改变流通面积来改变流量的仪表,所以被称为恒压降流量计。

浮子流量计按制造材料的不同,可分为玻璃浮子流量计和金属管浮子流量计两大类。玻璃浮子流量计结构简单、浮子位置清晰可见、刻度直观、价格低廉,一般只用于常温、常压下透明介质的流量测量。这种流量计只能就地指示,不能远传流量信号,多用于工业原料的配比计量。金属管浮子流量计由于采用金属锥管,工作时无法直接看到浮子的位置,需要用间接的方法给出浮子位置。因此,按传输信号的方式不同,金属管浮子流量计又可分为远传型和就地指示型两种。这种流量计多用于高温、高压、不透明及有腐蚀性介质的流量测量。除了能用于工业原料配比计量外,还能输出标准信号,与记录仪和显示器配套使用来计量累积流量。

1. 浮子流量计的结构原理及流量方程

(1)结构原理。

浮子流量计的结构主要由一个向上扩张的锥形管和一个置于锥形管中可以上下自由移动的浮子组成,如图8.19所示。流量计的两端用法兰连接或螺纹连接的方式垂直地安装在测量管路上,使流体自下而上地流过流量计,推动浮子。在稳定工况下,浮子悬浮的高度 h 与通过流量计的体积流量之间有一定的比例关系。所以,可以根据浮子的位置直接读出通过流量计的流量值,或通过远传信号方式将流量信号(即浮子的位置信号)远传给二次仪表进行显示和记录。

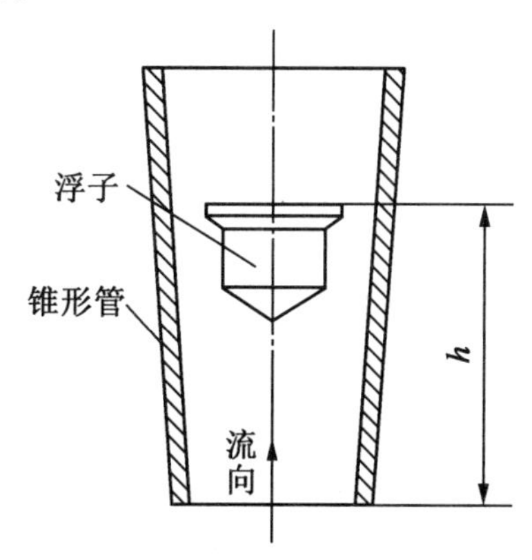

图8.19　浮子流量计的结构

为了使浮子在锥形管中移动时不致碰到管壁,通常采用以下两种方法。一种方法是在浮子上开几条斜的槽沟,流体流经浮子时,作用在斜槽上的力使浮子绕流束中心旋转以保持浮子工作时居中和稳定。另一种方法是在浮子中心加一导向杆或使用带棱筋的玻璃锥形管起导向作用,使浮子只能在锥形管中心线上下运动,保持浮子稳定性。

(2)流量方程。

浮子流量计垂直地安装在测量管路中,当流体沿流量计的锥形管自下而上地通过而使浮子稳定地悬浮在某一高度时,如图 8.20 所示,浮子主要受以下三个力的作用而处于平衡状态。

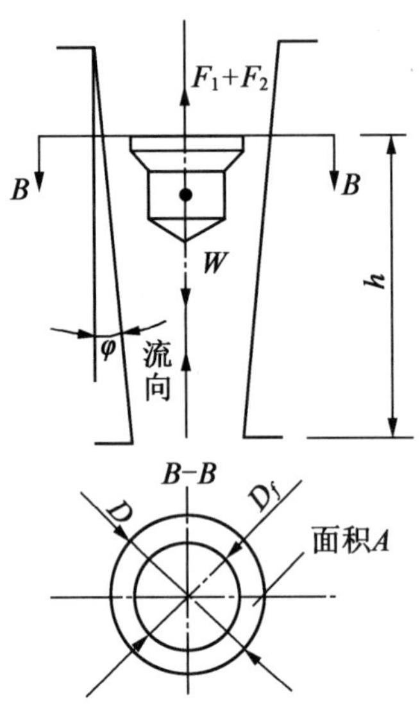

图 8.20 浮子流量计测量原理

①浮子迎流面受差压阻力 F_1

$$F_1=C\frac{1}{2}\rho u^2A_f \tag{8.25}$$

②浮子受到的浮力 F_2

$$F_2=V_f\gamma \tag{8.26}$$

③浮子自重 W

$$W=V_f\gamma_f \tag{8.27}$$

式中 A_f——浮子迎流面积;

ρ——流体介质密度,kg/m^3;

u——流体速度,m/s;

C——阻力系数;

V_f——浮子迎流体积,m^3;

γ_f——浮子重度,N/m^3。

显然,当浮子在流体中处于平衡时,有

$$W=F_1+F_2 \tag{8.28}$$

即

$$V_f(\gamma_f-\gamma)=\frac{1}{2}C\rho u^2A_f \tag{8.29}$$

所以

$$u=\frac{1}{\sqrt{C}}\sqrt{\frac{2V_f(\gamma_f-\gamma)}{A_f\rho}} \tag{8.30}$$

由式(8.30)可知,不管浮子停留在什么位置,流体流过环形面积的平均流速 u 是一个常数。由 $q_V=Au$ 可知,在 u 为常数的情况下,体积流量 q_V 与流通面积 A 成正比。

环形流通面积 A 由浮子和锥形管尺寸确定,设锥形管的锥角为 φ,零刻度处锥形管内径为 D_f,则在浮子高度 h 处,浮子所在处管内径 D 为

$$D=D_f+2h\tan\varphi$$

所以环形流通面积 A 为

$$A=\frac{\pi(D^2-D_f^2)}{4}=\pi(D_fh\tan\varphi+h^2\tan^2\varphi)$$

则体积流量为

$$q_V=\alpha\pi(D_fh\tan\varphi+h^2\tan^2\varphi)\sqrt{\frac{2V_f(\gamma_f-\gamma)}{A_f\rho}} \tag{8.31}$$

由式(8.31)可知,浮子流量计的体积流量与浮子高度 h 之间存在非线性关系。

如果锥形管的锥角很小,使得 $2D_f\gg 2h\tan\varphi$,则可将 $(2h\tan\varphi)^2$ 一项忽略不计。这样流通面积 A 可以近似地表示为

$$A=\pi D_fh\tan\varphi$$

所以,体积流量为

$$q_V=\alpha\pi D_f\tan\varphi\sqrt{\frac{2gV_f(\rho_f-\rho)}{A_f\rho}} \tag{8.32}$$

当进行较大流量测量时,为取得必要的环形面积,φ 很小,必须相应增加锥形管长度,因此早期的金属管浮子流量计,口径、长度不一,口径越大,长度越长,比较笨重。现在更多的是依赖于微处理器进行非线性计算,无须将 φ 做得很小,而锥形管做得很长。目前,各口径的金属管浮子流量计已统一制作成 250 mm 长度。

对于不同的流体,由于密度不同,所以 q_V 与 h 之间的对应关系也不同,原来的流量刻度将不再适用。所以,原则上浮子流量计应该用实际流体介质进行标定。

2. 金属锥管浮子流量计

金属锥管浮子流量计的锥管用金属制成,与玻璃浮子流量计相比,可用于较高的介质温度和压力状态下的流量测量。金属锥管可以和流量计壳体做成一体结构,也可以做成锥管套入壳体的分离结构,调用不同锥度的锥管就可以改变流量计的规格,比较灵活、方便。

远传型金属管浮子流量计转换部分将浮子的位移量转换成电流或电压等模拟量信号输出。图 8.21 所示的采用磁阻传感器的流量计是一种既可就地指示也可远传输出的新型金属管浮子流量计。

当流体自下而上流过锥管 1 时,引起浮子 2 产生位移,浮子 2 的位移通过磁钢 3、4 的耦合传给传动轴 7,传动轴 7 的转动引起磁钢 5 的转动,这样就将浮子 2 的直线位移转换成了磁钢 5 的角位移。磁钢 5 带动指针转动,将流量直接显示在表盘上。另外磁钢 5 的转动引起了磁场的变化,通过固态磁阻传感器 6 检测磁场方向的变化,从而使传感器输出

相应的电压信号,该电压信号输入单片机进行处理后,可输出与流量对应的标准电流信号远传给测控系统。

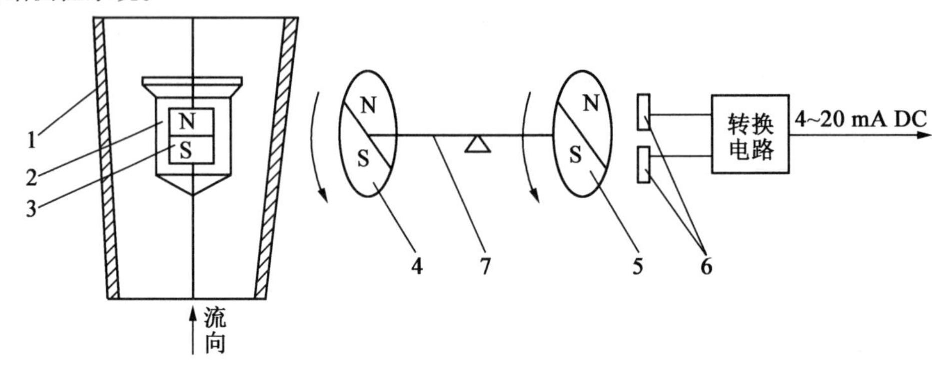

1—锥管;2—浮子;3,4,5—磁钢;6—固态磁阻传感器;7—传动轴

图 8.21 采用磁阻传感器的流量计

3. 浮子流量计的安装和使用

①浮子流量计必须垂直地安装在无振动的管道上,不应有明显的倾斜。流体自下而上地通过浮子流量计,如有倾斜,则倾斜角 θ 一般不应超过 5°。对于 1.5 级以上的浮子流量计,θ 应小于 2°。

②为了方便检修、更换流量计和清洗测量管道,除了安装流量计的现场有足够的空间外,在流量计的上、下游应安装必要的阀门。一般情况下,流量计前面用全开阀,后面用流量调节阀,并在流量计的位置设置旁路管道,安装旁通阀,如图 8.22(a)所示。在有可能产生流体倒流的管道上安装流量计时,为避免因流体倒流或水锤现象损坏流量计,应在流量计下游安装单向阀,如图 8.22(b)所示的阀 4。

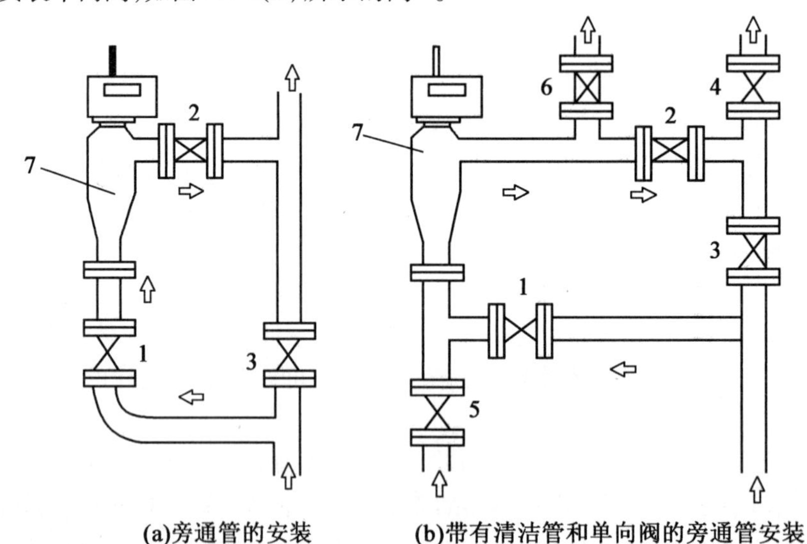

1—全开阀;2,6—流量调节阀;3—旁通阀;4—单向阀;5—清洁管阀;7—流量计

图 8.22 浮子流量计的管路安装

③对于脏污流体,应在流量计上游入口安装过滤器,带有磁性耦合的金属管浮子流量计用于测量含铁磁性杂质流体时,应在流量计前安装磁过滤器。为防止浮子和锥管被污,

必要时可设置图8.22(b)所示的冲洗配管及阀门5和阀门6便于定时冲洗。尤其是对于小口径仪表,浮子洁净程度对测量值影响很大,使用时应加以注意。

8.2.5 涡轮流量计

涡轮流量计是一种速度式流量仪表,它利用置于流体中的叶轮旋转角速度与流体流速成比例的关系,通过测量叶轮的转速来反映通过管道的体积流量大小,是目前流量仪表中比较成熟的高精度仪表。涡轮流量计由涡轮流量传感器和流量显示仪表组成,可实现瞬时流量和累积流量的计量。传感器输出与流量成正比的脉冲频率信号,该信号通过传输线路可以远距离传送给显示仪表,便于进行流量的显示。此外,传感器输出的脉冲信号可以与计算机配套使用,由计算机代替流量显示仪表实现密度、温度或压力补偿,显示质量流量或气体的体积流量。该类仪表适用于轻质成品油、石化产品等液体和空气、天然气等低黏度流体介质,通常用于流体总量的测量。

1. 涡轮流量计的结构及原理

(1)涡轮流量传感器的结构。

涡轮流量传感器的结构如图8.23所示。它主要由仪表壳体1、前后导向架组件2和4、叶轮组件3、压紧圈5、带信号放大器的磁电感应转换器6及轴承等组成。

①仪表壳体。仪表壳体一般采用不导磁的不锈钢(如1Cr18Ni9Ti)或硬质合金制成,对于大口径传感器也可用碳钢与不锈钢的镶嵌结构。壳体是传感器的主体部件,它起到承受被测流体的压力、固定安装检测部件、连接管道的作用,壳体内装有导流器、叶轮、轴和轴承,壳体外壁安装有信号检测放大器。

②导流器。导流器也通常选用不导磁不锈钢或硬铝材料制成,安装在传感器进、出口处,起导向整流和支承叶轮的作用,避免流体扰动对叶轮的影响。

③涡轮。涡轮又称叶轮,一般由高导磁性材料(如2Cr13或Cr17Ni2等)制成,是传感器的检测部件。它的作用是把流体动能转换为机械能。叶轮有直板叶片、螺旋叶片和"丁"字形叶片等,也可用嵌有许多导磁体的多孔护罩环来增加一定数量叶片涡轮旋转的频率。叶轮由支架中的轴承支承,与壳体同轴,其叶片数视口径大小而定。叶轮的几何形状及尺寸要根据流体性质、流量范围和使用要求等设计,叶轮的动态平衡很重要,直接影响仪表的性能和使用寿命。

④轴和轴承。轴和轴承通常选用不锈钢(如2Cr13、4Cr13、Cr17Ni2或1Cr18Ni9Ti等)或硬质合金制作,它们组成一对运动副,支承和保证叶轮自由旋转。它需有足够的刚度、强度、硬度、耐磨性和耐腐蚀性等,可以增加传感器的可靠性和使用寿命。

⑤信号检测放大器。国内常用信号检测放大器一般采用变磁阻式,它由永久磁钢、导磁棒、线圈等组成。它的作用是把涡轮的机械转动信号转换成电脉冲信号输出。由于永久磁钢对高导磁材料的叶片有吸引力而产生磁阻力矩,对于小口径传感器在小流量时,磁阻力矩在各种阻力矩中为主要项,为此永久磁钢分为大、小两种规格,小口径配小规格以降低磁阻力矩。一般线圈感应得到的电信号较小,需配上前置放大器放大、整形输出幅值较大的电脉冲信号,线圈输出信号有效值在10 mV以上的也可直接配用计算机显示流量。

(2)工作原理。

当被测流体通过涡轮流量传感器时,流体通过导流器冲击涡轮叶片,由于涡轮叶片与流体流向间有一倾角,流体的冲击力对涡轮产生转动力矩,使涡轮克服机械摩擦阻力矩和流动阻力矩而转动。实践表明,在一定的流量范围内,对于一定黏度的流体介质,涡轮的旋转角速度与通过涡轮的流量成正比。所以,可以通过测量涡轮的旋转角速度来测量流量。

涡轮的旋转角速度一般是通过安装在传感器壳体外的信号检测放大器用磁电感应的原理来检测、转换的。当涡轮转动时,涡轮上由导磁不锈钢制成的螺旋状叶片依次接近和离开处于管壁外的磁电感应线圈,周期性地改变感应线圈回路磁阻,使通过线圈的磁通量发生变化而产生与流量成正比的脉冲电信号。此脉冲信号经信号检测放大器进行放大、整形后送至显示仪表(或计算机),以显示流体流量或总量。

在某一流量范围和一定流体黏度范围内,涡轮流量计输出的信号脉冲频率 f 与通过涡轮流量计的磁电感应转换器体积流量 q_V 成正比,即

$$f=Kq_V \tag{8.33}$$

式中 K——涡轮流量计仪表系数,L^{-1} 或 m^3。

在涡轮流量计的使用范围内,仪表系数应为常数,其值由实验标定得到。

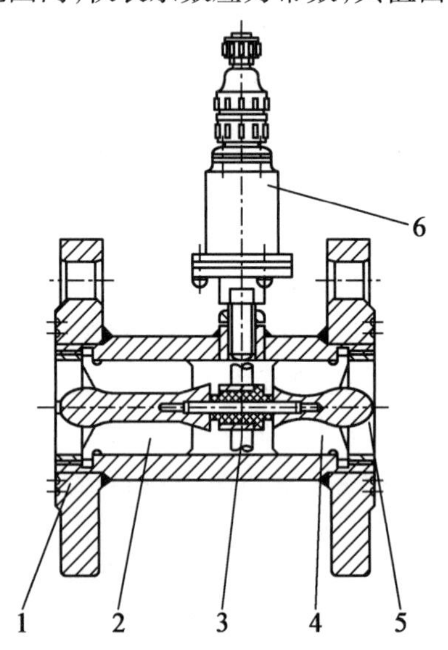

1—仪表壳体;2,4—前后导向架组件;3—叶轮组件;5—压紧圈;6—带信号放大器的磁电感应转换器

图 8.23 涡轮流量传感器结构原理

仪表系数 K 的意义是单位体积流量通过涡轮流量传感器时传感器输出的信号脉冲频率 f(或信号脉冲数 N)。所以,当测得传感器输出的信号脉冲频率或某一时间内的脉冲总数 N 后,分别除以仪表系数 K,就可得到体积流量 q_V(L/s 或 m^3/s)或流体总量 V(L 或 m^3),即

$$q_V=\frac{f}{K}\ (\text{L/s 或 m}^3\text{/s}) \tag{8.34}$$

$$V=\frac{N}{K}\ (\text{L 或 m}^3) \tag{8.35}$$

2. 涡轮流量计的安装和使用

(1)对被测介质的要求。

①流体的物性参数对流量特性影响较大。气体流量计易受密度影响,而液体流量计

对黏度变化反应敏感,又由于密度和黏度与温度和压力关系密切,而现场温度、压力的波动难以避免,要根据测量要求采取补偿措施,才能保持计量的精度。

②仪表受来流流速分布变化和旋转流等影响较大,传感器上、下游所需直管段较长,如果安装空间有限制可加装流动调整器以缩短直管段的长度。

③对被测介质清洁度要求较高,限制了其使用领域,虽可安装过滤器等以消除脏污介质,但也带来压力损失增大和维护量增加等副作用。

(2)安装要求。

①和传感器相连接的前后管道的内径应与传感器口径一致。管道与传感器连接处,不准有凸出物(如凸出的焊缝和垫片等)伸入管道内,以免改变通道截面面积和传感器进口流场分布,并要求管道中心和传感器中心一致。传感器安装在室外时,应有避免阳光直射和防雨淋措施(如安装防护箱等)。

②连接管道的安装在需要运行不能停流的场合,应安装旁路管道和可靠的截止阀,测量时应保证旁路管道无泄漏。在其他场合,一般希望设置旁路管道,既利于启动时起保护作用,又利于不影响流体正常输送情况下的维修。

③对不带信号检测放大器的传感器,其传感器和信号检测放大器之间的距离不得超过 3~5 m,传感器输出信号应该采用双芯屏蔽电缆传输至信号检测放大器的输入端。

8.2.6　旋涡流量计

旋涡流量计是利用流体振动原理来进行流量测量的。在特定流动条件下,流体一部分动能产生流体振动,且振动频率与流体的流速(或流量)有一定关系。这种流量计可分为自然振荡的卡门旋涡分离型和流体强迫振荡的旋涡进动型两种。前者称为涡街流量计,后者称为旋进旋涡流量计。这种流量计输出的是与流量成正比的脉冲信号,可以广泛用于液体、气体和蒸汽的流量测量。

1. 涡街流量计的测量原理

把一个非流线型阻流体垂直插入管道中,随着流体绕过阻流体流动,产生附面层分离现象,形成有规则的旋涡列,左右两侧旋涡的旋转方向相反,如图 8.24 所示。

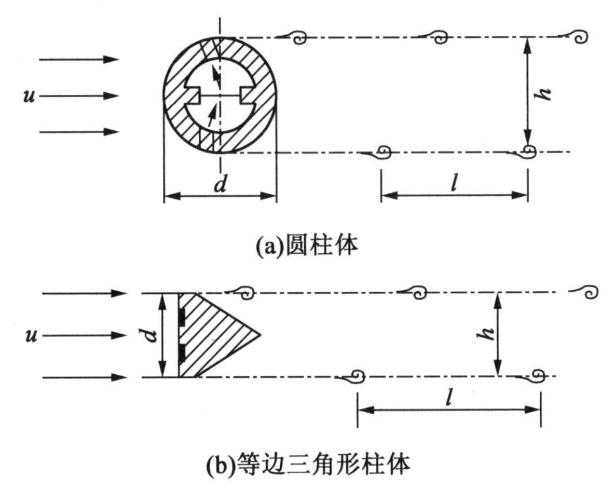

图 8.24　涡街的发生情况示意图

这种旋涡称为卡门涡街。研究表明,这些旋涡列多数是不稳定的,只有形成相互交替内旋的两排旋涡列,且旋涡列的宽度 h 与同列相邻的两旋涡的间距 l 之比满足 $h/l=0.281$(圆柱体)时,这样的旋涡列才是稳定的。产生旋涡分离的阻流体称为旋涡发生体。涡街流量计是根据旋涡脱离旋涡发生体的频率与流量之间的关系来测量流量的仪表。

根据卡门涡街原理,单侧旋涡频率 f 和旋涡发生体两侧流速 u_1 间有以下关系。

$$f=S_r\frac{u_1}{d} \tag{8.36}$$

式中 d——旋涡发生体的迎流面最大宽度,m;

S_r——斯特劳哈尔数,无量纲。

在以 d 为特征尺寸的雷诺数 Re 的一定范围内,S_r 为常数。

因此,当旋涡发生体的形状、尺寸确定后,可根据式(8.36)通过测定 f 来测定旋涡发生体两侧的流体流速 u_1。

根据流体流动连续性原理可得

$$A_1u_1=Au \tag{8.37}$$

式中 A_1——旋涡发生体侧流面积 m^2;

A——管道流通面积,m^2;

u——管道截面上流体平均速度,m/s。

定义截面比 $m=\frac{A_1}{A}$,则由式(8.36)和式(8.37)可得 $u=f\frac{d_m}{S_r}$,瞬时体积流量为

$$q_V=A\frac{d_m}{S_r}f=\frac{\pi}{4}D^2\frac{d_m}{S_r}f \tag{8.38}$$

式中 D——管道内径,m。

涡街流量计可以测液体流量,也可以测量气体流量。

2. 涡街流量计的构造

涡街流量计由传感器和转换器两部分组成。传感器包括表体、旋涡发生体、检测元件、安装架和法兰等。转换器包括前置放大器、滤波整形电路、接线端子、支架和防护罩等。近几年问世的智能式仪表还将 CPU、存储单元、显示单元、通信单元,以及其他功能的模块也装在转换器内,形成数字式涡街流量计。

(1)旋涡发生体。

旋涡发生体是涡街流量计的关键部件,仪表的流量特性(仪表系数、线性度、范围度等)和阻力特性都与它的几何参数和排列方式相关。在旋涡发生体选型及设计时,应考虑旋涡在旋涡发生体轴线方向上同步分离的特性,以保证旋涡的稳定性。为产生强烈和稳定的涡街并在较宽雷诺数范围内有稳定的旋涡分离点,必须保持旋涡发生体的特征宽度(迎流宽度)d 不变,保证 S_r 为常数;另外,形状和结构力求简单,便于加工和几何参数标准化,便于各种检测元件的安装与组合;为保证仪表运行的稳定性和寿命,旋涡发生体的固有频率应远离涡街信号的频带,以避免共振,其材质应满足流体性质的要求,耐腐蚀、耐冷热、耐冲刷。

旋涡发生体几何参数至今还没有成熟的计算方法,大多通过实验确定。按形状分,它有圆柱、三角柱、梯形柱、T 形柱、矩形柱等;按结构分,它有单体、双体和多体等。图 8.25

所示为常见的单体和多体旋涡发生体的截面形状，流体流动的方向自左向右。

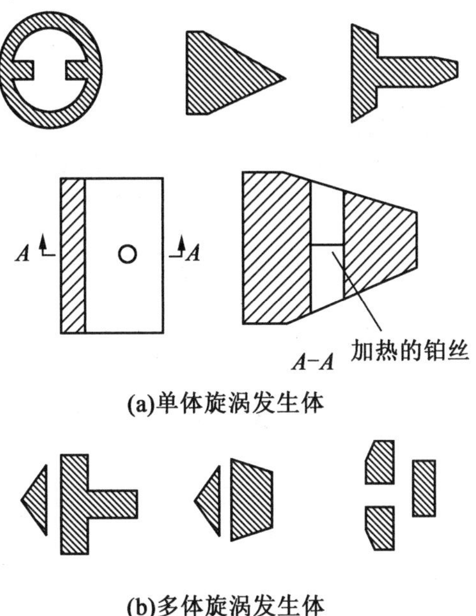

(a)单体旋涡发生体

(b)多体旋涡发生体

图 8.25　旋涡发生体的截面形状

圆柱体旋涡发生体是形状最简单的旋涡发生体，加工方便、阻力系数小、S_t 比较高。但是随着雷诺数的变化，其旋涡分离点会沿圆柱体表面移动，涡街的稳定性和仪表线性度较差。

目前，涡街流量计中用得最多的是三角柱旋涡发生体，其迎流面密度恒定，两个短棱边强迫旋涡在此产生同步分离，并对旋涡分离有一定的稳定作用，减小了流体的其他扰动和噪声，使涡街信号既强烈又稳定。双体或多体旋涡发生体是为了提高涡街强度和稳定性，降低下限雷诺数和阻力系数而被逐步采用的。它由主发生体和辅助发生体组成。位于上游的发生体陡度较小，其作用是分流和起涡，为旋涡增强做准备，故称辅助发生体。位于下游的发生体陡度较大，检测元件或传感器大都安装在下游发生体内，或它的附近，故称主发生体。当形状、尺寸，以及两者距离选择合适时，可产生更强、更稳定的卡门涡街。

(2)旋涡信号检测。

伴随旋涡的形成和分离，旋涡发生体周围流体会同步发生流速、压力变化和下游尾流周期振荡。依据这些现象可以进行旋涡分离频率的检测。其检测技术可概括为以下两大类。

①检测旋涡发生后在旋涡发生体上受力的变化频率，可用应力、应变、电容、电磁等检测技术。

②检测旋涡发生后在旋涡发生体附近的流体变化频率，可用热敏、超声、光电、光纤等检测技术。

目前用得最多的是分体压电式探头，如图 8.26 所示。在旋涡发生体下游安装一检测元件，俗称探头，做成悬臂梁结构形式，比旋涡发生体小得多，在其下端做成舌状扁平体，其更容易感受到旋涡所产生的横向升力，在探头内部嵌有压电晶体，利用压电对压力的敏感性,检测所受到的交变压力来反应旋涡分离频率。

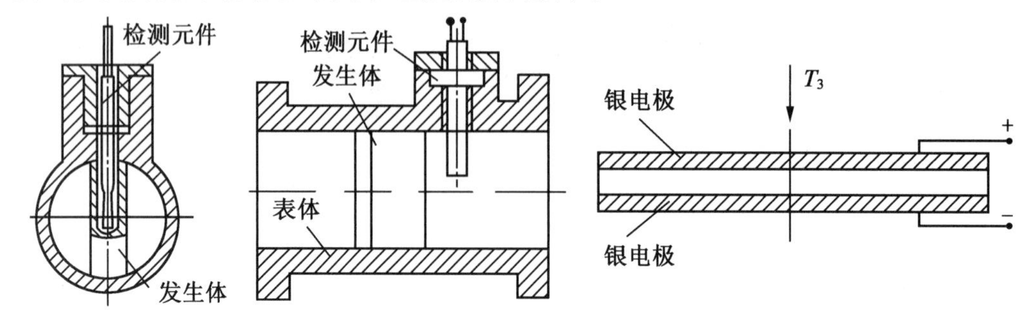

图 8.26 分体压电式探头

3. 旋涡流量计的应用

(1)特点。

①旋涡流量计精度高,可达 0.5%~1%,检测范围宽,可达 100∶1。输出与流量成正比的频率信号,抗干扰能力强。

②不受流体压力、温度、密度、黏度及成分变化的影响,更换检测元件时无须重新标定。

③压力损失小,管道口径为 25~2 700 mm,尤其对大口径流量的检测更为优越。

④适用范围较广,可用于液体、气体、蒸汽的流量测量,并且气液通用。

⑤结构简单牢固、安装简便、维护量小、故障少。

(2)使用要求。

①旋涡流量计属于速度式仪表、所以管道内的速度分布规律变化对测量精度影响较大。因此在旋涡检测器前要有 15 倍管道内径的直管段,其后要有 5 倍管道内径的直管段,且要求管内表面光滑。

② 管道雷诺数应在 2×10^4~7×10^6 之间。如果超出这个范围,则斯特劳哈尔系数便不是常数,引起仪表系数 K 的变化,使测量精度降低。

③流体流速必须在规定范围内。因为旋涡流量计是通过测旋涡的释放频率来测量流量的,测量气体时流速范围为 4~60 m/s,测量液体时流速范围是 0.38~7 m/s,测量蒸汽时流速应小于 70 m/s。

④旋涡流量计的传感器应经常吹洗,敏感元件要保持清洁。

8.2.7 节流式流量计

在管道中设置节流元件,由于流通截面的变化,节流元件前后流体的静压力不同,此静压差与流体的流量有关,利用这一物理现象制成的流量计称为节流式流量计。节流式流量计是目前工业生产中用来测量气体、液体和蒸汽流量的常用的一种流量仪表。它具有以下优点。

①结构简单、安装方便、工作可靠、成本低、具有一定的准确度,基本能满足工程测量的需要。

②研究、设计和使用历史悠久,有丰富的、可靠的实验数据,设计加工已经标准化。只要按标准设计加工的节流式流量计,不需要进行标定,也能在已知的不确定度范围内测

流量。

节流式流量计由节流装置、压力信号管路、压差计和流量显示器组成，如图 8. 27 所示，图中节流装置包括改变流束截面的节流元件和取压装置。

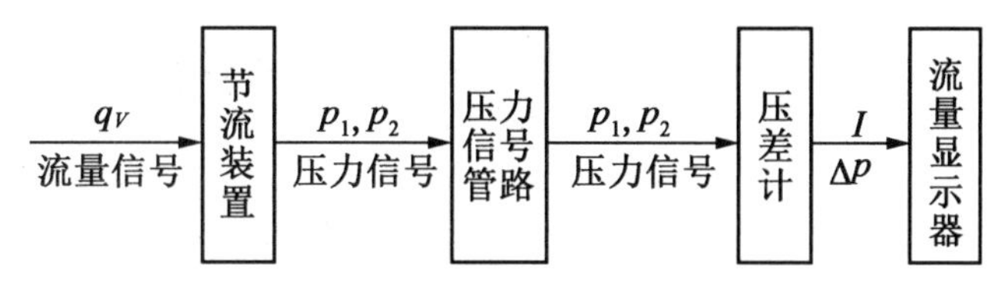

图 8. 27　节流式流量计

1. 节流装置的测量原理

如果在充满流体的管道中固定放置一个流通面积小于管道截面面积的节流元件，则管内流束在通过该节流元件时就会产生局部收缩。在收缩处，流速增加，静压力降低，因此，在节流件前后将产生一定的压力差。实践证明，对于一定形状和尺寸的节流元件，一定的测压位置和前后直管段，在一定的流体参数情况下，节流元件前后的差压 Δp 与流量 q_V 之间有一定的函数关系。因此，可以通过测量节流元件前后的差压来测量流量。

常见的节流元件有标准孔板、标准喷嘴、文丘里管和文丘里喷嘴等几种形式，如图 8. 28 所示。

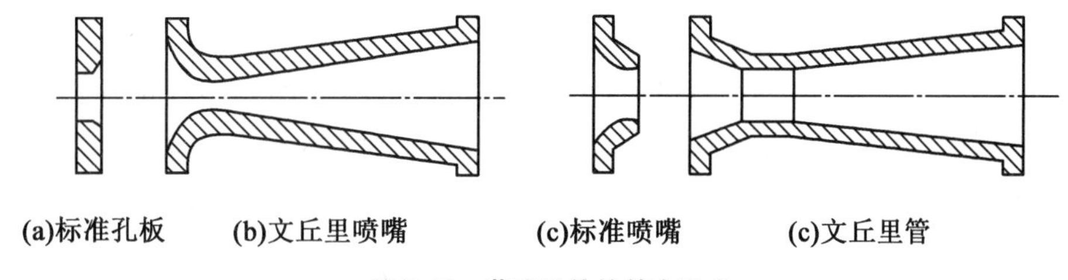

(a)标准孔板　(b)文丘里喷嘴　(c)标准喷嘴　(c)文丘里管

图 8. 28　节流元件的基本形式

流体在节流元件前后压力和速度变化情况如图 8. 29 所示。流体通过孔板前就已经开始收缩，由于惯性，流束通过孔板后还将继续收缩，直到在孔板后的某一距离处到最小流束截面。这时流体的平均流速达到最大值。然后流束又逐渐扩大到充满整个圆管，流体的速度也恢复到孔板前来流的速度。靠近孔板前后的角落处，由于流体的黏性和局部阻力，以及静压差回流等的影响，将出现涡流。这时沿管壁流体的静压变化与轴线上不同，图 8. 29(b)中的实线表示管道壁面上的静压沿轴线方向的变化曲线。在孔板前，由于孔板对流体具有阻力，造成部分流体局部滞止，使得管道壁面上的静压比上游压力稍有升高。通过孔板后，流体压力突然降低并随着流束缩小、流速提高而减小，一直到某一最小值。然后又随流束的扩张而增大，最后恢复到一个稍低于原管中压力的压力值，这就是节流元件造成的不可恢复压力损失 δ_p。管道轴线上流体压力沿轴线方向分布图，如图 8. 29(b)中虚线所示。

节流装置中造成流体压力损失的原因是孔板前后涡流的形成，以及流体的流动摩擦，它使得流体具有的总机械能的一部分不可逆地变成了热能，散失在流体内。为了减小这部分损失，人们采用了喷嘴、文丘里管等节流元件，以尽量消除节流元件前后的涡流区，从而大大减少了流动的压力损失。

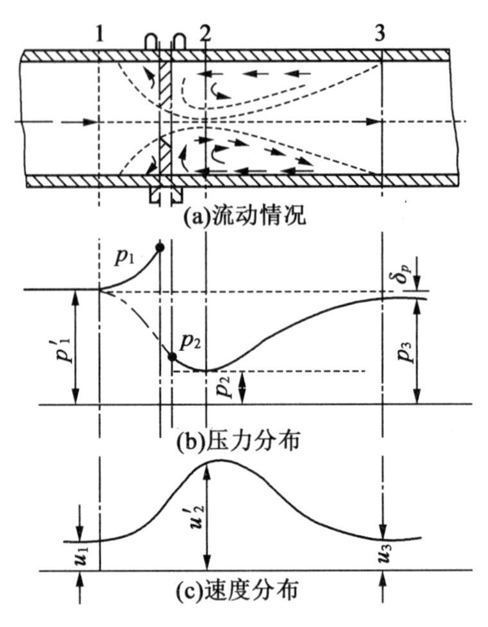

图 8.29 孔板前后流动特性

2. 标准节流装置

标准节流装置由标准节流元件、符合标准的取压装置和节流元件前后直管段三部分组成。全套标准节流装置的组成如图 8.30 所示。

目前,国际标准已做规定的标准节流装置有以下七种:角接取压标准孔板、法兰取压标准孔板、D-D/2 取压标准孔板、角接取压标准喷嘴、D-D/2 取压长径喷嘴、经典文丘里管、文丘里喷嘴。

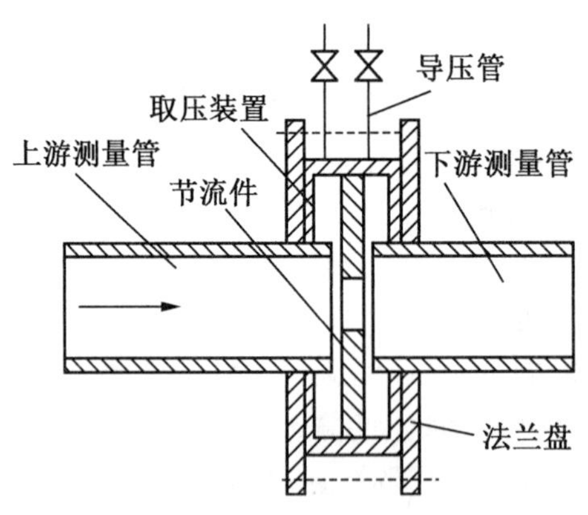

图 8.30 标准节流装置的组成

(1)标准节流元件。

目前,国家标准规定的标准节流元件有标准孔板、标准喷嘴、长径喷嘴、文丘里管及文丘里喷嘴。对节流元件的形状、结构参数以及使用范围均有严格的规定。

①标准孔板。标准孔板是一块具有圆形开孔、与管道同心、直角入口边缘非常锐利的薄板。用于不同的管道内径和各种取压方式的标准孔板,其几何形状都是相似的。孔板的轴向截面如图 8.31 所示。对图中的 A、B、E、e、F、G(H 和 l)及 d 的要求,标准中均有具

体规定。

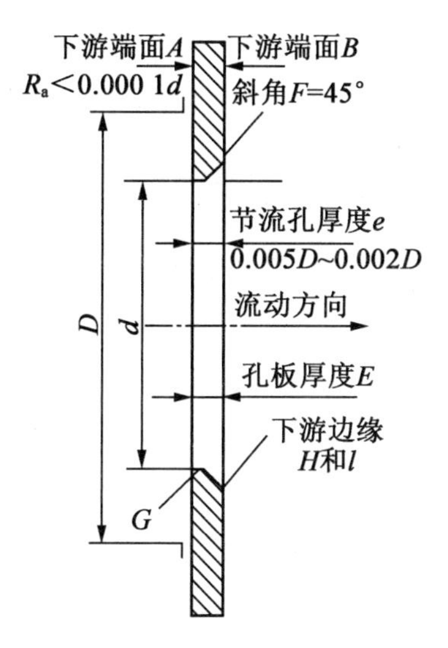

图 8.31　标准孔板

②标准喷嘴。ISA1932 喷嘴是一个以管道中心线为对称轴的对称体,如图 8.32 所示。

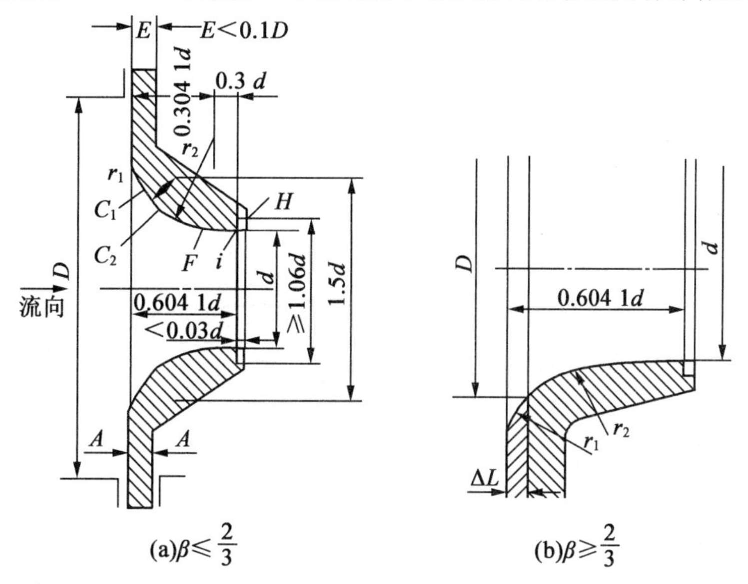

图 8.32　标准喷嘴

ISA1932 喷嘴的型线由进口端面 A、收缩部分第一圆弧面 C_1、收缩部分第二圆弧面 C_2、圆筒状喉部 F 和圆筒状出口边缘保护槽 H 五部分组成。圆筒状喉部长 $0.3d$,其直径即节流元件开孔直径 d。

③文丘里管。标准文丘里管分为经典文丘里管和文丘里喷嘴两种形式。

a. 经典文丘里管。经典文丘里管由入口圆柱段、圆锥收缩段、圆柱喉部以及圆锥扩散段组成,如图 8.33 所示。其内表面是一个对称于管道轴线的旋转面。

经典文丘里管入口段 A 的直径和管道内径 D 相同,该段上开有取压孔,长度一般取 D,直径 D 的单测值与平均值之差应不超过±0.4%d。圆锥收缩段 B、圆柱喉部 C 及扩散

段 E 的尺寸和锥角如图 8.32 所示,喉部直径 d 的单测值与平均值之差不应大于±0.1%d。扩散段 E 的最小直径不小于喉部直径 d,最大直径可等于或小于管道内径 D。

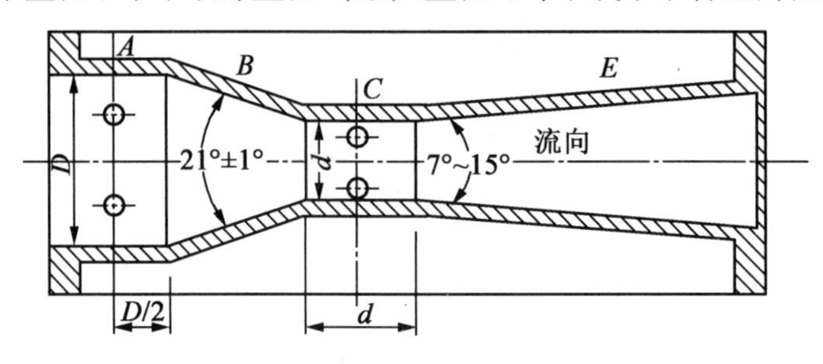

图 8.33 经典文丘里管

b. 文丘里喷嘴。文丘里喷嘴由收缩段、圆筒喉部和扩散段组成。入口收缩段与标准喷嘴完全相同,喉部由长度为 0.3d 和长度为(0.4~0.45)d 的圆柱段组成,其上开有负压取压孔。扩散段与喉部的连接不必圆滑过渡,扩散角(30°)和扩散段的长度对流出系数的影响不大,只影响压力损失,因此,可像文丘里管一样将其截短,如图 8.34 所示。

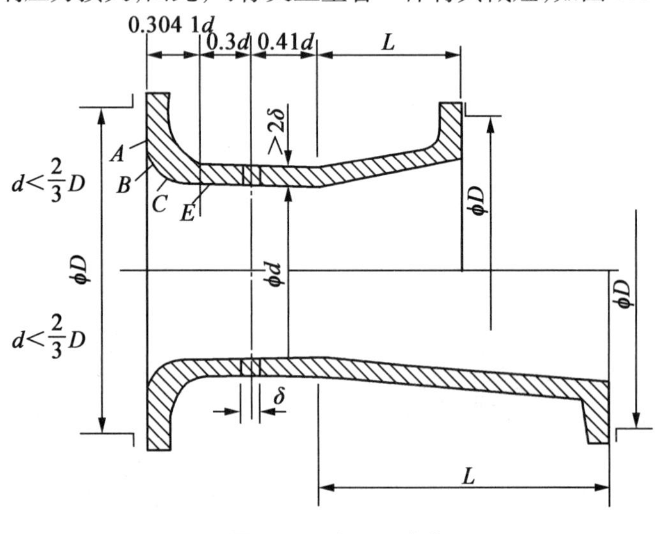

图 8.34 文丘里喷嘴

3. 取压方式和取压装置

差压式流量计的输出信号就是节流元件前后取出的差压信号。采用不同的取压方式,即取压孔在节流元件前后的位置不同,取出的差压值也不同。所以,采用不同的取压方式,同一个节流元件的流出系数也将不同。

①取压方式。目前,国际、国内采用的取压方式常用的有 D-D/2 取压法(也称径距取压法)、角接取压法和法兰取压法等,各取压方式的取压位置如图 8.35 所示。

a. D-D/2 取压法。

上游取压管中心位于距节流元件前端 1D±0.1D 处,下游取压管中心位于距节流元件后端面 D/2±0.01D(对于 $\beta>0.6$)或 D/2±0.02D(对于 $\beta\leqslant0.6$)处,如图 8.34 中Ⅳ-Ⅳ截面所示。

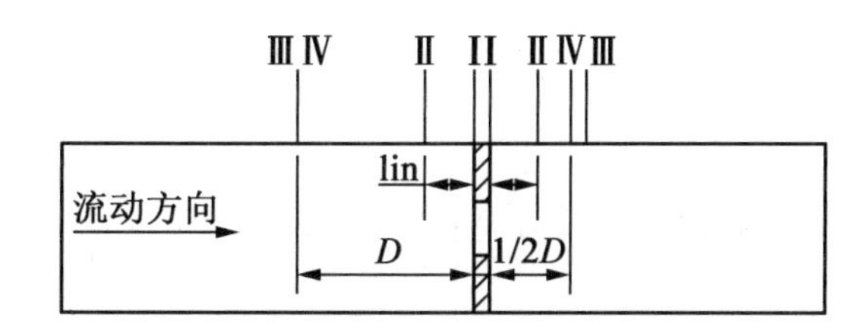

图 8.35　各种取压方式的取压位置

b. 角接取压法。

角接取压法上、下游取压管中心位于节流元件前后端面处，如图 8.34 中Ⅰ－Ⅰ截面所示。角接取压法的主要优点是易于采用环式取压，使压力均衡，从而提高差压的测量精度；沿程压力损失变化对差压测量的影响很小。角接取压的主要缺点是对取压点的安装要求严格，如果安装不准确，对差压测量精度影响较大。这是因为角接取压法的前后取压点都位于压力分布曲线的较陡峭部位，取压点位置稍有变化，就对差压测量有较大影响。另外，取压管道的脏污和堵塞不易排除。

c. 法兰取压法。

法兰取压法不论管道直径和直径比 β 的大小，上下游取压点中心均位于距离孔板上、下游端面 1 in（约 2.54 cm）处，如图 8.34 中Ⅱ－Ⅱ截面所示。这种取压法的流出系数除与 Re 有关外，还跟管径 D 有关。

②标准取压装置。标准取压装置是我国国家标准中规定用来实现取压方式的装置。根据取压方式，在测量管道上钻孔实现取压。

a. 角接取压装置。角接取压装置可以采用环室或夹紧环（单独钻孔）取得节流元件前后的差压，其结构如图 8.36 所示。环室取压装置由节流元件前后两个环室组成。采用环室取压可以取出节流元件前后的均衡压差，提高测量精度。环室通过与节流元件之间的环隙和管道内部相通。夹紧环（见图 8.36 下半部分）在单独钻孔时，上、下游压力分别从前后两个夹紧环取出。当被测介质为蒸汽时，取压口直径 b 应为 4～10 mm。

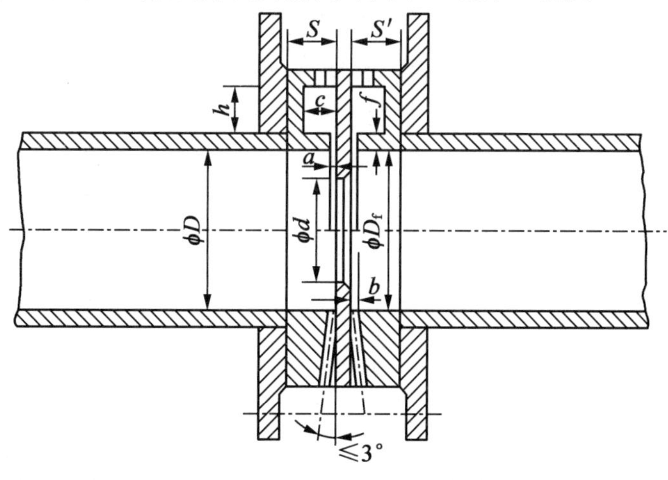

图 8.36　环室或夹紧环结构

b. 法兰取压装置。法兰取压装置由两个带取压孔的取压法兰组成，如图 8.37 所示。上、下游取压孔直径 b 相同，应满足 $b<0.13D$，同时应小于 13 mm。

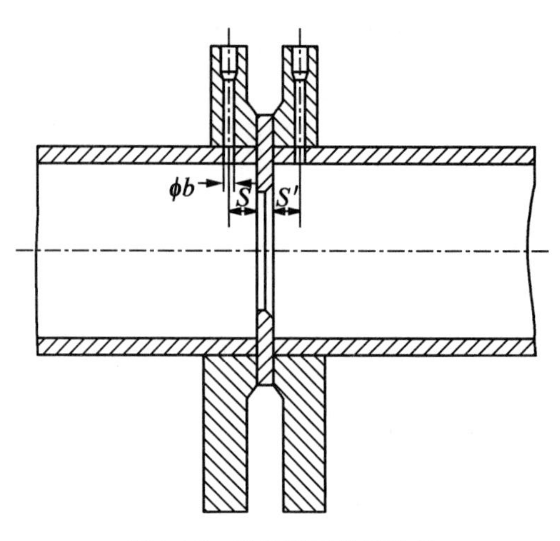

图 8.37　法兰取压装置结构

4. 节流式流量计的安装和使用

节流式流量计是由节流装置和差压计组成的用来进行流量测量的差压式流量计。要想得到理想的测量准确度,除了按标准规定设计加工节流元件、取压装置和选用符合要求的测量管外,还应正确安装节流装置、差压计,以及节流装置与差压计之间的差压信号管路。

(1)取压口位置的安装。

当节流装置安装在水平或倾斜管道上时,取压口的位置根据不同的流体介质有以下三种安装方式。

①被测流体为液体时,为了防止气泡进入导压管,取压口应处于向水平线下偏 45°的位置上,正、负取压口处于对称位置,如图 8.38(a)所示,正、负取压口在同一水平面上。

②被测流体为气体时,为了防止液体(冷凝液)进入导气管,取压口应处于向水平线上偏 45°的位置上,正、负取压口处于对称位置,如图 8.38(b)所示,正、负取压口在同一水平面上。

③被测流体为蒸汽时,为了保证冷凝器中冷凝液面恒定和正、负导压管段上的冷凝液面高度一致,正、负取压口处于对称位置,如图 8.38(c)所示,正、负取压口在同一水平面上。

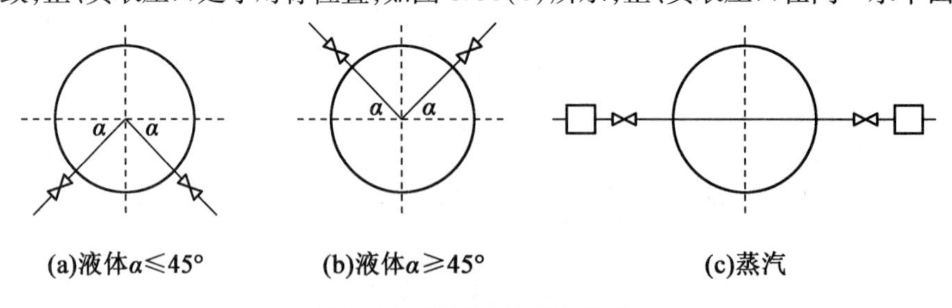

图 8.38　取压口位置安装图

上述三种取压口的安装方式都是对称安装,也允许将取压口安装在管道同一侧,其他要求同上。

(2)差压信号管路的安装。

差压信号管路的安装是指由取压口到差压计的导压管线的安装。如果差压信号管路安装不正确,即使选用了高精度的差压计,也测不到准确的差压值,有时甚至影响节流装置的正常工作。安装差压信号管路的总原则是应使其所传递的差压信号不因差压信号管路而产生误差,而且能保证节流装置的安全工作。

根据被测介质的性质和节流装置与差压计的相对位置,差压信号管路可以有多种安装方式。

①测量液体流量时的差压信号管路。测量液体流量时,主要应防止被测液体中存在的气体进入并沉积在信号管路内,造成两信号管路中介质密度不等而引起误差。所以,为了能及时排走差压信号管路中的气体,取压口处的导压管应向下斜向差压计。如果差压计的位置比节流装置高,则在取压口处也应有向下倾斜的导压管,或设置 U 形水封。差压信号管路最高点要设置集气器,并装有阀门以定期排出气体,如图 8.39 所示。

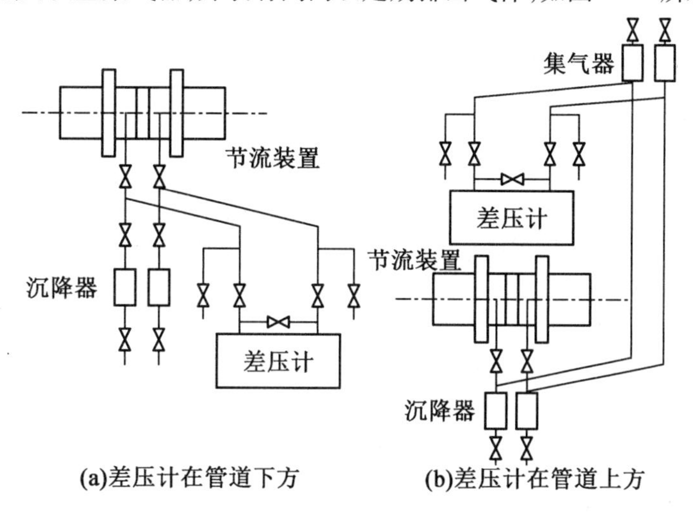

(a)差压计在管道下方　(b)差压计在管道上方

图 8.39　测量液体时的信号管路安装

②测量气体流量时的差压信号管路。测量气体流量时,主要应防止被测气体中存在的凝结水进入并沉积在信号管路中,造成两信号管路中介质密度不等而引起误差,所以,为了能及时排走差压信号管路中的气体,取压口处的导压管应向上斜向差压计。如果差压计的位置比节流装置低,则在取压口处也应有向上倾斜的导压管,并在信号管路最低点要设置集水箱,并装有阀门以定期排水,如图 8.40 所示。

③测量蒸汽流量时的差压信号管路。测量蒸汽流量时,应防止高温蒸汽直接进入差压计,一般在取压口处都应设置冷凝器。冷凝器的作用是使被测蒸汽冷凝后再进入导压管,其容积应大于全量程内差压计工作空间的最大容积变化的三倍。为了准确地测量差压,应严格保持两信号管路中的凝结液位在同一高度。如图 8.41(a)所示,自取压口到冷凝器的导压管应保持水平或向取压口倾斜。冷凝器上方两个管口的下缘必须在同一水平高度上,以保持凝结水液面等高,实现差压的准确测量。测量黏性较大的、有腐蚀性的或易燃介质的流量时,应安装隔离器,如图 8.41(b)所示。

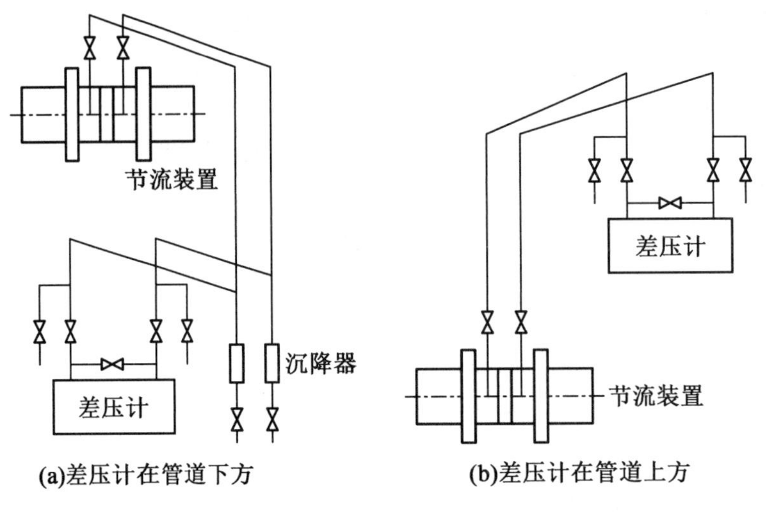

(a)差压计在管道下方 (b)差压计在管道上方

图 8.40 测量气体时的信号管路安装

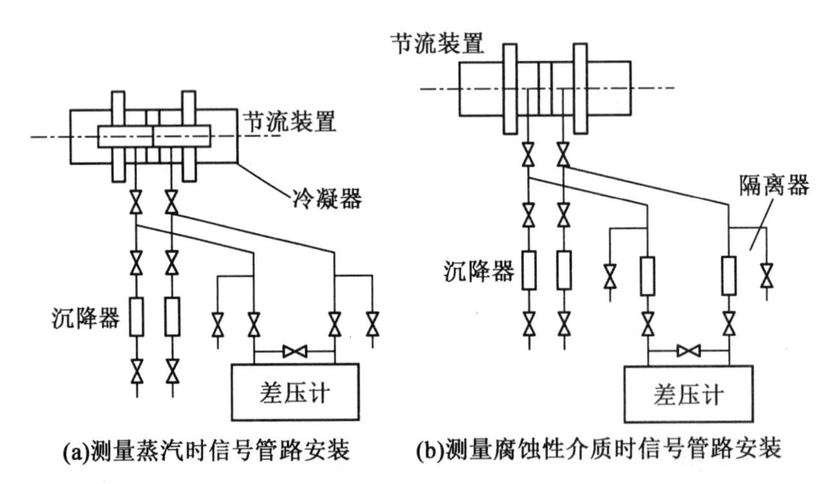

(a)测量蒸汽时信号管路安装 (b)测量腐蚀性介质时信号管路安装

图 8.41 测量蒸汽和腐蚀性介质时的信号管路安装

(3)节流式流量计的使用。

节流式流量计的流量测量准确度,主要取决于节流装置的设计、制造和安装等是否严格符合标准规定的技术要求,但如何正确使用节流装置仍十分重要。

①液体流量测量。在连接差压计前,打开节流装置处的两个导压阀和导压管上的两个冲洗阀,用被测流体冲洗导压管,以免管锈或污物进入差压计。使用时,先打开差压计上的平衡阀,然后微微打开差压计上的正压导压阀,使流体慢慢进入差压计,将空气从差压计的排气针阀排尽,直到不再有气泡时,关闭排气针阀。接着关闭平衡阀,并骤然打开负压导压阀,仪表即投入正常工作。

在必须装配隔离器时,在运行前应将差压计和隔离器充满隔离液。大致方法如下。先关闭节流装置上的两个导压阀,然后打开差压计上的导压阀和平衡阀及上端两个排气针阀,再打开隔离器的中间旋塞,从一个隔离器慢慢注入隔离液,直到另一个隔离器溢液为止,旋紧中间旋塞。打开隔离器上的平衡阀,关闭差压计上的平衡阀。然后慢慢打开隔离器上的正压导压阀,待被测介质充满导压管和隔离器后,关闭隔离器上的平衡阀,打开负压导压阀，流量计即投入正常工作。

尤其是测量有腐蚀性介质时，操作要特别小心。在未关闭节流装置上的两个导压阀前，不允许打开差压计上的平衡阀。也不准在打开平衡阀时，将两导压阀打开，以免有腐蚀性介质进入差压计。如果出于某种原因发现有腐蚀性介质进入差压计中，应立即停止工作，进行清洗。

②气体流量测量。使用前，也应在关闭差压计上两导压阀的情况下，对导压管进行吹洗，以免管道中的锈污和杂物进入差压计。使用时，首先缓慢地打开节流装置上的两个导压阀，使被测气体充满导压管。然后打开平衡阀，并微微打开差压计上的正压导压阀，使差压计逐渐充满被测气体，同时将差压计内的液体从排液针阀排掉。最后，关闭差压计上的平衡阀，并打开差压计上的负压导压阀，仪表即投入正常工作。

③蒸汽流量测量。测量蒸汽流量时，冲洗导压管的过程同上。冲洗后，先关闭节流装置上两个导压阀，将冷凝器和导管中的冷凝水从冲洗阀放掉。然后打开差压计上的导压阀和平衡阀及排气针阀，向一个冷凝器注入冷凝液，直到另一个冷凝器上有冷凝液溢出为止。当排气针阀不再有气泡后关闭排气针阀。为了避免附加的差压测量误差，必须注意冷凝器与差压计之间的导压管和差压计内的测量室都应充满冷凝水，两冷凝器中的液面必须处于同一水平高度。最后，关闭差压计上的平衡阀，同时打开节流装置上的两导压阀，仪表即投入正常工作。

习　题

1. 什么是流量和总量？有哪几种表示方法？
2. 说明流量测量仪表是如何分类的？
3. 浮子式流量计和差压式流量计的测量原理有何异同？
4. 说明差压式流量计的组成环节及其作用？

第9章　光电及图像传感器

光电传感器可以完成光与电能量之间的转换,更为重要的是它能够完成光信息与电信息的变换,涉及的基础知识比较宽,需要掌握光与电两方面的基本理论与基本参数。

9.1　光电传感器

光电传感器是利用光电器件把光信号转换成电信号（电压、电流、电荷、电阻等)的装置。光电传感器可以直接检测光信号,还可以间接测量温度、压力、位移、速度、加速度等非电量。在测量非电量时,只要先将被测量转换为光量的变化,然后通过光电器件把光量的变化转换为相应的电量变化,就可以实现对非电量的测量。

光电传感器具有结构简单、精度高、分辨率高、可靠性高、抗干扰能力强、响应速度快、体积小、质量轻、便于集成、可实现非接触式测量等优点,被广泛用于军事、通信、检测等各个领域。

9.1.1　光电元件的光电效应

光照射到金属上,引起物质的电性质发生变化。这类光变致电的现象统称为光电效应(photoelectric effect)。能产生光电效应的敏感材料称作光电材料。光电效应一般分为外光电效应(也称光电子发射效应)、内光电效应(也称光电导效应）和光生伏特效应三大类。根据光电效应可以制作出相应的光电转换元器件,简称光电器件或光敏器件,它是构成光电传感器的主要部件。

光电传感器可用来测量光学量或已转换为光学量的其他被测量,输出电信号。测量光学量时,光敏器件作为敏感元件使用;测量其他物理量时,它作为转换元件使用。光电传感器由光路及电路两大部分组成。光路部分实现被测信号对光量的调制;电路部分完成从光信号到电信号的转换。

光电传感器离不开光电器件,根据爱因斯坦光子假说,光可以看作一串具有一定能量的运动着的粒子,而这些粒子称为光子。光子是具有能量的粒子,每个光子的能量可表示为

$$E=hf \tag{9.1}$$

式中　h——普朗克常数($h=6.626\times10^{-34}$ J·s);

f——入射光的频率。

由式(9.1) 可以看出,光子的能量与其频率成正比,故光波的频率越高或者波长越短,其光子的能量也越大。

1. 外光电效应

当光照射到金属或金属氧化物上时,光子的能量传给光电材料表面的电子,如果入射

到表面的光能使电子获得足够的能量，电子会克服正离子对它的吸引力，脱离材料表面而进入外界空间，这种现象称为外光电效应，即外光电效应是在光线作用下，电子逸出物体表面的现象。

根据外光电效应制作的光电器件类型有很多，主要有光电管和光电倍增管。

2. 内光电效应

物体受到光照后，其内部的原子会释放出电子，但这些被释放的电子并不逸出物体表面，而是仍然留在物体内部，结果使物体的电阻率发生变化或产生一定方向的电动势，这种现象称为内光电效应。前者称为光电导效应，后者称为光生伏特效应。

光电导效应是指物体在入射光能量的激发下，其内部产生光生载流子，使物体中载流子数量显著增加而电阻减小的现象。这种效应在大多数半导体和绝缘体中都存在，但金属因电子能态不同，不会产生光电导效应。

光电导效应与外光电效应一样，受到红限频率的限制。只有入射光子的能量大于材料的禁带宽度或杂质电离能，才能使半导体产生光电导效应。基于光电导效应制作的光电器件主要是光敏电阻。

光敏电阻是一种利用光电导材料制成的没有极性的光电器件，也称光导管。光敏电阻具有灵敏度高、工作电流大（可达数毫安）、光谱响应范围宽（可涵盖紫外区域到红外区域）、体积小、质量小、机械强度高、耐冲击、耐振动、抗过载能力强、寿命长、价格较低、使用方便等优点，但存在响应时间长、频率特性差、强光线性差、受温度影响大等缺点，主要用于红外的弱光探测和开关控制领域。

9.1.2　光电元件的基本应用电路

1. 光电管

光电管有真空光电管和充气光电管两类。真空光电管的结构与测量电路如图 9.1 所示，它由一个阴极（K 极）和一个阳极（A 极）构成，并且密封在一只真空玻璃管内。阴极装在玻璃管内壁上，其上涂有光电材料，或者在玻璃管内装入柱面金属板，在此金属板内壁上涂有阴极光电材料。阳极通常用金属丝弯曲成矩形、圆形或金属丝柱，置于玻璃管的中央。在阴极和阳极之间加有一定的电压，且阳极为正极、阴极为负极。当光通过光窗照在阴极上时，光电子就从阴极发射出去，在阴极和阳极之间的电场作用下，光电子在极间做加速运动，被高电位的中央阳极收集形成电流，光电流的大小 I 和负载电阻的电压降 U_0 会随着光照的强度变化，从而实现了由光信号到电信号的转换。

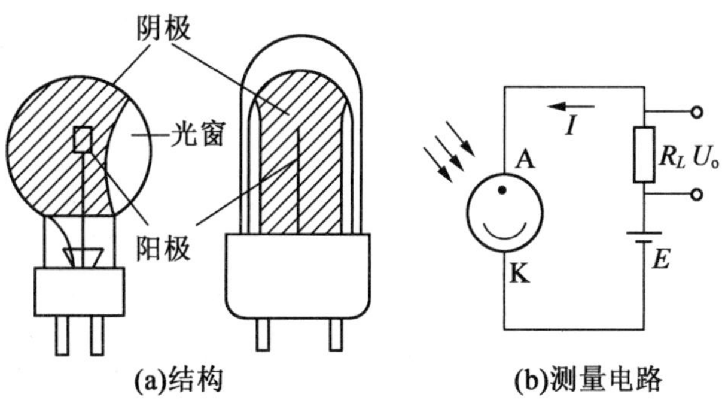

图 9.1　真空光电管的结构与测量电路

充气光电管的结构与真空光电管相同,只是管内充有少量的惰性气体(如氩或氖),充气光电管的灵敏度高,但光电流与入射光的强度不成比例关系,因而使其具有稳定性较差、惰性大、受温度影响大、容易衰老等一系列缺点。

光电管的性能主要由伏安特性、光照特性、光谱特性、响应时间、峰值探测率和温度特性等来描述。下面主要介绍前三种特性。

(1)光电管的伏安特性。

在一定的光照下,对光电器件的阴极所加电压与阳极所产生的电流之间的关系称为光电管的伏安特性。真空光电管和充气光电管的伏安特性分别如图 9.2 所示。从图中可以看出,阳极电流随光照强度的增加而增加,阴极所加电压的增加也有助于阳极电流的增大。

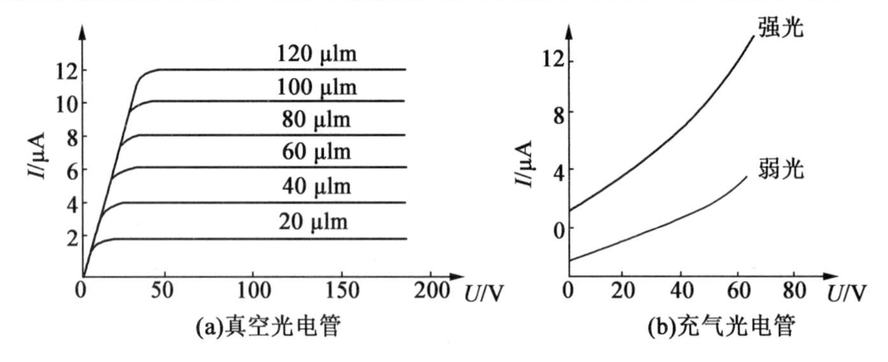

图 9.2 光电管的伏安特性

(2)光电管的光照特性。

当光电管的阳极和阴极之间所加电压一定时,光通量与光电流之间的关系称为光电管的光照特性,其曲线如图 9.3 所示。其中曲线 1 表示银氧铯阴极光电管的光电流与光通量呈线性关系。光照特性曲线的斜率(光电流与入射光通量之比)称为光电管的灵敏度。

(3)光电管的光谱特性。

不同光电阴极材料的光电管,对同一波长的光有不同的灵敏度;同一种阴极材料的光电管对与不同波长的光的灵敏度也不同,这就是光电管的光谱特性。从图 9.4 中可以看出,不同材料对不同波长的光有不同的灵敏度。因此,对各种不同波长范围的光,应选用不同材料的光电阴极,以使其最大灵敏度在需要检测的光谱范围内。

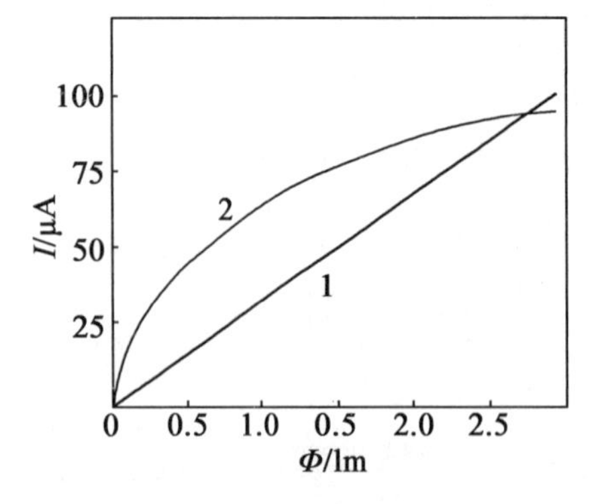

图 9.3 光电管的光照特性

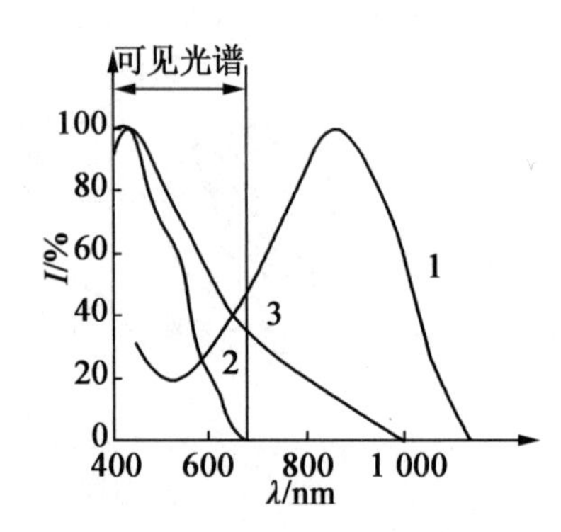

图 9.4 光电管的光谱特性

2. 光敏电阻

光敏电阻的结构如图9.5(a)所示。为了加大感光面,通常采用微电子工艺在玻璃(或陶瓷)基片上均匀地涂敷一层薄薄的光电导多晶材料,经烧结后放上掩蔽膜,蒸镀上两个金(或铟)电极,再在光敏电阻材料表面覆盖一层漆保护膜。感光面大的光敏电阻的表面大多采用图9.5(b)所示的梳状电极结构,这样可得到比较大的光电流。

当入射光照到半导体上时,若光电导体为本征半导体材料,且入射光子能量大于本征半导体材料的禁带宽度,则价电子受光子的激发由价带越过禁带跃迁到导带,在价带中就留有空穴,在外加电压下,导带中的电子和价带中的空穴同时参与导电,即载流子数增多,电阻率下降。由于光的照射,使半导体的电阻变化,所以称为光敏电阻。

如果把光敏电阻连接到图9.5(c)所示的测量电路中,在外加电压的作用下,电路中有电流流过,用检流计可以检测到该电流;如果改变照射到光敏电阻上的光度量(照度),发现流过光敏电阻的电流发生了变化,即用光照射能改变电路中电流的大小,实际上是光敏电阻的阻值随光照度发生了变化。典型的光敏电阻有硫化镉(CdS)、硫化铅(PbS)、锑化铟(InSb),以及碲化镉汞(Hg1-xCdxTe)系列光敏电阻。光敏电阻的种类繁多,由于所用材料和制作工艺过程的不同,其光电性能有较大差异。

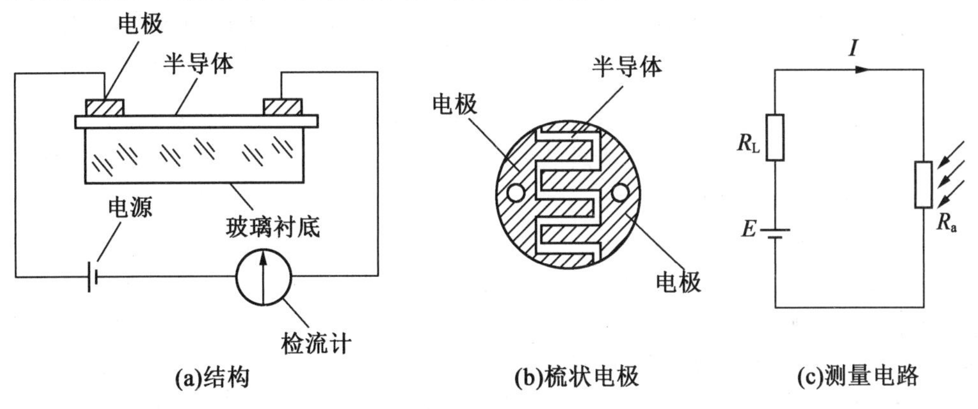

图9.5 光敏电阻的结构和基本电路

(1)光敏电阻的主要参数和基本特性。

暗电阻、亮电阻和光电流是光敏电阻的主要参数。光敏电阻在未受到光照时的电阻称为暗电阻,此时流过的电流称为暗电流。在受到光照时的电阻称为亮电阻,此时的电流称为亮电流。亮电流与暗电流之差,称为光电流。

光敏电阻的暗电阻越大越好、亮电阻越小越好,即暗电流要小,亮电流要大,这样光电流才可能大,光敏电阻的灵敏度才会高。实际上,大多数光敏电阻的暗电阻往往超过1 MΩ,甚至高达100 MΩ,而亮电阻通常可降到1 kΩ以下,可见光敏电阻的灵敏度是相当高的。

(2)光敏电阻的伏安特性。

在一定光照度下,光敏电阻两端所加的电压与光电流之间的关系称为伏安特性。硫化镉光敏电阻的伏安特性如图9.6所示,虚线为允许功耗线或额定功耗线(使用时应不使光敏电阻的实际功耗超过额定值)。由曲线可知,在给定的电压情况下,光照度越大,光电流也就越大。在一定的光照度下,所加的电压越大,则产生的光电流也越大,而且没有饱和现象。但是也不能无限制地增加，它要受到光敏电阻最大功耗的限制。

(3)光敏电阻的光照特性。

光敏电阻的光照特性用于描述光电流和光照强度之间的关系，绝大多数光敏电阻的光照特性曲线是非线性的，不同光敏电阻的光照特性是不同的，硫化镉光敏电阻的光照特性如图 9.7 所示。光敏电阻一般在自动控制系统中用作开关式光电信号转换器而不宜用作线性测量元件。

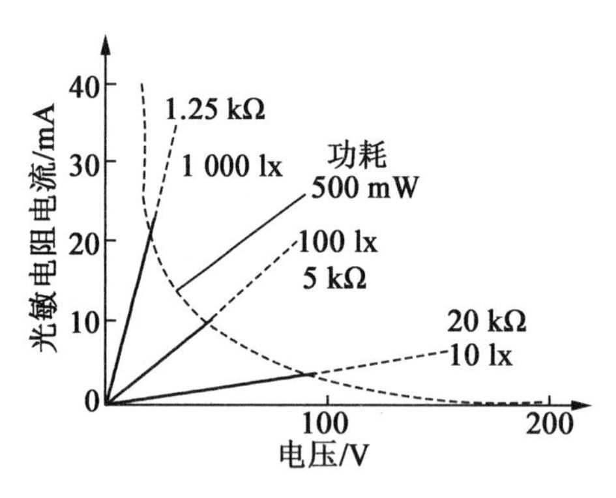

图 9.6　硫化镉光敏电阻的伏安特性

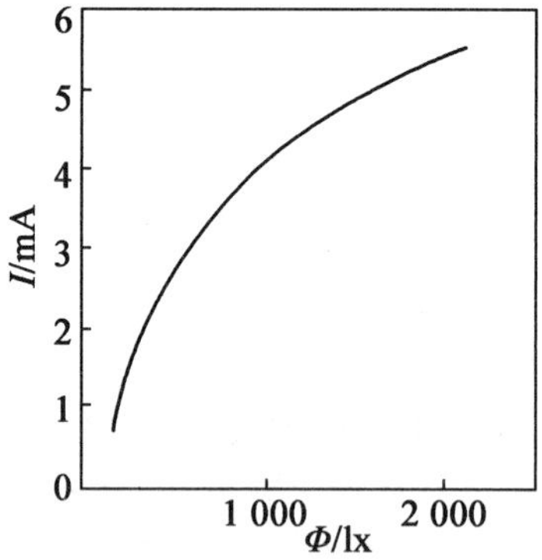

图 9.7　硫化镉光敏电阻的光照特性

(4)光敏电阻的光谱特性。

对于不同波长的光，不同的光敏电阻的灵敏度是不同的，即不同的光敏电阻对不同波长的入射光有不同的响应特性。光敏电阻的相对灵敏度与入射波长的关系称为光谱特性。

(5)光敏电阻的响应时间和频率特性。

实验证明，光敏电阻的光电流不能随着光照度的改变而立即改变，即光敏电阻产生的光电流有一定的惰性，这个惰性通常用时间常数来描述。时间常数为光敏电阻自停止光照起到电流下降为原来的 63%所需要的时间。很显然，时间常数越小，响应越迅速。但大多数光敏电阻的时间常数都较大，这是它的缺点之一。不同材料的光敏电阻有不同的时间常数，因此其频率特性也各不相同，与入射的辐射信号的强弱有关。

图 9.8 所示为硫化镉和硫化铅光敏电阻的频率特性。硫化铅的使用频率范围非常大，其他都较差。目前正在通过改进生产工艺来改善各种材料光敏电阻的频率特性。

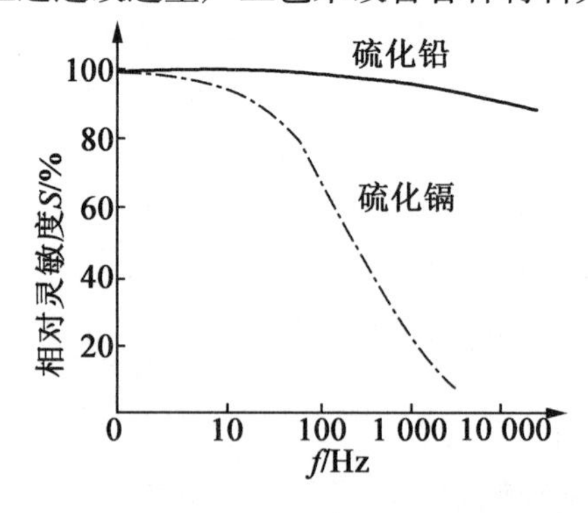

图 9.8　光敏电阻的频率特性

(6)光敏电阻的温度特性。

光敏电阻的温度特性与光电导材料有密切关系，不同材料的光敏电阻有不同的温度特性;光敏电阻的光谱响应、灵敏度和暗电阻都要受到温度变化的影响。受温度影响最大的是硫化铅光敏电阻,其光谱响应的温度特性如图9.9所示。

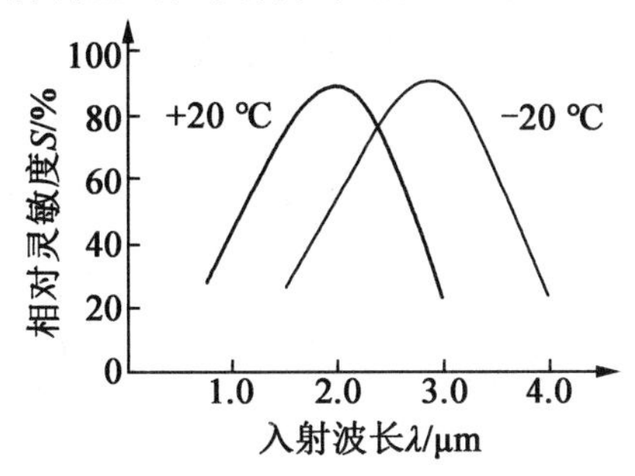

图9.9　硫化铅光敏电阻的温度特性

随着温度的上升,其光谱响应曲线向左（短波长的方向）移动。因此,要求硫化铅光敏电阻在低温、恒温的条件下使用。

3. 光生伏特效应及其典型器件

光生伏特效应是指光照在半导体中激发出的光电子和空穴在空间分开而产生电位差的现象,是将光能变为电能的一种效应。光照在半导体PN结或金属-半导体接触面上时,在PN结或金属-半导体接触面的两侧会产生光生电动势,这是因为PN结或金属-半导体接触面因材料不同质或不均匀而存在内建电场,半导体受光照激发产生的电子或空穴会在内建电场的作用下向相反方向移动和积聚,从而产生电位差。利用光生伏特效应制成的光敏器件主要有光电池、光敏管、光耦合器件等。

(1)光电池。

光电池实质上是一个电压源,是利用光生伏特效应把光能直接转换成电能的光电器件。由于它广泛用于把太阳能直接转变成电能,因此也称太阳能电池。一般能用于制造光敏电阻的半导体材料均可用于制造光电池,例如硒光电池、硅光电池、砷化镓光电池等。

如图9.10所示,硅光电池是在一块N型硅片上,用扩散的方法掺入一些P型杂质形成PN结。当入射光照射在PN结上时,若光子能量 h_f 大于半导体材料的禁带宽度 E,则在PN结内附近激发出电子-空穴对,在PN结内电场的作用下,N型区的光生空穴被拉向P型区,P型区的光生电子被拉向N型区,结果使P型区带正电,N型区带负电,这样PN结就产生了电位差。若将PN结两端用导线连接起来,电路中就有电流流过,电流方向由P型区流经外电路至N型区,如图9.10(a)所示。若将外电路断开,就可以测出光生电动势。

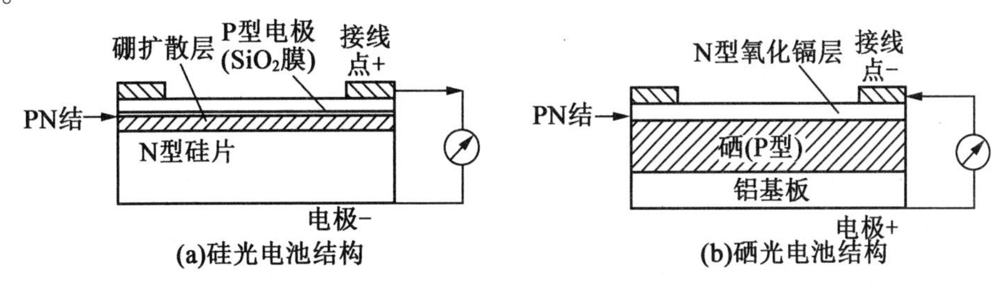

图9.10　光电池结构示意图

硒光电池是在铝片上涂硒（P 型），再用溅射的工艺，在硒层上形成一层半透明的氧化镉（N 型）。在正、反两面喷上低融合金作为电极，如图 9.10(b) 所示。在光线照射下，镉材料带负电，硒材料带正电，形成电动势或光电流。光电池的符号、基本电路及等效电路如图 9.11 所示。

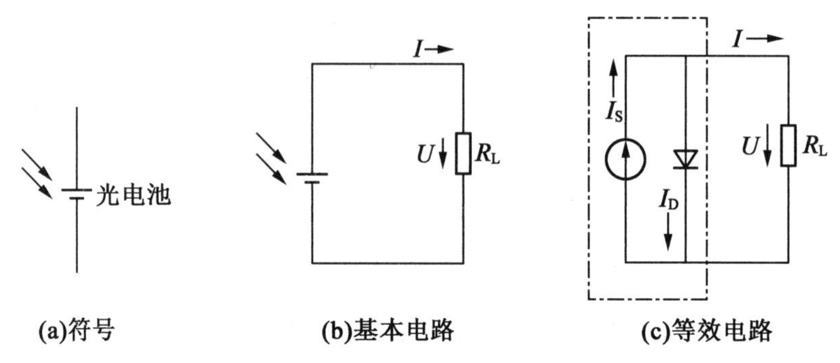

图 9.11　光电池的符号及应用电路

光电池的种类很多，有硅光电池、硒光电池、锗光电池、砷化镓光电池、氧化亚铜光电池等，其中最受人们重视的是硅光电池。这是因为它具有性能稳定、光谱范围宽、频率特性好、转换效率高、能耐高温辐射、价格便宜、寿命长等特点。它不仅广泛用于人造卫星和宇宙飞船，而且也广泛应用于自动检测和其他测试系统中。另外，由于硒光电池的光谱响应峰值在可见光区域，所以在很多分析仪器和测量仪表中经常被采用。

①光谱特性。硅光电池和硒光电池的光谱特性如图 9.12 所示。由图可知光电池对不同波长的光的灵敏度是不同的。硅光电池的光谱响应波长范围为 0.4~1.2 μm，而硒光电池为 0.38~0.75 μm。相对而言，硅电池的光谱响应范围更宽。硒光电池在可见光谱范围内有较高的灵敏度，适宜测可见光。

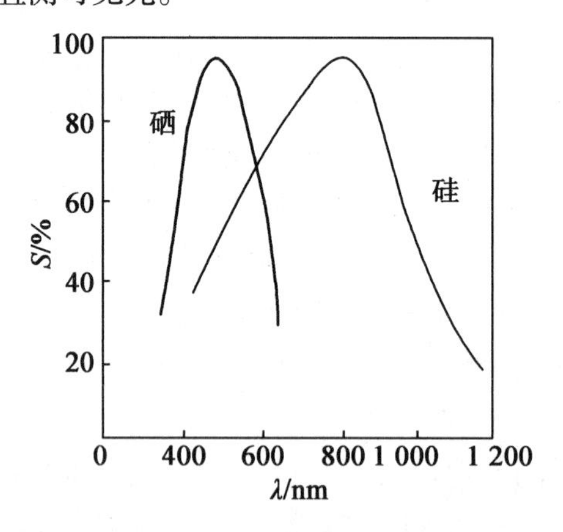

图 9.12　光电池的光谱特性曲线

不同材料的光电池的光谱响应峰值所对应的入射光波长也是不同的。硅光电池在 0.8 μm 附近，硒光电池在 0.5 μm 附近。因此，使用光电池时对光源应有所选择。

光电池在不同光照度（指单位面积上的光通量，表示被照射平面上某一点的光亮程度。单位为 lx，符号为 Φ）下，其光电流和光生电动势是不同的，它们之间的关系称为光照特性。硅光电池的光照特性曲线如图 9.13 所示。光生电动势（即开路电压）与光照度之间的特性曲线称为开路电压曲线。外接负载相对于它的内阻很小时的光电流称为短路电流,短路电流与光照度之间的特性曲线称为短路电流曲线。由图 9. 13 可知,开路电压(负载电阻无穷大时)与光照度的关系是非线性的,且在光照度为 2 000 lx 的光照下就趋于饱和了,而短路电流在很大范围内与光照度呈线性关系。因此,当把光电池作为测量元件使用时,不应把它当作电压源使用,而应把它当作电流源使用,即利用其短路电流与光照度具有线性的特点,这也是光电池的主要优点之一。

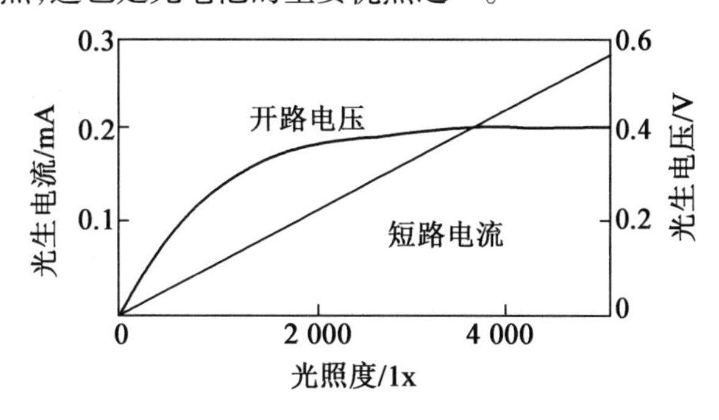

图 9. 13　光电池的光照特性曲线

②频率特性。光电池的 PN 结面积大,极间电容大,因此频率特性较差。图 9. 14 所示为硅光电池和硒光电池的频率特性曲线,即光的调制频率与光电池输出的相对光电流之间的关系曲线。由图可知,硅光电池有较好的频率特性和较高的频率响应,因此一般在高速计算机器中采用。

③温度特性。半导体材料易受温度的影响,将直接影响光电流的值。光电池的温度特性用于描述光电池的开路电压和短路电流随温度变化的情况。温度特性将影响测量仪器的温漂和测量或控制的精度等。

硅光电池在 1 000 lx 光照度下的温度特性曲线如图 9. 15 所示,从图中可以看出,开路电压随温度的升高而快速下降,短路电流却随温度升高而增加,在一定温度范围内,它们都与温度具有线性关系。温度对光电池的工作影响较大,当它作为测量元件时,最好保证温度恒定,或者采取温度补偿措施。

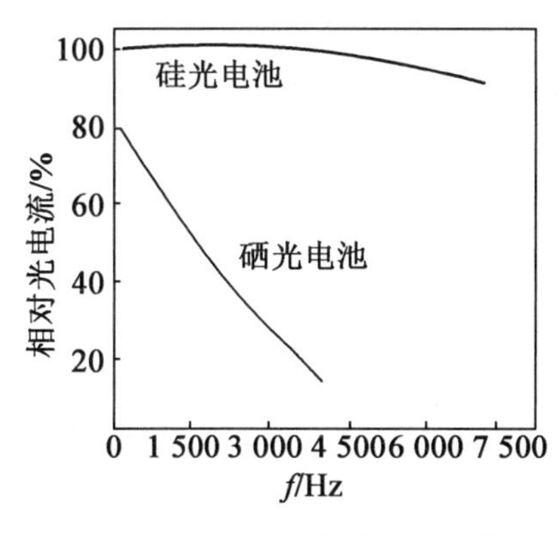

图 9. 14　光电池的频率特性曲线

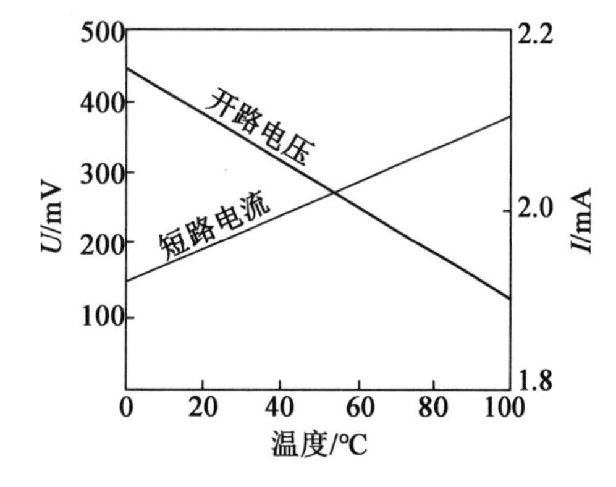

图 9. 15　光电池的温度特性曲线

(2)光敏管。

大多数半导体二极管和晶体管都是对光敏感的,当二极管和晶体管的 PN 结受到光照射时,通过PN结的电流将增大,因此,常规的二极管和晶体管都用金属罐或其他壳体密封起来,以防光照;而光敏管(包括光敏二极管和光敏晶体管)则必须使PN结能接收最大的光照射。光电池与光敏二极管、晶体管都是PN结,它们的主要区别在于后者的PN结处于反向偏置,无光照时反向电阻很大、反向电流很小,相当于截止状态。当有光照时将产生光生的电子-空穴对,在PN结电场作用下电子向N区移动,空穴向P区移动,形成光电流。

光敏二极管是一种PN结型半导体器件,与一般半导体二极管类似,其PN结装在管的顶部,以便接收光照,上面有一个透镜制成的窗口,可使光线集中在敏感面上,其结构原理和基本电路如图9.16所示。在无光照射时,处于反偏的光敏二极管工作在截止状态,这时只有少数载流子在反向偏压下越过阻挡层,形成微小的反向电流(即暗电流),一般为10^{-9}~10^{-8} A。当光敏二极管受到光照射之后,光子在半导体内被吸收,使P型区的电子增多,也使N型区的空穴增多,即产生新的自由载流子(光生电子-空穴对)。这些载流子在结电场的作用下,空穴向P型区移动,电子向N型区移动,从而使通过PN结的反向电流大为增加,这就形成了光电流,PN结处于导通状态。当入射光的强度发生变化时,光生载流子的多少相应发生变化,通过光敏二极管的电流也随之变化,这样就把光信号变成了电信号。达到平衡时,在PN结的两端将建立起稳定的电压差,这就是光生电动势。

光敏晶体管是光敏二极管和晶体管放大器一体化的结果,它有NPN型和PNP型两种基本结构,用N型硅材料为衬底制作的光敏晶体管为NPN型,用P型硅材料为衬底制作的光敏晶体管为PNP型。

以NPN型光敏晶体管为例,其结构与普通晶体管很相似,只是它的基极做得很大,以扩大光的照射面积,且其基极往往不接引出线,即相当于在普通晶体管的基极和集电极之间接有光敏二极管且对电流加以放大。光敏晶体管的工作原理分为光电转换和光电流放大两个过程。光电转换过程与一般光敏二极管相同,当集电极加上相对于发射极为正的电压而不接基极时,集电极就是反向偏压,当光照在基极上时,就会在基极附近产生电子-空穴对,在反向偏置的PN结势垒电场作用下,自由电子向集电区(N区)移动并被集电极所收集,空穴流向基区(P区)被正向偏置的发射结发出的自由电子填充,这样就形成一个由集电极到发射极的光电流,相当于晶体管的基极电流I_b。空穴在基区的积累提高了发射结的正向偏置,发射区的多数载流子(电子)穿过很薄的基区向集电区移动,在外电场的作用下形成集电极电流I_c,结果表现为基极电流将被集电结放大β倍,这一过程与普通晶体管放大基极电流的作用相似。不同的是普通晶体管是由基极向发射结注入空穴载流子控制发射极的扩散电流,而光敏晶体管是由注入发射结的光生电流控制。PNP型光敏晶体管的工作与NPN型相同,只是它以P型硅为衬底材料构成,它工作时的电压极性与NPN型相反,集电极的电位为负。

光敏晶体管是兼有光敏二极管特性的器件,它在把光信号变为电信号的同时又将信号电流放大,光敏晶体管的光电流可达0.4~4 mA,而光敏二极管的光电流只有几十微安,因此光敏晶体管有更高的灵敏度。图9.17给出了光敏晶体管的结构和基本电路。

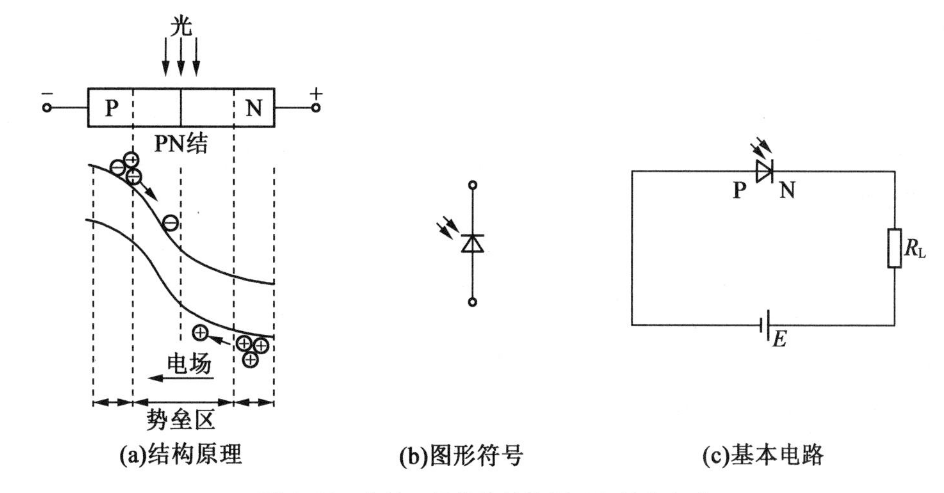

图 9.16　光敏二极管的结构原理和基本电路

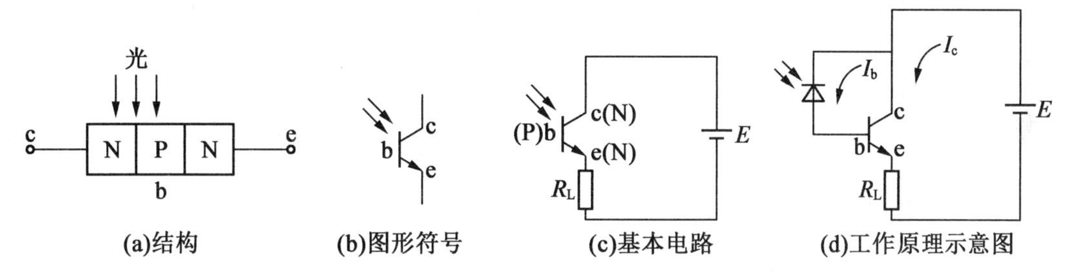

图 9.17　光敏晶体管的结构和基本电路

光敏管(光敏二极管、光敏晶体管)的光谱特性是指光敏管在光照度一定时,输出的光电流(或光谱相对灵敏度)随入射光的波长而变化的关系。图 9.18 所示为硅和锗光敏管的光谱特性曲线。对一定材料和工艺制成的光敏管,必须对应一定波长范围(光谱)的入射光才会响应,这就是光敏管的光谱响应。从图中可以看出,硅光敏管适用于 0.4~1.1 μm 波长,最灵敏的响应波长为 0.8~0.9 μm;而锗光敏管适用于 0.6~1.8 μm 的波长,其最灵敏的响应波长为 1.4~1.5 μm。

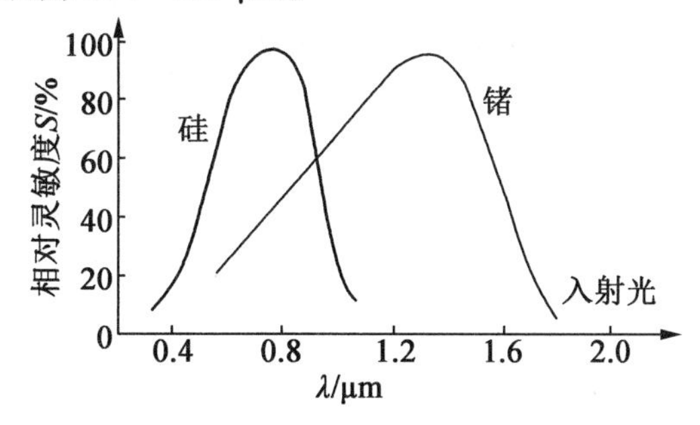

图 9.18　光敏管的光谱特性

由于锗光敏管的暗电流比硅光敏管大,故在可见光作光源时,都采用硅管;但是,在用红外光源探测时,则锗管较为合适。光敏二极管、光敏晶体管几乎全用锗或硅材料做成。由于硅管比锗管无论在性能上还是制造工艺上都更为优越,所以目前硅管的应用更为广泛。

伏安特性是指光敏管在光照度一定的条件下,光电流与外加电压之间的关系。图9.19所示为光敏二极管、光敏晶体管在不同照度下的伏安特性曲线。由图可知,光敏晶体管的光电流比相同管型光敏二极管的光电流大上百倍。

由图9.19(a)可知,在零偏压时,光敏二极管仍有光电流输出,这是因为光敏二极管存在光生伏特效应。

由图9.19(b)可知,光敏晶体管在偏置电压为零时,无论光照度有多大,集电极的电流都为零,说明光敏晶体管必须在一定的偏置电压作用下才能工作,偏置电压要保证光敏晶体管的发射结处于正向偏置、集电结处于反向偏置;随着偏置电压的升高,光敏晶体管的伏安特性曲线向上偏斜,间距增大,这是因为光敏晶体管除了具有光电灵敏度外,还具有电流增益β,且β值随光电流的增加而增大。

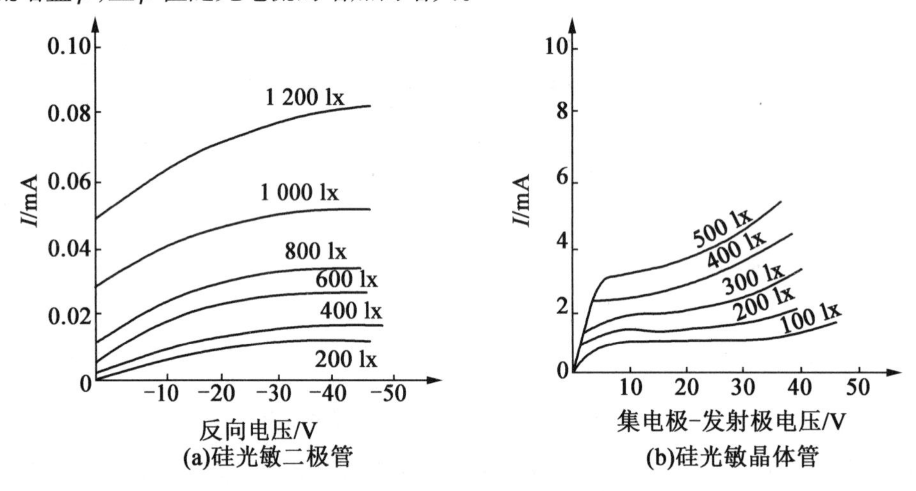

图9.19 光敏管的伏安特性曲线

光敏管的光照特性就是光敏管的输出电流I_o和光照度E之间的关系。硅光敏管的光照特性如图9.20所示。从图中可以看出,光照度越大,产生的光电流越大。光敏二极管的光照特性曲线的线性较好;光敏晶体管在光照度较小时,光电流随照度增加缓慢,而在光照度较大(光照度为几千勒克斯)时,光电流存在饱和现象,这是由于光敏晶体管的电流放大倍数在小电流和大电流时都有下降的缘故。

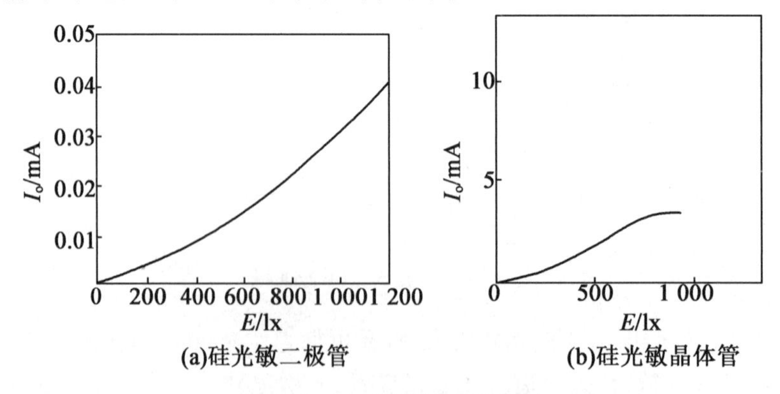

图9.20 硅光敏管的光照特性

光敏管的频率特性是光敏管输出的光电流(或相对灵敏度)与发光强度变化频率的关系。光敏二极管的频率特性好,其响应时间可以达到 $9^{-8}\sim10^{-7}$ s,因此它适用于测量快速变化的光信号。由于光敏晶体管存在发射结电容和基区渡越时间(发射极的载流子通过基区所需要的时间),所以,光敏晶体管的频率响应比光敏二极管差,而且和光敏二极管一样,负载电阻越大,高频响应越差。因此,在高频应用时应尽量减小负载电阻。图 9.21 给出了硅光敏晶体管的频率特性曲线。

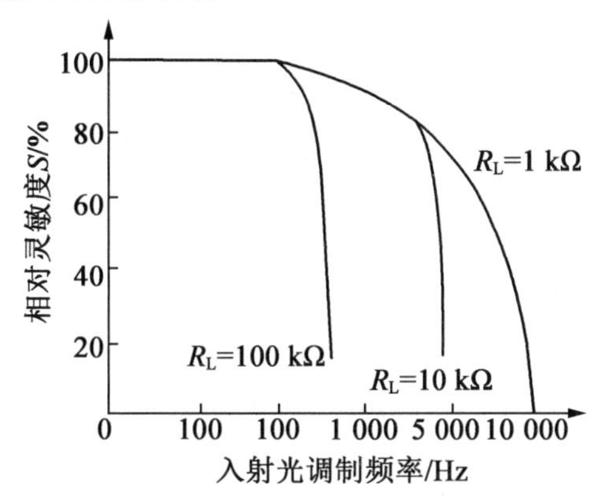

图 9.21　硅光敏管的频率特性

(3)光耦合器件。

光耦合器件是将发光元件和光敏器件合并使用,以光为媒介实现信号传递的光电器件。发光元件通常采用砷化镓发光二极管,它由一个 PN 结组成,有单向导电性,随正向电压的提高,正向电流增加,产生的光通量也增加。光敏器件可以是光敏二极管或光敏晶体管等。为了保证灵敏度,发光元件与光敏器件在光谱上要求得到最佳匹配。

光耦合器件将发光元件和光敏器件集成在一起,封装在一个外壳内,如图 9.22 所示。光耦合器件的输入电路和输出电路在电气上完全隔离,仅通过光的耦合才把二者联系在一起。工作时,把电信号加到输入端,使发光元件发光,光敏器件则在此光照下输出光电流,从而实现电-光-电的两次转换。

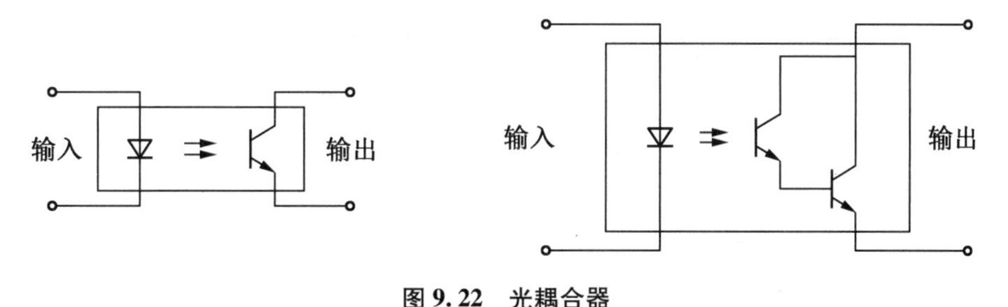

图 9.22　光耦合器

光耦合器实际上能起到电量隔离的作用,具有抗干扰和单向信号传输功能。光耦合器件广泛应用于电量隔离、电平转换、噪声抑制、无触点开关等领域。

4. 光纤传感器

光纤传感器是以光学量转换为基础,以光信号为变换和传输的载体,利用光导纤维输送光信号的传感器。光纤传感技术是 20 世纪 70 年代中期伴随着光通信技术的发展而逐步形成的一门新技术。在实际应用中发现,光纤中所传输的光信号(光波)的特征量(如发光强度、相位、频率、偏振态等）会随外界环境因素（温度、压力、电场、磁场等）的变化而变化。如果能够测量出光波特征参量的变化，就可以知道导致这些光波特征参量变化的温度、压力、电场、磁场等物理量的大小，于是出现了光纤传感技术和光纤传感器。

光纤是一种多层介质结构的同心圆柱体，包括纤芯、包层和保护层（涂敷层及护套），如图 9.23 所示。核心部分是纤芯和包层，纤芯直径、纤芯材料和包层材料的折射率对光纤的特性起决定性影响。其中纤芯由高度透明的材料制成，是光波的主要传输通道；纤芯材料的主体是 SiO_2 玻璃，并掺入微量的 GeO_2、P_2O_5，以提高材料的光折射率。纤芯直径为 5～75 μm。包层可以是一层、二层或多层结构，总直径为 100～200 μm，包层材料主要也是 SiO_2，掺入了微量的 B_2O_3 或 SiF_4 以降低包层对光的折射率；包层的折射率略小于纤芯，这样的构造可以保证入射到光纤内的光波集中在纤芯内传输。涂敷层保护光纤不受水气的侵蚀和机械擦伤，同时又增加光纤的柔韧性，起着延长光纤寿命的作用。护套采用不同颜色的塑料管套，一方面起保护作用，另一方面以颜色区分多条光纤。许多根单条光纤组成光缆。

光在同一种介质中是直线传播的，如图 9.24 所示。当光线以不同的角度入射到光纤端面时，在端面发生折射进入光纤后，又入射到折射率 n_1 较大的光密介质（纤芯）与折射率 n_2 较小的光疏介质（包层）的交界面，光线在该处有一部分透射到光疏介质，一部分反射回光密介质。根据折射定理有

$$\frac{\sin\theta_k}{\sin\theta_r}=\frac{n_2}{n_1} \tag{9.2}$$

$$\frac{\sin\theta_i}{\sin\theta'}=\frac{n_1}{n_0} \tag{9.3}$$

式中 θ_i、θ'——光纤端面的入射角和折射角；

θ_k、θ_r——光密介质与光疏介质界面处的入射角和折射角。

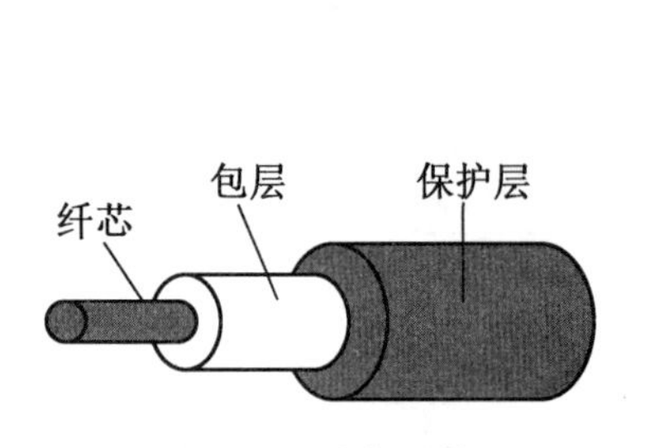

图 9.23 光纤结构

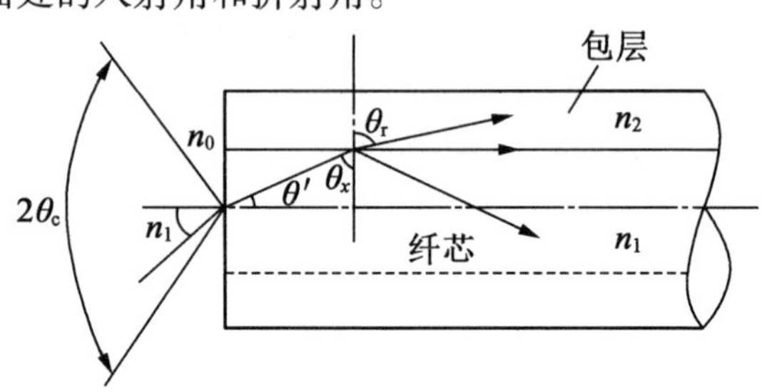

图 9.24 光纤传输原理

在光纤材料确定的情况下，n_1/n_0、n_2/n_1 均为定值，因此若减小 θ_i，则 θ' 也将减小，相应地，θ_k 将增大，θ_r 也增大。当 θ_i 达到 θ_c 使折射角 $\theta_r=90°$时，折射光将沿界面方向传播，则称此时的入射角 θ_c 为临界角。

当入射角 θ_i 小于临界角 θ_c 时，光线就不会透过其界面而全部反射到光密介质内部，即发生全反射。在满足全反射的条件下，光线就不会射出纤芯，而是在纤芯和包层界面不断地产生全反射向前传播，最后从光纤的另一端面射出。光的全反射是光纤传感器工作的基础。

光纤传感器有很多种类，这里列举一种发光强度调制型光纤温度传感器。图 9.25 所

示为一种发光强度调制型光纤温度传感器。它利用了多数半导体材料的能量带隙随温度的升高几乎线性减小的特性。半导体材料的透光率特性曲线边沿的波长 λg 随温度的升高而向长波方向移动。如果适当地选定一种光源,它发出的光的波长在半导体材料工作范围内,当此种光通过半导体材料时,其透射光的发光强度将随温度 T 的升高而减小,即光的透过率随温度升高而降低。

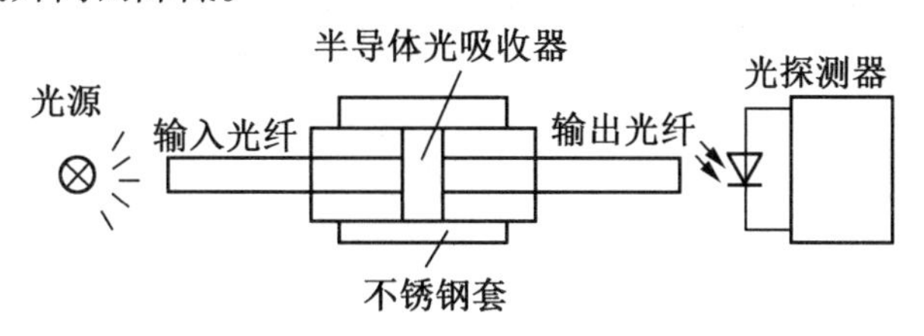

图 9.25　发光强度调制型光纤温度传感器及其应用实例

敏感元件是一个半导体光吸收器（薄片）,光纤用于传输信号。当光源发出的光以恒定的强度经输入光纤到达半导体光吸收器时,透过吸收器的发光强度受薄片温度调制(温度越高,透过的发光强度越小),然后透射光再由输出光纤传到光探测器。它将发光强度的变化转换为电压或电流的变化,达到检测温度的目的。

这种传感器的测量范围取决于半导体材料和光源,通常为-100~300 ℃,响应时间大约为 2 s,测量精度为±3 ℃。目前,国外光纤温度传感器可探测到 2 000 ℃ 高温,灵敏度达到 ±1 ℃,响应时间为 2 s。

9.1.3　光电传感器的应用

1. 精密辐射探测器

图 9.26 所示为闪烁计数器原理图,它是一种通用的精密核辐射探测器,核辐射粒子能量被闪烁体（荧光体）吸收转换为闪光（光子）,闪光传输到光电倍增管阴极转换为光电子,经倍增放大后输出电脉冲信号至记录设备中。测量脉冲信号的数目及幅度,可测出射线强弱与能量的大小。

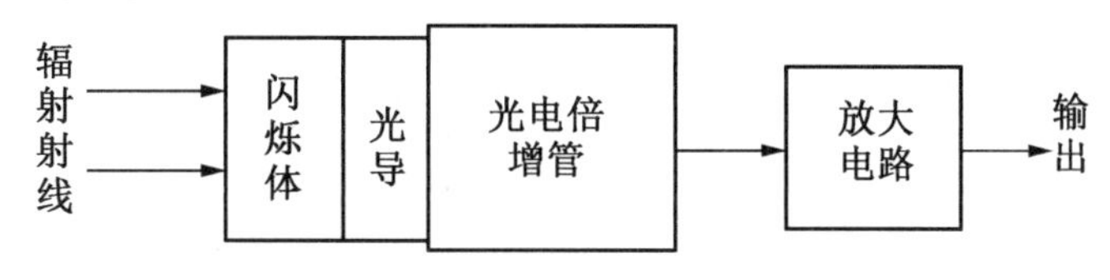

图 9.26　闪烁计数器原理图

2. 光电式火灾探测报警器

图 9.27 所示为以光敏电阻为敏感元件的火灾探测报警器电路,在 1 mW/cm^2 光照度下,PbS 光敏电阻的暗电阻为 1 MΩ,亮电阻为 0.2 MΩ,峰值响应波长为 2.2 μm,与火焰的峰值辐射光谱波长接近。

由 VT_1,电阻 R_1、R_2 和稳压二极管 VS 构成对光敏电阻 R_3 的恒压偏置电路,该电路在更换光敏电阻时只要保证光电导灵敏度不变,输出电路的电压灵敏度就不会改变,可保证前置放大器的输出信号稳定。当被探测物体的温度高于燃点或被探测物体被点燃而发生火灾时,火焰将发出波长接近于 2.2 μm 的辐射(或“跳变”的火焰信号),该辐射光将被

PbS 光敏电阻接收,使前置放大器的输出跟随火焰“跳变”信号,并经电容 C_2 耦合,由 VT_2、VT_3 组成的高输入阻抗放大器放大。放大的输出信号再送给消防控制报警中心放大器,由其发出火灾报警信号或自动执行喷淋等灭火动作。

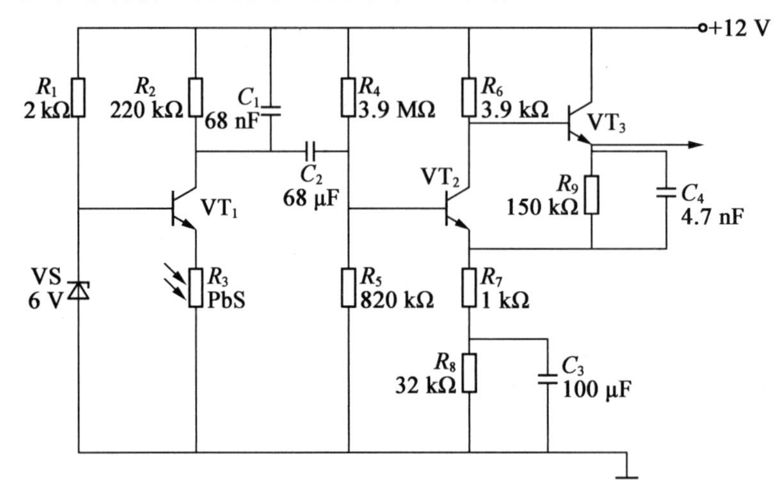

图 9.27 火灾探测报警器电路

3. 路灯自动控制器和楼道双光控延时开关

(1)路灯自动控制器。

图 9.28 所示为路灯自动控制器电路原理图。VD 为光敏二极管。当夜晚来临时,光线变暗,VD 截止,VT_1 饱和导通,VT_2 截止,继电器 K 线圈失电,其常开触点 K_1 闭合,路灯 HL 点亮。天亮后,当光线亮度达到预定值时,VD 导通,VT_1 截止,VT_2 饱和导通,继电器 K 线圈得电,其触点 K_1 断开,路灯 HL 熄灭。

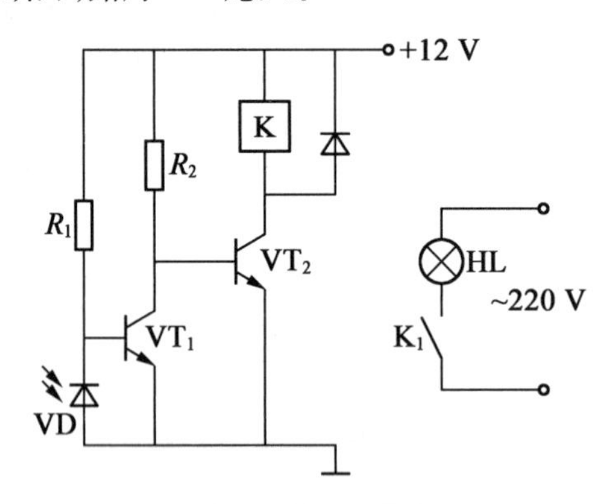

图 9.28 路灯自动控制器电路原理图

(2)楼道双光控延时节电开关。

如图 9.29 所示,VD_1 与 VT_1 构成光检测电路;VT_3 与自然光构成一路光控电路。时基集成电路 555 与 R_4、C_1 等组成单稳态电路。稳态时输出 3 脚为低电平,当触发端 2 脚有负脉冲或为低时,3 脚输出高电平,单稳态电路进入暂稳态,经一段时间电路自动翻回初始稳定态,3 脚又变为低电平。

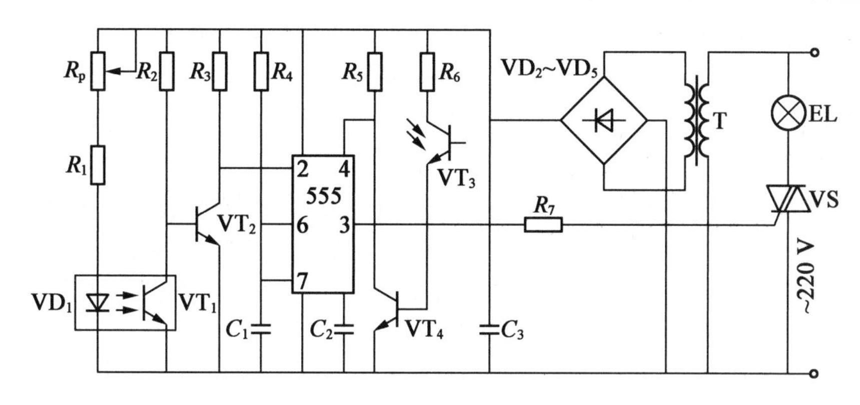

图 9.29　楼道双光控延时节电开关电路

白天,VT_3、VT_4 导通,强迫复位端 4 脚为低电平,3 脚被迫输出低电平,双向晶闸管 VS 的门极无触发电压,关断,灯 EL 不亮。夜晚,VT_3、VT_4 截止使 4 脚为高电平,电路退出复位状态,3 脚为高电平。

无人经过时,VT_1 导通、VT_2 截止,2 脚为高电平,3 脚为低电平,灯 EL 仍不亮。有人经过时,VT_1 截止、VT_2 导通,2 脚为低电平,3 脚为高电平,通过限流电阻 R_7 触发双向晶闸管由关断变为导通,灯 EL 点亮。经 30 s 后,电路暂稳态结束,3 脚变为低电平,灯 EL 熄灭。

4. 光电式数字转速计

图 9.30 所示为光电式数字转速计的工作原理图。在电动机的转轴上安装一个具有均匀分布齿轮的调制盘,当电动机转轴转动时,将带动调制盘转动,发光二极管发出的恒定光被调制成随时间变化的调制光,透光与不透光交替出现,光敏管将间断地接收到透射光信号,输出电脉冲。转速可由该脉冲信号的频率来确定,该脉冲信号 U_0 可送到频率计进行计数,从而测出电动机的转速。每分钟的转速 r(r/min) 与脉冲频率 f(Hz) 之间的关系为

$$r=\frac{60f}{n}=\frac{60N}{tn} \tag{9.4}$$

式中　n——调制盘的齿数;

N——采样时间 t 内的脉冲数。

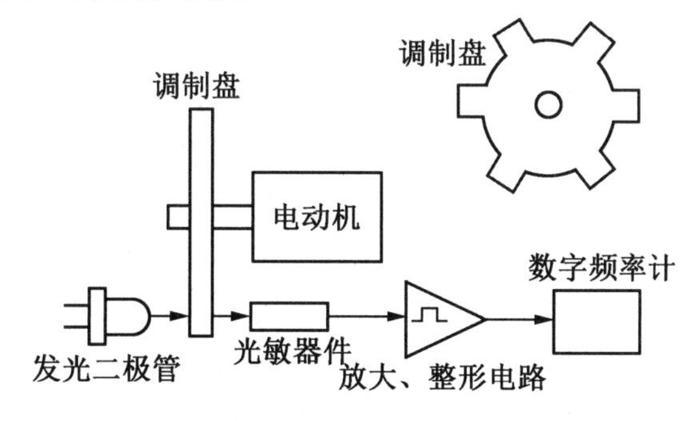

图 9.30　光电式数字转速计的工作原理图

5. 光纤温度传感器

辐射温度计利用非接触方式检测来自被测物体的热辐射,若采用光导纤维将热辐射引导到传感器中,可实现远距离测量;利用多束光纤可对物体上多点的温度及其分布进行

测量;可在真空、放射性、爆炸性和有毒气体等特殊环境下进行测量。400~1 600 ℃的黑体辐射的光谱主要由近红外线构成。采用高纯石英玻璃的光导纤维在1.1~1.7 μm的波长带域内显示出低于1 dB/km的低传输损失,所以非常适用于上述温度范围的远距离测量。

图9.31所示为可测量高温的探针型光纤温度传感器系统。将直径为0.25~1.25 μm、长度为0.05~0.3 m的蓝宝石纤维接于光纤的前端,蓝宝石纤维的前端用Ir(铱)的溅射薄膜覆盖。用这种温度计可检测具有0.1 μm带宽的可见单色光($\lambda=0.55\sim0.7$ μm),从而可测量600~2 000 ℃范围的温度。

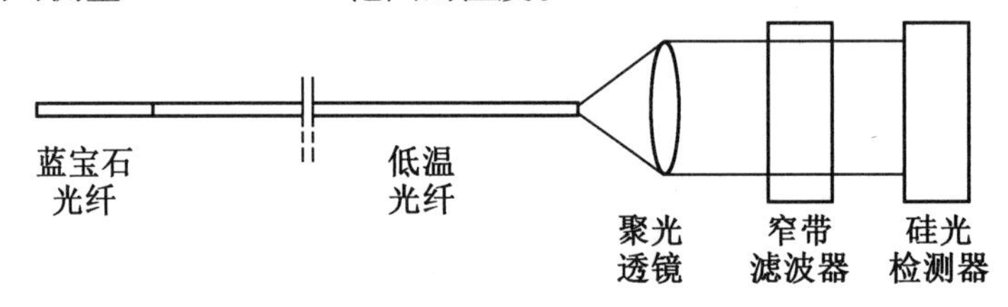

图9.31 探针型光纤温度传感器

9.1.4 光电开关与光电断续器

光电开关与光电断续器都是检测物体的靠近、通过等状态的光电传感器。随着生产自动化、机电一体化的普及,光电开关及光电断续器已发展成系列产品,用户可根据生产需要选用适当规格的产品,而不必自行设计光路和电路。

从原理上讲,光电开关及光电断续器没有太大的差别,都是由红外线发射元件与光敏接收元件组成,只是光电断续器是整体结构,其检测距离只有几毫米至几十毫米,而光电开关需要两部分组合而成。

1.光电开关

光电开关可分为遮断型和反射型两类,如图9.32所示。图9.32(a)中,发射器和接收器相对安放,轴线严格对准,当有物体在两者中间通过时,红外光束被遮断,接收器接收不到红外线而产生一个负脉冲信号。可以将一组平行排列的红外或红光LED与对应的光敏晶体管组成"光幕"。只要被测物体阻挡其中一根光线,检测系统就将产生报警信号。遮断型光电开关的检测距离可达十几米。

反射型分为反射镜反射型和被测物漫反射型(简称散射型),分别如图9.32(b)、(c)所示。反射镜反射型传感器安装时,需要调整反射镜的角度以取得最佳的反射效果,它的检测距离不如遮断型。反射镜一般使用偏光三棱镜,它对安装角度的变化不太敏感,能将光源发出的光转变成偏振光(波动方向严格一致的光)反射回去。光敏接收元件表面覆盖一层偏光透镜(膜),只能接收反射镜反射同来的偏振光,而不响应表面光亮物体反射回来的各种非偏振光。这种设计使它也能用于检测诸如罐头等具有反光面的物体,而不受干扰。反射镜反射型光电开关的检测距离可达几米。

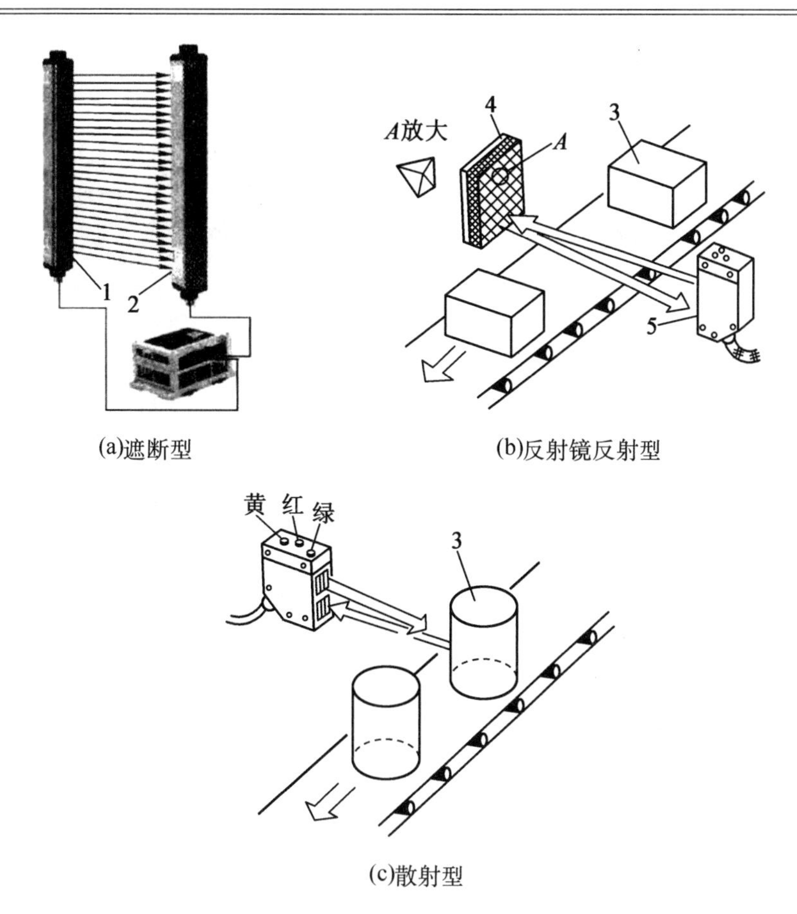

(a)遮断型　(b)反射镜反射型

(c)散射型

1—发射器;2—接收器;3—被测物;4—偏振光反射镜;5—带偏振光滤光片的接收器

图 9.32　光电开关类型及应用

光电开关中的红外光发射器一般采用发光二极管,而接收器可采用光敏二极管、光敏晶体管或光电池。为了防止荧光灯的干扰,可选用红外 LED,并在光敏接收元件表面加红外滤光透镜或表面呈黑色的专用红外接收管;如果要求方便瞄准(对中),亦可采用红色 LED。其次,LED 最好用中频(40 kH 左右)窄脉冲电流驱动,从而发射 40 kHz 调制光脉冲。相应地,光敏接收元件的输出信号经 40 kHz 选频交流放大器及专用的解调芯片处理,可以有效地防止太阳光的干扰,又可减小发射 LED 的功耗。

光电开关可用于生产流水线上统计产量、检测装配件到位与否及装配质量,并且可以根据被测物的特定标记给出自动控制信号。它已广泛地应用于自动包装机、自动灌装机、装配流水线等自动化机械装置中。

2. 光电断续器

光电断续器的工作原理与光电开关相同,但其光的发射器、接收器做在体积很小的同一塑料壳体中,所以两者能可靠地对准,为安装和使用提供了方便,它也可以分为遮断型和反射型两种,光电断续器如图 9.33 所示。遮断型(也称槽式)的槽宽、深度及光敏接收元件可以有各种不同的形式,并已形成系列化产品,可供用户选择。反射型的检测距离较小,多用于安装空间较小的场合。由于检测范围小,光电断续器的发光二极管可以直接用直流电驱动,亦可用 40 kHz 尖脉冲电流驱动。红外 LED 的正向压降约为 1.1~1.3 V,驱动电流控制在 10 mA 以内。

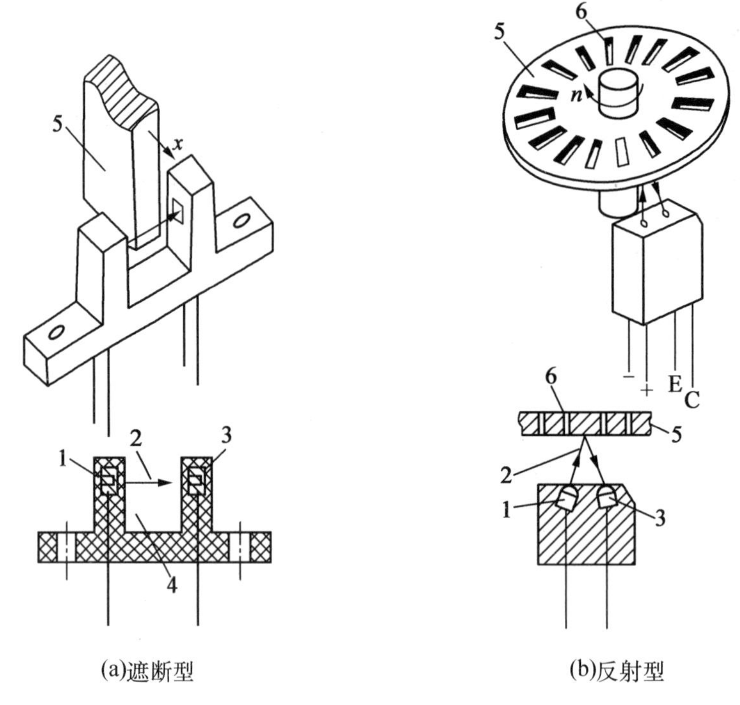

(a)遮断型 (b)反射型

1—发光二极管;2—红外光;3—光敏接收元件;4—槽;5—被测物;6—透光孔

图 9.33 光电断续器

光电断续器是较便宜、简单、可靠的光电器件,广泛应用于自动控制系统、生产流水线、机电一体化设备、办公设备和家用电器中。例如,在复印机和打印机中,它被用来检测复印纸的有无;在流水线上检测细小物体的通过及物体上的标记,检测印制电路板元件是否漏装,以及检测物体是否靠近等。

9.2 图像传感器

电荷耦合器件(charge coupled device,CCD)是 1970 年初发展起来的一种新型半导体光电器件,其突出特点是以电荷作为信号载体,不同于以电流或者电压作为信号的其他光电器件。由于 CCD 不但具有体积小、质量小、功耗小、电压低等特点,而且具有分辨力小、动态范围大、灵敏度高、实时传输好和自扫描等优点,因此它在高精度尺寸检测、图像检测领域、信息存储和处理等方面得到了广泛的应用。CCD 的基本功能是信号电荷的产生(注入)、存储、传输(转移)和输出(检测)。

9.2.1 CCD 图像传感器的工作原理

1. CCD 的基本结构

CCD 的单元是一个由金属-氧化物-半导体(MOS)组成的电容器,如图 9.34 所示。其中"金属"为 MOS 结构的电极,称为"栅极"(栅极材料通常不采用金属而采用能够透过一定波长范围光的多晶硅薄膜),栅极与外界电源的正极相连;"半导体"作为衬底电极;

在两电极之间有一层“氧化物”（SiO_2）绝缘体，构成一个电容器，但它具有一般电容所不具有的耦合电荷的能力。一个 MOS 单元称为一个像素，多个像素组成线阵。

根据信号电荷传输通道的不同，CCD 分为两种类型：一种是信号电荷存储在半导体与绝缘体之间的界面，并沿界面传输，这类器件称为表面沟道电荷耦合器件（SCCD）；另一种是信号电荷存储在离半导体表面一定深度的体内，并在半导体内部沿一定方向传输，这类器件称为体内沟道或者埋沟道电荷耦合器件（BCCD）。下面以表面沟道 P 型 Si-CCD 为例介绍 CCD 的工作原理。

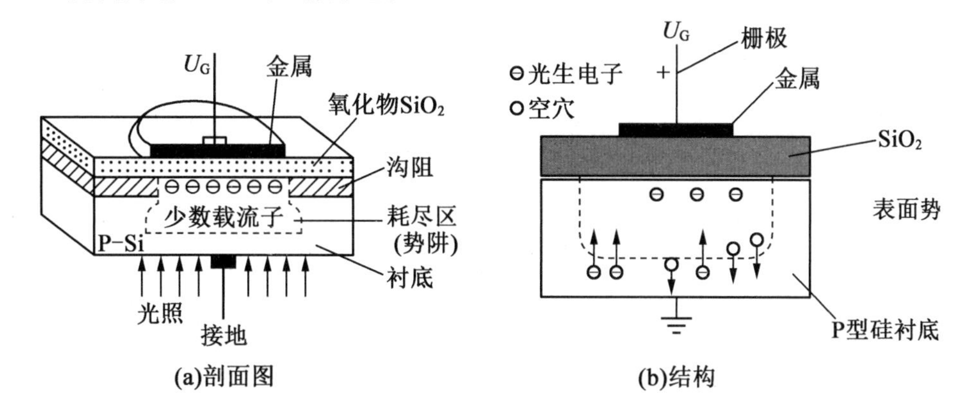

图 9.34　P 型 MOS 光敏单元

2. CCD 的工作原理

(1)电荷存储原理。

所有电容器都能存储电荷，MOS 电容器也不例外。例如，如果 MOS 电容器的半导体是 P-Si，当在金属电极上施加一个 U_G 正电压时(衬底接地)，金属电极板上就会充上一些正电荷，附近的 P-Si 中的多数载流子——空穴被排斥到表面，如图 9.34(b) 所示。在衬底 Si-SiO_2 界面处的表面势能将发生变化，处于非平衡状态，表面区有表面势 ϕ_s，若衬底电位为 0，则表面处电子的静电位能为$-e\phi_s$(e 代表单个电子的电荷量)。因为 ϕ_s 大于 0，电子位能$-e\phi_s$ 小于 0，则表面处有储存电荷的能力，半导体内的电子被吸引到界面处来，从而在表面附近形成一个带负电荷的耗尽区（称为电子势阱或表面势阱)，电子在这里势能较低，沉积于此。势阱的深度与所加电压大小成正比关系，在一定条件下，若 U_G 增加，栅极上充的正电荷数目增加，在 SiO_2 附近的 P-Si 中形成的负离子数目相应增加，耗尽区的宽度增加，表面势阱加深。

若形成 MOS 电容器的半导体材料是 N-Si，则 U_G 为负电压时，在 SiO_2 附近的 N-Si 中形成空穴势阱。

如果此时有光照射在硅片上，在光子作用下，半导体硅吸收光子，产生电子-空穴对，其中的光生电子被附近的势阱吸收，吸收的光生电子数量与势阱附近的发光强度成正比：发光强度越大，产生电子-空穴对越多，势阱中收集的电子数就越多；反之，光越弱，收集的电子数越少。同时，产生的空穴被电场排斥出耗尽区。因此势阱中电子数目的多少可以反映光的强弱和图像的明暗程度，即这种 MOS 电容器可实现光信号向电荷信号的转变。若给光敏单元阵列同时加上 U_G，整个图像的光信号将同时变为电荷包阵列。当有部分电子填充到势阱中时，耗尽层深度和表面势将随着电荷的增加而减小。势阱中的电子处于被存储状态，即使停止光照，一定时间内也不会损失，这就实现了对光照的记忆。

（2）电荷的注入。

CCD 信号电荷的产生有以下两种方法。

①光注入：当光信号照射到 CCD 衬底硅片表面时，在电极附近的半导体内产生电子-空穴对，空穴被排斥入地，少数载流子（电子）则被收集在势阱内，形成信号电荷存储起来。存储电荷的多少与光照强度成正比，如图 9.35（a）所示。

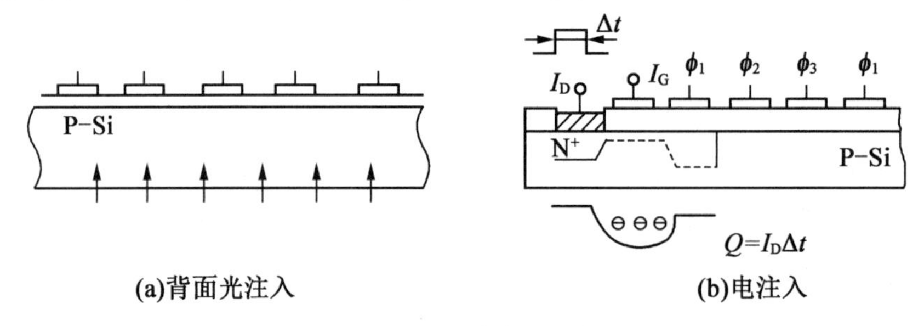

(a)背面光注入　　(b)电注入

图 9.35　CCD 电荷注入方法

②电注入：CCD 通过输入结构（如输入二极管），将信号电压或电流转换为信号电荷，注入势阱中。如图 9.35（b）所示，二极管位于输入栅衬底下，当输入栅 I_G 加上宽度为 Δt 的正脉冲时，输入二极管 PN 结的少数载流子通过输入栅下的沟道注入 ϕ_1 电极下的势阱中，注入电荷量为 $Q=I_D\Delta t$。

（3）电荷的输出。

CCD 信号电荷在输出端被读出的方法如图 9.36 所示。OG 为输出栅。它实际上是 CCD 阵列的末端衬底上制作的一个输出二极管，当输出二极管加上反向偏压时，转移到终端的电荷在时钟脉冲作用下移向输出二极管，被二极管的 PN 结所收集，在负载 R_L 上形成脉冲电流 I_o。输出电流的大小与信号电荷的大小成正比，并通过负载电阻 R_L 转换为信号电压 U_o 输出。

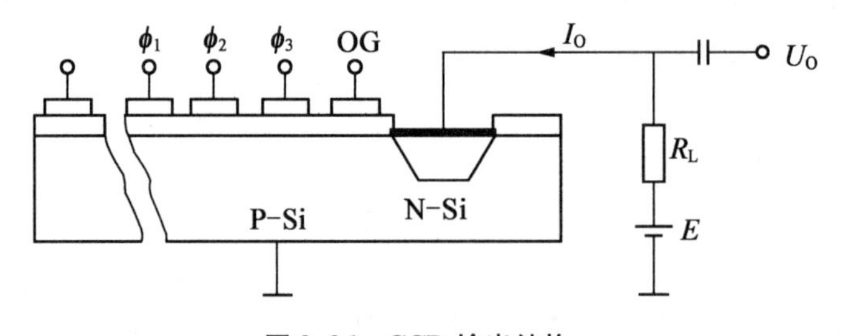

图 9.36　CCD 输出结构

9.2.2　CCD 图像传感器的应用

CCD 图像传感器从结构上可分为两类：一类用于获取线图像，称为线阵 CCD；另一类用于获取面图像，称为面阵 CCD。线阵 CCD 目前主要用于产品外部尺寸非接触检测或产品表面质量评定、传真和光学文字识别技术等方面；面阵 CCD 主要用于摄像领域。

1. 线阵 CCD 图像传感器

对于线阵 CCD，它可以直接接收一维光信息，而不能将二维图像转换为一维的电信号输出,为了得到整个二维图像,就必须采取扫描的方法来实现。线阵 CCD 图像传感器由线阵光敏区、转移栅、模拟移位寄存器、偏置电荷电路、输出栅和信号读出电路等组成。

线阵 CCD 图像传感器有两种基本形式,即单沟道和双沟道线阵 CCD 图像传感器,其结构如图 9.37 所示,由感光区和传输区两部分组成。感光区由一列(N 个像元数)形状和大小完全相同的光敏单元(光敏二极管)组成,每个光敏单元为 MOS 电容结构,用透明的低阻多晶硅薄条作为 N 个 MOS 电容的共同电极,称为光栅。MOS 电容的衬底电极为半导体 P 型单晶硅,在硅表面相邻光敏单元用沟阻隔开,以保证 N 个 MOS 电容互相独立。传输区由与之对应的转移栅(多路开关)及一列(N 个像元数)动态移位寄存器组成。转移栅与光栅一样做成长条结构,位于敏感光栅和移位寄存器之间,它用来控制光敏单元势阱中的信号电荷向移位寄存器中转移。移位寄存器每位的输出与对应的开关栅极相连。给移位寄存器加上两相互补时钟脉冲,用一个周期性的起始脉冲引导每次扫描的开始,移位寄存器就产生依次延时一拍的采样脉冲,将存储于光敏二极管中的信号电荷串行输出。传输区是遮光的,以防因光生噪声电荷干扰导致图像模糊。

CCD 移位寄存器在排列上, N 位移位寄存器与 N 个光敏单元一一对齐,各光敏单元通向移位寄存器的各转移沟道之间有沟阻隔开,使之只能通向移位寄存器的一个单元。由移位寄存器将信号按序输出。

一般使信号转移时间远小于摄像时间(光积分时间)。转移栅关闭时,光敏单元势阱收集光信号电荷,经过一定的积分时间,形成与空间分布的发光强度信号对应的信号电荷图像。积分周期结束时,转移栅打开,各光敏单元收集的信号电荷并行地转移到移位寄存器的相应单元中。转移栅关闭后,光敏单元开始对下一行图像进行积分。而已经转移到移位寄存器内的上一行信号电荷,通过移位寄存器输出,如此重复上述过程。

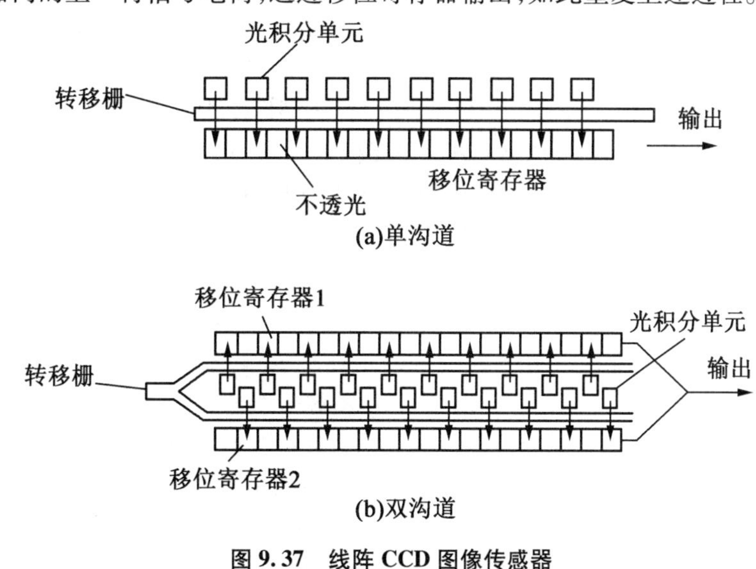

图 9.37　线阵 CCD 图像传感器

2. 面阵 CCD 图像传感器

面阵 CCD 图像传感器的光敏单元呈二维矩阵排列,能检测二维平面图像。按传输和读出方式不同,可分为行传输、帧传输和行间传输三种。

行传输(line transmission,LT)面阵 CCD 的结构如图 9.38(a)所示。它由行选址电路、感光区、输出寄存器组成。当感光区光积分结束后，由行选址电路一行一行地将信号电荷通过输出寄存器转移到输出端。行传输的特点：有效光敏面积大、转移速度快、转移效率高。但需要行选址电路，结构较复杂，且在电荷转移过程中，必须加脉冲电压，与光积分同时进行，会产生"拖影"，故较少采用。

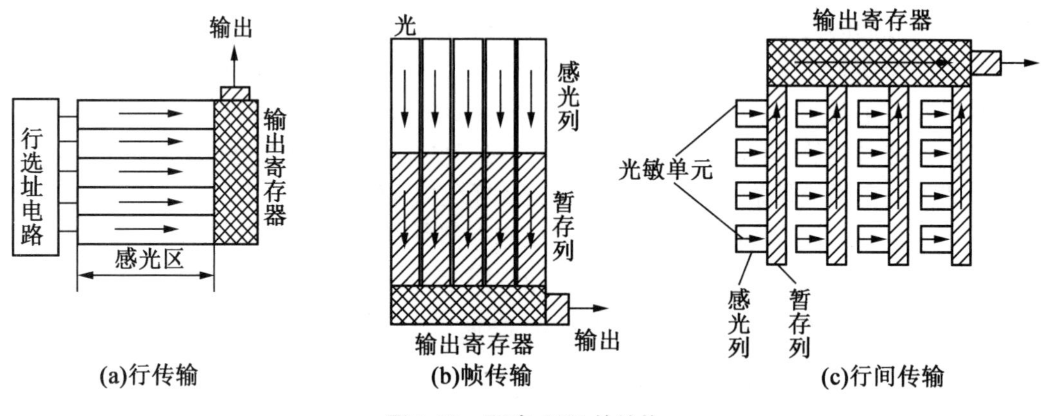

图 9.38　面阵 CCD 的结构

帧传输（frame transmission，FT）面阵 CCD 的结构如图 9.38(b)所示。它由感光列、暂存列和输出寄存器三部分组成。感光列由并行排列的若干电荷耦合沟道组成，各沟道之间用沟阻隔开，水平电极条横贯各沟道。假设有 M 个转移沟道，每个沟道有 N 个光敏单元，则整个感光区共有 $M\times N$ 个光敏单元。在感光区完成光积分后，先将信号电荷迅速转移到暂存列，再从暂存列一行一行地将信号电荷通过输出寄存器转移到输出端。设置暂存列是为了消除"拖影"，以提高图像的清晰度和与电视图像扫描制式相匹配。

帧传输的特点：光敏单元密度高、电极简单，但增加了暂存列，器件面积相对于行传输型增大了一倍。

行间传输（interline transmission，ILT）面阵 CCD 的结构如图 9.38(c)所示。它的特点是感光列和暂存列行与行相间排列。在感光列结束光积分后，同时将每列信号电荷转移至相邻的暂存列中，然后进行下一帧图像的光积分，并同时将暂存列中的信号电荷逐行通过输出寄存器转移到输出端。其优点是不存在拖影问题，但这种结构不适宜光从背面照射。

行间传输的特点：光敏单元面积小，密度高，图像清晰，但单元结构复杂。这是用得最多的一种结构形式。

面阵 CCD 图像传感器主要用于装配数码相机、数码摄像机。

下面以钢板尺寸的测量为例介绍面阵 CCD 图像传感器。

在钢板生产过程中，尤其在冷轧钢板的剪切过程中，操作人员首先需要剔除钢板疵病较为严重部位，然后对钢板的实际尺寸进行测量，规划出剪切的长度，并做出剪切标记。操作人员通过控制滚道，使标记与剪刀口对准后进行剪切。这种完全由人工测量与操控的方法裁剪出的钢板精度低，成材率不高，操控人员劳动强度大，难以满足当前对钢板质量控制和生产管理自动化的要求，制约了中厚度钢板质量的进一步提高。

目前，世界上先进的钢板生产企业已普遍地采用在线自动测量技术来对钢板板材的长度、宽度进行测量与剪切。除了采用激光扫描、超声检测、射线测量等技术外，近几年来也正在利用面阵 CCD 进行与钢板尺寸测量相关的研究和技术改造，使钢板的质量检测、尺寸检测与剪切控制实现自动化。随着国外钢铁企业在钢板生产上测量与控制手段的提高,国际上对钢铁产品尺寸提出了更高的要求。例如,在中厚度钢板几何尺寸的控制方面,国际通用的 ISO9000 长度误差标准规定为 25 mm。由于缺乏先进可靠的在线检测手段,我国目前的国家标准只能为 0～40 mm,这对我国的钢材产品进入国际市场显然是非常不利的,尤其是我国已经加入了 WTO,我国的国家标准必须与国际通用标准接轨。

整个测量系统主要由面阵 CCD 摄像系统、图像采集及处理系统和数据终端系统等组成,如图 9.39 所示。面阵 CCD 摄像机安装在剪切机前滚道的上方,摄像机的数量可根据测量范围与测量精度的要求确定。以裁剪机的剪刀口为基准线,确定每个摄像机的空间参数。每台摄像机的视频信号通过可编程视频切换器传送到计算机 PCI 总线扩展插槽中的图像采集卡上。图像采集卡对钢板图像进行采样和数据处理,剔除钢板缺陷后得到其长度与宽度尺寸。在钢板运动中进行动态跟踪测量,实时显示规划尺寸距离剪刀口的距离,引导剪切机构进行裁剪,并把剪切时刻的尺寸送至钢板尺寸标定现场。

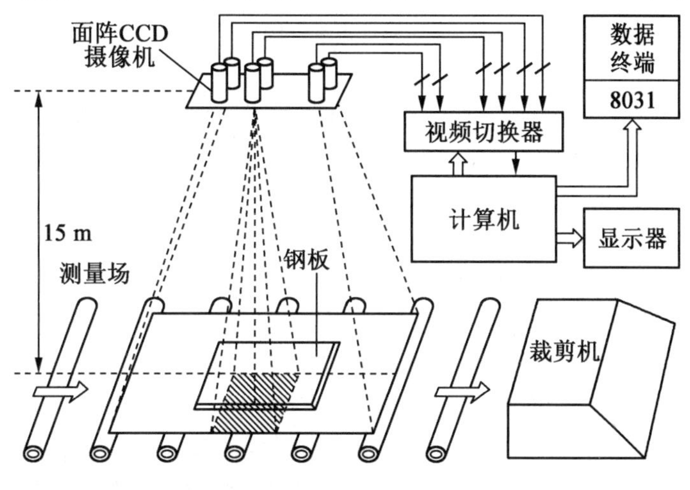

图 9.39　测量系统结构示意图

摄像系统采用像元数为 795×596 的面阵 CCD,系统内的温度防护设备能确保 CCD 在高温环境下正常运行。可编程视频切换器在微机控制下根据需要可将任意一路视频信号随时接入图像采集卡,由图像采集卡及系统软件完成对各路视频信号的数据采集与处理工作,为工业控制机提供控制与计算的数据。

为测量钢板的长、宽尺寸,首先应建立光学成像方程,以测量场的某一点为基准,在水平面上定义 X、Y 坐标,以铅垂 X、Y 平面的正上方为 Z 轴,建立一个自由测量场。在像方分别以面阵 CCD 阵列的行、列方向定义 x、y 坐标,以投影中心点 s 为原点,过 Z 点并垂直于 CCD 阵列的上方为 Z 轴。根据投影变换理论,物方任意一点 $O(X,Y,Z)$ 和像方坐标系中的像点 $I(x,y,z)$ 的坐标变换关系可表示为

$$\begin{bmatrix} X \\ Y \\ Z \end{bmatrix} = \lambda \boldsymbol{M}_{3\times3} \begin{bmatrix} x-x_0 \\ y-y_0 \\ -f \end{bmatrix} + \begin{bmatrix} Xs \\ Ys \\ Zs \end{bmatrix} \tag{9.5}$$

式中　λ——比例因子(x_0,y_0,f)为面阵 CCD 的内方位元素,Xs、Ys、Zs 为投影中心点在测量场内的坐标;$\boldsymbol{M}_{3\times3}$ 是 3×3 的矩阵,又称旋转矩阵,是面阵 CCD 的空间方位函数。

系统的软件主要由以下五大部分组成。

①系统状态检测维护软件。系统状态检测维护软件主要完成系统各部分状态检测,系统异常时对故障进行定位。

②摄像机空间定位软件。摄像机空间定位软件通过设置人工标记点的办法确定摄像机的空间位置,并形成数据文件。

③钢板尺寸测量软件。钢板尺寸测量软件完成钢板有效尺寸的获取、计算,并对钢板的测量尺寸进行规划。规划后对钢板进行动态测量,指导剪切,并把钢板实际尺寸送至数据终端。

④钢板数据统计、分析及报表软件。钢板数据统计、分析及报表软件对所测量并剪切的钢板的实际剪切数量、检测时日、质量等级等进行统计、分析、存档和提供报表。

⑤低位机系统控制软件。低位机系统控制软件负责数据终端的管理及与主机的数据通信。

工业现场环境一般较为恶劣,粉尘、噪声和电磁干扰较为严重,裁剪机构的动作往往会形成较大的电磁干扰。为了适应这种工作环境,检测系统必须配备具有防尘和减震的装置,并对摄像机等探测器进行制冷降温操作。采用适当的抗电磁干扰措施,以提高系统在工业现场环境工作的稳定性。

最终保证系统测量的范围在 15 m×3 m,测量精度优于 5 mm,动态跟踪速度为 4m/s。采用面阵 CCD 对中厚度钢板的尺寸进行非接触测量,是光学、图像测量及计算机技术在工业尺寸测量方面的成功应用,可以方便地移植到冶金、化工、机械加工及其他领域。

2. 工业内窥镜电视摄像系统

在工业质量控制、测试及维护中,正确地识别裂缝、应力、焊接整体性及腐蚀等缺陷是非常重要的。但是传统光纤内窥镜的光纤成像却常使检验人员难以判断是真正的瑕疵,还是图像不清造成的结果。而且直接用人眼通过光纤观察,劳动强度势必很大。因此,工业内窥镜电视摄像系统成为工业产品质量检验的关键。

一种新的成像技术——光电图像传感器,可以使难以直接观察的地方,通过电视荧光屏显示一个清晰的、色彩真实的放大图像。根据这个明亮而分辨率高的图像,检查人员能够快速而准确地进行检查工作。这就是工业内窥镜电视摄像系统。在这种工业内窥镜中,利用电子成像的办法,不但可以提供比光纤更清晰及分辨率更高的图像,而且能在探测步骤及编制文件方面提供更大的灵活性。这种视频电子成像系统非常适用于检查焊接、涂装或密封,检查孔隙、阻塞或磨损,巡查零件的松动及震动。在过去,内表面的检查,只能靠成本昂贵的拆卸检查,而现在则可迅速地得到一个非常清晰的图像。此系统可为多位观察人员在电视荧光屏上提供悦目的大型图像,也可制成高质量的录像带及相应的图像文件。

工业内窥镜电视摄像系统的基本原理框图如图 9.40 所示。利用发光二极管或导光光纤束(彩色探头)对被观测区进行照明(照明窗),探头前部的成像物镜将被观测的物体成像在 CCD 的像面上,通过面阵 CCD 图像传感器将光学图像转换成全电视信号,由同轴电缆线输出。此信号经过放大、滤波及时钟分频等电路处理,并经图像处理器把模拟视频信号变成数字信号，经数字处理，再送给监视器、录像机或计算机。换用不同的CCD图像传感器，可以得到高质量的彩色或黑白图像。由于曝光量是自动控制的，因此可使探测区获得最佳照明状态。另外，工业内窥镜电视摄像系统具有伽玛校正电路，它可以使图像的层次更为丰富，使图像黑暗部分的细节显示出来。

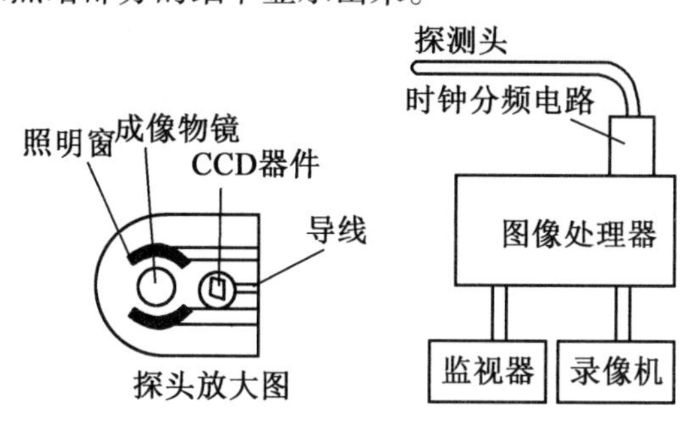

图9.40　工业内窥镜电视摄像系统的原理图

这种工业内窥镜电视摄像系统有以下特点。

(1)分辨率高。

上述结构的工业内窥镜电视摄像系统属于电子内窥镜，它的分辨率远远高于光纤内窥镜摄像系统。因为传像光导纤维束的密度(单位面积纤维个数)无法与微小面阵CCD像元的密度相比，而且传像光导纤维束还必须与面阵CCD在后面接像配合，因此必然使分辨率降低。

(2)景深大。

景深是指在像平面上获得清晰图像的空间深度。工业内窥镜电视摄像系统比传统的光纤内窥镜摄像系统有更大的景深，可以节省移动探头及使探头调焦的时间。

(3)不会发生纤维束被折断的情况。

长期使用光纤内窥镜摄像系统，因弯曲及拐折，会使传像光纤折断，像元失灵而呈黑点，产生“黑白点混成灰色”效应，使图像区域出现空档，因而导致漏检重点检验部位的后果。工业内窥镜电视摄像系统不用传像光纤，而用视频电缆线传送图像信息。视频电缆线是为严格工业环境而设计的，因此工作寿命很长。

(4)图像容易观察。

在电视监视器上观察放大图像，可以使检查结果更精确。在荧光屏上观察比通过目镜观察要清晰，且不易疲劳。

(5)可多人同时观察。

在检测过程中，可以多人同时观察监视器。此外，还可以传送到远方观察。可将图像录入磁带，以便事后讨论、存档及进一步研究，当然也可以借助计算机进行瑕疵判断或图像测量、传输与远程会诊等。

(6)可做真实的彩色检查。

在识别腐蚀、焊接区域烧穿及化学分析缺陷时，准确的彩色再现往往是很重要的。光纤内窥镜摄像系统有断丝、图像恶化等缺点，影响对被观测部位彩色图像的真实再现；而工业内窥镜电视摄像系统没有传像光纤，不存在光纤老化问题，彩色再现逼真。

由于工业内窥镜电视摄像系统能提供精确的图像，而且操作方便，使用灵活，因而非常适用于质量控制、常规维护工作及遥控目测检验等领域。在航空航天方面,用来检查主火箭引擎,检查飞行引擎的防热罩及其工作状态,监视固体火箭燃料的加工操作过程等。在发电设备方面,用于核发电站中热交换管道的检查,锅炉管及蒸汽发动机内部工作状况的检查,水力发电涡轮机内部变换器等的检查,蒸汽涡轮机电枢及转子的检查等。在质量控制方面,用于不锈钢桶的焊缝的检查、船用锅炉内管的检查、制药管道焊接整体的检查、飞机零部件的检查、飞机结构中异物的检查、内燃机及内部部件检查和对水下管道系统的检查等。

思政元素:1905 年德国物理学家爱因斯坦用光量子学说解释了光电发射效应,并因此而获得 1921 年诺贝尔物理学奖。作为一名科学家,爱因斯坦堪称一位了不起的工匠,他符合“工匠精神”的基本内涵,即精益、专注、创新、敬业等。通过稀土资源的分布及重要性,激发对伟大祖国的热爱;了解光伏产业的技术水平、在全世界的地位,正确看待自我。

习　题

1. 什么是光电传感器?
2. 光电传感器的基本形式有哪些?
3. 典型的光电器件有哪些?
4. 什么是全反射? 全反射的条件是什么?
5. 光纤的数值孔径有何意义?
6. 试述光敏电阻的工作原理。
7. 试述光敏二极管的工作原理。
8. 试述光敏晶体管的工作原理。
9. 试述光电池的工作原理。
10. 简述什么是光电导效应。
11. 简述什么是光生伏特效应。
12. 简述什么是外光电效应。
13. 举例说明 CCD 图像传感器的应用。

第 10 章 波式传感器

10.1 波的物理基础

振动在弹性介质内的传播称为波动,简称波。根据频率的范围,波可以分为次声波、声波和超声波。频率在 20~20 kHz 之间、能为人耳所闻的机械波,称为声波。声波是一种能在气体、液体、固体中传播的机械波。频率低于 20 Hz 的波,称为次声波;频率高于 20 kHz 的波,称为超声波。各类声波的频率范围如图 10.1 所示。

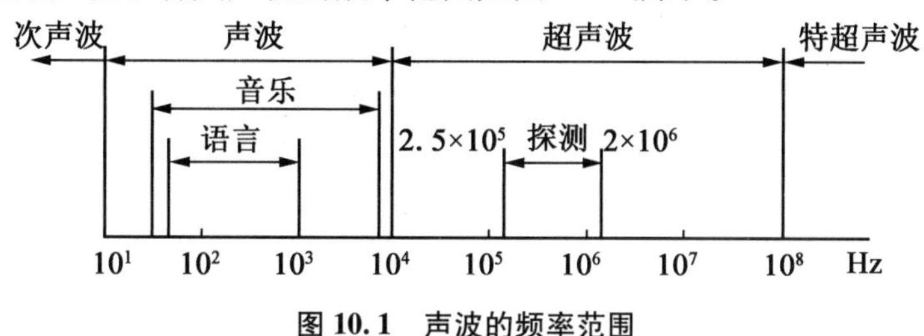

图 10.1 声波的频率范围

10.1.1 声学的基本量度

在进行声测量时,常用声压级、声强级和声功率级表示其强弱,用频率表示其成分,也可以用人的主观感觉进行量度,如响度级。

1. 声压和声压级

由于声波的作用而产生的压强就是声压。介质中有声场时的压强 p_0 与没有声场时的压强 p_0 之差,定义为该点的声压,常用 $p=p_1-p_0$ 表示,单位为帕斯卡(Pa),1 Pa = 1 N/m^2。正常人刚刚能听到的 1 000 Hz 声音的声压为 2×10^5 Pa ,称为听阈声压,并规定其为基准声压 p_0。使人感到疼痛的声压为 20 Pa,能使人耳产生疼痛,称为痛阈声压。

由于听阈声压和痛阈声压相差很大,因此常用对数刻度(即分贝),进行声音的衡量。

声功率正比于声压(p)的平方,即

$$1\ \mathrm{dB}=10\lg(I_2/I_1)=20\lg(p_2/p_1) \tag{10.1}$$

声压级表示待测声压 p 与基准声压 p_0 的比值关系,用 L_p 来表示,单位是分贝(dB)。

$$L_p=20\lg\frac{p}{p_0} \tag{10.2}$$

基准声压的声压级 p_0 为 0 dB。当声压级为 120 dB 时,人耳会感到不舒服,当达到 140 dB 时,人耳会感到疼痛。声压的绝对值与波速、质点振动的速度、振幅(或角频率)成正比。

超声波的频率高,所以超声波的声压大。对于放大线性良好的超声波探伤仪,其示波

屏上的波高 H 与声压成正比，即同一点的任意两个波高之比（H_1/H_2）等于相应的声压之比（p_1/p_2），两者的分贝差为

$$\Delta = 20\lg \frac{p_1}{p_2} = 20\lg \frac{H_1}{H_2} \tag{10.3}$$

2. 声强与声强级

声波的传播过程实际是振动能量的传播过程。常用能量的大小来描述声辐射的强弱。在单位时间内，垂直于超声波传播方向上的单位截面上所通过的声能量为声强，常用 I 表示，单位是 $\mathrm{W/m^2}$。

超声波的声强正比于质点振动位移振幅的平方、角频率的平方及振动速度振幅的平方。由于超声波的频率高，其强度远远大于声波的强度。

正常人耳能感受的声强为 $10^{-2} \sim 1\ \mathrm{W/m^2}$，由于变化范围大，常用声强级来描述声波在介质中各点的声强。声强级用 L_I 来表示，常用声强与基准声强 I_0（取 $I_0 = 10 \times 10^{-12}\ \mathrm{W/m^2}$）的比值的对数的 10 倍来表示，单位是分贝。

$$L_I = 10\lg \frac{I}{I_0} \tag{10.4}$$

3. 声阻抗

超声波在介质中传播时，任意一点的声压 p 与该点速度振幅 v 之比叫声阻抗 Z，单位是 $\mathrm{g/(cm^2 \cdot s)}$ 或 $\mathrm{kg/(cm^2 \cdot s)}$。声阻抗表示声场中介质对质点振动的阻碍作用。

$$Z = \frac{p}{v} \tag{10.5}$$

可以看出，在同一声压下，介质的声阻抗越大，质点的振动速度就越小。若 ρ 为介质的密度，c 为超声波在介质中的传播速度，则 $Z=\rho c$，这仅是声阻抗与介质的密度和声速之间的数值关系，而非物理学表达式。$Z=\rho c$ 构成了超声检测中缺陷可检性的基础。如果没有缺陷与周围介质的声特征阻抗差异，就不能将此缺陷检测出来。

4. 声功率和声功率级

声功率是指单位时间内，声波通过垂直于传播方向某指定面积的声能量。用符号 W 表示，单位为 W。声功率是反映声源发射总能量的物理量，且与测量位置无关，是声源特征的重要指标。

声功率级（L_W）常用声功率（W）与基准声功率 W_0（取 $W_0 = 10^{-12}$ W）的比值的对数的 10 倍来表示，单位为分贝。

$$L_W = 10\lg \frac{W}{W_0} \tag{10.6}$$

在噪声监测中，噪声源不止一个，两个以上相互独立的声源发出的声功率、声强可以代数叠加，声压不可以代数叠加。

10.1.2　超声波的物理基础

1. 超声波的波形类型

传播媒介的固有特点和边界条件决定超声波在传播过程中的波形类型。当传播媒介是液体时,超声波在传播过程中只有拉伸形变,没有切变形变,因此只拥有纵波;当传播媒介是固体时,超声波在传播过程中不仅有拉伸形变,还有切变形变,因此拥有两种波——纵波和横波,其中纵波又称压缩波,横波又称切变波。

由于声源在介质中施力方向与波在介质中传播方向的不同,声波的波形也不同,通常有以下三种。

①纵波。超声波在媒介中的质点振动方向与波的传播方向一致的波。它能在固体、液体和气体中传播。任何传播媒介的体积大小发生改变都会形成纵波。因为比较容易产生和接收纵波,纵波在超声波检测中运用非常普遍。

②横波。质点振动方向垂直于传播方向的波,超声波在气体和液体媒介中没有横向运动的弹性力,因此在气体和液体中没有横波,只有纵波,超声波在固体媒介中既有纵波又有横波。

③表面波。质点的振动介于纵波与横波之间,沿着表面传播,振幅随深度增加而迅速衰减的波。表面波质点振动的轨迹是椭圆形,其长轴垂直于传播方向,短轴平行于传播方向。只能沿着固体的表面传播。

为了测量各种状态下的物理量,多采用纵波。

2. 超声波的传播速度

纵波、横波及表面波的传播速度,与介质的弹性及介质密度有关,与自身频率无关。

$$\text{声速}=\sqrt{\frac{\text{弹性率}}{\text{密度}}} \tag{10.7}$$

在固体中,纵波、横波及表面波三者的声速间有一定的关系,通常可认为横波声速为纵波的一半,表面波声速为横波声速的 90%。气体中纵波声速为 344 m/s,液体中纵波声速为 900~1 900 m/s。

3. 超声波的反射和折射

超声波被聚焦后,具有较好的方向性,在遇到两种介质的分界面时,能产生明显的反射和折射现象,这一现象类似于光波。但是超声波的波长很短,只有几厘米,甚至千分之几毫米。如图 10.2 所示,超声波从介质 1 传播到介质 2 时,在两种介质的分界面上,部分超声波被反射回介质 1,称为超声波的反射;另一部分则透射过分界面,在介质 2 内继续传播,称为超声波的折射。其中,α 是入射角,α'是反射角,β 是折射角。

(1) 入射定律。

当波在界面上发生反射时,入射角 α 的正弦与反射角 α'的正弦之比等于入射波波速 c 与反射波波速 c_1 之比。当入射波和反射波的波形相同、波速相等时,入射角 α 等于反射角 α'。

$$\frac{\sin\alpha}{\sin\alpha'}=\frac{c}{c_1} \tag{10.8}$$

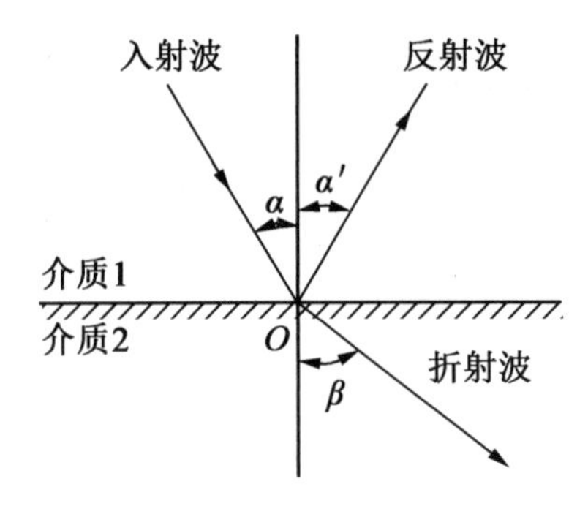

图 10.2 超声波的反射和折射

(2)折射定律。

当波在界面处产生折射时,入射角 α 的正弦与折射角 β 的正弦之比等于入射波在介质 1 中的波速 c_1 与折射波在介质 2 中的波速 c_2 之比,即

$$\frac{\sin\alpha}{\sin\beta}=\frac{c_1}{c_2} \tag{10.9}$$

4. 超声波的衰减

超声波在介质中传播时,随着传播距离的增加,能量逐渐减弱。其衰减程度与声波的散射、漫射及吸收等因素有关。衰减规律用声压和声强描述,满足的关系为

$$p_x=p_0\mathrm{e}^{-\alpha x} \tag{10.10}$$

$$I_x=I_0\mathrm{e}^{-2\alpha x} \tag{10.11}$$

式中 p_x,I_x——距声源 x 处的超声波声压和声强;

p_0,I_0——声源处的超声波声压和声强;

x——距声源处的距离;

α——衰减系数,衰减系数 α 因介质材料的性质而异,一般晶粒越粗,超声波频率越高,则衰减越快。衰减系数往往会限制最大探测厚度。衰减系数通常以 dB/cm 或 dB/mm 为单位。在一般探测频率上,材料的衰减系数为一至几百分贝每厘米。例如,衰减系数为 1 dB/mm 的材料,表示超声波每穿透 1 mm 衰减 1 dB。

在理想介质中,超声波的衰减仅出于超声波的扩散,即随着超声波传播距离的增加,在单位面积内声能将会减弱。超声波在介质中传播时,能量的衰减取决于超声波的扩散、散射和吸收。因此声波衰减分为扩散衰减、散射衰减和吸收衰减三大类。

(1)扩散衰减——声波速度向外伸展导致的衰减。

随超声波传播距离增加而引起的减弱。

(2)散射衰减——声波散射引起的衰减。

与物理学中的光散射原理一样,超声波在传播媒介中传播时,媒介的不均匀特性会导致微小界面产生不一样的声阻抗,当声波遇到声阻抗不一样的界面时,会向不同的方向发生散射,而指定方向的声波能量减弱,这种衰减就称为散射衰减。

(3)吸收衰减——介质吸收引起的衰减。

声波在介质中传播的时候,介质的导热性、黏滞性及弹性滞后会造成介质间的摩擦,而摩擦会产生热量,这样一部分声能就转化成了热能,自然就会引起声波的衰减。

5. 超声波的特性

(1)传播特性。超声波的波长很短,通常的障碍物的尺寸要比超声波的波长大好多倍,因此超声波的衍射本领很差,它在均匀介质中能够定向直线传播,超声波的波长越短,这一特性就越显著。

(2)功率特性。当声音在空气中传播时,推动空气中的微粒往复振动而对微粒做功。声波功率就是表示声波做功快慢的物理量。在相同强度下,声波的频率越高,它所具有的功率就越大。由于超声波的频率很高,所以超声波与一般声波相比,它的功率是非常大的。

(3)空化作用。当超声波在液体中传播时,由于液体微粒的剧烈振动,会在液体内部产生小空洞。这些小空洞迅速胀大和闭合,会使液体微粒之间发生猛烈的撞击作用,从而产生几千到上万个大气压的压强。微粒间这种剧烈的相互作用,会使液体的温度骤然升高,起到了很好的搅拌作用,从而使两种不相溶的液体(如水和油)发生乳化,并且加速溶质的溶解,加速化学反应。这种由超声波作用在液体中所引起的各种效应称为超声波的空化作用。

10.2　超声波传感器

超声波传感器是利用超声波在超声场中的物理特性和各种效应而研制的传感器。在超声波检测技术中,通过声波仪器首先将超声波发射出去,然后将超声波接收回来,变换成电信号。主要功能是产生、接收超声波信号。超声波具有频率高、波长短、方向性好、定向传播等特点。超声波对液体、固体的穿透能力很强,尤其是对不透光的固体,可穿透几十米的深度。超声波碰到杂质或分界面会产生反射、折射和波形转换等现象。

超声波传感器主要的性能指标包括以下几个。

①工作频率。当电压频率和晶片的共振频率相等时,能输出最大的能量,所以应根据设计的需要选择适当功率的超声波探头。

②工作温度。不同探头的适合工作的温度有差别,所以在选择晶片的时候需要考虑周边的实际环境,因为环境温度的影响不能忽视。

③灵敏度。灵敏度与晶片的机电耦合系数是有很大的关系的,机电耦合系数大,灵敏度就高,机电耦合系数小,灵敏度就低。

除上面几个比较重要的特性外,选择和研究超声波探头还不得不考虑的技术指标有能量转换效率、方向特性、换能器的功率、频率特性、换能器的阻抗特性等。

10.2.1　超声波换能器及耦合技术

超声波换能器是超声波距离测量系统的中心元件,习惯上把发射部分和接收部分均称为超声波换能器,有时也称为超声波探头。换能器就是实现声能、电能相互转换的装置。这种装置能发射超声波和接收超声回波,并转换成相应的电信号。当换能器处于发射状态时,将电能转换成机械能,再转换成声能。当换能器处于接收状态时,将声能转换成机械能,再转换成电能。超声波换能器按照超声波形成方式划分,可分为电气型和机械型。电气型超声波换能器以电气方式产生超声波,主要包括压电型、磁致伸缩型、电动型;

机械型超声波换能器以机械方式产生超声波，主要包括加尔统笛、液哨、气流旋笛。由于两种传感器的内部构造和工作原理具有很大的不同，所以这两种传感器在许多的特性方面都是有很大的不同的，因此也会被用在不同的地方。其中以压电式最为常用。

1. 压电式换能器

压电式换能器（又称探头）的核心部分是压电材料，常用的是压电晶体和压电陶瓷，利用压电效应实现声电转换，可发射及接收超声波。根据正、逆压电效应的不同，压电式超声波换能分为发生器（发射探头）和接收器（接收探头）两种。

压电式超声波发生器利用逆压电效应的原理，将高频电振动转换成高频机械振动，释放到介质中，从而产生超声波。当外加交变电压的频率等于压电材料的固有频率时会产生共振，此时产生的超声波最强。压电式超声波发生器可以产生几十千赫到几十兆赫的高频超声波，其声强可达几十瓦每平方厘米。

压电式超声波接收器是利用正压电效应原理进行工作的。正压电效应是将超声振动波转换成电信号。超声波作用到压电晶片上引起晶片伸缩，在晶片的两个表面上便产生极性相反的电荷，这些电荷被转换成电压经放大后送到测量电路，最后记录或显示出来。

压电式超声波接收器的结构和压电式超声波发生器基本相同，在实际应用中，压电式超声波传感器的发射器和接收器合成为一体，由一个压电元件作为“发射”和“接收”兼用，其工作原理为，将脉冲交流电压加在压电元件上，使其向被测介质发射超声波，同时又利用它接收从该介质中反射回来的超声波，并将反射波转换为电信号输出。因此，压电式超声波传感器实质上是一种压电式传感器。

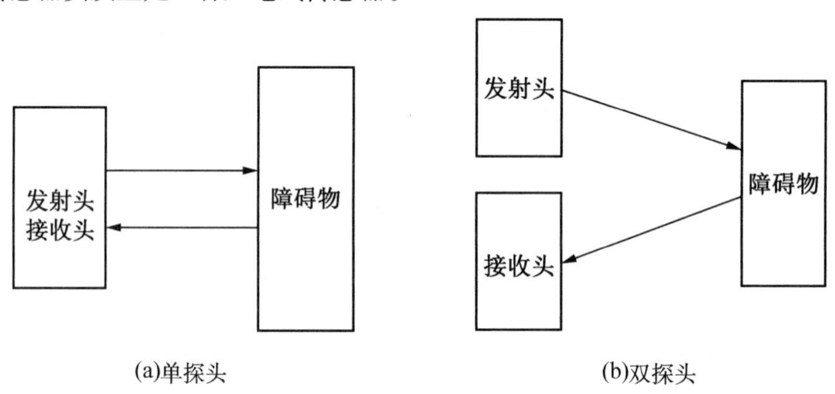

图 10.3　压电式超声波换能器

压电式超声波换能器按探头的数量可分为单探头和双探头两种，如图 10.3 所示。图 10.3（a）所示为单探头的超声波换能器，同时兼具发射超声波信号和接收回波信号的功能。在单探头上加上一定的激励电压，使探头振动，然后发出超声波。当超声波信号返回的时候，会引起探头振动，根据逆压电效应，超声波回波信号的机械振动被转换为电压。为了避免余震现象发生，一般延迟一段时间再接收回波信号，这样传感器就出现了测量盲区。图 10.3（b）所示的两个探头一个用来发射超声波信号，另一个用来接收超声波回波信号，理论上是不会出现盲区的。但实际上，一般两个探头安装位置比较接近，而声波具有衍射现象，发射头的信号有可能会直接传播到接收探头，出现误报，也就是有盲区存在。但相对单探头传感器来说，盲区要小得多。

换能器根据结构的不同，可分为直式换能器、斜式换能器、表面波换能器、兰姆波换能器、聚焦换能器等多种。当超声波传播媒介是气体时，只能选择发射纵波的直式换能器和双探头换能器。

图 10.4 所示为直式换能器结构，直式换能器又称直探头、平探头，可发射及接收纵波，主要由压电晶片、吸收块（阻尼块）、保护膜等组成。传感器中主要的敏感元件是压电晶片，其上、下两面镀有银层，作为用于导电的极板，底面接地，上面接至接线片。通过引出线给压电晶片通以高电压窄脉冲，压电晶片会迅速变形膨胀，而产生振动，超声波换能器就会以设定的频率快速循环通过晶体的电流，从而产生共振效果，并产生较大功率的超声波；反之，在压电晶片上施加机械振动，使压电晶片变形，则会产生电荷并通过引出线引出。压电晶片多为圆形薄片，是换能器的核心。设其厚度为 δ，则超声波频率 f 与圆片厚度 δ 成反比。为了避免传感器与被测件直接接触而磨损压电晶片，在压电晶片下粘合一层保护膜（0.3 mm 厚的塑料膜、不锈钢片或陶瓷片）。阻尼块的作用是降低压电晶片的机械品质，吸收超声波的能量，主要用于促进激励脉冲信号停止后能量的快速衰减。如果没有阻尼块，当激励的电脉冲信号停止时，压电晶片因惯性，将会继续振荡，加长超声波的脉冲宽度，使分辨力变差。阻尼块的声阻抗等于压电晶片的声阻抗时，效果最佳。

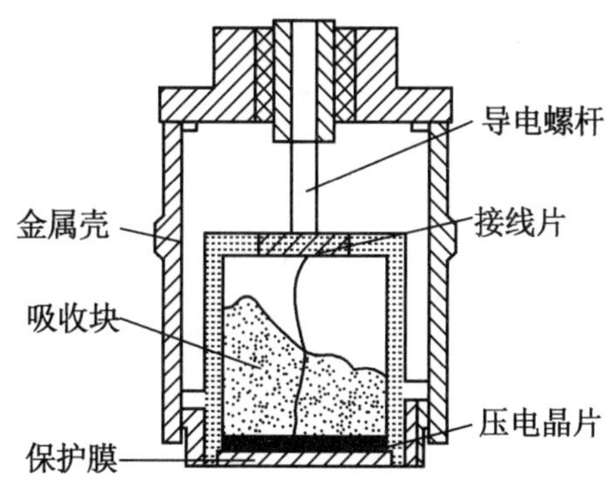

图 10.4　直式换能器结构

当换能器处于发射状态时，从激励电源的输出级送来的电振荡信号将引起换能器电储能元件中电场或磁场的变化，这种电场或磁场的变化通过某种效应对换能器的机械振动系统产生一个推动力，使其进入振动状态。吸收块进行定向地吸收，也就是需要的超声波频率内能够通过，被释放出去，再传递到介质上，然后通过介质辐射声波；而不在这个频率范围内的波就会被吸收块吸收。

当换能器处于接收状态时，外来声波作用在换能器的振动面上，从而使换能器的机械振动系统发生振动，借助于某种物理效应，引起换能器储能元件中的电场或磁场发生相应的变化，从而引起换能器的电输出端产生一个对应于声信号的电压和电流。

2. 磁致伸缩式超声波传感器

铁磁材料在交变的磁场中沿着磁场方向产生伸缩的现象，称为磁致伸缩效应。磁致伸缩效应的强弱（即材料伸长缩短的程度）因铁磁材料的不同而各异。属于磁致伸缩的有镍片换能器和铁氧体换能器。它们的工作范围较窄，仅在几万赫兹以内，但功率可达十万瓦，声强可达几千瓦每平方毫米，且能耐较高的温度。磁致伸缩式超声波发生器是把铁磁材料置于交变磁场中，使它产生机械尺寸的交替变化即机械振动，从而产生超声波。它是用几个厚度为 0.1~0.4 mm 的镍片叠加而成的,片间绝缘以减少涡流损失,其结构形状有矩形、窗形等。

磁致伸缩式超声波接收器的原理是,当超声波作用在磁致伸缩材料上时,引起材料伸缩,从而导致它的内部磁场(即导磁特性)发生改变。根据电磁感应,磁致伸缩材料上所缠绕的线圈里便获得感应电动势。此电动势送到测量电路,最后记录或显示出来。磁致伸缩式超声波接收器的结构与超声波发生器基本相同。铁氧体换能器的电声转换效率比较低,一般使用一、二年后效率下降,甚至几乎丧失电声转换能力。镍片换能器的工艺复杂,价格昂贵,所以至今很少使用。

3. 耦合剂

超声探头与被测物体接触时,探头与被测物体表面间存在一层空气薄层,空气将引起三个界面间强烈的杂乱反射波,造成干扰,并造成很大的衰减。为此,必须将接触面之间的空气排挤掉,使超声波能顺利地入射到被测介质中。在工业中,经常使用一种称为耦合剂的液体物质,使之充满在接触层中,起到传递超声波的作用。常用的耦合剂有自来水、机油、甘油、水玻璃、胶水、化学浆糊等。耦合剂的厚度应尽量薄一些,以减小耦合损耗。

10.2.2 超声波传感器的应用

超声波在介质中传播时会产生许多物理、化学及生物等效应,且超声波穿透力强、信息携带量大、易于实现快速准确的在线无损检测和无损诊断。目前,各式各样的超声波传感器在工业、农业、国防、生物医药和科学研究等方面得到广泛的应用。

当超声波发射器与接收器分别置于被测物两侧时,这种类型称为透射型超声波传感器。透射型超声波传感器可用于遥控器、防盗报警器、接近开关等。当超声波发射器与接收器置于同侧时,称为反射型超声波传感器。反射型超声波传感器可用于接近开关、测距、测液位或物位、金属探伤,以及测厚等。

超声波在工业中可用来对材料进行检测和探伤,可以测量气体、液体和固体的物理参数,可以测量厚度、液面高度、流量、黏度和硬度等,还可以对材料的焊缝、粘接等进行检查。超声波清洗和加工处理可以应用于切割、焊接、喷雾、乳化、电镀等工艺过程中。超声波清洗是一种高效率的方法,已经用于尖端和精密工业。大功率超声可用于机械加工,使超声波在拉管、拉丝、挤压和铆接等工艺中得到应用。应用在医学中的超声波诊断发展甚快,已经成为医学上三大影像诊断方法之一,与 X 射线、同位素分别应用于不同场合,例如超声波理疗、超声波诊断、肿瘤治疗和结石粉碎等。

1. 超声波测厚

超声波测厚具有测量精度较高,设备轻便、操作安全、测试简便,易于读数或实行连续的自动检测和控制等优点,特别是对只能单面接触的面积很大的部件,以及必须跟随生产流程高速检测和控制的场合,超声法的优点更为突出。其限局性在于,对于声衰减很大的材料,以及表面凹凸不平或形状很不规则的部件,采用超声波测厚较为困难。

超声波测厚的原理主要有共振法、干涉法、脉冲回波法等几种。超声波测厚常采用脉冲回波法。图 10.5 所示为脉冲回波法检测厚度的工作原理。在用脉冲回波法测量试件厚度时,超声波探头与被测试件一个表面相接触。由主控制器产生一定频率的脉冲信号,送往发射电路,经电流放大后加在超声波探头上,从而激励超声波探头以一定的重复频率发出脉冲信号;换能器激发的超声脉冲进入被测体后,到对面反射回来,由同一换能器接收。接收到的脉冲回波信号经放大器放大后加至示波器垂直偏转板上。标记发生器输出已知时间间隔的标记脉冲信号,也加在示波器垂直偏转板上,而线性扫描电压则加在水平偏转板上。因此可以直接从示波器屏幕上观察到发射脉冲和回波反射脉冲,从而求出两者的时间间隔 Δt。则被测体的厚度 d 为

$$d=\frac{v\Delta t}{2} \tag{10.12}$$

式中　d——被测体的厚度;

v——被测体中的声速;

Δt——从发射到接收脉冲回波信号的时间间隔。

在工业应用中,为使设备简单或便于测读,通常不用示波器中的示波管作显示方式,而采用计数器或计时器来测量从发射到接收的时间间隔 Δt,从而做成厚度数字显示仪表。脉冲回波法测厚不受被测体表面凹凸不平或厚度变化过大的影响,可测较大的厚度,但当被测体较薄时,发射脉冲与接收回波脉冲的时间间隔较小,这时测量精度相应较低,甚至无法进行测量,这是脉冲回波法测厚的缺点。

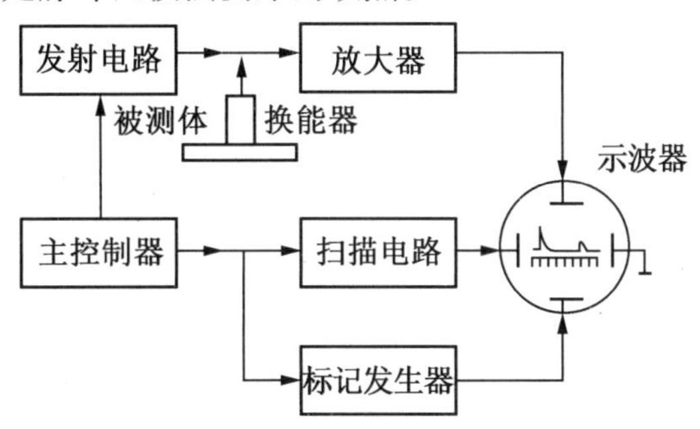

图 10.5　脉冲回波法测厚的工作原理

2. 超声波测距

由于超声波的波长相对较短,具有良好的方向性和穿透能力,能量消耗得比较慢,在介质中传播距离较远。而且超声波测距的原理简单,比其他的测距方式都容易操作,计算也比较简便,测量精度也能满足要求,因此在一些移动式机器人或者导盲系统中有广泛的应用。

使用超声波进行测距的方法主要有三种,即相位检测方法、声波幅值法和渡越时间法。相位检测方法通过比较发射波和回波之间的相位差来间接计算距离。障碍物的距离不仅与相位差成比例,而且与波长成反比,并且波长由超声波的频率确定。相位检测方法虽然具有较高精度,但测量距离有限,只在短距离测量时使用。声波幅值法根据回波的电压幅度求距离,但是由于超声波的传输受环境影响是比较大的,测量精度最低,使用得较少。渡越时间法主要是要求取渡越时间(发射和接收回波的时间),知道当前环境温度下的超声波的传播速度,就可以知道待测量距离,精度较高,测距范围较广,使用广泛。图 10.6 所示为渡越时间法测距。通过超声波发射器向某一方向发射超声波,在发射时刻的同时开始计时,超声波在空气中传播时碰到障碍物就立即返回,超声波接收器收到反射波就立即停止计时。超声波在空气中的传播速度为 v ,而根据计时器的记录测出发射和接

收回波的时间差 Δt ,一般近似认为,接收和发射在一条直线上,就可以计算出发射点和障碍物的距离 s ,即

$$s=v\frac{\Delta t}{2} \tag{10.13}$$

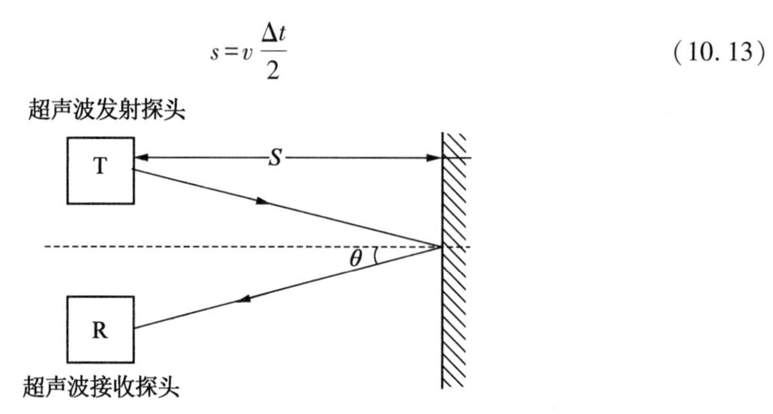

图 10.6 超声波测距原理图

由式(10.13)可知,测距时误差产生的原因主要为超声波在介质中的传播速度 v 和超声波传播所需要的时间 Δt。假设要求测量距离时的误差小于 1 mm,已知超声波在空气中的传播速度 $v=344$ m/s(20 ℃室温),忽略超声波的传播误差。测距时间误差 $\Delta t<0.002/344\approx0.000\ 005\ 814$(s),即 5.814 μs。所以,只要保证测距时的时间误差精度在微秒级,就可以让测量误差小于 1 mm。

由于超声波适用于进行近距离测距,因此这种测距方法在一些需要进行运动控制的系统(如行走机器人、机械手等)中得到较多的应用。采用超声波原理可制成测距传感器、接近传感器和避碰传感器,其特点是原理简单、可靠性高、耗能低、成本低。超声波测距主要应用于倒车提醒、建筑工地、工业现场等的距离测量,虽然目前的测距量程能达到百米,但测量的精度往往只能达到厘米级。

3. 无损探伤

无损探伤技术是以不损坏被检测对象的使用性能为前提,利用材料内部结构异常或缺陷存在所引起的对热、声、光、电、磁等反应的变化,来探测各种工程材料、零部件、结构件等内部和表面缺陷,并对缺陷的类型、性质、数量、形状、位置、尺寸、分布及其变化做出判断和评价。

超声波探伤是利用材料本身或内部缺陷的声学性质对超声波传播的影响来检测材料的组织和内部缺陷的方法,是无损探伤技术中的一种重要检测手段。超声波检测技术在实时控制、高精度、无损伤等方面均具有优势,同时能对复杂结构进行检测,广泛应用在工业无损检测等领域。它主要用于检测板材、管材、锻件和焊缝等材料的缺陷(如裂纹、气孔、杂质等),并配合断裂学对材料使用寿命进行评价。用于无损检测的超声波频率一般在 0.5~10 MHz 之间,如钢等金属材料的常用检测频率为 1~5 MHz。超声波检测也具有局限性,其对工件的表面要求较高,若工件表面粗糙,则需磨平。另外超声波检测对缺陷的显示不直观,探伤技术难度大,容易受到主观因素影响,富有经验的检验人员才能进行缺陷定性及定量。

超声波检测常采用纵波探头。同时由于超声波有良好的指向性,这就更加为高精度检测带来了方便。在一般均匀物体中,任何一个缺陷都将造成固体材料质点的不连续。

超声波发射装置通过纵波探头向被检测材料中发射一组超声脉冲,根据反射定理,发射装置也会接收到由材料反射的回波,由于材料缺陷的存在,反射回来能量的大小与交界面两边介质声阻抗的差异所造成的声阻抗的不同,会被探头接收到,从而反映出缺陷的性质。

超声波探伤的方法很多,按声波传播方式可分为反射法和穿透法。目前,广泛使用的探伤方法是脉冲反射法。

(1)穿透法探伤。

穿透法探伤是根据超声波穿透工件后能量的变化情况来判断工件内部质量的。

脉冲透射法是将发射、接收探头分别置于被测工件相对的两个表面,一个发射超声波,使超声波从工件的一个界面透射到另一个界面,在该界面处用另一个探头来接收,如图10.7所示。使两个探头的声轴处于同一条直线上,同时保证探头与试件之间有良好的声耦合。发射超声波可以是连续波,也可以是脉冲信号。当被测工件内没有缺陷时,接收到的超声波能量大,显示仪表指示值大;当含有小缺陷时,声波被缺陷遮挡,部分能量被反射,因此接收到的超声波能量小,显示仪表指示值小;而当试件中缺陷面积造成的声影面积大于声束截面时,则只能接收到头波信号,无回波信号。根据这个变化,即可检测出工件内部有无缺陷。

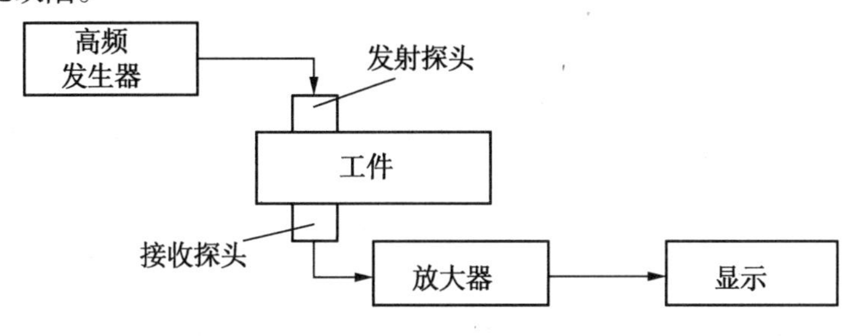

图10.7 穿透法探伤原理图

该方法的特点是,工件中不存在盲区,适宜探测薄壁工件。与缺陷取向无关,不管缺陷取向如何,只要它遮挡声束的传播路径,接收探头就能够发现。声波是单声程传播,故适合检测高衰减的材料。其缺点是,探测灵敏度较低,仅当入射声压变化大于20%以上时,才能被接收探头检出。根据能量的变化可判断有无缺陷,不能确定缺陷的深度位置,仅能判断缺陷的有无和大小。对两探头的相对位置要求较高。需专门的探头支撑装置,操作不方便。

(2)反射法探伤。

反射法探伤是根据超声波将超声波脉冲发射到被测样本中,根据反射回波情况的不同来探测工件内部是否有缺陷的。反射法主要是指缺陷回波法。缺陷回波法是根据示波器上显示的缺陷波形进行相关检测的方法,此方法是脉冲反射法的基本方法。它又分为一次脉冲反射法和多次脉冲反射法两种。根据入射声波波形不同可分为纵波探伤法、横波探伤法、表面波探伤法。

①一次脉冲反射法。如图10.8所示,将超声波探头放在被测工件上,并在工件上来回移动进行检测。由高频脉冲发生器发出脉冲(发射脉冲T)加在超声波探头上,因逆压电效应,晶体发生振动产生超声波,并以一定速度向工件内部传播。超声波遇到缺陷时反射回来的为缺陷脉冲F,继续传至工件底面后反射回来的为底脉冲B。缺陷脉冲和底脉冲

被探头接收后变为电脉冲,并与发射脉冲 T 一起经放大后,最终在示波器上显示出来。通过示波器可判断工件内是否存在缺陷、缺陷大小及位置。若工件内无缺陷,则示波器上只有发射脉冲和底脉冲,而没有缺陷脉冲;若工件内有缺陷,则示波器上,在底脉冲之前,还会出现缺陷脉冲。

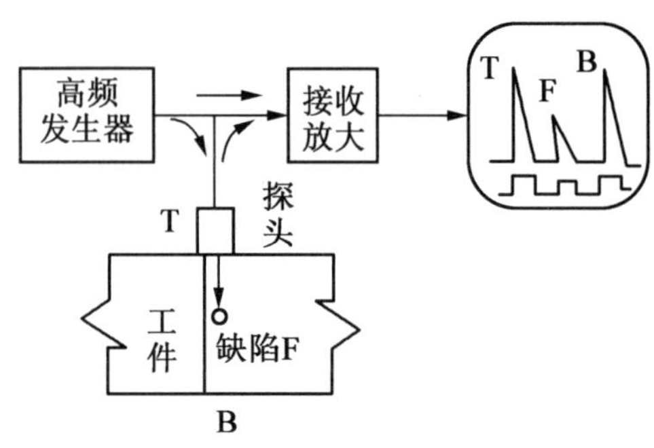

图 10.8 反射法探伤原理

示波器上的水平亮线为扫描线(时间基准),其长度与时间成正比。由发射脉冲、缺陷脉冲及底脉冲在扫描线上的位置,可求出缺陷位置。由缺陷脉冲的幅度,可判断缺陷大小。当缺陷面积大于超声波声束截面时,超声波全部由缺陷处反射回来,示波器上只有发射脉冲和缺陷脉冲,而没有底脉冲。

②多次脉冲反射法。图 10.9 所示的多次脉冲反射法是以多次底波为依据而进行探伤的方法。如图 10.9(a)所示,超声波探头发出的超声波由被测工件底部反射回超声波探头时,其中一部分超声波被探头接收,而剩下部分又折回工件底部,如此往复反射,直至声能全部衰减完为止。因此,若工件内无缺陷,则荧光屏上会出现呈指数函数曲线形式递减的多次反射底波,如图 10.9(b)所示;若工件内有吸收性缺陷,声波在缺陷处的衰减很大,底波反射的次数减少,如图 10.9(c)所示;若缺陷严重,底波甚至完全消失,如图 10.9(d)所示。据此可判断出工件内部有无缺陷及缺陷严重程度。当被测工件为板材时,为了观察方便,一般常采用多次脉冲反射法进行探伤。

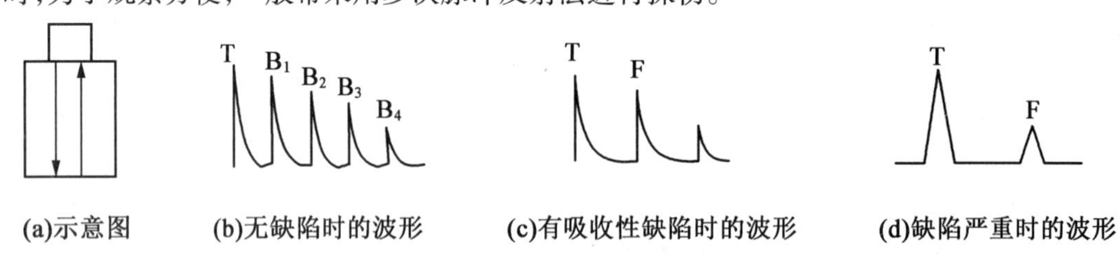

(a)示意图　(b)无缺陷时的波形　(c)有吸收性缺陷时的波形　(d)缺陷严重时的波形

图 10.9 多次脉冲反射法探伤原理

脉冲反射式超声波检测仪器的优点是应用范围广,设备轻便、价格低廉,显示的图形比较简单、清晰、容易判断。但是,在示波器上显示的波形,仅是探头所在探伤面上那一点的探伤结果。整个探伤面上的探伤结果是在最后靠探伤人员的记忆来完成的。因此,该方法使得整个探伤结果不直观,不能存储、不便于记录,检测结果的可靠性不高。而且,其对设备的质量和探伤人员的技术水平都有很高的要求,导致该无损检测手段不能得到大面积的推广和应用。

(3)共振法。

共振法是根据声波(频率可调的连续波)在工件中呈共振状态来测量工件有无缺陷的方法。这种方法主要用于探测复合材料的粘合质量和钢板内的夹层缺陷检测。

共振法的特点是:①可精确地探测,特别适宜测量薄板及薄壁管;②对工件表面光洁度要求高,否则不能进行测量。

4. 超声清洗

图 10.10 所示为超声波清洗机,由超声波发生器、清洗槽、换能器三部分组成,换能器由强力胶固定在清洗槽的底面。启动工作时,换能器发射超声波,超声波穿过清洗槽的底面向清洗液发射超声波,在清洗液中形成一个混响场,超声波的空化效应使清洗液中局部产生高温高压,它们的扩散会使整个清洗液的温度不断升高。在超声波清洗过程中,超声波的空化热效应也可在局部产生高温。清洗液的温度升高,是有利于空化核产生的,在声压负半周的作用下,空化核迅速膨胀,可达到原来尺寸的数倍,继而在声压正半周时,受压缩突然崩溃而裂解成许多小气泡,构成新的空化核,同时伴随着超声波和高温的产生,破坏不溶性污物,使它们分散在清洗液中,从而达到清洗工件的目的。

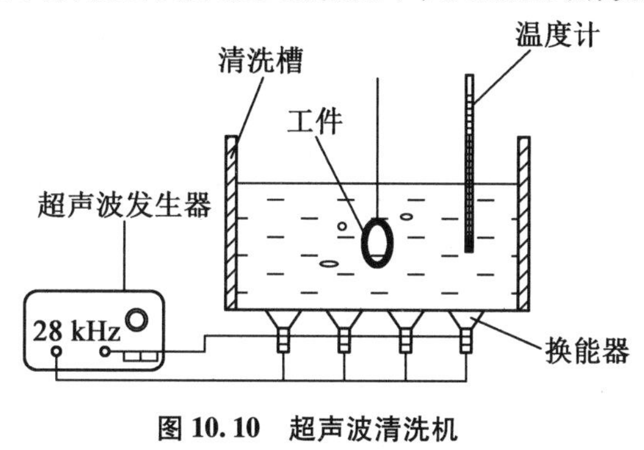

图 10.10　超声波清洗机

10.3　噪声传感器

噪声泛指嘈杂、刺耳的声音,是由发声体做无规则振动时所发出的声音,其音高和音强变化混乱,听起来不和谐,是在一些环境中不应该有而有的声音。噪声污染由声源、传声途径和受体三个基本环节组成,噪声控制一般从声源特性调查入手。通过测量噪声,对噪声源各部分发声的强弱、频率特性、时间特性等进行分析,找到主要的噪声源,给噪声一个物理量度,并将测量结果与有关允许标准进行比较,得出“可以接受”或“不可接受”的结论。

噪声也是一种声波,其基本波形为正弦波或正弦波的组合,具有一切声波运动的特点和性质。描述声波的基本的物理量有声压、声强、声功率。但在声学中普遍使用对数标度来衡量声音的强弱,分别称为声压级、声强级和声功率级。主要原因有两个,一是声压或声强的变化范围很大,有些声音的声压可能相差十几个数量级,因此直接用声压或声强的绝对值来衡量声波的强弱很不方便;二是人耳对声音强弱的主观感觉并不是正比于声压的绝对值,而更接近于它们的对数关系。

在进行特定噪声测量时,所选传感器通常必须符合两组完全不同的条件要求。首先,所选传感器必须能在一定的湿度、温度、空气污染的环境条件下正常工作；其次，必须满足精确和重复测量所需的频响、动态范围、指向性和稳定性等技术要求。

常用的噪声测量仪器有传声器、声级计、频谱分析仪等。

10.3.1 传声器

传声器又称话筒，是将声波信号转换为相应的电信号的传感器。其原理是由声波产生的空气压力推动传声器的振动膜振动，进而经变换器将此机械振动变成电参数的变化。常用传声器有电容式、动圈式、压电式、永电体式等。噪声传感器具有较宽的测量范围、较宽的工作频率范围，具有耐振动、耐冲击，耐工作环境恶劣等特点，其中宽的测量范围尤为严酷，达到了 160 dB。

1. 电容式传声器

如图 10.11 所示，电容式传声器主要由振动膜片、固定电极等组成。膜片为一片质轻而弹性好的金属薄片，振膜厚度为 0.002 5～0.05 mm，构成电容器的一个可动极板。固定极板是背极，上面有很多孔和槽，用作阻尼器。膜片运动时产生的气流通过这些孔或槽来产生阻尼，从而抑制膜片的共振振幅。膜片与固定电极组成一个极距很小的可变电容器，实质是可变极距的电容器。声波的作用使膜片运动，即膜片产生形变，使膜片与固定极板之间的极距发生变化，则构成的电容器的电容变化。如果在电容器的两端有一个大负载电阻 R_L 及直流极化电压 E，则电容随声波变化时，在 R_L 的两端就会产生交变的音频电压，实现了声音（被测量）到电压（电信号）的转换。

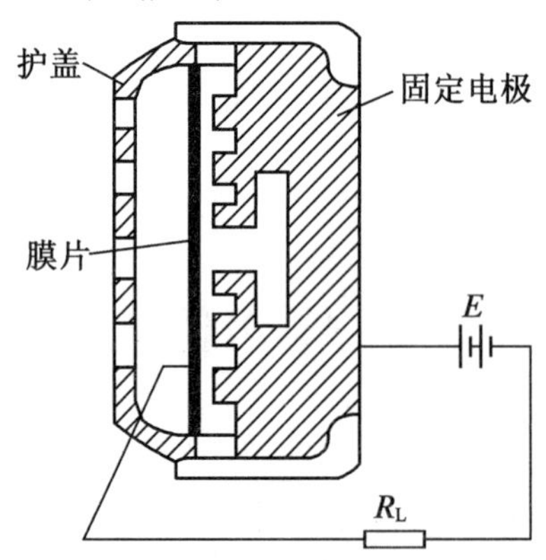

图 10.11 电容式传声器

电容式传声器是精密测量中常用的一种传感器，其灵敏度高，输出功率大，结构简单，稳定性、可靠性和频率特性均较好，其幅频特性平直部分的频率范围约为 10 Hz～20 kHz。电容式传声器的电容小，但低频时容抗很大。为保证低频的灵敏度，应有一个输入阻抗大于或等于传声器输出阻抗的阻抗变换器与其相连，经阻抗变换后，再用传输线与放大器相连。这个阻抗变换器一般采用场效应管，但要使用电源。

永电体式（又称驻极体式）传声器的工作原理与电容式传声器相似，区别在于电容式传声器需要一个外部极化电压，驻极体式内部自发极化，其电荷永恒地存在于膜片之中。其特点是尺寸小、价格便宜，可用于高湿度的测量环境，也可用于精密测量。

2. 动圈式传声器

如图 10. 12 所示,动圈式传声感主要由振动膜片、磁铁、振动线圈(动圈)等组成。动圈处在磁铁的磁场中,在声压的作用下,振膜振动并带动和它相连的动圈振动,动圈振动即做切割磁力线运动,根据电磁感应原理,产生感应电动势及感生电流。感生电压正比于线圈相对于磁场的运动速度。输出的感生电流随着声波的变化而变化,从而把声波变成电流的输出。由于输出是电流的变化,一般比较稳定。

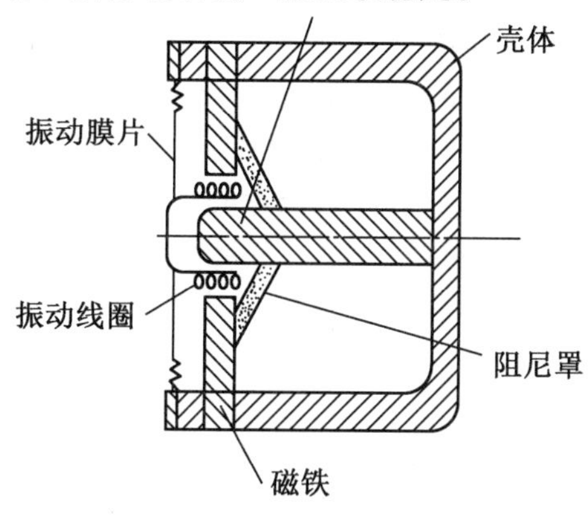

图 10. 12　动圈式传声器

这种传声器精度较低,灵敏度也较低,体积大,其突出特点是输出阻抗小,所以接较长的电缆也影响其灵敏度。温度和湿度的变化对其灵敏度也无大的影响。

3. 压电式传声器

如图 10. 13 所示,压电式传声器主要由金属膜片、双压电晶体弯曲梁等组成。膜片受到声压作用而变形时,双压电元件产生形变,产生正压电效应,在压电元件梁端面出现电荷。

压电式传声器膜片较厚,其固有频率较低,灵敏度较高,频响曲线平坦,结构简单,价格低廉,广泛用于普通声级计中。

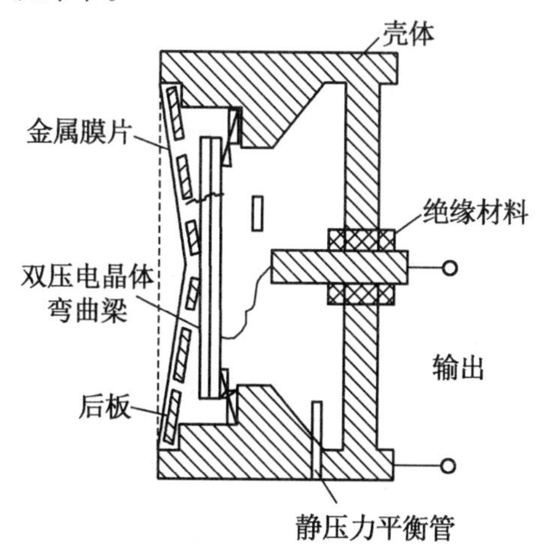

图 10. 13　压电式传声器

10.3.2 声级计

声级计是噪声测量中测量声压的主要仪器。它是用一定频率和时间计权来测量噪声的一套仪器，接收的是声压，输出的是与声压成正比的计示读数，体积小、携带方便。用于噪声测量的声级计，测量误差小于 1 dB，多为电容式。冲击噪声的声级计设有峰值和最大有效值保持器。

如图 10.14 所示，声级计主要由传声器、衰减器、滤波器、放大器、模拟或数字信号输出等组成。被测声压信号通过传声器转换成电压信号，经衰减器、放大器及相应的计权网络、滤波器，或者外接记录仪，或者经过均方根值检波器直接推动以分贝标定的指示表头。

由于人耳的频率响应是非线性的，因此声级计的频率特性模拟人耳的频率特性。一种标准化的计权网络可根据需要来选择，以完成声压级和 A（声级小于 55 dB）、B（声级为 55～85 dB）、C（声级大于 85 dB）三种声级的测定。除了独立测量、读数，也可以将所测信号输入分析仪等构成频谱分析系统。

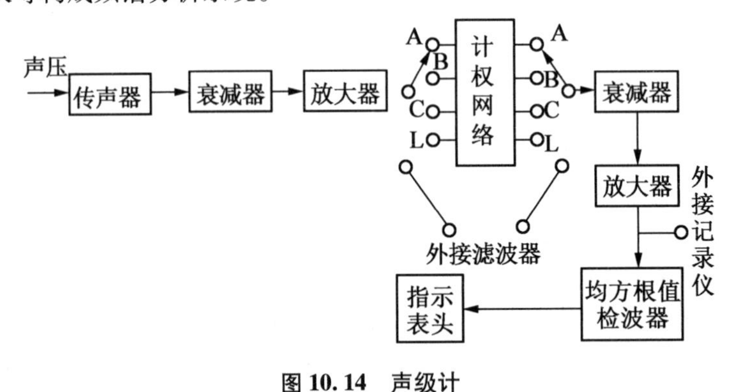

图 10.14 声级计

10.4 热释电传感器

凡是温度超过绝对 0 ℃的物体都能产生热辐射（红外光谱），而温度低于 1 725 ℃的物体产生的热辐射光谱主要集中在红外光区域，因此自然界的所有物体都能向外辐射红外光，不同温度的物体，其释放的红外光的波长是不同的，所以温度与红外光的波长是相关的。

人体恒定的温度约 37 ℃，所发出的红外光的波长为 9-10 μm 左右，而探测元件的波长灵敏度在 0.2～20 μm 范围内几乎稳定不变。。热释电传感器是一种传感器，为了提高传感器的探测灵敏度以增大探测距离，一般在传感器的前方覆盖有特殊的菲涅耳滤光片，这个滤光片可通过光的波长范围为 7～10 um，正好适用于人体红外辐射的探测，而对环境的其他波长红外成分有明显的抑制作用，别称人体红外传感器，基于热释电效应的原理。

热释电效应是指极化强度随温度改变而表现出的电荷释放现象，宏观上是温度的改变使在材料的两端出现电压或产生电流。热释电效应与压电效应类似，热释电效应也是晶体的一种自然物理效应。具有热释电性质的材料称为热释电体，压电陶瓷属于热释电体。如图 10.15 所示，通常，晶体自发极化所产生的束缚电荷被来自空气中附着在晶体表面的自由电子所中和,其自发极化电矩不能表现出来。当温度变化时,晶体结构中的正负电荷重心相对移位,自发极化发生变化,晶体表面就会产生电荷耗尽,而电荷耗尽情况正比于极化程度。

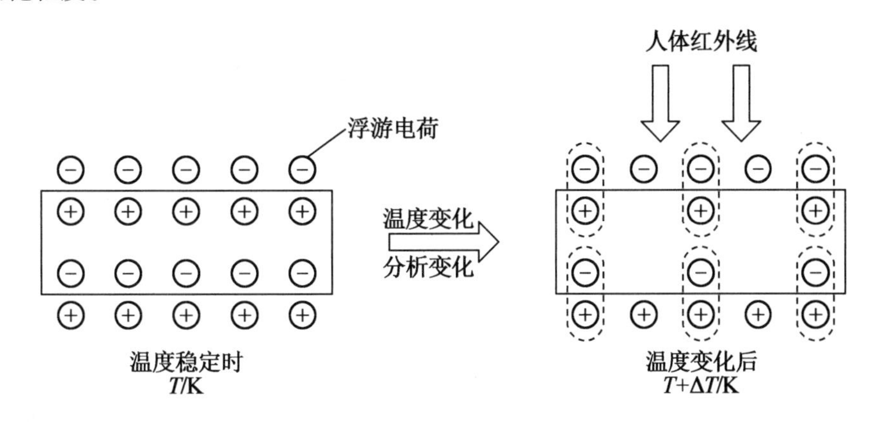

图 10.15 热释电效应

热释电红外传感器的主要部分是由一种高热电系数的材料制成的探测元件。一般包含两个(或更多的)互相串联或并联的探测元件,并将两个探测元件以反极性串联,环境背景辐射对两个热释电单元几乎具有相同的作用,使其产生的热释电效应相互抵消,于是环境背景辐射对探测器是无信号输出的。当有人在探测区域内走动时,人体辐射通过菲涅耳透镜聚焦,并被热释电红外传感器接收,热释电红外传感器在接收到人体红外辐射温度变化时就会失去电荷平衡,因为两片热释电单元接收到的热量不同,不能相互抵消,输出脚便会有变化的信号输出,供后级电路做信号处理,以便实现不同的控制输出。另外,热释电红外传感器有不同的窗口形状及尺寸,窗口面积越大,灵敏度也越高,相应成本也会越高,可依据产品的要求选择不同的型号。

热释电晶体已广泛用于红外光谱仪、红外遥感、热辐射探测器等。除了在楼道自动开关、防盗报警上得到应用外,已在更多的领域得到应用。例如,在房间无人时会自动停机的空调、饮水机;电视机能判断无人观看或观众已经睡觉后自动关机的电路;人靠近时自动开启监视器或自动门铃;摄影机或数码照相机自动记录动物或人的活动等。

在自动门领域中,被动式人体热释电红外线感应开关的应用非常广泛,其因性能稳定且能长期稳定、可靠工作而受到广大用户的欢迎,这种开关主要由人体热释电红外传感器、信号处理电路、控制及执行电路、电源电路等几部分组成。

热释电红外自动门主要由光学系统、热释电红外传感器、信号处理和自动门电路等几部分组成,如图 10.16 所示。菲涅耳透镜可以将人体辐射的红外线聚焦到热释电红外探测单元上,同时也产生交替变化的红外辐射高灵敏区和盲区,以适应热释电探测单元要求信号不断变化的特性;热释电红外传感器是报警器设计中的核心器件,它可以把人体的红外信号转换为电信号以供信号处理部分使用;信号处理主要把传感器输出的微弱电信号进行放大、滤波、延迟、比较,为功能的实现打下基础。

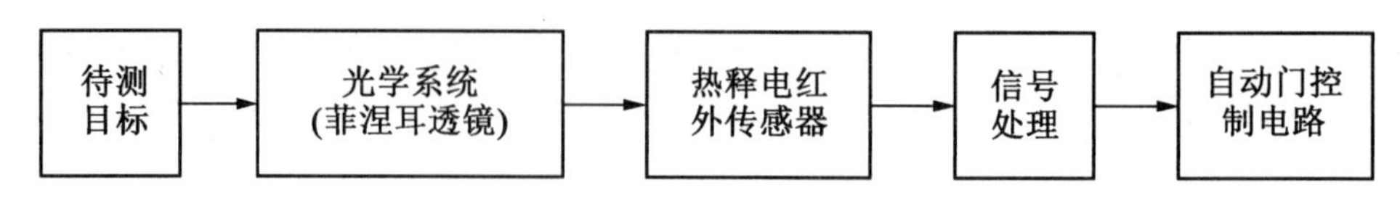

图 10.16 自动门感应原理图

热释电传感器一般用于被动式探测,器件功耗小,隐蔽性好,但是容易受各种热源、光源干扰。被动红外穿透力差,人体的红外辐射容易被遮挡,不易被探头接收。环境温度和人体温度接近时,探测灵敏度明显下降,有时造成短时失灵。

10.5 微波传感器

微波是指波长介于红外线和无线电波之间的电磁波,如图 6.13 所示,对应的波长为 1 mm~1 m,是分米波、厘米波与毫米波的统称。随着现代微波技术的发展,波长在 1 毫米以下的亚毫米波也被视为微波的范畴,这相当于把微波的频率范围进一步扩大到更高的频率。因此,有的文献里也把微波的频率范围定义为 300 MHz~3 000 GHz,微波频率比一般的无线电波频率高,通常也称为“超高频无线电波”。由于微波的波长尺寸与人们日常所能接触到的尺寸非常接近,所以微波在科研、生产、军事和生活等多个领域都有非常广泛的应用。与其他频段的电磁波一样,微波传输本身不需要介质,真空是最理想的传输环境。

1. 微波的特性

作为一种具有波粒二象性的电磁波,微波在介质中传输时会出现穿透、反射、吸收三个特性。

微波照射于介质物体时,能深入该物体内部的特性称为穿透性。微波是射频波谱中唯一能穿透电离层的电磁波(光波除外)。微波在同一种介质中传输时,其中一部分或全部能量会被介质吸收转换成热能或其他形式的能量,没有被吸收的微波会继续传输直到离开这种介质,这就是微波的吸收与穿透。对于玻璃、塑料和瓷器,微波几乎是穿越而不被吸收。水和食物等会吸收微波而使自身发热,金属则会反射微波。微波具有易于集聚成束、高度定向性,以及直线传播的特性,可用来在无阻挡的视线自由空间传输高频信号。

微波传感器就是利用微波的特性来检测一些非电量的器件和装置。微波传感器主要由微波振荡器和微波天线组成。微波振荡器是产生微波的装置,由微波振荡器产生的振荡信号需用波导管传输,并通过天线发射出去。由发射天线发出的微波遇到被测物体时将被吸收或反射,使功率发生变化,如果阻挡物是静止的,反射波的波长就是恒定的,利用接收天线接收通过被测物体或由被测物反射回来的微波,并将它转换成电信号输出。

微波传感器的特点是抗射频干扰能力强,不受温度、湿度、光线、气流、尘埃等影响,可以安装在一定厚度的塑料、玻璃、木制等非金属的外壳里面。

2. 微波传感器的应用

从雷达到广播电视、无线电通信再到微波炉,微波技术对社会的发展和人们生活的进步产生着深远的影响。微波可以测试目标的运动、速度、距离、存在等,而且具有一定的穿透能力,所以应用范围很广泛,可以用于感应自动门、家用感应灯具、测速仪、汽车防撞感应、速度感应、自能感应路灯、无人机,感应遥控等。微波的重要应用包括雷达和通信。

雷达不仅用于国防,同时也用于导航、气象测量、大地测量、工业检测和交通管理等方面。通信应用主要是指现代的卫星通信和常规的中继通信。射电望远镜、微波加速器等对于物理学、天文学等的研究具有重要意义。毫米波微波技术对控制热核反应的等离子体测量提供了有效的方法。微波遥感已成为研究天体、气象和大地测量、资源勘探等的重要手段。微波在工业生产、农业科学等方面的研究,以及微波在生物学、医学等方面的研究和发展已越来越受到重视(见微波应用、微波能应用、微波医学应用等)。

微波传感器是一种利用微波的特性来测量目标运动、距离、速度、方向、是否存在等信息的一种传感器。其基本原理是微波通过发射天线辐射到自由空间,当自由空间的电磁波遇到移动物体时会在移动物体的表面产生散射现象,部分电磁能量通过移动物体表面的反射到达探测器的接收天线,接收天线接收到反射微波信号后,通过信号处理线路检测反射波的电磁参数,实现微波感应功能。

微波测距的原理如图 10.17 所示,将微波发射器和微波接收器架设在相距为 d 的位置,发射器发出一定功率的微波信号,该微波信号发射到接收器时将有一部分功率损耗,由微波接收天线接收到的微波功率大小即可换算出待测面和微波发射器的距离 h 。同理,可测料位、液位等参数。

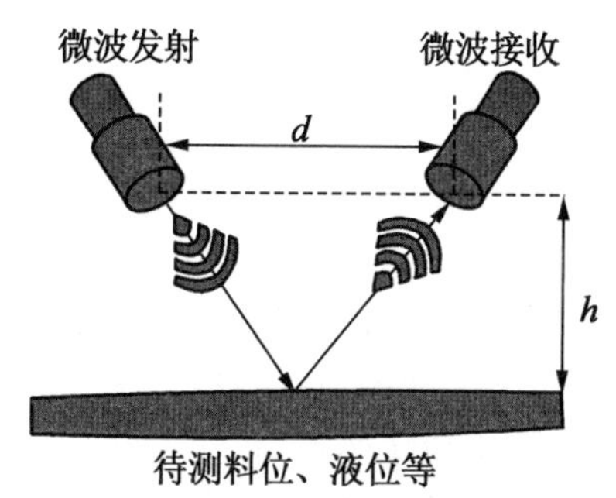

图 10.17　微波测距原理

微波探测是一种主动探测技术,利用波的反射特性,当一定频率的波碰到阻挡物时,就会有一部分的波被反射回来,如果阻挡物是静止的,反射波的波长就是恒定的,如果阻挡物向波源运动,反射波的波长就比波源的波长短,如果阻挡物向远离波源的方向运动,反射波的波长就比波源的波长长,波长的变化就意味着频率的变化。微波探测正是通过反射波的变化判断运动物体靠近或远离。也就是利用多普勒效应原理来检测移动目标。多普勒效应的主要内容为:物体辐射的波长因波源和观测者的相对运动而产生变化。向波源运动,波被压缩,波长变得较短,频率变得较高 (蓝移,blue shift)。远离波源运动,产生相反的效应,波长变得较长,频率变得较低 (红移,red shift)。多普勒效应造成的发射和接收的频率之差称为多普勒频移。它揭示了波的属性在运动中发生变化的规律。

微波传感器在发射微波信号的同时接收反射波信号,并将两者相混,差频产生一个新的低频信号,称为中频信号,其频率称为中频频率,是发射频率和反射频率之差,即多普勒频率。

如图 10.18 所示。采用微带线振荡器产生的正弦振荡信号经由发射天线辐射到自由空间,当自由空间的电磁波遇到移动物体时会在移动物体的表面产生散射现象,部分电磁能量通过移动物体表面的反射到达探测器的接收天线,根据多普勒效应原理,反射回来的电磁波会产生多普勒频移,频移的大小取决于移动物体的速度,反射回来的频移信号与本地介质振荡器产生的振荡信号通过探测器的混频器混频产生中频信号,中频信号被控制处理板的有源滤波器放大、滤波后送入单片机。根据测量到的差拍信号频移,可测定相对速度。

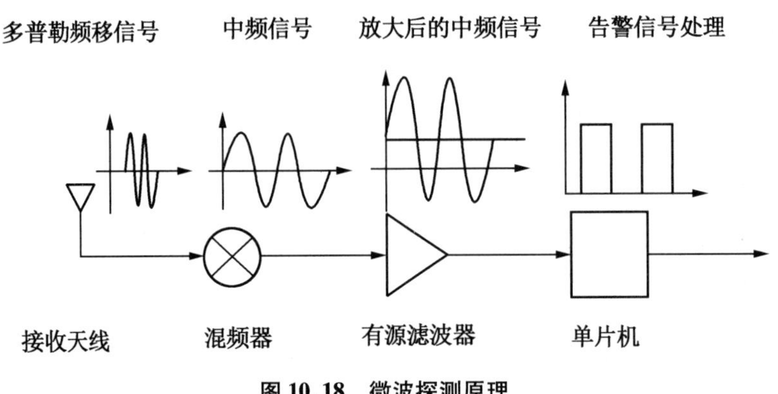

图 10.18 微波探测原理

该技术在军用雷达和交通安全监控上已有广泛的应用,最新的应用领域则是利用多普勒微波探头做人体运动检测。

3. 微波热效应

微波对生物体的热效应是指由微波引起的生物组织或系统受热而对生物体产生的生理影响。热效应主要是生物体内有极分子在微波高频电场的作用下反复快速取向转动而摩擦生热;体内离子在微波作用下振动也会将振动能量转化为热量;一般分子也会吸收微波能量后使热运动能量增加。如果生物体组织吸收的微波能量较少,它可借助自身的热调节系统通过血循环将吸收的微波能量(热量)散发至全身或体外。如果微波功率很大,生物体组织吸收的微波能量多于生物体所能散发的能量,则引起该部位体温升高。局部组织温度升高将产生一系列生理反应,如使局部血管扩张,并通过热调节系统使血循环加速,组织代谢增强,白细胞吞噬作用增强,促进病理产物的吸收和消散等。

思政元素:微波技术在海军技术的应用,包括火控雷达、超视距雷达、水下光通信等,了解国防技术,提高国防意识。

习 题

1. 简述超声波按波形分为哪些类型。
2. 简述直式换能器的工作原理。
3. 简述噪声的检测方法和原理。
4. 简述微波传感器的检测原理。

第 11 章　新型传感器

11.1　新型传感器的分类

据统计,目前全世界约有 40 个国家从事传感器的研制、生产和开发,研发机构 6 000 余家。近几年,随着智能、可穿戴设备的发展,以及物联网等技术的发展,传感器的市场也在迅速膨胀。我国的传感器年度销售平均增长达到 39%。传感器市场如此快速的增长也预示着巨大的商业发展机遇。

研究趋势是开发和利用新材料,发现和利用新现象、新效应,微机械加工技术的大量应用。特点:微型化、集成化、低功耗、无源化、数字化、智能化。

面对机遇和挑战,国家出台系列政策大力支持 MEMS 与传感器发展。根据《"十三五"国家科技创新规划》《中国制造 2025 重点领域技术路线图》等政策文件,国家从关键技术研发、产业应用等角度大力支持 MEMS 与传感器的发展。技术方面,国家重点支持新型传感器、传感器核心器件、传感器集成应用、智能感知、智能控制、微纳制造、MEMS、新材料传感器、智能蒙皮微机电系统等关键技术的研发攻关。应用领域方面,国家重点推进工业制造、数控机床、机器人、汽车、航空航天、农业机械、可穿戴设备、物联网、VR/AR 等领域的传感器发展与产业化。

11.2　智能传感器

智能传感器是一种以微处理器为核心单元,采用 IC 技术将信号处理和控制电路集成到单个芯片中,具有检测、判断和信息处理等功能的传感器,即实现所谓的智能化,是传感器集成化与微处理器相结合的产物。与一般传感器相比,智能传感器具有以下三个优点:通过软件技术可实现高精度的信息采集,而且成本低;具有一定的编程自动化能力;功能多样化。智能传感器(smart sensor 或 intelligent sensor)能够实现对传感器的原始数据进行处理,而并非仅仅是将模拟信号转换为数字信号。根据 EDC(electronic development corporation)的定义,智能传感器应具备以下特征:

(1)可以根据输入信号值进行判断和制定决策;

(2)可以通过软件控制做出多种决定;

(3)可以与外部进行信息交换,有输入输出接口;

(4)具有自检测、自修正和自保护功能。

11.2.1 传感器技术发展经历的三个阶段

第一阶段,结构型传感器。利用结构参量变化来感受和转换信号。例如,电阻应变式传感器,它是利用金属材料发生弹性形变时电阻的变化来转换电信号的。

第二阶段,固体传感器。由半导体、电介质、磁性材料等固体元件构成,是利用材料某些特性制成的。例如,利用热电效应、霍尔效应、光敏效应,分别制成热电偶传感器、霍尔传感器、光敏传感器等。70 年代后期,随着集成技术、分子合成技术、微电子技术及计算机技术的发展,出现集成传感器。集成传感器包括 2 种类型:传感器本身的集成化和传感器与后续电路的集成化。例如,电荷耦合器件(CCD)、集成温度传感器 AD 590、集成霍尔传感器 UG 3501 等。

第三阶段,智能传感器。所谓智能传感器就是一种以微处理器为核心单元的,对外界信息具有检测、判断和信息处理等功能的传感器,是微型计算机技术与检测技术相结合的产物。20 世纪 80 年代智能化测量主要以微处理器为核心,把传感器信号调节电路、微计算机、存贮器及接口集成到一块芯片上,构成一个由微传感器、微处理器和微执行器集成一体化的闭环工作微系统,使传感器具有一定的人工智能。20 世纪 90 年代智能化测量技术有了进一步的提高,在传感器一级水平实现智能化,使其具有自诊断功能、记忆功能、多参量测量功能以及联网通信功能等。未来的智能传感器将向生物体传感器系统方向发展。

11.2.2 智能传感器的形式

智能传感器包括传感器智能化和智能传感器两种主要形式。传感器智能化是指用微处理器或微型计算机系统来扩展和提高传统传感器的功能,传感器与微处理器可为两个分立的功能单元。智能传感器借助于半导体技术将传感器部分与信号放大调理电路、接口电路和微处理器等制作在同一块芯片上,即形成大规模集成电路的智能传感器。

1. 智能传感器的特点

(1)精度高。

智能传感器可通过自动校零去除零点,与标准参考基准实时对比自动进行整体系统标定、非线性等系统误差的校正,实时采集大量数据进行分析处理,消除偶然误差影响,保证智能传感器的高精度。

(2)高可靠性与高灵敏度。

智能传感器能自动补偿因工作条件与环境参数发生变化而引起的系统特性的漂移,如环境温度、系统供电电压波动而产生的零点和灵敏度的漂移;在被测参数变化后能自动变换量程,实时进行系统自我检验、分析、判断所采集数据的合理性,并自动进行异常情况的应急处理。

(3)高信噪比与高灵敏度。

由于智能传感器具有数据存储、记忆与信息处理功能,通过数字滤波等相关分析处理,可去除输入数据中的噪声,自动提取有用数据;通过数据融合、神经网络技术,可消除多参数状态下交叉灵敏度受到的影响。

（4）强自适应性。

智能传感器具有判断、分析与处理功能，它能根据系统工作情况决策各部分的供电情况、与高/上位计算机的数据传输速率，使系统工作在最优低功耗状态并优化传输效率。

（5）较高的性能价格比。

智能传感器具有的高性能，不是像传统传感器技术那样通过追求传感器本身的完善、对传感器的各个环节进行精心设计与调试、进行“手工艺品”式的精雕细琢来获得的，而是通过与微处理器/微计算机相结合，采用集成电路工艺和芯片，以及强大的软件来实现的，所以具有较高的性能价格比。

2. 智能传感器结构

智能传感器是一个典型的以微处理器为核心的计算机检测系统。智能传感器系统主要由传感器、微处理器及相关电路组成，如图11.1所示。传感器将被测的物理量、化学量转换成相应的电信号，送到信号调制电路中，经过滤波、放大、A/D转换后送达微处理器。微处理器对接收的信号进行计算、存储、数据分析处理后，一方面通过反馈回路对传感器与信号调理电路进行调节，以实现对测量过程的调节和控制；另一方面将处理的结果传送到输出接口，经接口电路处理后按输出格式输出数字化的测量结果。

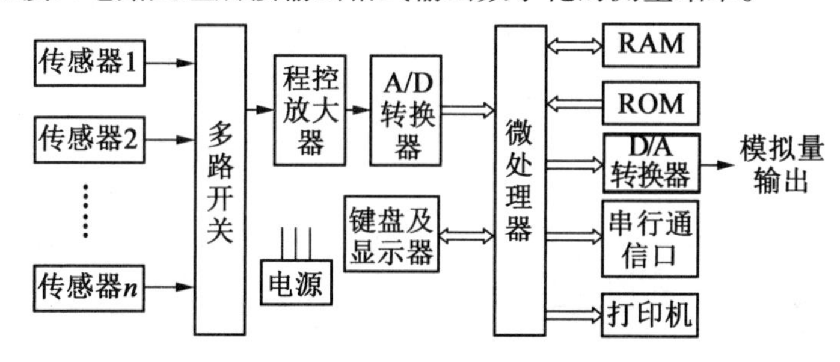

图11.1　智能式传感器

（1）微处理器。

微处理器系统是智能传感器的核心，由于微处理器充分发挥各种软件的功能，使传感器智能化，大大提高了传感器的性能。微处理器的选择主要根据任务、字长、处理速度、功耗等来确定。任务即智能式传感器中的微处理器是用于数据处理还是仅仅起控制作用。字长较长，就能处理较宽范围内的算术值。如果传感器用于动态测试，则微处理器的处理速度不能低于传感器的动态范围，如果是用于静态测试，则微处理器的处理速度可降低要求。在智能式传感器设计中，功耗也是一个值得注意的问题。

（2）信号调理电路。

信号调理电路的作用：一方面是将微弱的低电平信号放大到模数转换器所要求的信号电平；另一方面是抑制干扰、降低噪声，保证信号检测的精度。信号调理电路主要包括低通滤波器和性能指标较好的电压放大器。滤波器有有源和无源之分。无源滤波器的特点：结构简单、价格低廉，但是体积大、精度低、调整困难。有源滤波器的特点：体积小、质量小、输入阻抗高而输出阻抗低的优点，但需提供正负电源，成本较高。

(3)A/D 转换器、D/A 转换器。

A/D 转换器的作用是将传感器输出的模拟电压信号成比例地转化为二进制数字信号再传递给微处理器。选择 A/D 转换器应考虑的性能指标:①分辨率;②转换时间与转换频率;③稳定性和抗干扰能力。D/A 转换器的作用:当需要传感器的输出起控制作用时,数模转换器又将微处理器处理后的数字量转换为相应的模拟量信号。选择 D/A 转换器应考虑的性能指标:①分辨率;②转换时间;③精度。

3. 智能传感器的实现途径

目前,智能传感器的实现是沿着传感器技术发展的三条途径进行:①利用计算机合成,即智能合成;②利用特殊功能材料,即智能材料;③利用功能化几何结构,即智能结构。智能合成表现为传感器装置与微处理器的结合,这是目前的主要途径。按传感器与计算机的合成方式,目前的传感技术沿用以下三种具体方式实现智能传感器。

(1)非集成化的模块方式。

如图 11.2 所示,非集成化智能传感器是将传统的基本传感器、信号调理电路、带数字总线接口的微处理器组合为一个整体而构成的智能传感器系统。这种非集成化智能传感器是在现场总线控制系统发展形势的推动下迅速发展起来的。自动化仪表生产厂家原有的一套生产工艺设备基本不变,附加一块带数字总线接口的微处理器插板组装而成,并配备能进行通信、控制、自校正、自补偿、自诊断等智能化软件,从而实现智能传感器功能。这是一种最经济、最快速建立智能传感器的途径。

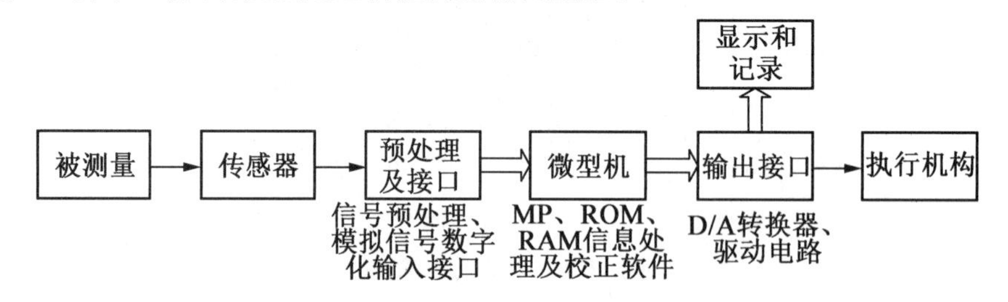

图 11.2 非集成化模块式智能传感器

(2)集成化实现。

如图 11.3 所示,采用微机械加工技术和大规模集成电路工艺技术,利用硅作为基本材料来制作敏感元件、信号调理电路以及微处理器单元,并把它们集成在一块芯片上构成的。集成化实现使智能传感器达到了微型化、结构一体化,从而提高了精度和稳定性。敏感元件构成阵列后,配合相应图像处理软件,可以实现图形成像且构成多维图像传感器,这时的智能传感器就达到了它的最高级形式。集成化智能传感器相对于非集成化智能传感器,体积更小,功耗更低,集成的单元更多,可将多个参量传感功能集于一体。但对制造工艺方面的要求也越来越高。

(3)混合实现。

要在一块芯片上实现智能传感器系统存在着许多棘手的难题。根据需要与可能,可将系统各个集成化环节(如敏感单元、信号调理电路、微处理器单元、数字总线接口)以不同的组合方式集成在两块或三块芯片上,并装在一个外壳里,如图 11.3 所示。

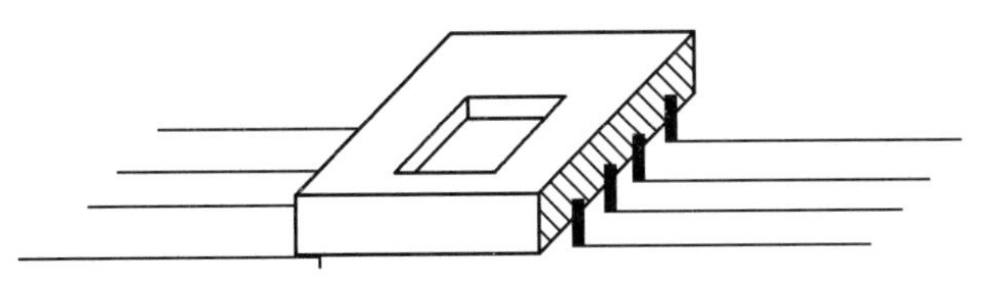

图 11.3　集成化智能传感器

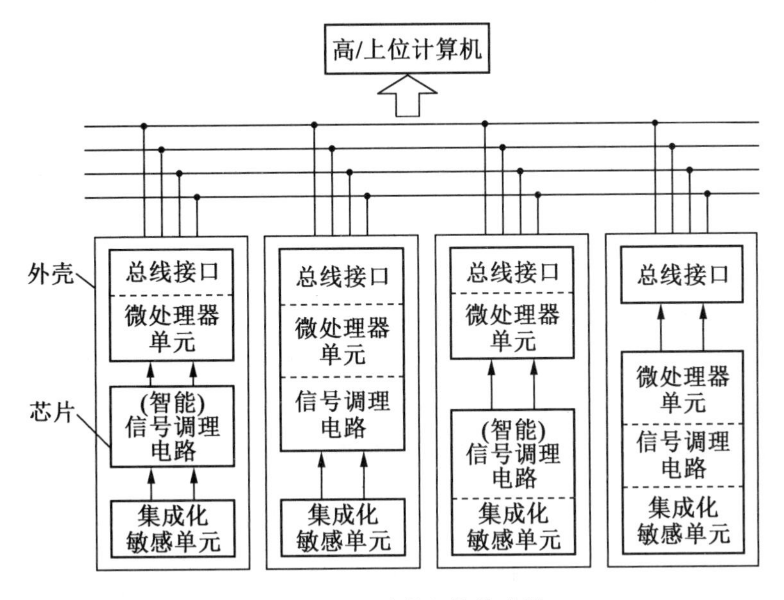

图 11.4　混合化智能传感器

混合化智能传感器介于非集成化和集成化之间,有利于在已有产品的基础上研发,以便更快地研制出新产品。

11.3　MEMS 传感器

进入 21 世纪,传感器制造行业开始由传统型向智能型发展。智能传感器带有微处理机,具有采集、处理、交换信息的能力,是传感器集成化与微处理机相结合的产物。由于智能传感器在物联网等行业具有重要作用,我国将传感器制造行业发展提到新的高度,从而催生研发热潮,市场地位凸显。

2022 年,我国 MEMS 传感器产业链全景及区域分布如图 11.5 所示。从产业链环节来看,MEMS 传感器产业的上游产业链包括原材料、芯片设计等。MEMS 传感器材料分半导体材料、陶瓷材料、金属材料和有机材料四大类。下游应用与工业、汽车电子产品、通信电子产品、消费电子产品、专用设备等相关联。整体来看,MEMS 传感器产业上下游所涉及的领域范围非常广泛。2021 年以来,MEMS 传感器产业代表性企业的投资动向主要包括收购公司拓展业务、通过对子公司增资的方式投资 MEMS 传感器生产基地项目。

微机电系统 (micro-electro-mechanical system,MEMS) 是在微电子技术(大规模集成电路制作工艺)的基础上发展起来的,融合了硅微加工、LIGA 技术和精密机械加工等多种微加工技术,并应用现代信息技术构成的微型系统。尺寸在 1~100 μm 量级,涵盖机械

(移动、旋转)、光学、电子(开关、计算)、热学、生物等功能结构,主要分为传感器、致动器、三维结构器件等三大类。MEMS 技术是指可批量制作的,集微型机构、微型传感器、微型执行器以及信号处理和控制电路,包括感知和控制外界信息(力、热、光、生、磁、化等)的传感器和执行器以及进行信号处理和控制的电路,接口、通信和电源等于一体的微型器件或系统。在以硅为主的基底材料上利用微机械制作出功能尺寸为微米级的 MEMS 器件,从而实现传统的机械结构无法实现的功能。将机械系统与传感器电路制作于同一芯片上构成一体化的微电子机械系统的技术,称为 MEMS 加工技术。利用 MEMS 加工技术制备的传感器称为 MEMS 传感器(或微型传感器)。

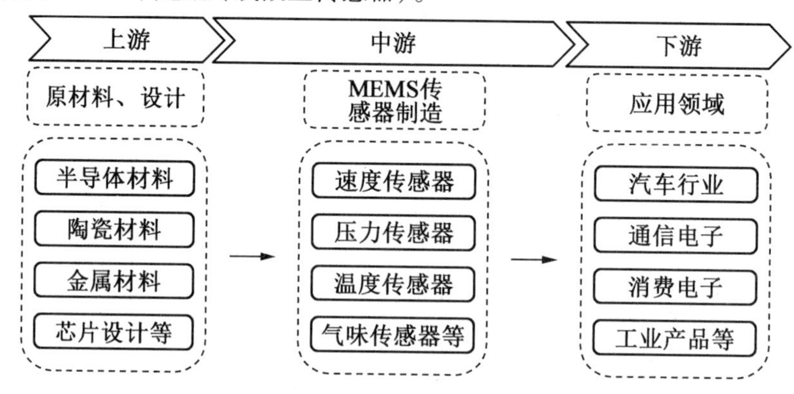

图 11.5 MEMS 传感器产业产业链

它体积小、质量小、成本低、功耗低、可靠性高,适于批量化生产,易于集成和实现智能化,同时也能实现某些传统机械传感器所不能实现的功能。

近年来,在汽车领域,用于检测由于坠落、倾斜、运动、定位、振动和冲击等产生的力的变化的加速度传感器,被广泛用于安全气囊系统、电子稳定控制系统、电子泊车制动系统等解决方案。MEMS 是智能汽车感知环境的关键。声学感知包括超声波雷达、麦克风、扬声器等。超声波雷达含有超声波发射器和采集器,主要用于自动泊车、道路行人与障碍物检测避障。麦克风与扬声器是 MEMS 的成产品之一,同时也是智能汽车人机交互的主要接口之一,语音的接收与作答是 MEMS 在汽车内的重要应用之一。光学感知包括红外夜视仪、激光雷达、CMOS 图像传感器、行车记录仪等。红外夜视仪包括红外探测器、红外发射器等 MEMS 器件,主要用于夜晚、雨雾等不良路况下的行人及动物检测。激光雷达包括激光生产器、激光采集器等,用于道路中车辆、行人、碍物的精准测距。热学感知包括车身空调系统、温度传感器等。车身空调系统、动力控制系统等部件均有 MEMS 温度传感器。电学感知包括射频器件、天线等 MEMS,主要用于车与车、车与人、车与道路之间的车联网通信。

基于 MEMS 的压力传感器可以测量大气压,也可测量血压、胎压,为家电、医疗、消费电子、工业控制和汽车市场提供了强大的解决方案。

运动传感器结合压力传感器,可以用来监护卧床不起的患者,测量呼吸和心率,甚至在患者试图下床时向护士站报警,避免发生意外。

当前,MEMS 传感器已经应用于各个领域之中,其中技术迭代最快、应用规模最大的要数运动传感器和压力传感器。MEMS 运动传感器是目前应用最为广泛的 MEMS 传感器，包含了陀螺仪、加速度计和惯性测量单元等，目前已经在智能手机、可穿戴智能设备以及平板电脑等领域实现了大规模应用。

截至 2018 年，MEMS 传感器在消费电子、医疗、汽车电子，以及工业等应用领域占比最高，分别占据 41.8%、28.1%、16.7%和 9.1%。

MEMS 传感器在智能手机中的应用，如图 11.6 所示。但绝不仅限于手机，计算机、汽车、导航，甚至电熨斗、运动装备中随处可见它的身影，比如导航仪在没有卫星信号的隧道可以判断是否可按惯性轨迹行驶，笔记本电脑在掉落时可自动开启硬盘保护程序，电熨斗在高温平放时自动切断电源等。

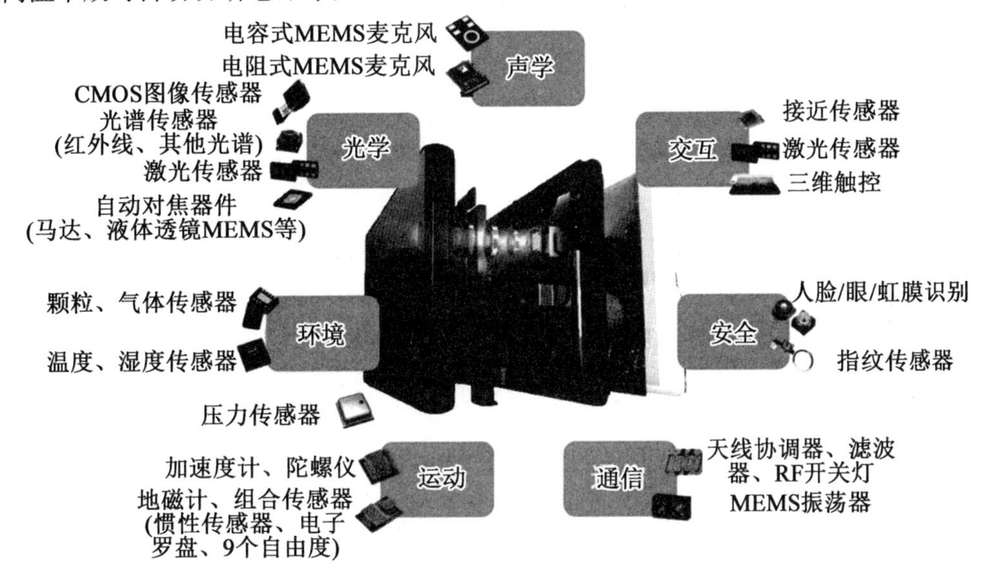

图 11.6　MEMS 在智能手机领域的应用

11.3.1　微机械加速度传感器

微机械惯性器件是微机电系统重要的研究内容，微机械惯性器件包括微陀螺和微机械加速度传感器。采用微机电技术制造的微机械加速度传感器，在寿命、可靠性、成本、体积和质量等方面都要大大优于常规的加速度传感器，应用非常广泛。在军用上可用于各种飞行装置的加速度测量、振动测量、冲击测量，尤其在武器系统的精确制导系统、弹药的安全系统、弹药的点火控制系统有着极其广泛的应用前景。

微机械加速度传感器的种类很多，发展也很快，目前微机械加速度传感器主要有压阻式、电容式、压电式、力平衡式、微机械热对流式和微机械谐振式等。

1. 力平衡式硅微加速度传感器

力平衡式硅微加速度传感器是在电容式加速度传感器的基础上发展而来的，其工作原理如图 11.8 所示 ，将悬臂梁支撑的惯性质量块作为可动电极，并在其上下各一个固定电极，共构成两个电容。可动极板的位置可通过测量这两个电容的差来确定。

将脉冲宽度调制器产生的两个脉冲宽度调制信号 U_E 与 U_E'加到两个固定电极上，通过改变脉冲宽度，就可以控制作用在可动极板上的静电力。利用脉冲宽度调制器和电容测量相结合，就能在测量的加速度范围内使可动极板精确地保持在中间位置。采用这种脉冲宽度调制精度伺服技术，脉冲宽度与被测加速度成正比，实现通过脉冲宽度来测量加速度。动极板和定极板间的间距可以做得很小，使传感器具有很高的灵敏度，因而这种传感器的特点是能够测量低频微弱加速度，分辨率能够达到 μg 量级，测量范围为(0~1)g，动态范围为0~100 Hz，在整个测量范围内非线性误差小于±0.1%，横向灵敏度小于±0.5%，当 U_E 的脉冲电压峰值为5 V时，灵敏度为1 040 mV/g，图11.7中的 g 表示加速度，$g>0$ 或 $g<0$ 表示加速度的方向及对 V_0 的影响。由于这种传感器具有很高的精度、极好的线性和稳定性，所以通常用于惯性导航。

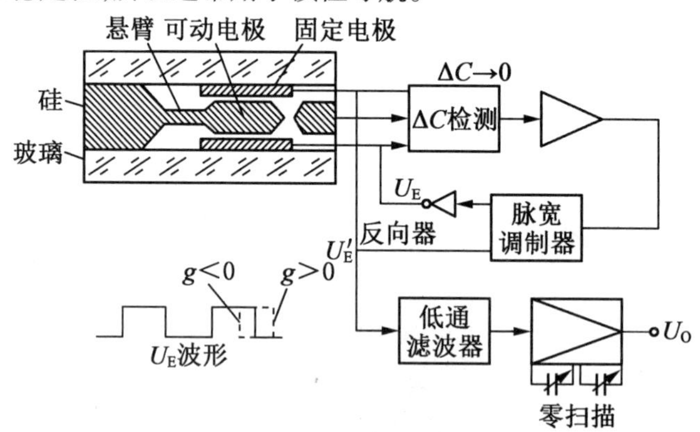

图11.7 力平衡式硅微加速度传感器

2. 硅微谐振式加速度传感器

硅微谐振式加速度传感器的独特优势在于它的准数字量输出可直接用于复杂的数字电路而避免了其他类型传感器在信号传递方面的诸多不便。硅谐振子的材料质量和制作质量一定要得到保证。要有足够高精度的数字信号处理电路来监测输出频率信号的微弱变化。

硅微谐振式加速度传感器一般有三种结构。图11.8(a)所示为单边支撑梁的悬臂梁结构，优点是高灵敏度，缺点是固有频率低，频响范围窄，且存在很大的横向灵敏度。图11.8(b)所示为同时具有支撑梁和谐振梁的对称悬臂梁结构，优点是满足方向性较高的要求，提供工艺兼容的便利条件。图11.8(c)所示为只具有谐振梁的对称悬臂梁结构，优点是四条谐振梁同时用作支撑作用而省去原来的支撑梁，从而增加了检测的灵敏度。

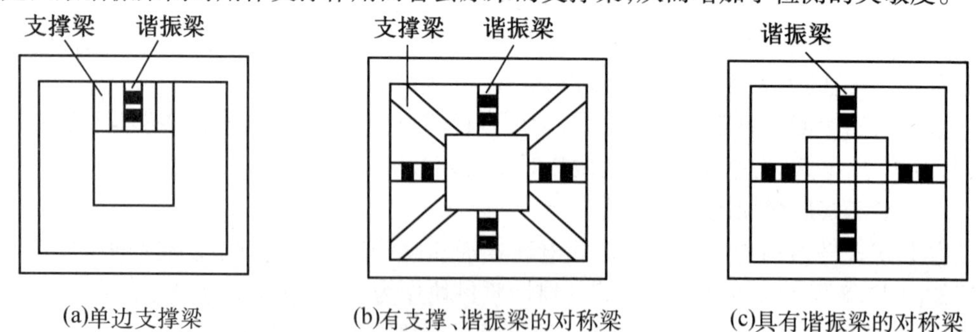

(a)单边支撑梁 (b)有支撑、谐振梁的对称梁 (c)具有谐振梁的对称梁

图11.8 硅微谐振式加速度传感器结构

11.3.2　微机械角速度传感器

陀螺仪是一种用来感测与维持方向的装置，是基于角动量不灭的理论设计出来的。陀螺仪一旦开始旋转，由于轮子的角动量，陀螺仪有抗拒方向改变的趋向。通俗地说，一个旋转物体的旋转轴所指的方向在不受外力影响时，是不会改变的。

微机械陀螺仪的设计和工作原理可能各种各样，采用振动物体传感角速度的概念。利用振动来诱导和探测科里奥利力而设计的微机械陀螺仪，没有旋转部件、不需要轴承，可以用微机械加工技术大批量生产。一般的微机械陀螺仪由梳子结构的驱动部分和电容板形状的传感部分组成，有的设计还带有去驱动和传感耦合的结构。MEMS 陀螺仪常用于汽车旋转速度的测量，与加速度传感器一起组成主动控制系统。

微机械陀螺有双平衡环结构、悬臂梁结构、音叉结构等，其工作原理基于哥氏效应。谐振式微机械陀螺结构如图 11.9 所示，由固定在基底上的静止驱动器、陀螺质量块、杠杆传递部分和 2 个双端音叉谐振器（DETF）组成。质量块通过 4 个支承梁固定在基底上。

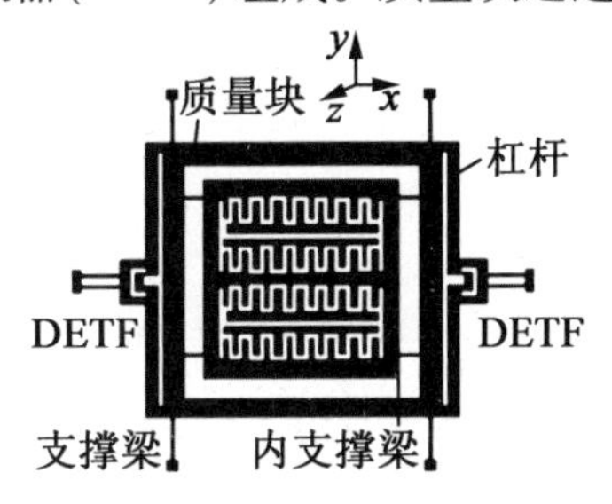

图 11.9　谐振式微机械陀螺结构

当在静止驱动器上加上驱动电压时，质量块的内部动齿框架作沿着 y 轴方向的振荡运动，感受输入角速度。如果一个外部的绕 z 轴的转动（输入信号）作用到芯片上，质量块产生沿 x 轴方向的哥氏力，且通过内支承梁转移到外框架上，外框架由两对支承梁固定并可沿 x 轴方向运动，通过两对杠杆来放大哥氏力，并传递到外框架两边的两个双端音叉谐振器（DETF）上。DETF 主要是把陀螺质量块输出给它的轴向哥氏力转化成相应的频率输出，输出信号频率的变化就反映了输入角速率的变化。

11.4　网络传感器

11.4.1　网络传感器的概念及特点

随着计算机技术、网络技术与通信技术的高速发展与广泛应用，传感器的通信方式从传统的现场模拟信号方式转换为现场级的全数字通信方式，即传感器现场级的数字化网络方式。基于现场总线、以太网等的传感器网络和技术及应用迅速成长，这就产生了网络传感器。网络传感器是网络通信技术在智能传感器中的应用。

网络传感器是指传感器在现场级实现网络协议（包括 TCP/IP、UDP、HTTP 等）的传感器，使现场测控数据就近登临网络，在网络所能及的范围内实时发布和共享。具体地说，网络传感器就是采用标准的网络协议，同时采用模块化结构将传感器和网络技术有机地结合在一起的智能传感器。网络传感器的基本结构如图 11.10 所示。传感器节点是测控网中的一个独立节点，以嵌入式微处理器为核心，其敏感元件输出的模拟信号经信号调理、A/D 转换进入微处理器进行数据处理。从网络功能上看，每个传感器节点兼顾传统网络节点的终端和路由器双重功能，除了进行本地信息收集和数据处理外，还要对其他节点转发来的数据进行存储 、管理和融合等处理，同时与其他节点协作完成一些特定任务。一般由网络处理装置根据程序的设定和网络协议封装成数据帧，并加上目的地址，通过网络接口传输到网络上；反之，网络处理器又能接收网络上其他节点传给自己的数据和命令，实现对本节点的操作。无线传感器网络通过传感器节点协作地实时监测、感知监测对象的信息，并通过无线通信网络将所感知信息传送到用户终端，从而真正实现“无处不在的计算”理念。

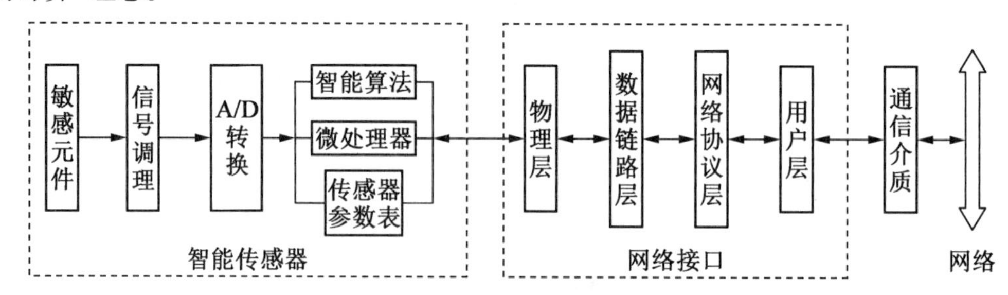

图 11.10　网络传感器结构

网络传感器与其他类型传感器相比，有以下特点。

①智能传感器将原来分散的、各自独立的，仅能对单一被测量测量的传感器集成为具有多功能、能同时测量多种被测量的传感器。

②微处理器的引入使传感器成为硬件和软件的结合体，能根据输入信号值进行一定程度的判断和制定决策，实现自校正和自保护功能。用软件方法进行非线性补偿、零点漂移和温度补偿，提高了传感器的线性度和测量精度。大量信息在进入网络前进行处理，减少了现场设备与主控站之间的信息传输量，使系统的可靠性和实时性得以提高。

③网络接口技术的应用使传感器能方便地接入网络，方便扩充和维护。同时，传感器可就近接入网络，从而显著减少现场布线的复杂程度。

由此可看出，网络传感器使传感器由单一功能、单一检测向多功能和多点检测发展；从被动检测向主动进行信息处理方向发展；从就地测量向远距离实时在线测控发展。因此，网络传感器代表了传感器技术的发展方向。

11.4.2　网络传感器的类型

网络传感器的关键是网络接口技术，不同的传感器按照某种网络协议，使现场传感器的数据能直接进入网络。网络传感器种类繁多，其网络接口单元类型也不尽相同。目前，主要有基于现场总线、Internet 的网络传感器。

基于现场总线的传感器。现场总线使在现场仪表智能化和全数字控制系统的需求下产生的，连接智能现场设备和自动化系统的数字式、双向传输、多分支结构的通信网。如图 11.11 所示，所有的现场设备（仪表、传感器、执行器）通过现场总线与控制器相连，形成现场设备级、车间级的数字化通信网络，可完成现场状态监测、控制、信息远传等功能。现场总线网络传感器已经在实际生产中得到应用。

基于 Internet 的网络传感器。近年来,以 Internet 为典型代表的计算机网络,得到了迅速发展,现场智能传感器通过嵌入其内部的 TCP/IP,使传感器成为 Internet 上的一个节点,信息可以通过网络传输。Internet 具有技术开放性好,通信速度快、价格低廉等优势,任何一个传感器都可以就近接入网络,而信息可以在整个网络覆盖的范围内传输,由于采用统一的网络协议,不同厂家的产品可以直接互换和兼容。

11.4.3　网络传感器通用接口标准

IEEE1451 标准的基本目的是解决不同测控网络间的兼容性问题,开发一个与网络、传感器提供商都无关的传感器接口,即一套通用的通信接口,使变送器同微处理器、仪器系统或网络相连接,实现变送器到网络的互换性与互操作性。提供包含有制造商相关数据(传感器身份、校准、校正数据、测量范围和制造厂家的有关信息等)的传感器电子数据表标准格式;支持传感器数据、控制、定时、结构和校准的一个通用模式;允许以最小的花费实现传感器的安装、升级、更换、卸载,实现传感器的即插即用。标准允许不同的厂家生产的传感器可以用在多种控制网络,还可根据需求选择类型不同的传感器和网络(有线或者无线),同时支持即插即用,最终目标是实现不同厂商产品的互换性和互操作性。

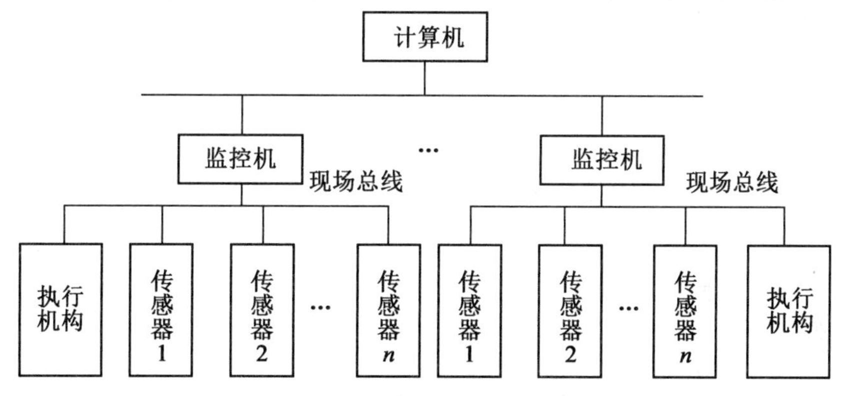

图 11.11　基于现场总线的网络传感器

为了给传感器配备一个通用接口,使其方便地接入各种现场总线,IEEE 和美国国家标准与测试学会于 1995 年制定了 IEEE 1451.1 标准和 IEEE 1451.2 标准。到目前为止,IEEE 1451 标准有 8 个系列:IEEE1451.0~7。数字(指 1451.后的 0、1、2、3…)大的标准所定义的技术规范完全包含在数目字小的规范范围内,这样可以使每一级上硬件元器件的封装变得比较紧凑。表 11.1 列举了智能变送器系列标准体系代号、名称与描述。网络传感器就是采用标准的网络协议,同时采用模块化结构将传感器和网络技术有机地结合在一起的智能传感器。

表 11.1　IEEE1451 智能变送器系列标准体系

代号	名称与描述
IEEE1451.0—2007	智能变送器接口标准

续表 11.1

代号	名称与描述
IEEE1451.1—1999	网络应用处理器信息模型
IEEE1451.2—1997	变送器与微处理器通信协议和 TEDS 格式
IEEE1451.3—2003	分布式多点系统数字通信与 TEDS 格式
EEE1451.4—2004	混合模式通信协议与 TEDS 格式
IEEE1451.5—2007	无线通信协议与 TEDS 格式
IEEE1451.6—2008	CANopen 协议变送器网络接口
IEEE1451.7—2010	换能器与 RFID 系统通信协议和 TEDS 格式

IEEE 1451.1 标准采用通用的 A/D 转换器或 D/A 转换器作为传感器的 I/O 接口，将所用传感器的模拟信号转换成标准规定格式的数据，连同一个小存储器——传感器电子数据表(TEDS)与标准规定的处理器目标模型——网络适配器(NCAP)连接，使数据可按网络规定的协议登录网络。这是一个开放的标准，它的目标不是开发另一种控制网络，而是在控制网络与传感器之间定义一个标准接口，伸传感器的选择与控制网络的选择分开，从而使用户可根据自己的需要选择不同厂家生产的智能传感器而不受到限制，实现真正意义上的即插即用。

IEEE 1451.2 标准主要定义接口逻辑和电子数据 TEDS 格式，同时还提供了一个连接智能变送器接口模型(STIM)和 NCAP 的 10 线标准接口——变送器独立接口(TTI)。TTI 主要用于定义 STIM 和 NCAP 之间点点连线及同步时钟的短距离接口，使传感器制造商能把一个传感器应用到多种网络与应用中。符合 IEEE 1451.2 标准的网络传感器的典型体系结构如图 11.12 所示。

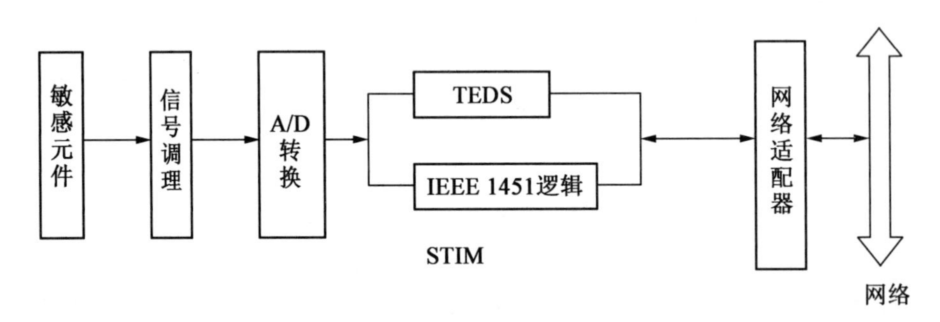

图 11.12 基于 IEEE1451.2 的网络传感器结构

IEEE 1451.3 定义一个标准的物理接口，以多点设置的方式连接多个分散的传感器。在某些情况下，不可能把 NCAP 嵌入在传感器中。IEEE 1451.3 标准以一种“小总线”方式实现传感器总线接口模块(TBIM)，这种小总线因足够小且便宜可以轻易地嵌入传感器中，从而允许通过一个简单的控制逻辑接口进行大量的数据转换。

IEEE 1451.4 定义一个混合模式传感器接口标准，建立一个标准允许模拟输出的混合模式的传感器与 IEEE 1451 兼容的对象进行数字通信。每一个 IEEE P1451.4 兼容的混合模式传感器将至少由一个传感器、传感器电子数据表格 TEDS 和控制和传输数据进入不同的已存在的模拟接口的接口逻辑。

IEEE 1451.5 定义了无线传感器通信协议和相应的 TEDS,构筑一个开放的标准无线传感器接口。

IEEE 1451.6 建立了 CANopen 协议网络上的多通道变送器模型,使 IEEE1451 标准的 TEDS 和 CANopen 对象字典、通信消息、数据处理、参数配置和诊断信息一一对应,在 CAN 总线上使用 IEEE1451 标准变送器。

IEEE 1451.7 定义带射频标签的换能器和系统的接口。

《智能检测装备产业发展行动计划(2023~2025 年)》提出:“到 2025 年,智能检测技术基本满足用户领域制造工艺需求,核心零部件,专用软件和整机装备供给能力显著提升,重点领域智能检测装备示范带动和规范应用成效明显,产业生态初步形成,基本满足智能制造发展需求。”

思政元素:了解我国传感器的发展历程及 MEMS 传感器的重要地位,增强民族自信。我国传感器制造行业发展始于 20 世纪 60 年代,1972 年,我国组建成立第一批压阻传感器研制生产单位;1974 年,研制成功我国第一个实用压阻式压力传感器;1978 年,我国诞生第一个固态压阻加速度传感器;1982 年,国内最早开始硅微机械系统(MEMS)加工技术和 SOI(绝缘体上硅)技术的研究。20 世纪 90 年代以后,硅微机械加工技术的绝对压力传感器、微压传感器、呼吸机压传感器、多晶硅压力传感器、低成本 TO-8 封装压力传感器等相继问世并实现生产,传感器技术及行业均取得显著进步。

习　题

1. 什么是智能传感器,举例说明身边智能传感器的应用实例。
2. 简述微机械传感器与以往传感器的区别。
3. 举例说明手机中应用的 MEMS 传感器。
4. 什么是网络传感器。

第12章　虚拟仪器

虚拟仪器（virtual instrument，VI）的概念最早于20世纪90年代由美国NI公司提出，主要思想是利用高性能的模块化硬件，结合高效灵活的软件来完成各种测试、测量和自动化应用。虚拟仪器技术包括硬件、软件和系统设计等要素。虚拟仪器概念的提出引发了传统仪器领域的一场重大变革，使得计算机和网络技术与仪器技术结合起来，促进了自动化测试测量与控制领域的技术发展。

12.1　虚拟仪器概述

12.1.1　虚拟仪器的组成

虚拟仪器代表着从传统硬件为主的测量系统到以软件为中心的测量系统的根本性转变。以软件为主的测量系统充分利用了常用台式计算机和工作平台的计算、显示和互联网等诸多用于提高工作效率的强大功能。虽然计算机和集成电路技术在过去的20年里有巨大的发展和提高，但是，软件才是在功能强大的硬件基础上创建虚拟仪器系统的真正关键所在。以软件为中心的虚拟仪器系统为用户提供了创新技术，并大幅降低了生产成本。通过虚拟仪器，用户可以精确地（用户定义）构建满足其需求的测量和自动化系统，而不受传统固定功能仪器（供应商定义）的限制。虚拟仪器由高性能的硬件系统和高效灵活的软件系统构成，如图12.1、图12.2所示。

12.1.2　虚拟仪器的优点

1. 灵活性高

除了传统仪器中的专用组件和电路外，独立仪器的一般架构与基于PC的虚拟仪器非常相似。两者都需要一个或多个微处理器、通信端口（例如串行和GPIO）、显示模块，以及数据采集模块，区别在于灵活性，以及是否可以根据用户的特定需求修改和调整仪器。传统的仪器可能包含用于执行特定数据处理功能的集成电路；在虚拟仪器中，这些功能将由在PC处理器上运行的软件实现。用户可以轻松地扩展功能集，仅受所使用软件的功能限制。

2. 成本低

通过采用虚拟仪器解决方案，用户可以降低资本成本、系统开发成本和系统维护成本，同时缩短产品上市时间以及提高产品质量。

3. 硬件可选范围

创建虚拟仪器时，有各种各样的硬件可供选择。从计算机插入式到网络化硬件，应有尽有。这些设备提供一系列的数据采集功能，其价格却比专用仪器设备低廉很多。随着集成电路技术的发展进步,现成即用的元件价格更低廉、功能更强大,由其制成的插入式、便携式板卡当然也包含了这些优势。这些技术上的优势使得虚拟仪器系统有更高的数据采集速率、测量准确度、精度,以及更好的信号隔离功能。

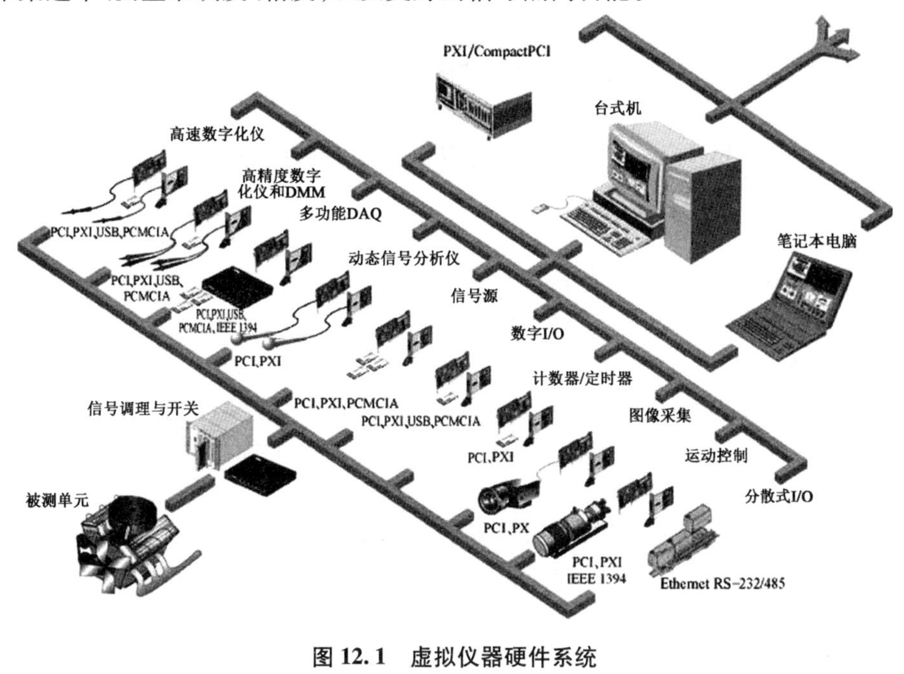

图 12.1 虚拟仪器硬件系统

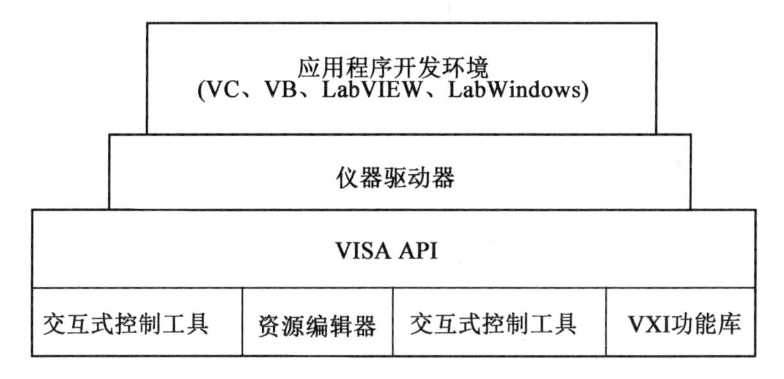

图 12.2 虚拟仪器软件系统结构

根据不同的应用情况,硬件需要具备如下各种功能:模拟输入输出、数字输入输出、计数、定时、滤波、同步采样和波形发生等。丰富多样的板卡和硬件提供了这些功能或功能组合。

12.2 LabVIEW 虚拟仪器开发环境

LabVIEW (Laboratory Virtual Instrument Engineering Workbench)是美国 NI 公司推出的一种基于 G 语言的虚拟仪器开发平台。

LabVIEW 是虚拟仪器必不可缺的一部分,它为用户提供了一个简单易用的程序开发环境,其强大特性让用户可以非常方便地连接各种各样的硬件产品和其他软件产品,是创建虚拟仪器系统的理想工具。

LabVIEW 提供了一种程序开发环境，使用图形化编程语言编写程序，产生的程序是框图形式，有一个可完成多种编程任务的庞大函数库。LabVIEW 的函数库包括数据采集、GPIO、串口控制、数据分析、数据显示及数据存储等。LabVIEW 也有传统的程序调试工具，如设置断点，以动画方式显示数据及其程序的结果，单步执行等，便于程序调试。

12.3 虚拟仪器在工程中的应用

1. 研发和设计

在研发和设计阶段，如果要求灵活性，必须建立一个可升级的开放式平台。它可以各种形式出现，包括个 PC、嵌入式系统、分布式网络等。

研发设计阶段需要软、硬件无缝集成。不论使用 GPIO 接口与传统仪器连接，还是直接使用数据采集板卡及信号调理硬件采集数据，LabVIEW 使这一切变得简单。通过虚拟仪器，可以使测试过程自动化，消除人工操作引起的误差，并能确保测试结果的一贯性。

2. 开发测试和验证

利用虚拟仪器的灵活性和强大功能，用户能轻而易举地建立复杂的测试体系。对于自动设计验证测试，可以在 LabVIEW 中创建测试例程，并集成诸如 National Instruments Test Stand 之类的软件，提供强大的测试管理功能。这些开发工具在整个过程中提供的另一个优势是代码复用功能。在设计过程中开发代码，然后将它们插入各种功能工具中进行认证、测试或生产工作。

3. 生产测试

减少测试时间和简化测试程序的开发过程是生产测试策略的主要目标。基于 LabVIEW 的虚拟仪器结合强大的测试管理软件，如 Test Stand，提供高性能以满足实际需求。这些工具采用高速、多线程引擎并行运行多个测试序列，从而达到了严格的流量要求。TestStand 可以根据 LabVIEW 编写的例程轻松管理测试排序、执行和报告。

Test Stand 集成 LabVIEW 中测试代码的创建。Test Stand 还可以重用在 R&D 或设计和验证中创建的代码。如果有生产测试应用程序，可以在产品的生命周期内充分利用。

4. 智能制造

生产应用要求软件具有可靠性、共同操作性和高性能。基于 LabVIEW 的虚拟仪器提供所有这些优势，集成了如报警管理、历史数据趋势分析、安全、网络、工业 I/O、企业内部联网等功能。利用这些功能，用户可以轻松地将多种工业设备如 PLC、工业网络、分布式 I/O、插入式数据采集卡等集成在一起使用。通过在整个企业中共享代码，制造可以使用在研发或验证中开发的相同的 LabVIEW 应用程序，并与制造测试流程无缝集成。

12.4 虚拟仪器数据采集

12.4.1 数据采集系统组成

数据采集(DAQ)是使用计算机测量电压、电流、温度、压力或声音等电子、物理现象的过程。如图12.3所示，DAQ系统由传感器、DAQ测量设备和带有可编程软件的计算机组成。与传统的测量系统相比，基于PC的DAQ系统利用行业标准计算机的处理、显示和连通能力,提供功能强大、使用灵活、性价比高的测量解决方案。

12.4.2 数据采集设备

DAQ设备是计算机和外部信号之间的接口。它的主要功能是将输入的模拟信号数字化,使计算机可以进行解析。DAQ设备用于测量信号的三个主要组成部分为信号调理电路、A/D转换器与计算机总线。很多DAQ设备还拥有实现测量系统和过程自动化的其他功能。例如,D/A转换器输出模拟信号,数字I/O接口输入和输出数字信号,计数器/定时器计量并生成数字脉冲。

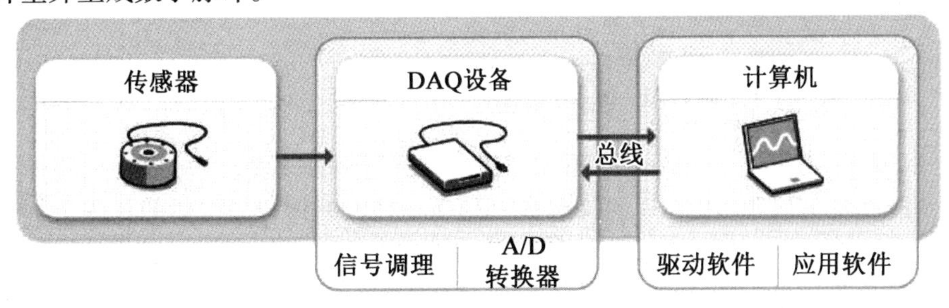

图12.3 DAQ系统组成

1. 信号调理电路

信号调理电路将信号处理成可以输入至A/D转换器的一种形式。电路包括放大、衰减、滤波和隔离。一些DAQ设备含有内置信号调理,用于测量特定的传感器类型。

2. A/D转换器

在经计算机等数字设备处理之前,传感器的模拟信号必须转换为数字信号。A/D转换器是提供瞬时模拟信号的数字显示的一种芯片。实际操作中，模拟信号随着时间不断发生改变,A/D转换器以预定的速率收集信号周期性的“采样”。这些采样通过计算机总线传输到计算机上,在总线上从软件采样重构原始信号。

3. 计算机总线

DAQ设备通过插槽或端口连接至计算机。作为DAQ设备和计算机之间的通信接口，计算机总线用于传输指令和已测量数据。DAQ设备可用于最常用的计算机总线,包括USB、PCI、PCI Express和以太网。最近,DAQ设备已可用于802.11无线网络进行无线通信。总线有多种类型,对于不同类型的应用,各类总线都能提供各自不同的优势。

12.4.3 DAQ 系统中的计算机

安装了可编程软件的计算机控制着 DAQ 设备的运作，并处理、可视化和存储测量数据。不同类型的应用使用不同类型的计算机。在实验室中可以利用台式机的处理能力，在实地现场可以利用笔记本计算机的便携性，在制造厂中可以利用工业计算机的耐用性。

12.4.4 DAQ 系统中的软件组件

1. 驱动软件

应用软件凭借驱动软件，与 DAQ 设备进行交互。它通过提炼底层硬件指令和寄存器级编程，简化了与 DAQ 设备的通信。通常情况下，DAQ 驱动软件引出应用程序接口(API)，用于在编程环境下创建应用软件。

2. 应用软件

应用软件促进了计算机和用户之间的交互，进行测量数据的获取、分析和显示。它既可以是带有预定义功能的预设应用，也可以是创建带有自定义功能应用的编程环境。自定义应用程序通常用于实现 DAQ 设备的多项功能的自动化，执行信号处理算法，并显示自定义用户界面。

12.4.5 使用 LabVIEW 连接测量硬件

使用 LabVIEW 连接 NI DAQ 设备和第三方仪器等测量硬件，采集或生成各种类型信号。下面介绍如何使用 NI DAQ 硬件和 NI-DAQmx 驱动程序以及提供的代码示例采集模拟信号。

1. 连接测量硬件

如果要使用 NI 公司提供的示例代码开始测量，请下载并安装 NI-DAQmx 驱动程序，以便连接和配置 NI 数据采集设备。

①将 NI DAQ 设备连接到计算机。

②打开 Measurement & Automation Explorer (MAX)，展开设备和接口下拉列表。可以看到用户设备出现在系统已连接设备列表中，如图 12.4 所示。

MAX 是安装了所有 NI 硬件驱动程序的设备管理软件，用于配置 NI 硬件和软件、复制配置数据、执行系统诊断以及更新 NI 软件。

2. 创建仿真设备

如果尚未购买 NI 数据采集硬件，仍可通过创建仿真设备来复制硬件的行为，以运行函数或程序。如图 12.5 所示，如果要创建仿真设备，请打开附带的示例代码中的“Create Simulated Device. vi”。单击“运行”按钮，运行代码。该 VI 文件将在计算机上创建一个名为“Simu DAQ”的仿真设备。

3. 使用 DAQ 助手采集信号

①打开“Connect to NI DAQ Hardware. lvproj”中的“Acquire Analog Inputs using the DAQ Assistant. vi”。该 VI 文件包括一个预创建的 UI 和分析代码，需要添加采集信号所需的代码，如图 12.6 所示。

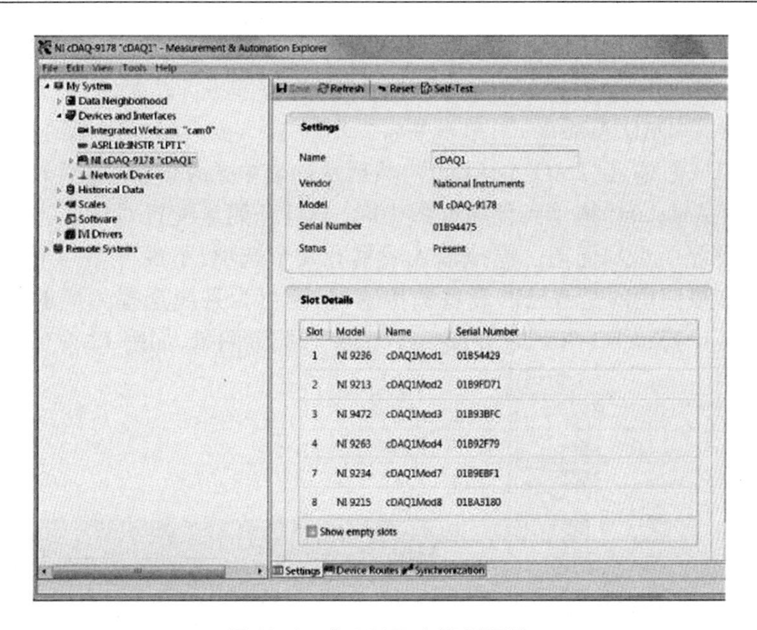

图 12.4　在 MAX 中识别硬件

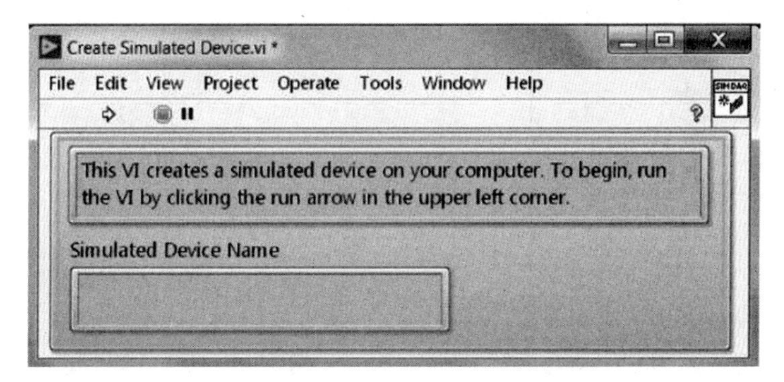

图 12.5　创建仿真设备

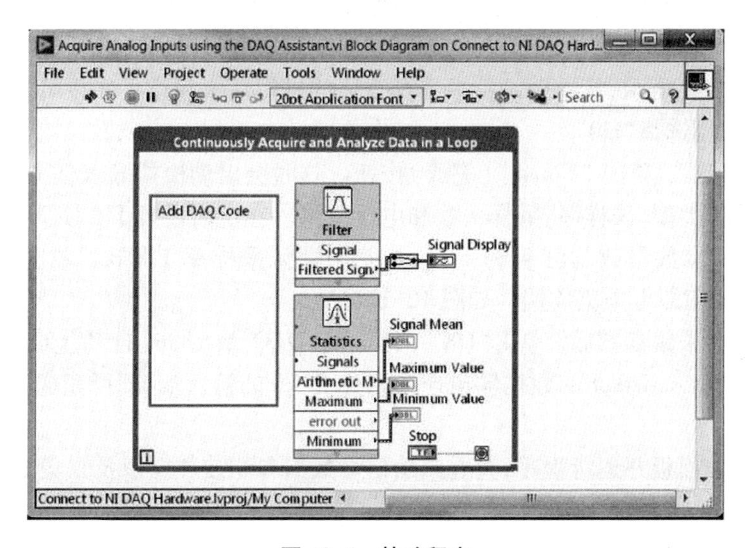

图 12.6　基础程序

②DAQ Assistant 提供了配置、测试和编程测量任务的分步指南。首先将 DAQ Assistant Express VI 添加到程序框图中。为此，右击程序框图，然后导航到“Measurement I/O→NI-DAQmx→DAQ Assistant”，单击并将“DAQ Assistant”图标拖动到程序框图中；或者，打开 Quick Drop，输入“DAQ Assistant”，然后从列表中选择该项，如图 12.7 所示。

③将“DAQ Assistant”拖动到程序框图中时，会打开测量配置对话框，用于设置任务。第一步是选择测量类型和通道。模拟输入采集有几个选项，下面介绍一个简单电压测量的步骤，但是如果使用的是自己的设备和传感器，则可为系统选择相应的测量类型和通道。选择“Acquire Signals→Analog Input→Voltage”，配置测量，如图 12.8 所示。

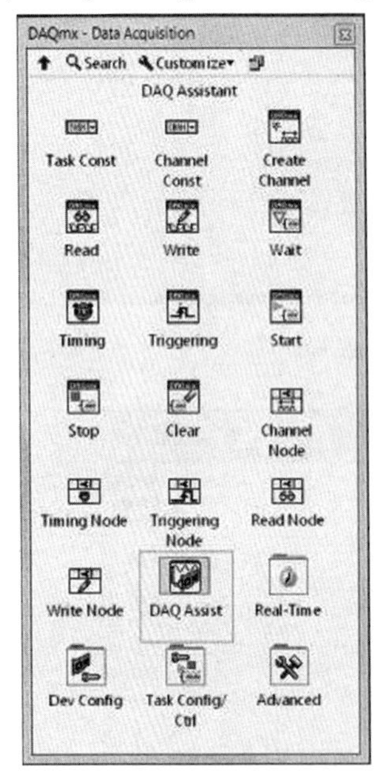

图 12.7 导航到“DAQ Assistant”

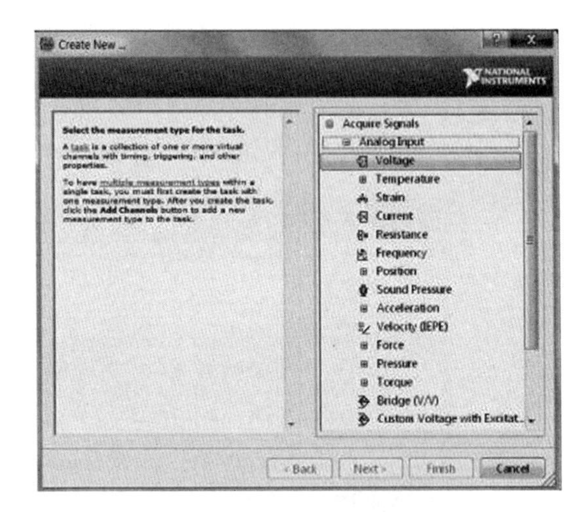

图 12.8 选择信号类型

④选择通道。如果使用的是 NI 数据采集硬件，则通道会按设备名称列出。当系统仅插入一个 DAQ 设备时，默认通道是 Dev1。如果使用仿真设备，则该设备的名称为“Simu DAQ”。如图 12.9 所示，从物理设备中选择合适的模拟输入通道（如果可用），如果使用的是仿真设备，则选择“ai0”。

⑤选择通道后，单击“Finish”(完成)按钮。这时会启动模拟输入任务配置页面。在此可以选择采集类型、采样率、采样次数和电压范围。在定时设置下，使 N 个样本的默认采集模式，将样本数量改为红色和 1 k，并使用默认采样率 1 kHz。单击窗口顶部的“Run”(运行)按钮即可预览数据。如图 12.10 所示。

⑥完成配置采集参数后，单击“OK”(确定)。DAQ Assistant 自动生成数据采集所需的代码。将 DAQ Assistant 的数据输出连接到分析 VI 的输入端，即可完成系统设计，如图 12.11 所示。

⑦切换到前面板并运行程序，查看原始信号数据和滤波数据以及采集信号的最小值、最大值和平均值，如图 12.12 所示。

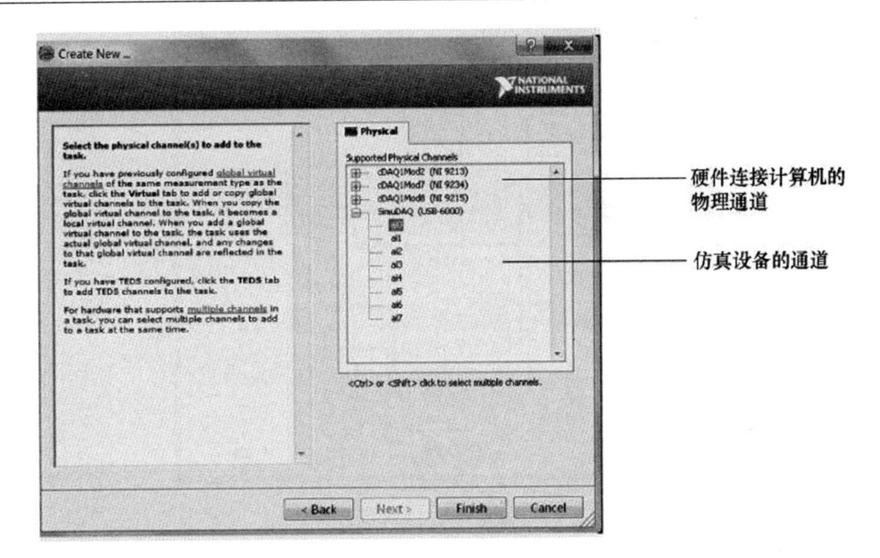

图 12.9　选择通道

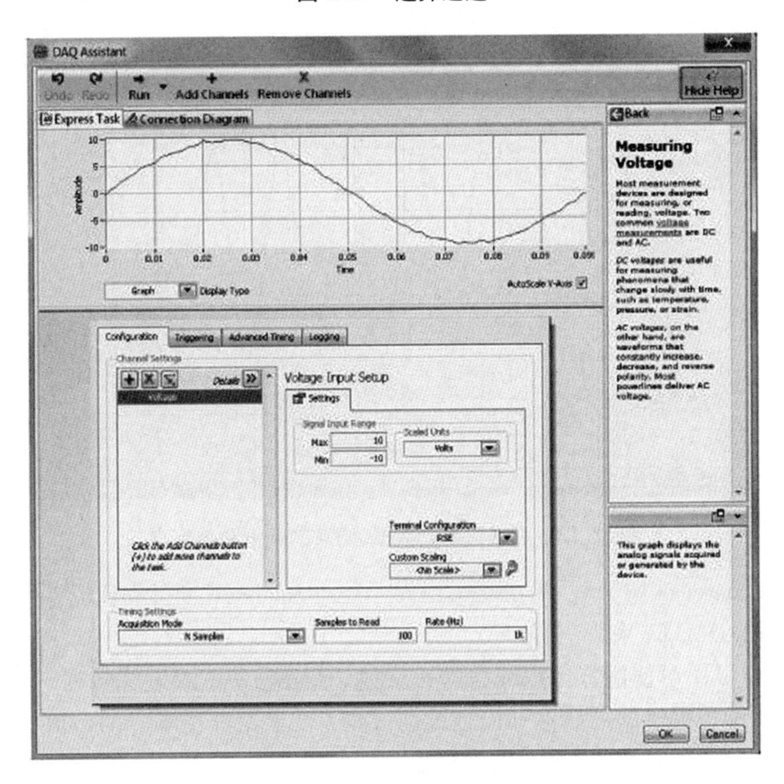

图 12.10　配置和测试采集参数

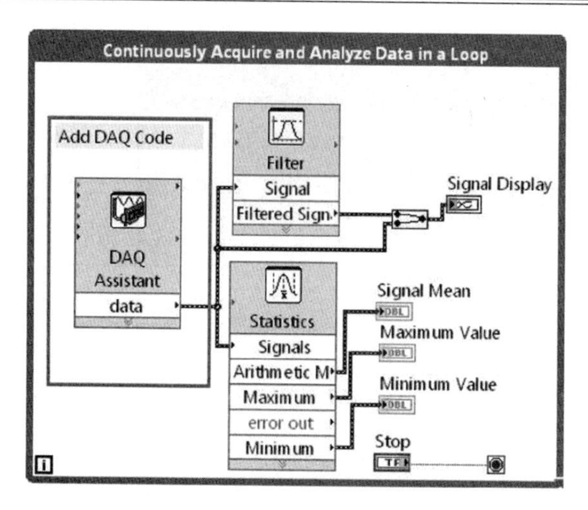

图 12.11 参数配置完成后程序框图

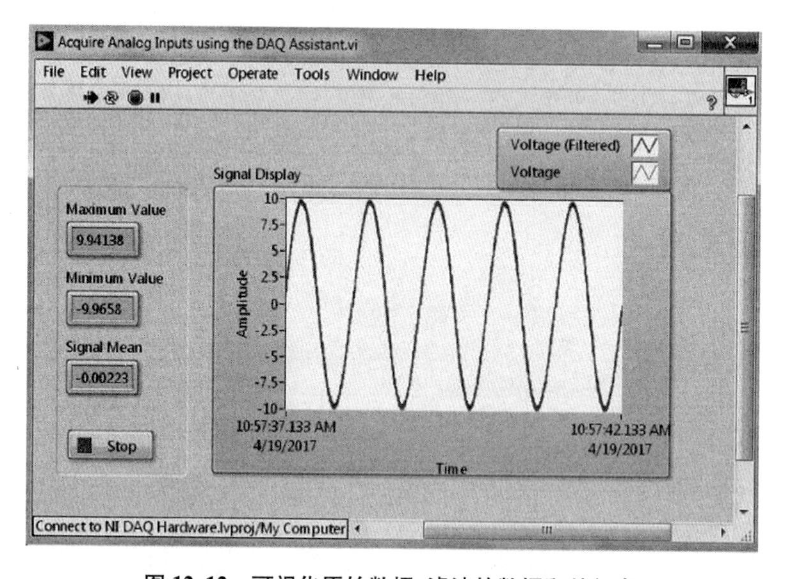

图 12.12 可视化原始数据、滤波的数据和特征点

可以在“Connect to NI DAQ Hardware. lvproj”中的“Solutions”文件夹找到完整的 VI 文件。

4. 使用 NI-DAQmx 采集信号

尽管 DAQ 助手可使用户无须编程即可快速、轻松地采集或生成数据，但对于高级用户来说，DAQ 助手提供的灵活性和控制级别可能无法满足其需求。NI-DAQmx 驱动具有完整全面的基础和高级函数 API，用于控制各种参数，比如定时、同步、数据操作和执行控制，打开“Acquire Analog Inputs using the DAQmx API. vi”这一高级应用程序示例，可以在此配置通道、记录选项、触发选项和进行高级时间设置。

12.5 超越 PC 的虚拟仪器系统

现在，商业计算机技术开始逐渐与嵌入式系统相互融合，虚拟仪器的低成本和高性能优势在很大程度上建立在众多计算机商业科技基础上，因此功能可以进一步扩展，进而包括了更多嵌入式和实时功能。例如,在某些嵌入式应用中,LabVIEW 能够同时运行在 Linux 和嵌入式 ETS 实时操作系统中。

网络和 Web 的应用深刻地影响了嵌入式系统的开发。由于商业计算机的普遍使用,以太网已经成为全球企业的标准内部网络设施。此外,商业计算机世界里 Web 界面的普及也已经延伸到移动电话、PDA(个人电子助理) 甚至工业数据采集和控制系统。

从前,嵌入式系统专指独立操作的,或最多是利用实时总线与外围设备进行底层通信的系统。现在随着企业（和消费产品）各个阶层需求的不断增长,嵌入式系统需要网络化以便能够保证可靠和持续的实时操作。

因为虚拟仪器软件能够利用跨平台编译技术,将台式和实时系统结合在同一个开发环境中, 因此用户可以利用台式机的内置 Web 服务器和简单易用的网络功能先在台式机上进行开发,然后再转移到实时和嵌入式系统中。例如,用户可以利用 LabVIEW 来简化内置 Web 服务器的配置,将某个应用程序界面输出到一台在 Windows 网络中、经过预先加密的机器上; 然后将程序代码下载到最终用户手内无须人工干预的嵌入式系统中。完成这一任务不需要在嵌入式系统上进行额外的程序开发。然后,用户可以对该嵌入式系统进行部署、启动, 再通过以太网将其连接到远程加密主机上,同时还可以用标准 Web 浏览器作为交流界面。如果需要更加复杂的网络应用,用户可以利用熟悉的 LabVIEW 图形化开发环境,对 TCP /IP 或其他协议进行编程,然后将其在嵌入式系统中运行。

嵌入式系统开发是当前细分工程项目中发展最快的部分之一,而且在不久的将来,随着消费者对智能型汽车、电器、住宅等消费品要求的增加,它仍然会保持迅猛的发展势头。这些商业技术的发展也将促进虚拟仪器的实用性,使其能应用到越来越多不同的领域中。提供虚拟仪器软件和硬件工具的领导厂商需要在专业技术和产品开发上投资,以便更好地为这些应用服务。作为虚拟仪器软件平台旗舰产品 Lab VIEW 的供应商,NI 公司为用户提供了如此广泛的应用平台: 从台式操作系统到嵌入式实时系统, 从便携式 PDA 到基于 FPGA（现场可编程门阵列）的硬件,甚至带智能传感器的系统。

下一代虚拟仪器工具需要能够快速方便地与蓝牙（bluetooth）、无线以太网和其他标准融合的网络技术。除了使用这些技术外, 虚拟仪器软件还需要能更好地描述与设计分布式系统之间的定时和同步关系, 以便帮助用户更快速地开发和控制这些常见的嵌入式系统。

习　　题

1. 简述虚拟仪器的概念。
2. 简述虚拟仪器的组成。
3. LabVIEW VI 包括哪几个部分?
4. 简述 LabVIEW 三个操作选板的作用。
5. 简述使用 DAQ Assistant 进行数据采集的操作步骤。
6. 简述虚拟仪器与嵌入式系统结合的应用情况。

参 考 文 献

[1] 胡向东. 传感器与检测技术[M]. 4 版. 北京:机械工业出版社,2021.

[2] 梁森,欧阳三泰,王侃夫. 自动检测技术及应用[M]. 3 版. 北京:机械工业出版社,2018.

[3] 路敬祎. 传感器原理及应用[M]. 哈尔滨:哈尔滨工程大学出版社,2013.

[4] 吴建平,彭颖. 传感器原理及应用[M]. 4 版. 北京:机械工业出版社,2021.

[5] 张青春,纪剑祥. 传感器与自动检测技术[M]. 北京:机械工业出版社,2018.

[6] 陈开洪,吴冬燕,张正球. 传感器应用技术[M]. 北京:机械工业出版社,2021.

[7] 黄文涛. 传感与测试技术[M]. 哈尔滨:哈尔滨工业大学出版社,2014.

[8] 陈江进,杨辉. 传感器与检测技术[M]. 北京:国防工业出版社,2012.

[9] 徐科军. 传感器与检测技术[M]. 4 版. 北京:电子工业出版社,2016.

[10] 陶红艳,余成波. 传感器与现代检测技术[M]. 北京:清华大学出版社,2009.

[11] 余成波. 传感器与自动检测技术[M]. 2 版. 北京:高等教育出版社,2009.

[12] 张培仁. 传感器原理、检测及应用[M]. 北京:清华大学出版社,2012.

[13] 王化祥. 自动检测技术[M]. 2 版. 北京:化学工业出版社,2009.

[14] 周杏鹏. 传感器与检测技术[M]. 北京:清华大学出版社,2010.

[15] 王晓飞,梁福平. 传感器原理及检测技术[M]. 3 版. 武汉:华中科技大学出版社,2020.

[16] 邓奕,韩剑. LabVIEW 虚拟仪器程序设计与应用[M]. 武汉:华中科技大学出版社,2015.

[17] 天工在线. LabView2020 从入门到精通[M]. 北京:中国水利水电出版社,2020.

[18] 张建奇,应亚萍. 检测技术与传感器应用[M]. 北京:清华大学出版社,2019.

[19] 范茂军. 传感器技术:信息化武器装备的神经元[M]. 北京:国防工业出版社,2008.

[20] 张玉莲. 传感器与自动检测技术[M]. 3 版. 北京:机械工业出版社,2019.

[21] 叶湘滨. 传感器与检测技术[M]. 北京:机械工业出版社,2022.